新起点电脑教程

UG NX 中文版基础教程 (微课版)

文杰书院　编著

清華大學出版社
北　京

内 容 简 介

本书以通俗易懂的语言、翔实生动的操作案例、精挑细选的使用技巧，指导初学者快速掌握 UG NX 的基础知识以及操作方法。全书主要内容包括 UG NX 中文版基础入门、二维草图设计、曲线设计、实体建模、特征设计、特征操作、曲面设计、装配建模、NX 钣金设计和工程图设计等方面的知识、技巧及应用案例。

本书结构清晰、图文并茂，以实战演练的方式介绍知识点，同时附赠了配套视频教学课程。本书面向广大工程技术人员，适合从事机械设计、工业设计、模具设计、产品造型与结构设计等工作的初、中级用户和技术人员阅读，还可作为大中专院校、高职院校机械类专业及社会相关培训班的教材和参考书籍。

图书在版编目(CIP)数据

UG NX 中文版基础教程：微课版/文杰书院编著. —北京：清华大学出版社，2020.6
新起点电脑教程
ISBN 978-7-302-55588-9

Ⅰ. ①U…　Ⅱ. ①文…　Ⅲ. ①计算机辅助设计—应用软件—教材　Ⅳ. ①TP391.72

中国版本图书馆 CIP 数据核字(2020)第 089918 号

责任编辑： 魏　莹
封面设计： 杨玉兰
责任校对： 李玉茹
责任印制： 沈　露
出版发行： 清华大学出版社
　　网　　址： http://www.tup.com.cn, http://www.wqbook.com
　　地　　址： 北京清华大学学研大厦 A 座　　　**邮　　编：** 100084
　　社 总 机： 010-62770175　　　**邮　　购：** 010-62786544
　　投稿与读者服务： 010-62776969, c-service@tup.tsinghua.edu.cn
　　质量反馈： 010-62772015, zhiliang@tup.tsinghua.edu.cn
印 装 者： 清华大学印刷厂
经　　销： 全国新华书店
开　　本： 185mm×260mm　　**印　张：** 22.75　　**字　数：** 550 千字
版　　次： 2020 年 7 月第 1 版　　**印　次：** 2020 年 7 月第 1 次印刷
定　　价： 59.00 元

产品编号：068563-01

致　读　者

“全新的阅读与学习模式 + 微视频课堂 + 全程学习与工作指导”三位一体的互动教学模式，是我们为您量身定做的一套完美的学习方案，为您奉上的丰盛的学习盛宴！

创建一个微视频全景课堂学习模式，是我们一直以来的心愿，也是我们不懈追求的动力，愿我们奉献的图书和视频课程可以成为您步入神奇电脑世界的钥匙，并祝您在最短时间内能够学有所成、学以致用。

全新改版与升级行动

“新起点电脑教程”系列图书自2011年年初出版以来，其中有数十个图书分册多次加印，赢得来自国内各高校、培训机构以及各行各业读者的一致好评。

本次图书再度改版与升级，汲取了之前产品的成功经验，针对读者反馈信息中常见的需求，我们精心改版并升级了主要产品，以此弥补不足，希望通过我们的努力能不断满足读者的需求，不断提高我们的服务水平，进而达到与读者共同学习和共同提高的目的。

全新的阅读与学习模式

如果您是一位初学者，当您从书架上取下并翻开本书时，将获得一个从一名初学者快速晋级为电脑高手的学习机会，并将体验到前所未有的互动学习的感受。

我们秉承“打造最优秀的图书、制作最优秀的电脑学习课程、提供最完善的学习与工作指导”的原则，在本系列图书编写过程中，聘请电脑操作与教学经验丰富的老师和来自工作一线的技术骨干倾力合作编著，为您系统化地学习和掌握相关知识与技术奠定扎实的基础。

轻松快乐的学习模式

在图书的内容与知识点设计方面，我们更加注重学习习惯和实际学习感受，设计了更加贴近读者学习习惯的教学模式，采用“基础知识讲解+实际工作应用+上机指导练习+课后小结与练习”的教学模式，帮助读者从初步了解与掌握到实际应用，循序渐进地成为电脑应用的高手与行业精英。“为您构建和谐、愉快、宽松、快乐的学习环境，是我们的目标！”

赏心悦目的视觉享受

为了更加便于读者学习和阅读本书，我们聘请专业的图书排版与设计师，根据读者的阅读习惯，精心设计了赏心悦目的版式。全书图案精美、布局美观，读者可以轻松完成整个学习过程。“使阅读和学习成为一种乐趣，是我们的追求！”

更加人文化、职业化的知识结构

作为一套专门为初、中级读者策划编著的系列丛书，在图书内容安排方面，我们尽量摒弃枯燥无味的基础理论，精选了更适合实际生活与工作的知识点，帮助读者快速学习、快速提高，从而达到学以致用的目的。

- 内容起点低，操作上手快，讲解言简意赅，读者不需要复杂的思考，即可快速掌握所学的知识与内容。
- 图书内容结构清晰，知识点分布由浅入深，符合读者循序渐进与逐步提高的学习习惯，从而使学习达到事半功倍的效果。
- 对于需要实践操作的内容，全部采用分步骤、分要点的讲解方式，图文并茂，使读者不但可以动手操作，还可以在大量的实践案例练习中，不断提高操作技能和经验。

精心设计的教学体例

在全书知识点逐步深入的基础上，根据知识点及各个知识板块的衔接，我们科学地划分章节，在每个章节中，采用了更加合理的教学体例，帮助读者充分掌握所学的知识。

- 本章要点：在每章的章首页，我们以言简意赅的语言，清晰地表述了本章即将介绍的知识点，读者可以有目的地学习与掌握相关知识。
- 知识精讲：对于软件功能和实际操作应用比较复杂的知识，或者难以理解的内容，进行更为详尽的讲解，帮助您拓展、提高与掌握更多的技巧。
- 实践案例与上机指导：读者通过阅读和学习此部分内容，可以边动手操作，边阅读书中所介绍的实例，一步一步地快速掌握和巩固所学知识。
- 思考与练习：通过此栏目内容，不但可以温习所学知识，还可以通过练习，达到巩固基础、提高操作能力的目的。

微视频课堂

本套丛书配套的在线多媒体视频讲解课程，旨在帮助读者完成“从入门到提高，从实践操作到职业化应用”的一站式学习与辅导过程。

- 图书每个章节均制作了配套视频教学课程，读者在阅读过程中，只需拿出手机扫一扫标题处的二维码，即可打开对应的知识点视频学习课程。
- 视频课程不但可以在线观看，还可以下载到手机或者电脑中观看，灵活的学习方式，可以帮助读者充分利用碎片时间，达到最佳的学习效果。
- 关注微信公众号“文杰书院”，还可以免费学习更多的电脑软、硬件操作技巧，我们会定期免费提供更多视频课程，供读者学习、拓展知识。

图书产品与读者对象

“新起点电脑教程”系列丛书涵盖电脑应用的各个领域，为各类初、中级读者提供了全面的学习与交流平台，帮助读者轻松实现对电脑技能的了解、掌握和提高。本系列图书具体书目如下。

分　类	图　书	读者对象
电脑操作基础入门	电脑入门基础教程(Windows 10+Office 2016 版)(微课版)	适合刚刚接触电脑的初级读者，以及对电脑有一定的认识、需要进一步掌握电脑常用技能的电脑爱好者和工作人员，也可作为大中专院校、各类电脑培训班的教材
	五笔打字与排版基础教程(第 3 版)(微课版)	
	Office 2016 电脑办公基础教程(微课版)	
	Excel 2013 电子表格处理基础教程	
	计算机组装•维护与故障排除基础教程(第 3 版)(微课版)	
	计算机常用工具软件基础教程(第 2 版)(微课版)	
	电脑入门基础教程(Windows 10+Office 2016 版)(微课版)	
电脑基本操作与应用	电脑维护•优化•安全设置与病毒防范	适合电脑的初、中级读者，以及对电脑有一定基础、需要进一步学习电脑办公技能的电脑爱好者与工作人员，也可作为大中专院校、各类电脑培训班的教材
	电脑系统安装•维护•备份与还原	
	PowerPoint 2010 幻灯片设计与制作	
	Excel 2013 公式•函数•图表与数据分析	
	电脑办公与高效应用	
图形图像与辅助设计	Photoshop CC 中文版图像处理基础教程	适合对电脑基础操作比较熟练，在图形图像及设计类软件方面需要进一步提高的读者，以及图像编辑爱好者、准备从事图形设计类的工作人员，也可作为大中专院校、各类电脑培训班的教材
	After Effects CC 影视特效制作案例教程(微课版)	
	会声会影 X8 影片编辑与后期制作基础教程	
	Premiere CC 视频编辑基础教程(微课版)	
	Adobe Audition CC 音频编辑基础教程(微课版)	
	AutoCAD 2016 中文版基础教程	

续表

分　类	图　书	读者对象
图形图像与辅助设计	CorelDRAW X6 中文版平面创意与设计	适合对电脑基础操作比较熟练，在图形图像及设计类软件方面需要进一步提高的读者，以及图像编辑爱好者、准备从事图形设计类的工作人员，也可作为大中专院校、各类电脑培训班的教材
	Flash CC 中文版动画制作基础教程	
	Dreamweaver CC 中文版网页设计与制作基础教程	
	Creo 2.0 中文版辅助设计入门与应用	
	Illustrator CS6 中文版平面设计与制作基础教程	
	UG NX 中文版基础教程(微课版)	

全程学习与工作指导

为了帮助您顺利学习、高效就业，如果您在学习与工作中遇到疑难问题，欢迎来信与我们及时交流与沟通，我们将全程免费答疑。希望我们的工作能够让您更加满意，希望我们的指导能够为您带来更大的收获，希望我们可以成为志同道合的朋友！

最后，感谢您对本系列图书的支持，我们将再接再厉，努力为您奉献更加优秀的图书。衷心地祝愿您能早日成为电脑高手！

编　者

前　言

UG 是德国西门子公司推出的一款功能强大的三维 CAD/CAE/CAM 软件系统，也是当今世界上应用广泛的计算机辅助设计、分析与制造软件之一，在汽车、交通、航空航天、造船、数控加工、日用消费品、玩具、通用机械及电子工业等工程设计领域都有大规模的应用。UG NX 1892 在诸多方面进行了改进，其功能更加强大，设计也更加方便快捷。为了帮助工程设计初学者快速地了解和应用 UG NX 中文版，以便在日常的学习和工作中学以致用，我们编写了本书。

购买本书能学到什么

本书在编写过程中根据初学者的学习习惯，采用由浅入深、由易到难的方式讲解，读者还可以通过随书赠送的多媒体视频教学学习。全书结构清晰、内容丰富，共分为 10 章，主要内容包括以下 5 个部分。

1. UG NX 基础入门

本书第 1 章，介绍了 UG NX 基础入门的相关知识，包括 UG NX 工作环境、UG NX 基本操作、系统基本设置、视图布局和对象编辑操作等知识。

2. 二维草图和曲线设计

本书第 2～3 章，讲解了如何进行二维草图设计和曲线设计，包括草图设计、绘制基本二维草图曲线、编辑草图曲线、操作草图、草图约束、绘制常见的曲线特征、复杂曲线、编辑曲线和派生曲线的相关知识及应用案例。

3. 实体建模与特征设计

本书第 4～6 章，介绍了实体建模与特征设计，包括实体建模概述、基准特征、体素特征、拉伸与旋转、扫掠特征、布尔运算、特征设计概述、孔特征与凸台特征、腔体特征、垫块特征、键槽特征与槽特征、特征基础、关联复制、特征的编辑与操作的相关知识及操作方法。

4. 曲面设计

本书第 7 章，讲解了曲面设计的操作方法，包括曲面造型、操作曲面以及编辑曲面的相关操作知识及应用案例。

5. 装配、钣金和工程图设计

本书第 8～10 章，介绍了如何装配建模、设计钣金和工程图，主要包括装配概述、装配导航器介绍、自底向上装配、编辑组件、爆炸图、简化装配、NX 钣金概述、基础钣金特征、钣金的折弯与展开、冲压特征、钣金拐角处理、工程图概述、图纸管理、视图管理、视图编辑、图纸标注、打印工程图等相关知识及应用案例。

如何获取本书的学习资源

为帮助读者高效、快捷地学习本书的知识点，我们不但为读者准备了与本书知识点有关的配套素材文件，而且设计并制作了精品视频教学课程，还为教师准备了 PPT 课件资源。购买本书的读者，可以通过以下途径获取相关的配套学习资源。

1. 扫描书中二维码获取在线学习视频

读者在学习本书的过程中，可以使用微信的扫一扫功能，扫描本书标题左下角的二维码，在线观看视频课程。这些课程读者也可以下载并保存到手机或电脑中离线观看。

2. 登录网站获取更多学习资源

本书配套素材和 PPT 课件资源，读者可登录网址 http://www.tup.com.cn(清华大学出版社官方网站)下载，也可关注“文杰书院”微信公众号获取更多的学习资源。

本书由文杰书院编著，参与本书编写工作的有李军、袁帅、文雪、李强、高桂华、蔺丹、张艳玲、李统财、安国英、贾亚军、蔺影、李伟、冯臣、宋艳辉等。

我们真切希望读者在阅读本书之后，可以开阔视野，增长实践操作技能，并从中学习和总结操作的经验及规律，达到灵活运用的水平。鉴于编者水平有限，书中纰漏和考虑不周之处在所难免，热忱欢迎读者予以批评、指正，以便我们日后能为您编写更好的图书。

编　者

新起点 电脑教程

目 录

新起点 电脑教程

第 1 章

UG NX 中文版基础入门

本章要点

- UG NX 工作环境
- UG NX 基本操作
- 系统基本设置
- 视图布局
- 对象编辑操作

本章主要内容

本章主要介绍了 UG NX 工作环境、基本操作和系统基本设置方面的知识与技巧，同时讲解了如何进行视图布局，在本章的最后还针对实际的工作需求，讲解了对象编辑操作的方法。通过本章的学习，读者可以掌握 UG NX 中文版基础入门方面的知识，为深入学习 UG NX 中文版知识奠定基础。

1.1 UG NX 工作环境

UG NX 1892(本书写作的 UG 版本)建立在 NX 5.0 引入的基于角色的用户界面基础之上，并把此方法的覆盖范围扩展到整个应用程序，以确保在核心产品领域里面的一致性。本节将详细介绍 UG NX 工作环境的相关知识。

↑ 扫码看视频

1.1.1 主操作界面

UG NX 1892 的主操作界面主要包括标题栏、下拉菜单区、快速访问工具栏、功能区、图形区、部件导航器及资源工具条等，如图 1-1 所示。

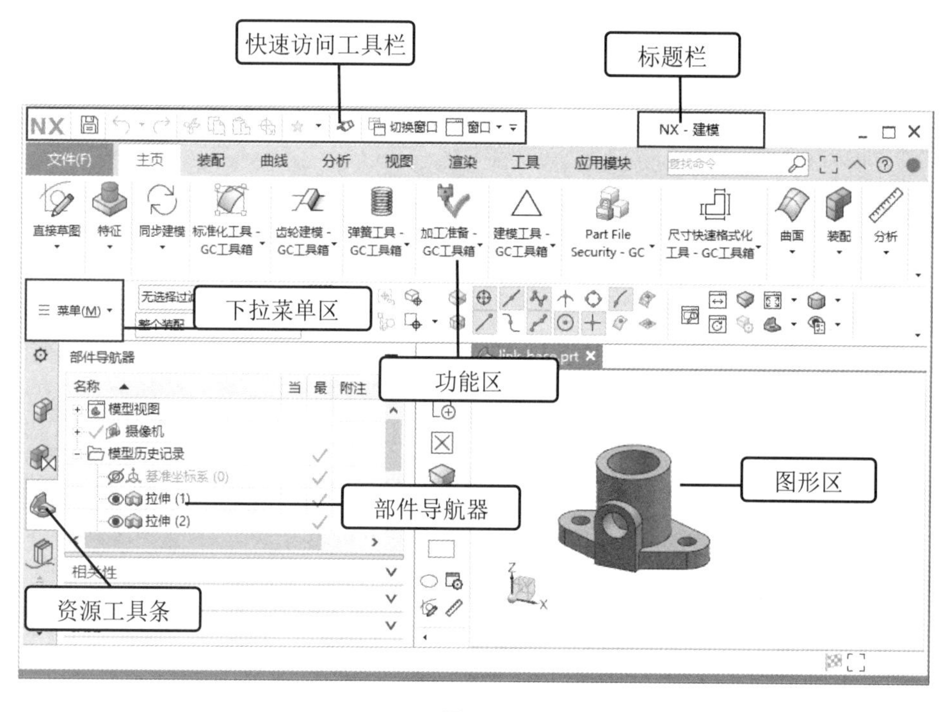

图 1-1

其中主要组成部分的含义介绍如下。

1. 下拉菜单区

下拉菜单区中包含创建、保存、修改模型和设置 UG NX 环境的所有命令。

2. 快速访问工具栏

该栏可以使用户快速启动经常使用的命令。默认情况下，快速访问工具栏中只有数量较少的命令，用户可以根据需要添加多个自定义命令。

3. 标题栏

标题栏可以显示 UG NX 版本、当前模块、当前工作部件文件名、当前工作部件文件的修改状态等信息。

4. 功能区

功能区以工具按钮的形式集中了 UG NX 的常用功能。用户可以根据个人需要自定义各功能选项卡中的按钮，也可以自己创建新的选项卡，将常用的命令按钮放在自定义的功能选项卡中。

5. 资源工具条

资源工具条包括【装配导航器】、【约束导航器】、【重用库】、【视图管理器导航器】和【历史记录】等导航工具，可以直接在每一种导航器上右击，快速进行各种操作。

6. 部件导航器

部件导航器显示了建模的先后顺序和父子关系，可以直接在相应的条目上右击，快速进行各种操作。

7. 图形区

图形区是 UG NX 用户主要的工作区域，建模的主要过程、绘制前后的零件图形、分析结果和模拟仿真过程等都在这个区域内显示。

知识精讲

用户会看到有些菜单命令和按钮处于非激活状态（呈灰色，即暗色），这是因为它们目前还没有处在发挥功能的环境中，一旦它们进入有关的环境，便会自动激活。

1.1.2　定制界面

启动软件后，一般情况下系统默认显示的是浅色界面主题，由于该界面主题下软件中的部分字体显示较小，不够清晰，用户可以将界面设置为【经典，使用系统字体】主题。本书也会采用该界面主题，下面详细介绍定制界面的操作方法。

第 1 步 启动软件后，单击左上角的【文件】按钮，如图 1-2 所示。

第 2 步 在弹出的下拉菜单中，选择【首选项】→【用户界面】菜单项，如图 1-3 所示。

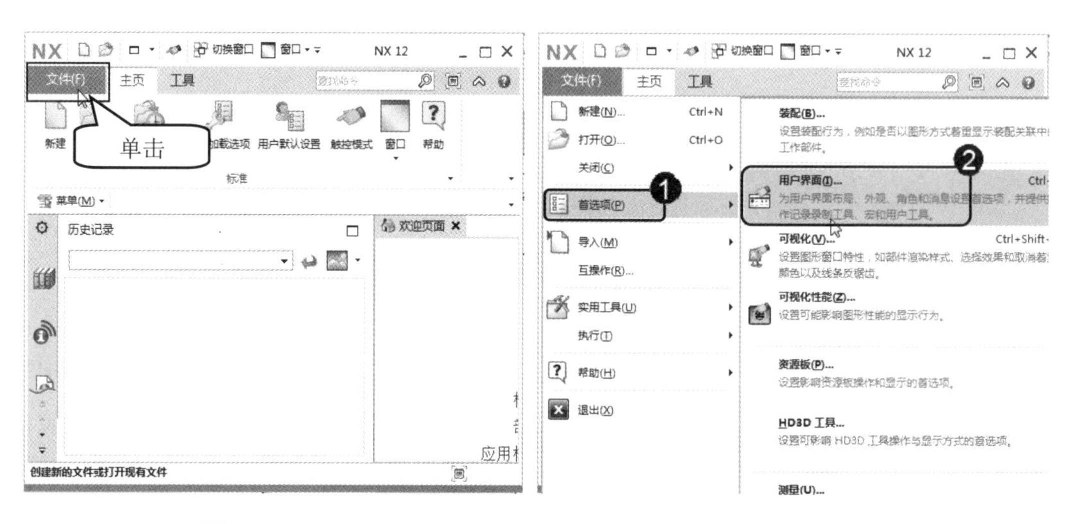

图 1-2　　图 1-3

第 3 步 弹出【用户界面首选项】对话框，1. 选择【主题】选项，2. 在右侧的【类型】下拉列表中选择【经典，使用系统字体】选项，如图 1-4 所示。

第 4 步 在【用户界面首选项】对话框中单击【确定】按钮，即可完成界面设置，效果如图 1-5 所示。

图 1-4　　图 1-5

1.1.3 定制选项卡及菜单

启动 UG NX 软件后，选择【菜单】→【工具】→【定制】菜单项，系统即可弹出【定制】对话框，如图 1-6 所示，用户可以对工具条及菜单进行定制操作。

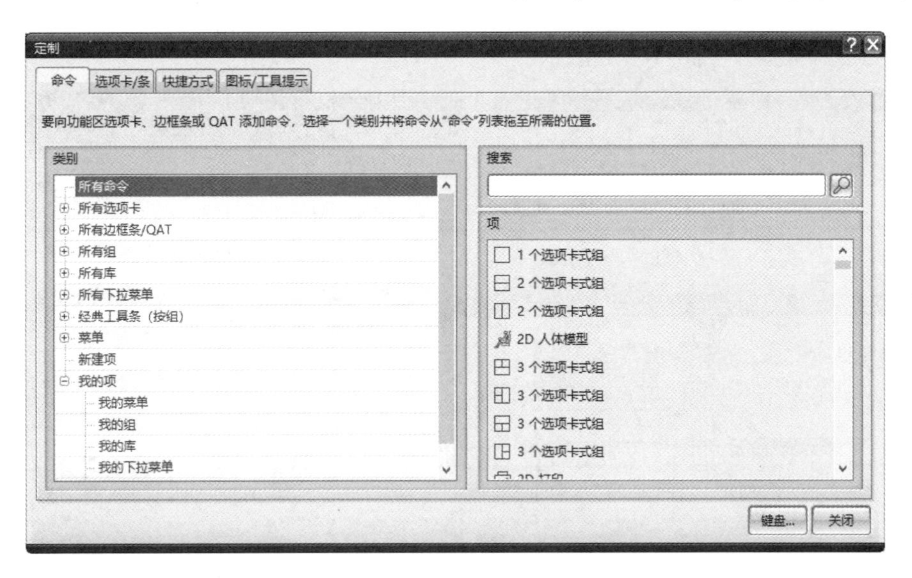

图 1-6

1. 在下拉菜单中定制命令

在【定制】对话框中切换到【命令】选项卡，通过此选项卡可以改变下拉菜单的布局，可以将各类命令添加到下拉菜单中。下面以定制下拉菜单【插入】→【基准/点】→【平面】命令为例，来详细介绍定制菜单的操作方法。

第 1 步 打开【定制】对话框，切换到【命令】选项卡，在【类别】列表框中选择【菜单】节点下的【插入】选项，如图 1-7 所示。

第 2 步 右边列表框中列出了该选项包含的所有命令，**1.** 右击【基准/点】选项，**2.** 在弹出的快捷菜单中选择【添加或移除按钮】菜单项，**3.** 选择【平面】菜单项，如图 1-8 所示。

图 1-7　　　　图 1-8

第 3 步 单击【关闭】按钮，完成设置，如图 1-9 所示。

第 4 步 此时，用户可以选择【菜单】→【插入】→【基准/点】菜单项，即可看到【平面】命令已被添加，如图 1-10 所示。

图 1-9　　　　图 1-10

2. 定制选项卡

在【定制】对话框中切换到【选项卡/条】选项卡，用户可以通过该选项卡改变选项卡的布局，将各类选项卡放在功能区中。下面以添加【逆向工程】选项卡为例，来详细介绍定制选项卡的操作方法。

第 1 步 打开【定制】对话框，*1.* 切换到【选项卡/条】选项卡，*2.* 选中【逆向工程】复选框，*3.* 单击【关闭】按钮，如图 1-11 所示。

第 2 步 返回到 UG NX 软件的主界面中，可以看到已经将【逆向工程】选项卡添加到功能区中，这样即可完成定制选项卡的操作，如图 1-12 所示。

图 1-11　　　　图 1-12

3. 快捷方式设置

在【定制】对话框中切换到【快捷方式】选项卡，可以对快捷菜单和挤出式菜单中的命令及布局进行设置，如图 1-13 所示。

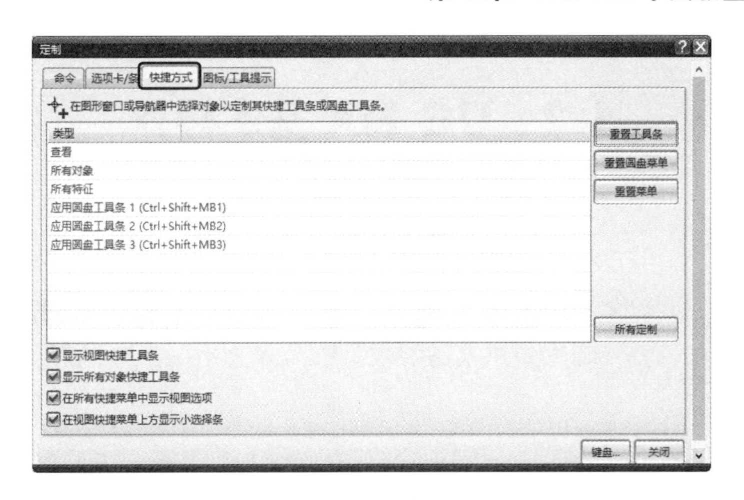

图 1-13

4. 设置图标和工具提示

在【定制】对话框中切换到【图标/工具提示】选项卡，可以对菜单的显示、工具条图标大小以及菜单图标大小进行设置，如图 1-14 所示。

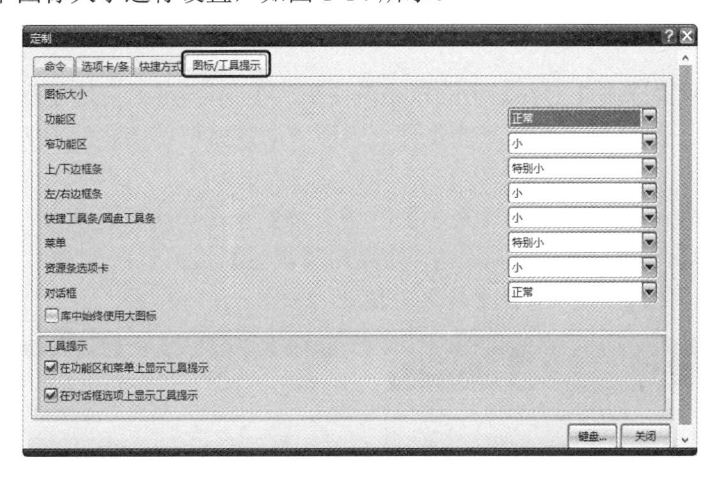

图 1-14

工具提示是一个消息文本框，用于对鼠标指示的命令和选项进行提示。将鼠标指针放置在工具条中的按钮或对话框中的某些选项上，即可出现工具提示，如图 1-15 所示。

图 1-15

考考您

请您根据上述方法定制选项卡及菜单，测试一下您的学习效果。

1.2　UG NX 基本操作

本节将详细介绍 UG NX 的基本操作，包括文件管理基本操作、视图基本操作、模型显示基本操作、对象选择基本操作等相关知识及方法。

↑ 扫码看视频

1.2.1　文件管理基本操作

在 UG NX 中，常用的文件管理基本操作包括新建文件、打开文件、保存文件、关闭文件、文件导入与导出、退出 UG 等。文件管理基本操作的命令位于【菜单】下拉菜单中。

1. 新建文件

【菜单】下拉菜单中【文件】子菜单中的【新建】命令(其对应的工具按钮为【新建】按钮)用于创建一个新的设定类型的文件。下面以创建模型部件文件为例介绍新建文件的操作步骤。

第 1 步 启动软件后，选择【菜单】→【文件】→【新建】菜单项，如图 1-16 所示。

第 2 步 弹出【新建】对话框，1. 切换到【模型】选项卡，2. 选择【模型】模板，3. 设置名称和文件位置，4. 单击【确定】按钮，如图 1-17 所示。

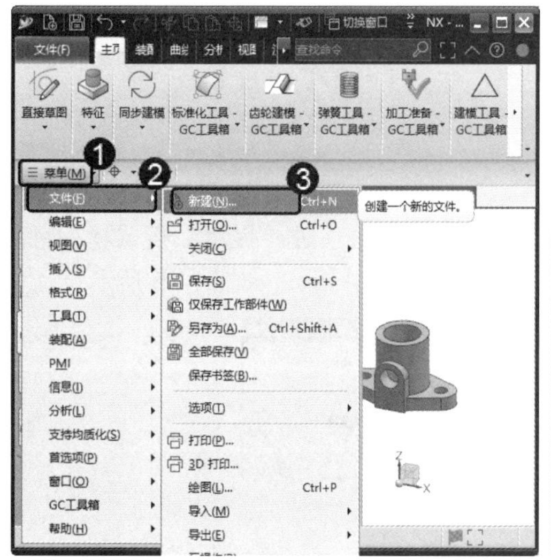

图 1-16

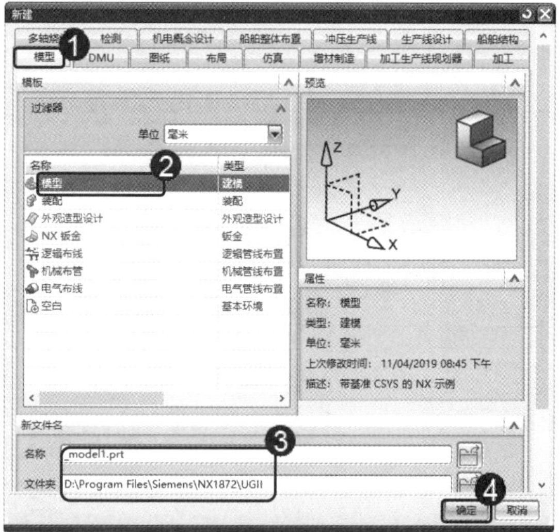

图 1-17

第 3 步 可以看到已经新建了一个模型部件文件，这样即可完成新建文件的操作，如图 1-18 所示。

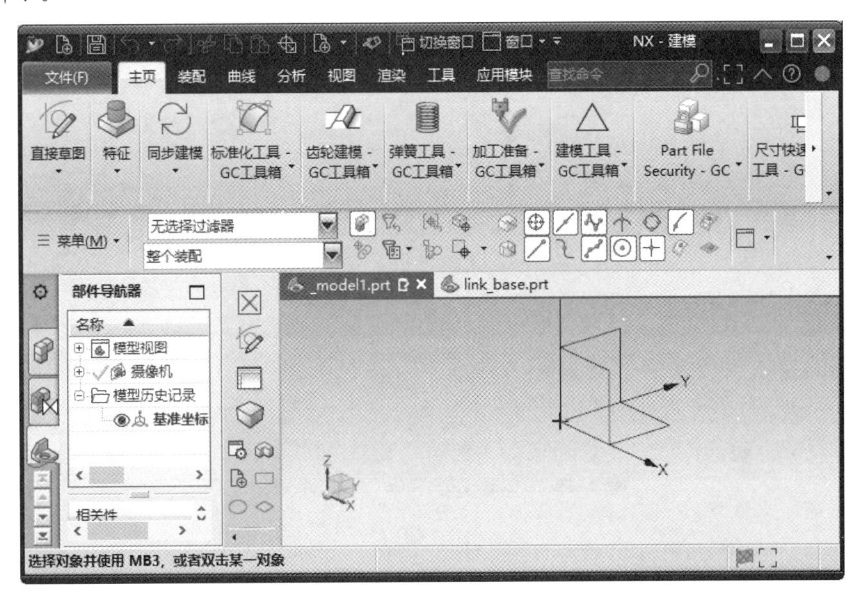

图 1-18

2. 打开文件

要打开现有的一个文件，则可以选择【文件】→【打开】菜单项，或者在【标准】工具栏中单击【打开】按钮，系统即可弹出图 1-19 所示的【打开】对话框。

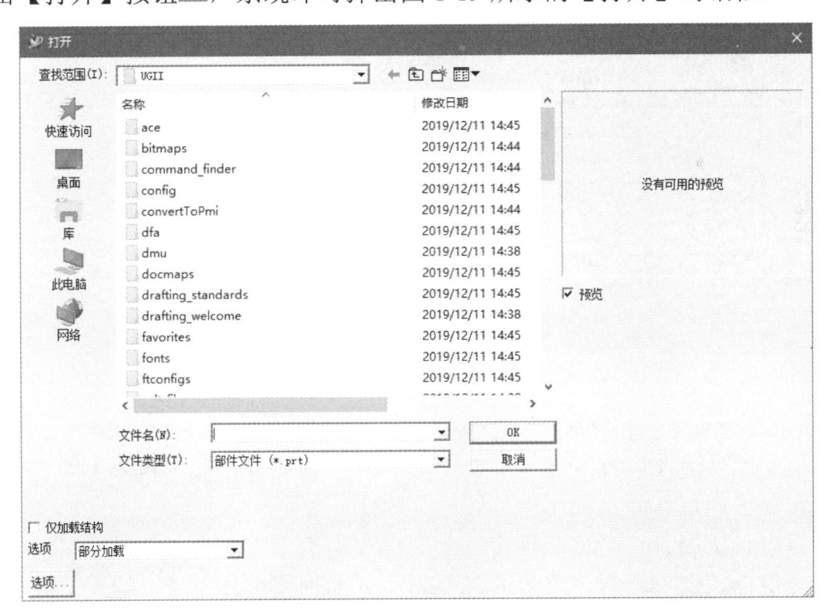

图 1-19

利用该对话框设定所需的文件类型，浏览目录并选择要打开的文件，需要时可设置预览选定的文件以及设置是否加载设定内容等。如果在【打开】对话框中单击【选项】按钮，则可以利用弹出的图 1-20 所示的【装配加载选项】对话框来设置装配加载选项。从指定目录范围中选择要打开的文件后，单击【确定】按钮即可。

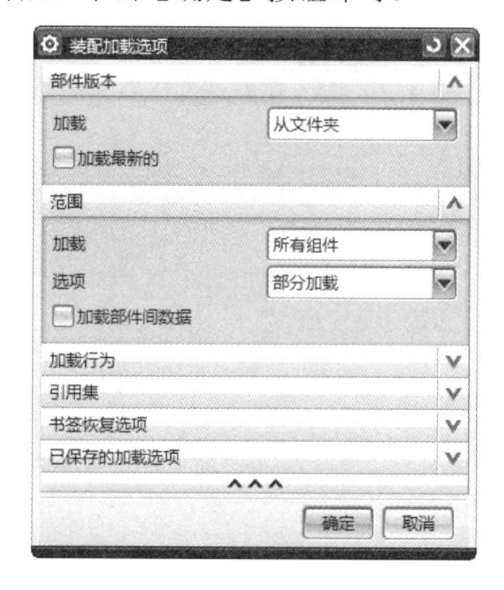

图 1-20

3. 保存文件

在【菜单】→【文件】菜单中提供了多种保存操作命令，如图 1-21 所示。

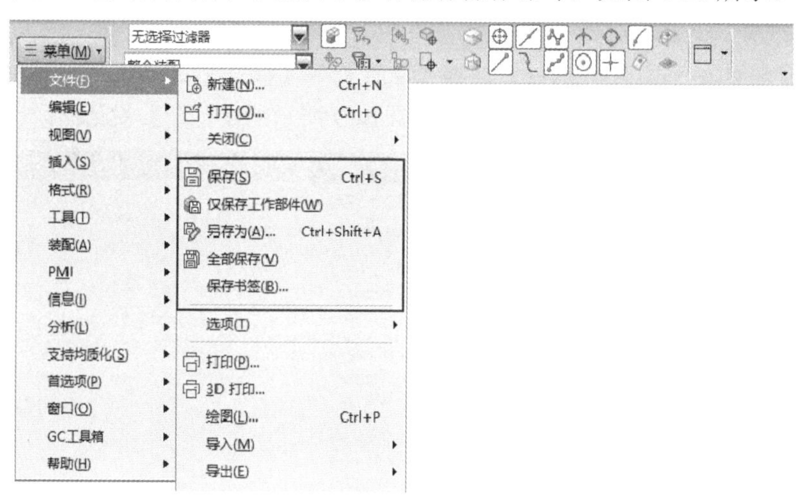

图 1-21

- 保存。保存工作部件和任何已修改的组件，该命令的快捷键为 Ctrl+S。
- 仅保存工作部件。仅将工作部件保存起来。
- 另存为。使用其他名称在指定目录中保存当前工作部件。
- 全部保存。保存所有已修改的部件和所有的顶层装配部件。
- 保存书签。在书签文件中保存装配关联，包括组件可见性、加载选项和组件组等。

4. 关闭文件

【菜单】→【文件】菜单中包含一个【关闭】级联菜单，其中提供了用于不同方式关闭文件的命令，如图 1-22 所示。用户可以根据实际情况选用一种关闭命令，例如，选择【另存并关闭】命令，可以用其他名称保存工作部件并关闭。

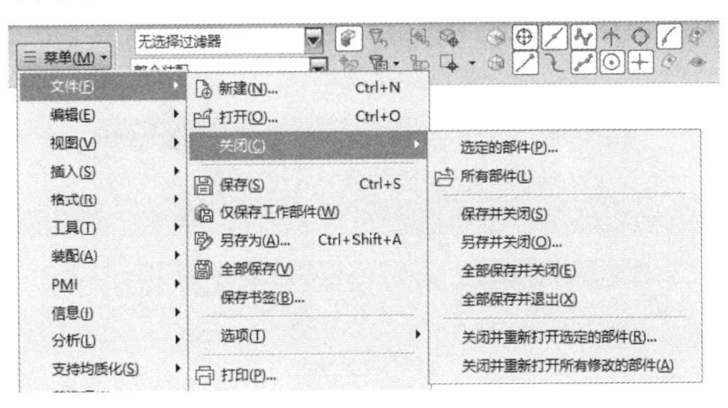

图 1-22

此外，在【菜单】项右侧部位单击【关闭】按钮![关闭], 也可以关闭当前活动工作部件。

5. 文件导出与导入

UG NX 提供有强大的数据交换接口，可以与其他一些设计软件共享数据，以便充分发挥各自设计软件的优势。UG NX 可以将其自身的模型数据转换为多种数据格式文件以便被其他设计软件调用，也可以读取其他设计软件所生成的特定类型的数据文件，这就需要分别用到图 1-23 所示的【文件】→【导出】子菜单和图 1-24 所示的【文件】→【导入】子菜单。

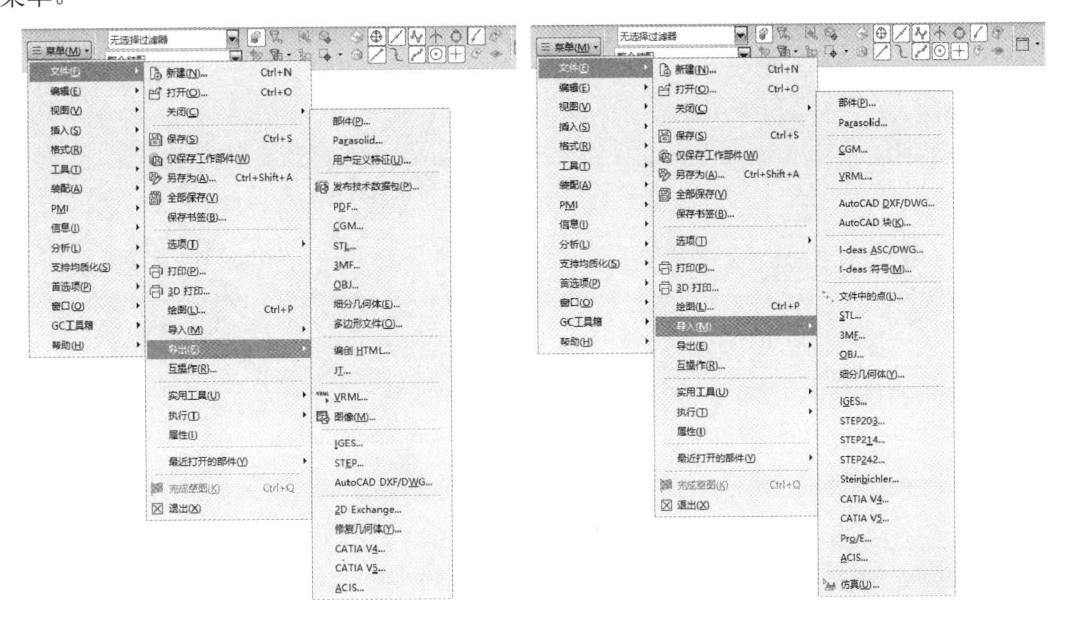

图 1-23　　　　　　　　图 1-24

6. 退出 UG

修改一个文件后，若想要退出 UG 作业，那么可以选择【菜单】→【文件】→【退出】菜单项，或者直接单击屏幕右上角标题栏中的【关闭】按钮![关闭]。

系统弹出图 1-25 所示的【退出】对话框，提示文件已经修改并询问在退出之前是否保存文件。此时，用户可以单击【是-保存并退出】按钮来保存文件并退出 UG 系统；或者单击【否-退出】按钮以不保存文件并直接退出 UG 系统；如果单击【取消】按钮则取消退出 UG 系统的命令操作。

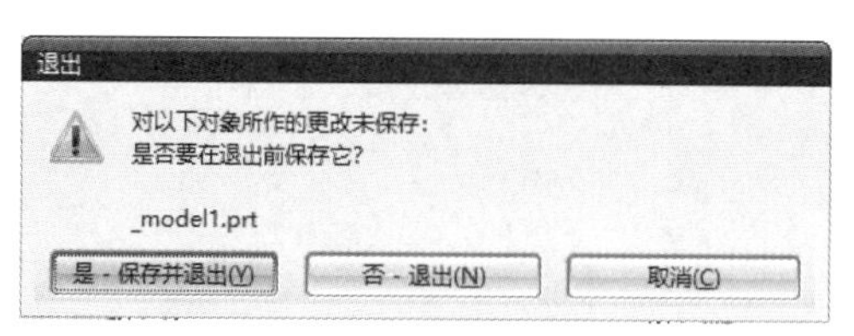

图 1-25

1.2.2 视图基本操作

使用 UG 进行部件设计离不开操控工作视图方位。本小节介绍的内容包括视图基本操作的命令、使用鼠标操控工作视图方位、确定视图方向(使用预定义视图方向)、使用快捷键和使用视图三重轴等。

1. 视图基本操作的命令

视图基本操作的命令位于【菜单】→【视图】→【操作】级联菜单中，如图 1-26 所示。

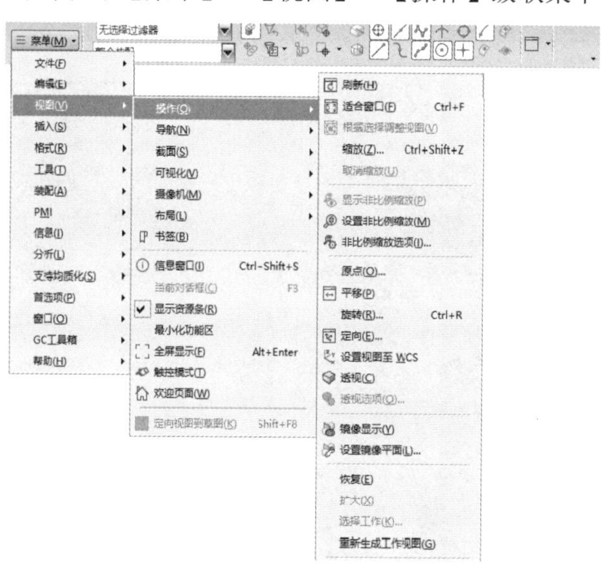

图 1-26

它们的主要功能含义如下。

- 刷新。重画图形窗口中的所有视图，例如为了擦除临时显示的对象。
- 适合窗口。调整工作视图的中心和比例，以显示所有对象，其快捷键为 Ctrl+F。
- 缩放。放大或缩小工作视图，其快捷键为 Ctrl+Shift+Z。
- 原点。更改工作视图的中心。
- 平移。执行此命令时，按住鼠标左键并拖动鼠标可平移视图。

- 旋转。使用鼠标绕特定的轴旋转视图，或将其旋转至特定的视图方位。
- 定向。将工作视图定向到指定的坐标系。
- 透视。将工作视图从平行投影更改为透视投影。
- 透视选项。控制透视图中从摄像机到目标的距离等。
- 恢复。将工作视图恢复为上次视图操作之前的方位和比例。
- 重新生成工作视图。重新生成工作视图以移除临时显示的对象并更新任何已修改的几何体的显示。

2. 使用鼠标操控工作视图方位

在实际工作中，巧妙地使用鼠标可以快捷地进行一些视图操作，见表 1-1。

表 1-1　使用鼠标操控工作视图的方法

序号	视图操作	具体操作说明	备　注
1	旋转模型视图	在图形窗口中，按住鼠标中键(MB2)的同时拖动鼠标，可以旋转模型视图	如果要围绕模型上某一位置旋转，那么可先在该位置按住鼠标中键(MB2)一会儿，然后开始拖动鼠标
2	平移模型视图	在图形窗口中，按住鼠标中键和右键(MB2+MB3)的同时拖动鼠标，可以平移模型视图	也可以在按住 Shift 键和鼠标中键(MB2)的同时拖动鼠标来实现
3	缩放模型视图	在图形窗口中，按住鼠标左键和中键(MB1+MB2)的同时拖动鼠标，可以缩放模型视图	也可以使用鼠标滚轮，或者按住 Ctrl 键和鼠标中键(MB2)的同时拖动鼠标

3. 确定视图方向(使用预定义视图方位)

可以使用预定义的视图方位。若要恢复正交视图或其他预定义命名视图，那么可在图形窗口的空白区域中右击，接着从弹出的快捷菜单中选择【定向视图】命令以展开其级联菜单，如图 1-27 所示，然后从中选择一个视图命令即可。

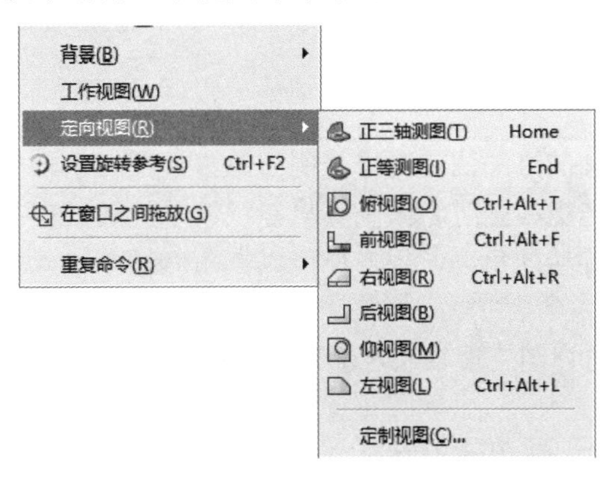

图 1-27

4. 使用快捷键

表 1-2 列出了用于快速切换视图方位的几组快捷键。

表 1-2 快速切换视图方位的快捷键

序号	快捷键	对应功能或操作结果
1	Home	改变当前视图到正二测视图(Trimetric)
2	End	改变当前视图到正等测视图(Isometric)
3	Ctrl+Alt+T	改变当前视图到俯视图，即定向工作视图以便与俯视图(TOP)对齐
4	Ctrl+Alt+F	改变当前视图到前视图，即定向工作视图以便与前视图(FRONT)对齐
5	Ctrl+Alt+R	改变当前视图到右视图，即定向工作视图以便与右视图(RIGHT)对齐
6	Ctrl+Alt+L	改变当前视图到左视图，即定向工作视图以便与左视图(LEFT)对齐
7	F8	改变当前视图到选择的平面、基准平面或与当前视图方位最接近的平面视图(俯视图、前视图、右视图、后视图、仰视图、左视图等)

5. 使用视图三重轴

视图三重轴显示在图形窗口的左下角位置处，它是表示模型绝对坐标系方位的可视指示器，如图 1-28 所示。

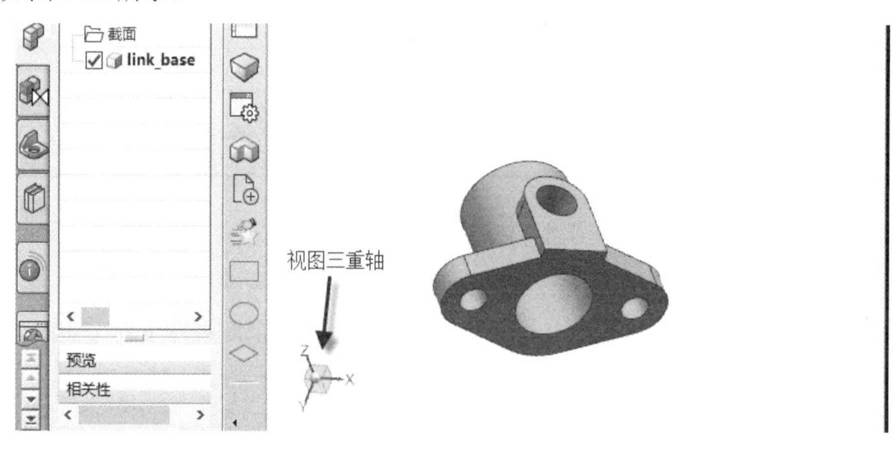

图 1-28

使用视图三重轴的方法比较简单，例如单击视图三重轴中的一个轴，则会锁定该轴，接着使用鼠标中键拖曳视图时将限制其只能绕该轴旋转。在视图三重轴附近出现的角度框显示视图绕锁定轴旋转的角度，用户亦可以在角度框中输入角度值来精确绕锁定轴旋转视图。

按 Esc 键或单击视图三重轴原点手柄可返回到正常旋转状态。

1.2.3 模型显示基本操作

在三维产品设计过程中，为了查看模型的整体显示效果，可以改变当前模型的渲染样式(即显示样式)，这可以在【视图】工具栏的【显示样式】下拉列表中进行相应设置，如图 1-29 所示。当然也可以在图形窗口的空白区域中右击，从弹出的快捷菜单中选择【渲染样式】级联菜单，如图 1-30 所示，然后从该级联菜单中选择一个渲染样式命令即可。

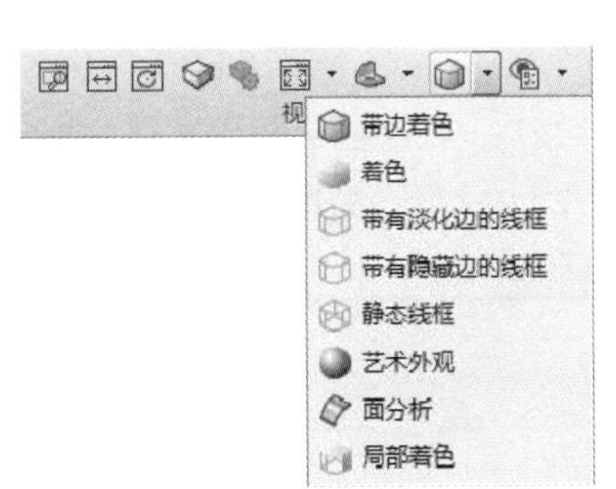

图 1-29

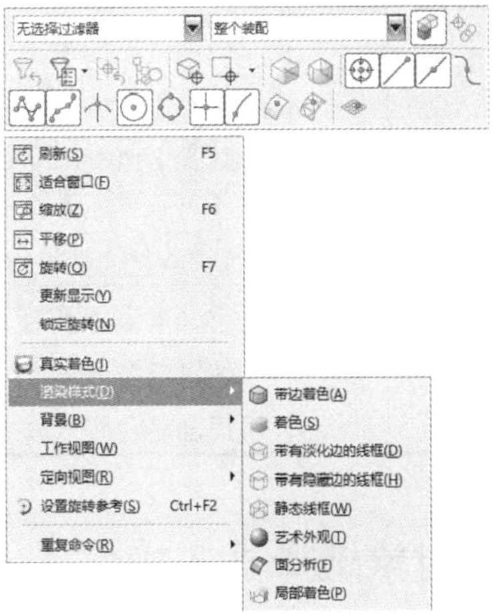

图 1-30

可用的模型显示样式见表 1-3。

表 1-3　模型显示样式

序号	显示样式	图标	说　明	图　例
1	带边着色		用光顺着色和打光渲染工作视图中的面并显示面的边	
2	着色		用光顺着色和打光渲染工作视图中的面(不显示面的边)	
3	带有淡化边的线框		对不可见的边缘线用淡化的浅色细实线来显示，其他可见的线(含轮廓线)则用相对粗的设定颜色的实线显示	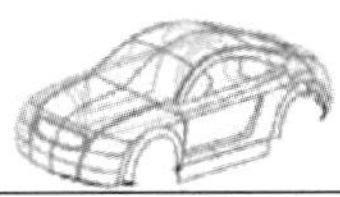
4	带有隐藏边的线框		对不可见的边缘线进行隐藏，而可见的轮廓边以线框形式显示	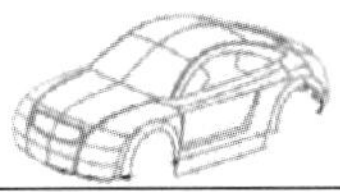
5	静态线框		系统将显示当前图形对象的所有边缘线和轮廓线，而不管这些边线是否可见	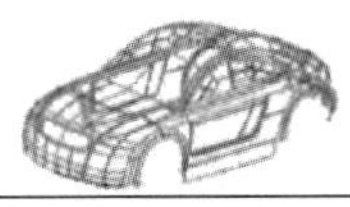
6	艺术外观		根据指派的基本材料、纹理和光源实际渲染工作视图中的面，使得模型显示效果更接近于真实	

续表

序号	显示样式	图标	说　明	图　例
7	面分析		用曲面分析数据渲染工作视图中的分析曲面，即用不同的颜色、线条、图案等方式显示指定表面上各处的变形、曲率半径等情况，可通过【编辑对象显示】对话框(选择【编辑】→【对象显示】命令并选择对象后可打开【编辑对象显示】对话框)来设置着色面的颜色	
8	局部着色		用光顺着色和打光渲染工作视图中的局部着色面(可通过【编辑对象显示】对话框来设置局部着色的颜色，并注意启用局部着色模式)，而其他表面用线框形式显示	

1.2.4　对象选择基本操作

在进行模型设计时，对象选择操作是较为频繁的一类基础操作。通常要选择一个对象，将鼠标指针移至该对象上并单击即可，重复此操作可以继续选择其他对象。下面介绍的选择方法需要用户熟练掌握。

1. 使用【快速选取】对话框

当碰到多个对象相距很近的情况时，则可以使用【快速选取】对话框来选择所需的对象。使用【快速选取】对话框选择对象的方法步骤如下。

将鼠标指针置于要选择的对象上保持不动，待在鼠标指针旁出现 3 个点时，单击，弹出【快速选取】对话框，如图 1-31 所示。此外，用户亦可通过在对象上按住鼠标左键，等到在鼠标指针旁出现 3 个点时释放鼠标左键，系统也会弹出【快速选取】对话框。

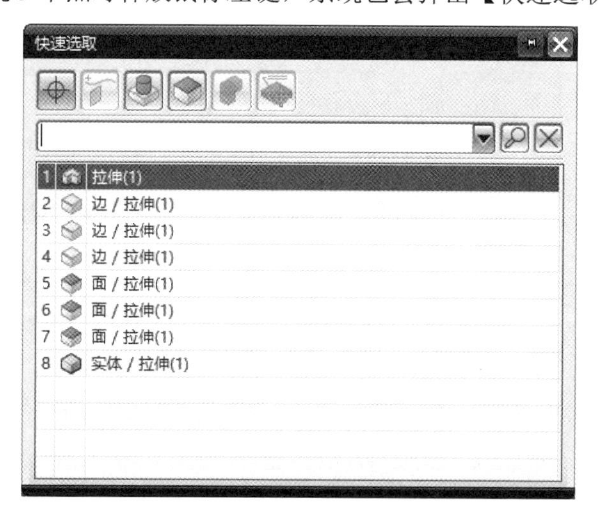

图 1-31

在【快速选取】对话框的列表框中列出了鼠标指针下的多个对象，在该列表框中单击

某个对象使其高亮显示即可选择。

2. 使用选择条和迷你选择条

选择条(即【选择条】工具栏)为用户提供了各种选择工具及选项来选择对象，如图 1-32 所示。

图 1-32

其中，利用【类型】下拉列表框(也称类型过滤器)里的选项过滤选择至特定对象类型，如曲线、组件、草图、特征、实体、片体、基准、面和边等；利用【范围】下拉列表框设置过滤对象，按照模型的设定范围去选择，例如设置选择范围为【整个装配】、【在工作部件和组件内部】或【仅在工作部件内部】。

可以设置在图形窗口中右击使用迷你选择条，如图 1-33 所示，使用此迷你选择条可以快速进行选择过滤器设置。

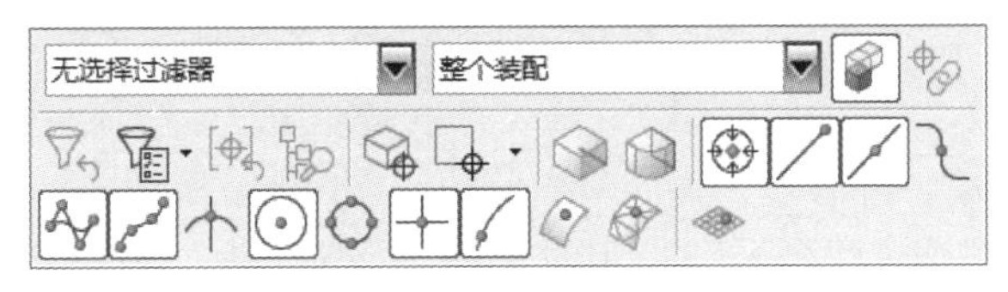

图 1-33

3. 使用类选择器

在一些复杂建模的工作中，使用鼠标直接选择对象会较为麻烦，此时可以使用 UG 提供的类选择器来快速辅助选择对象。下面以执行“对象显示”操作为例介绍怎么应用类选择过滤器。

选择【菜单】→【编辑】→【对象显示】菜单项，即可弹出图 1-34 所示的【类选择】对话框(即类选择过滤器)，可以使用【类选择】对话框提供的类选择功能来选择所需的对象。

1)　对象类选择

对象类选择是使用【对象】选项组中的工具选择对象。例如在【对象】选项组中单击【选择对象】按钮，则在绘图区域中会选择一个或多个对象，需要时可以单击【反选】按钮以使得刚刚被选对象以外的其他对象被选择。如果单击【全选】按钮，则选择绘图区中的所有有效对象。注意结合使用过滤器可以缩小选择范围，减少误选择操作。

2)　其他常规选择方法

在【其他选择方法】选项组中可以根据名称来选择对象。

3)　过滤器类选择

用过滤器类选择方式，可以在选择对象的时候过滤掉一部分不相关的对象，从而大大地方便了整个选择过程。【过滤器】选项组中提供了以下 5 种过滤器类控制功能。

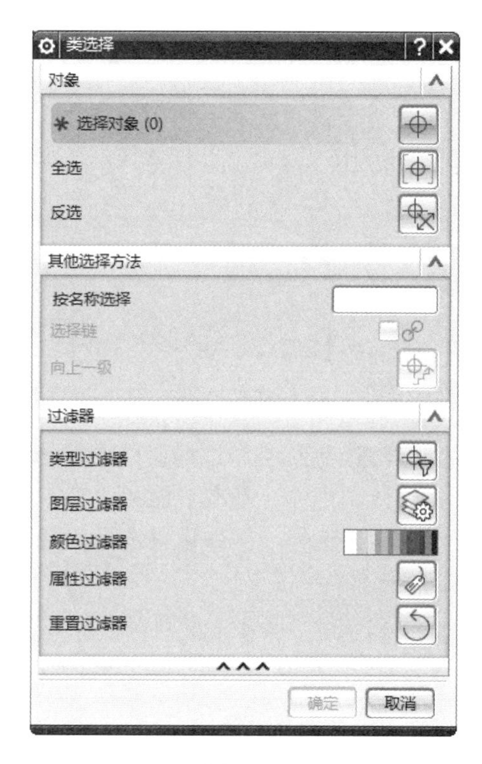

图 1-34

(1) 类型过滤器。该过滤器通过指定对象的类型来限制对象的选择范围。单击【类型过滤器】按钮，弹出图 1-35 所示的【按类型选择】对话框，利用此对话框可以对曲线、面、实体等类型进行限制，还可以通过单击【细节过滤】按钮来对细节类型进行下一步的控制。

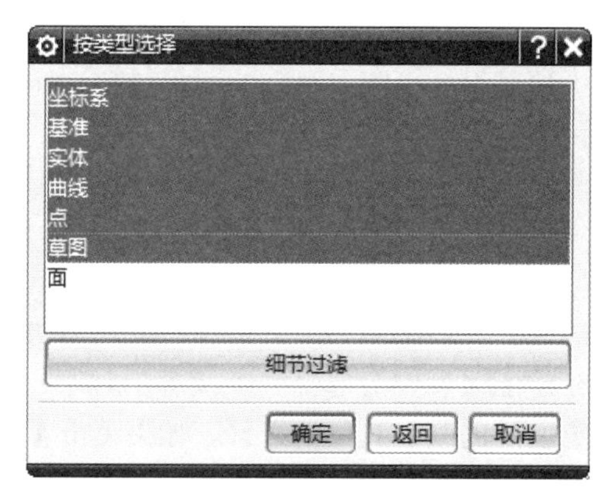

图 1-35

(2) 图层过滤器。该过滤器通过指定层来限制选择对象。单击【图层过滤器】按钮，系统弹出图 1-36 所示的【按图层选择】对话框供用户通过图层来选择对象。

(3) 颜色过滤器。该过滤器是通过颜色设定来选择满足颜色要求的对象。单击【颜色过滤器】按钮，系统弹出图 1-37 所示的【颜色】对话框，在该对话框中选定颜色，单击【确定】按钮，接着框选整个模型以选择要编辑的对象，则颜色相同的对象将会被选中。

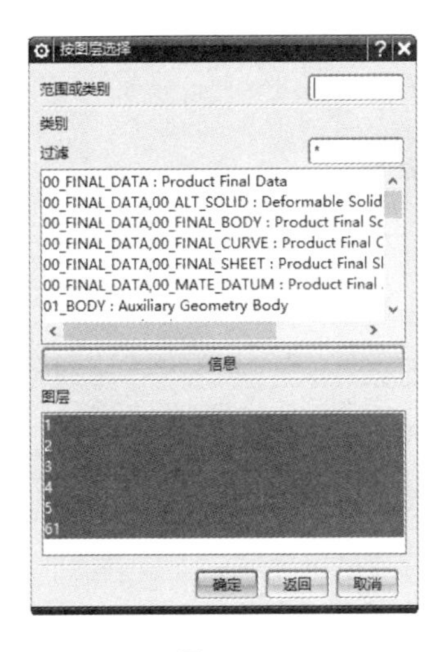

图 1-36

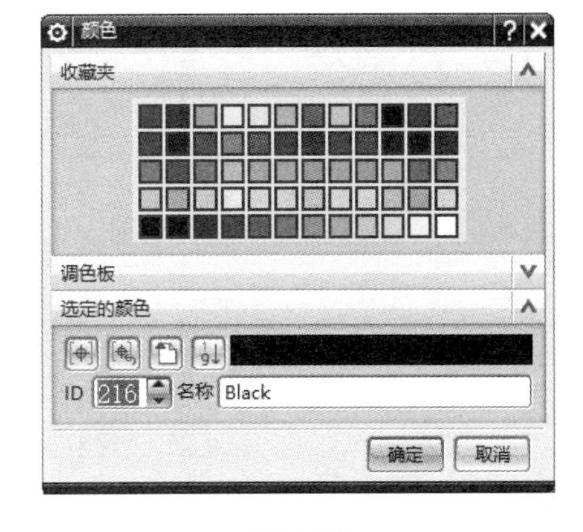

图 1-37

(4) 属性过滤器。单击【属性过滤器】按钮，弹出图 1-38 所示的【按属性选择】对话框，通过该对话框设置属性以过滤选择对象。

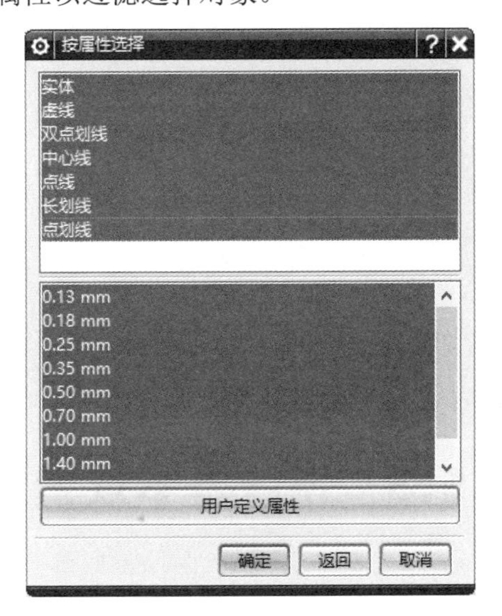

图 1-38

(5) 重置过滤器。单击【重置过滤器】按钮，可以重新设置过滤器类型。

使用【类选择】对话框辅助选择好对象后单击【确定】按钮，系统会弹出图 1-39 所示的【编辑对象显示】对话框，从中可修改选定对象的图层、颜色、线型、宽度、透明度、着色和分析显示状态等。

4. 取消选择对象

如果选择了一个并不需要的对象，在这种情况下可通过按下键盘上的 Shift 键的同时并单击该选定对象来取消选择它。在未打开任何对话框时，要取消选择图形窗口中的所有已选对象，可以按 Esc 键来清除当前选择。

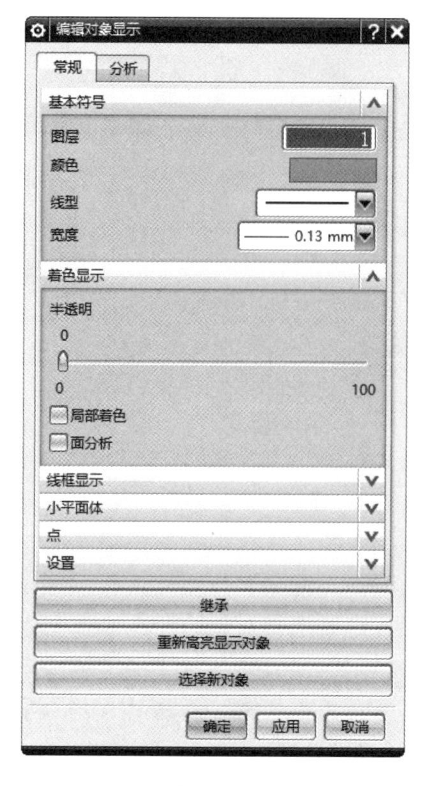

图 1-39

考考您

请您根据上面介绍的知识进行对象的选择操作，测试一下您的学习效果。

1.3 系统基本设置

在使用UG NX进行建模之前，首先要对其进行系统设置。UG NX 允许用户对系统基本参数进行个性化定制，使绘图环境更适合自己和所在的设计团队。本节将详细介绍功能区和默认参数设置的相关知识及操作方法。

↑ 扫码看视频

1.3.1 功能区设置

UG NX 1892 根据实际使用情况可以将常用工具组合为不同的功能区，进入不同的模块就会显示相关的功能区。同时，用户也可以自定义功能区的显示/隐藏状态。

在功能区上方区域的空白位置处右击，即可弹出图 1-40 所示的功能区设置快捷菜单，用户可以根据个人需要，设置界面中显示的功能区，从而方便操作。

用户在设置时，只需勾选相应的功能选项复选框即可；如果想要取消设置，只需取消勾选该选项。

单击功能区下方的下拉按钮▾，在弹出的下拉菜单中选择可以添加或删除的功能区中的组，如图 1-41 所示。

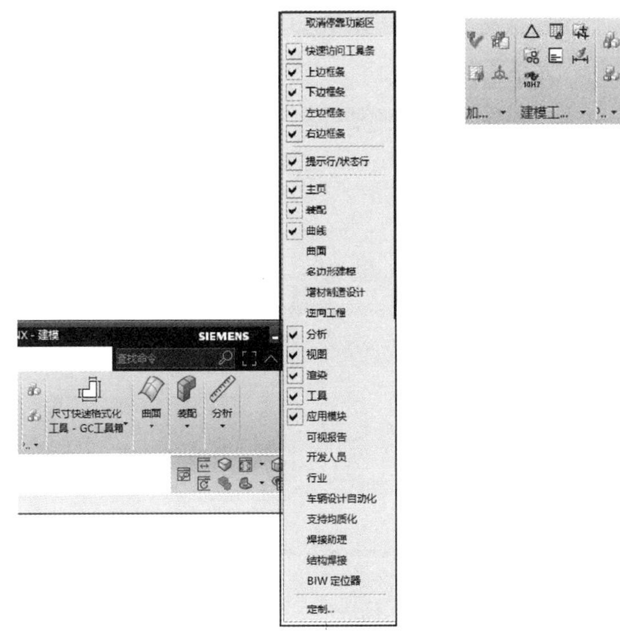

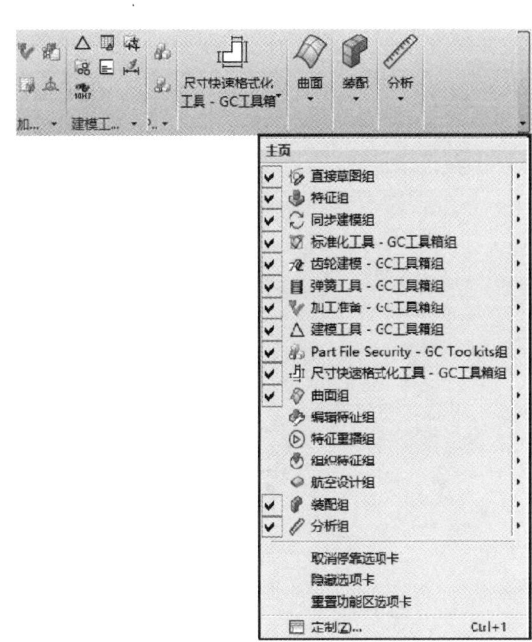

图 1-40　　　　图 1-41

单击功能区中某个组右下方的下拉按钮▾，在弹出的下拉菜单中通过选择可以添加或删除该组内的工具按钮，如图 1-42 所示。

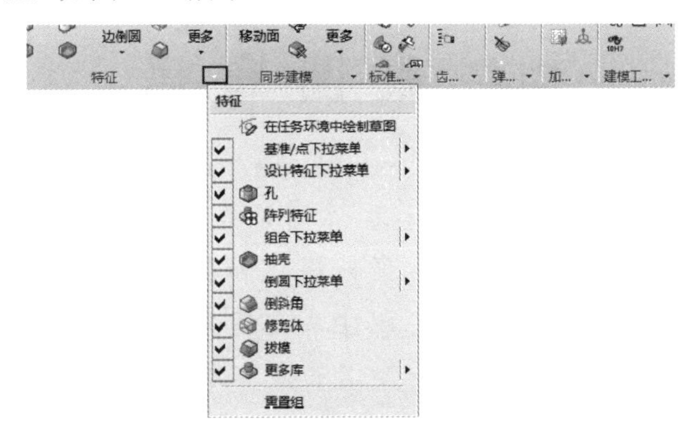

图 1-42

1.3.2　用户默认设置

在 UG NX 1892 环境中，操作参数一般都可以修改。大多数的操作参数，如图形尺寸的

单位、尺寸的标注方式、字体的大小以及对象的颜色等，都有默认值，这些默认值都保存在默认参数设置文件中，当启动 UG NX 1892 时，系统会自动调用参数设置文件中的默认参数。

用户可以通过多种方法修改默认参数，可以根据个人使用习惯先设置默认参数的默认值，从而提高工作效率。选择【菜单】→【文件】→【实用工具】→【用户默认设置】菜单项，如图 1-43 所示，即可弹出【用户默认设置】对话框，如图 1-44 所示。

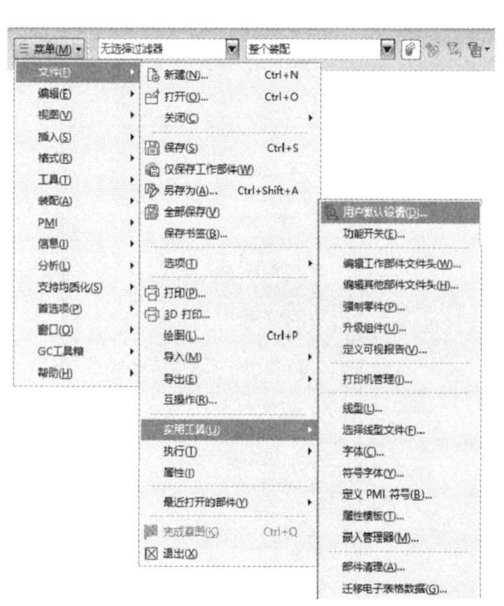

图 1-43

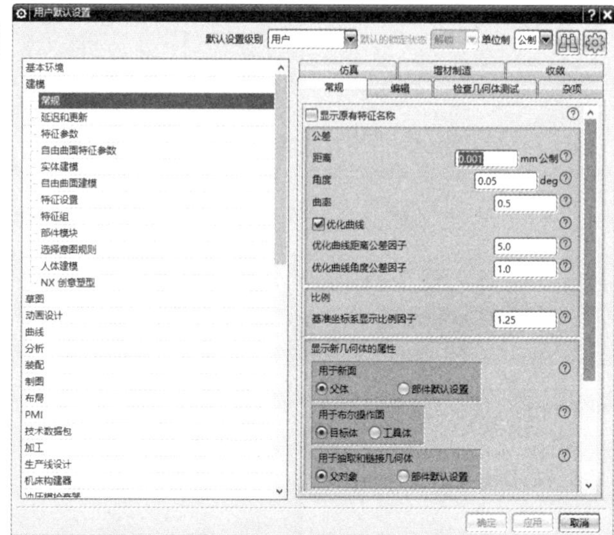

图 1-44

考考您

请您根据上面介绍的知识进行用户默认设置，测试一下您的学习效果。

1.4 视 图 布 局

视图布局的主要作用是在工作区内显示多个视角的视图，使用户更加方便地观察和操作模型。用户可以定义系统默认的视图，也可以生成自定义的视图布局。本节将详细介绍视图布局的相关知识及操作方法。

↑ 扫码看视频

1.4.1 新建视图布局

如果要新建视图布局，则可以按照以下的操作方法和步骤来进行。

第 1 步 选择【菜单】→【视图】→【布局】→【新建】菜单项，如图 1-45 所示。

第 2 步 弹出【新建布局】对话框，此时系统提示选择新布局中的视图，指定视图布局名称。在【名称】文本框中输入新建视图布局的名称，或者接受系统默认的新视图布局名称。默认的新视图布局名称是以“LAY#”形式来命名的，#为从 1 开始的序号，后面的序号依次加 1 递增，如图 1-46 所示。

图 1-45

图 1-46

第 3 步 选择系统提供的视图布局模式。【布置】下拉列表框中提供了 6 种可供选择的默认布局模式，选择所需要的一种布局模式，例如选择 L2 视图布局模式，如图 1-47 所示。

第 4 步 修改视图布局。当用户在【布置】下拉列表框中选择一个系统预定义的命名视图布局模式后，可以根据需要修改该视图布局。例如，选择 L2 视图布局模式后，想把右视图改为正等测视图，那么可以在【新建布局】对话框中单击【右视图】按钮，如图 1-48 所示。

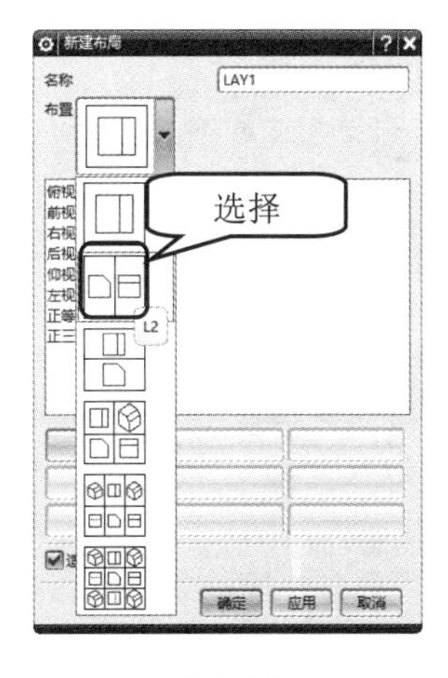

图 1-47

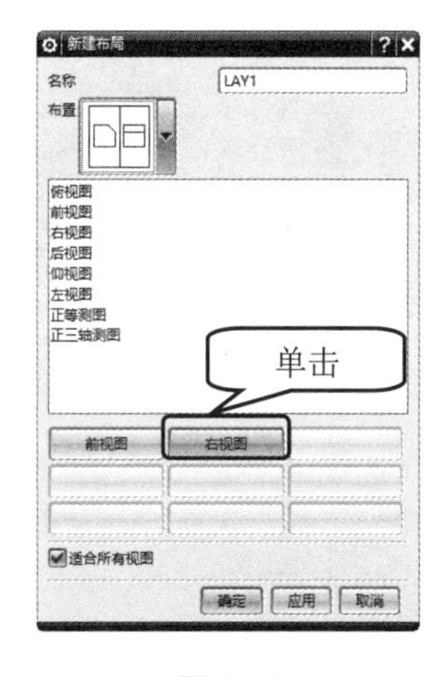

图 1-48

第 5 步 在视图列表框中选择【正等测图】选项，此时视图列表框下面选中的【右视图】按钮修改为【正等测图】，表明已经将右视图改为正等测视图了，如图 1-49 所示。

第 6 步 在【新建布局】对话框中单击【确定】按钮，从而生成新建的视图布局，如图 1-50 所示。

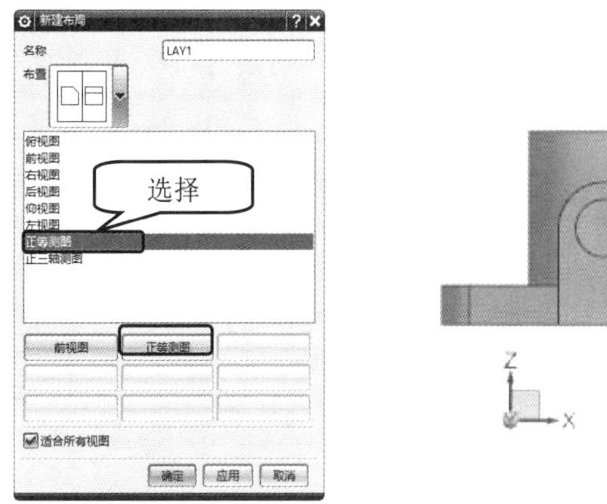

图 1-49

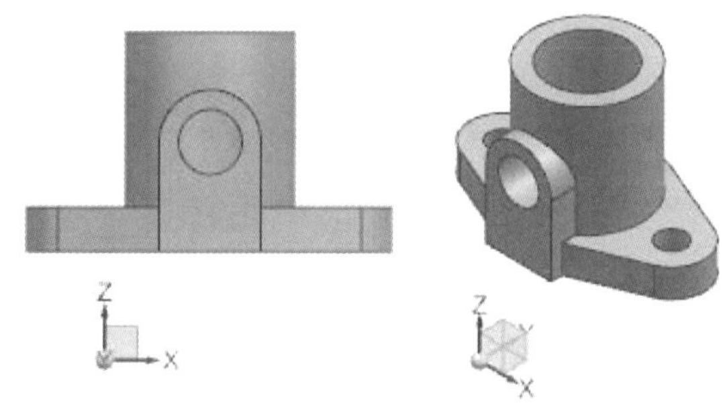

图 1-50

1.4.2 保存布局布置

选择【菜单】→【视图】→【布局】→【保存】菜单项，如图 1-51 所示，可以看到界面最下方会提示“布局已保存”信息，如图 1-52 所示，系统将用当前的视图布局名称保存修改后的布局。

图 1-51

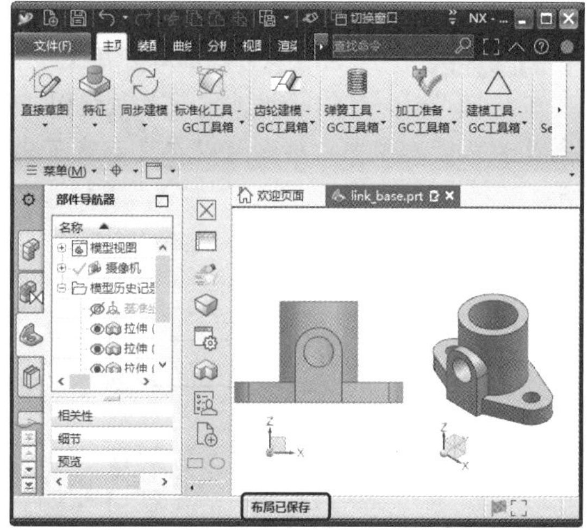

图 1-52

1.4.3 打开视图布局

选择【菜单】→【视图】→【布局】→【打开】菜单项，即可弹出【打开布局】对话框，如图 1-53 所示。从中选择要打开的某个布局，单击【确定】按钮，系统就会按照该布局的格式来显示图形，如图 1-54 所示。

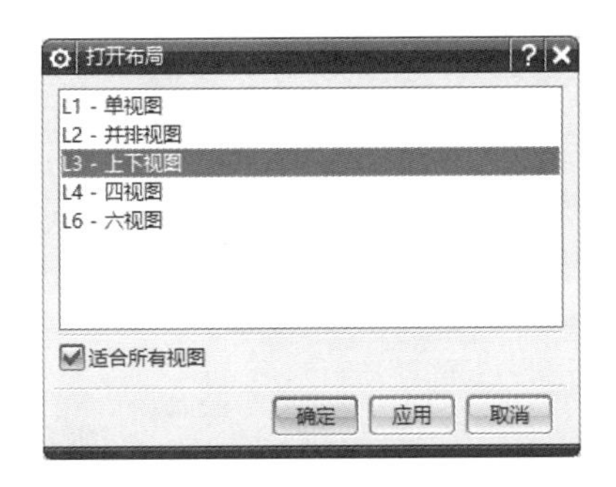

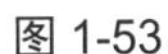

图 1-53

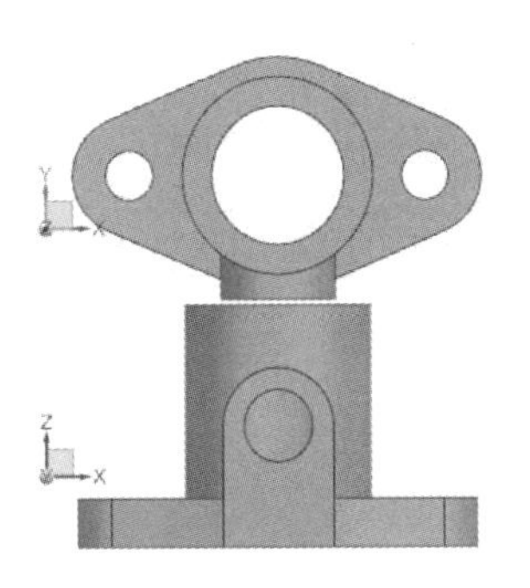

图 1-54

1.4.4 删除视图布局

选择【菜单】→【视图】→【布局】→【删除】菜单项，系统会弹出【删除布局】对话框，如图 1-55 所示。在列表框中选择准备删除的视图布局后，单击【确定】按钮，即可删除该视图布局。

图 1-55

考考您

请您根据上面介绍的知识新建并保存视图布局，测试一下您的学习效果。

1.5 对象编辑操作

UG NX 建模过程中的点、线、面、图层、实体等被称为对象，三维实体的创建、编辑过程，实质上也可以看作是对对象的操作过程。本节将详细介绍对象操作的相关知识及操作方法。

↑ 扫码看视频

1.5.1 选择对象

在 UG NX 建模的过程中，对象的选择可以通过多种方式来实现。选择【菜单】→【编辑】→【选择】菜单项，即可弹出图 1-56 所示的子菜单。

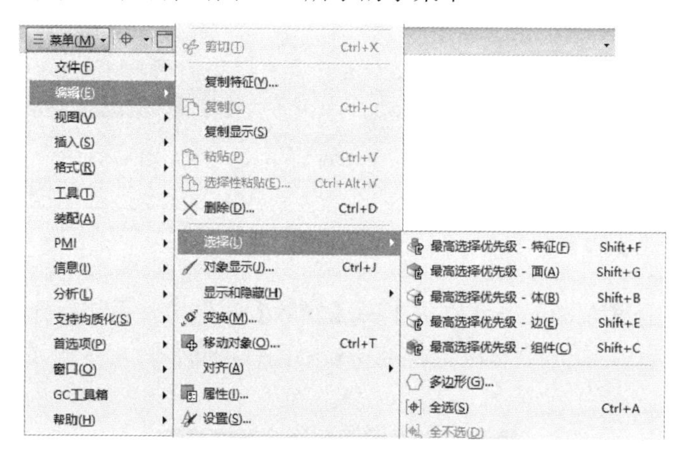

图 1-56

下面详细介绍一些常用的子菜单命令。

(1) 最高选择优先级-特征。其选择范围较为特殊，仅允许特征被选择，像一般的线、面是不允许选择的。

(2) 最高选择优先级-组件。该命令多用于装配环境下各组件的选择。

(3) 全选。选择视图中所有的对象。

下面详细介绍两种常用的选择方法。

1. 通过键盘

通过键盘上的“→”等方向键移动到高亮显示区来选择对象，然后按下键盘上的 Enter 键或单击鼠标左键确认。

2. 移动鼠标

在【快速选取】对话框中移动鼠标，高亮显示数字也会随之改变，确定对象后单击鼠标左键确认即可。如果想要放弃选择，单击【快速选取】对话框中的【关闭】按钮或按下键盘上的 Esc 键即可。

1.5.2 隐藏与显示对象

对象的隐藏就是通过一些操作使该对象在零件模型中不显示。下面详细介绍隐藏与显示对象的操作方法。

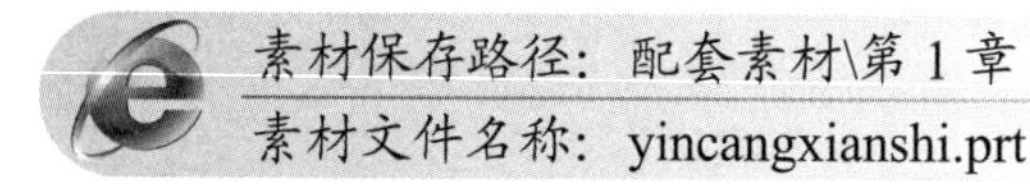

第 1 步 打开素材文件“yincangxianshi.prt”，可以看到已经存在一个零件模型，如图 1-57 所示。

第 2 步 选择【菜单】→【编辑】→【显示和隐藏】→【隐藏】菜单项，如图 1-58 所示。

图 1-57

图 1-58

第 3 步 系统会弹出【类选择】对话框，**1.** 在图形区中选择要隐藏的对象，**2.** 单击【确定】按钮，如图 1-59 所示。

第 4 步 可以看到选择的准备隐藏的对象已经消失，这样即可完成隐藏对象的操作，如图 1-60 所示。

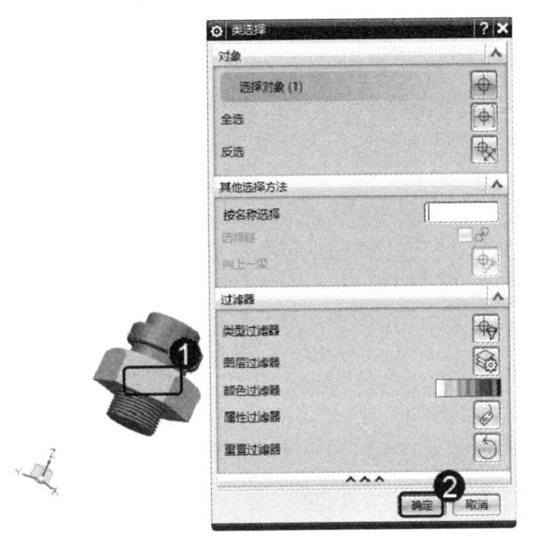

图 1-59

图 1-60

第 5 步 选择【菜单】→【编辑】→【显示和隐藏】→【显示】菜单项，如图 1-61 所示。

第 6 步 弹出【类选择】对话框，**1.** 选择要显示的对象，**2.** 单击【确定】按钮，即可将隐藏的对象显示出来，如图 1-62 所示。

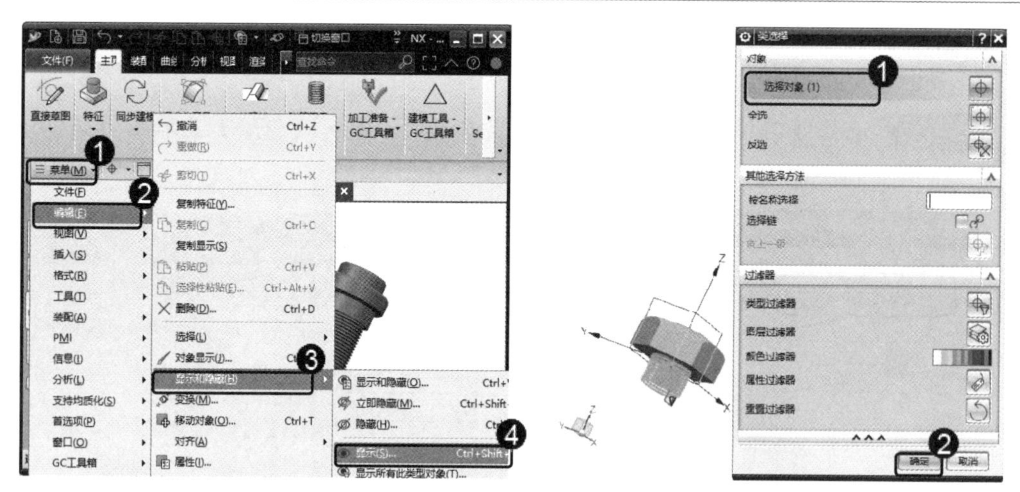

图 1-61

图 1-62

1.5.3 移动对象

选择【菜单】→【编辑】→【移动对象】菜单项，系统即可弹出图 1-63 所示的【移动对象】对话框。

图 1-63

下面详细介绍【移动对象】对话框中的主要选项。

(1) 运动。该下拉列表框中包括距离、角度、点之间的距离、径向距离、点到点、根据三点旋转、将轴与矢量对齐、坐标系到坐标系和动态等多个选项。

(2) 移动原先的。用于移动对象，即变换后，将源对象从其原来的位置移动到由变换参数所指定的新位置。

(3) 复制原先的。用于复制对象，即变换后，将源对象从其原来的位置复制到由变换参数所指定的新位置。对于依赖其他父对象而建立的对象，复制后的新对象中数据关联信息将会丢失，即它不再依赖于任何对象而独立存在。

1.5.4　删除对象

利用【编辑】级联菜单中的【删除】命令，可以删除一个或者多个对象。下面详细介绍删除对象的操作方法。

素材保存路径：配套素材\第 1 章
素材文件名称：shanchu.prt、shanchuxiaoguo.prt

第 1 步 打开素材文件“shanchu.prt”，可以看到已经存在一个零件模型，如图 1-64 所示。

第 2 步 选择【菜单】→【编辑】→【删除】菜单项，如图 1-65 所示。

图 1-64

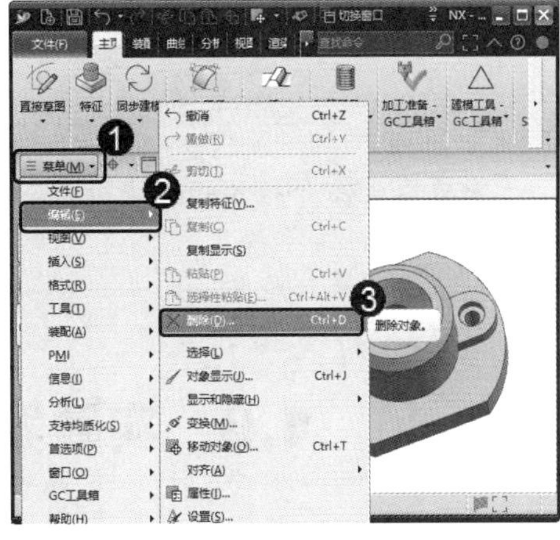

图 1-65

第 3 步 弹出【类选择】对话框，*1.* 在图形区中选择准备进行删除的对象，*2.* 单击【确定】按钮，如图 1-66 所示。

第 4 步 弹出【通知】对话框，显示一些提示信息，单击【确定】按钮，如图 1-67 所示。

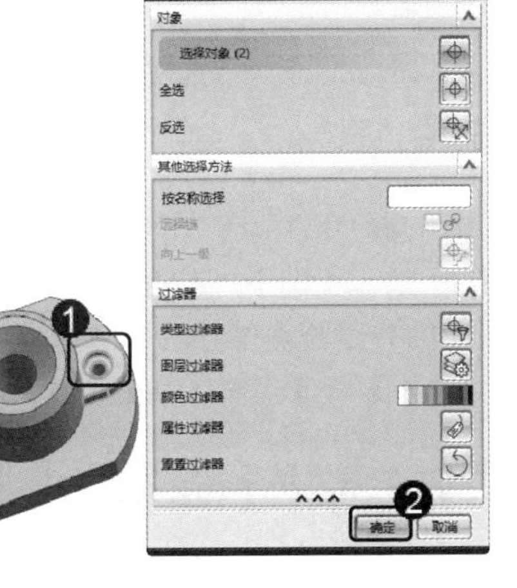

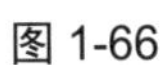

图 1-66

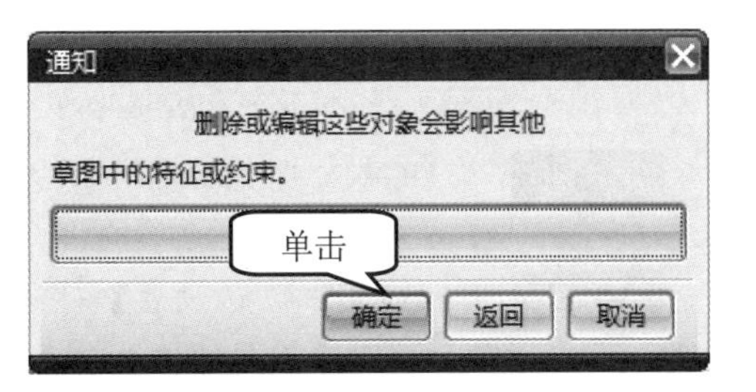

图 1-67

第 5 步 通过以上步骤即可完成删除对象的操作，效果如图 1-68 所示。

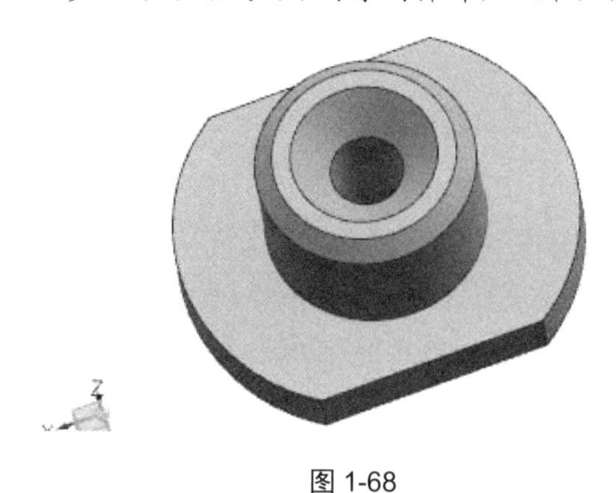

图 1-68

考考您

请您根据上面介绍的知识进行移动对象并删除对象的操作，测试一下您的学习效果。

1.6 实践案例与上机指导

通过本章的学习，读者基本可以掌握 UG NX 中文版基础入门的知识以及一些常见的操作方法，下面通过练习操作，以达到巩固学习、拓展提高的目的。

↑扫码看视频

1.6.1 更改缩放模型的鼠标操作方式

UG NX 1892 软件中的鼠标中键滚轮对模型的缩放操作与早期的版本相反，在早期的版本中是“向前滚，模型变小；向后滚，模型变大”，如果用户已经习惯了这种操作方法，那么可以更改缩放模型的鼠标操作方式，下面详细介绍其操作方法。

第 1 步 在 UG NX 1892 软件中，选择【文件】→【实用工具】→【用户默认设置】菜单项，如图 1-69 所示。

第 2 步 弹出【用户默认设置】对话框，*1.* 选择左侧【基本环境】下的【视图操作】选项，*2.* 在右侧切换到【视图操作】选项卡，*3.* 在【方向】下拉列表中选择【后退以放大】选项，如图 1-70 所示。

图 1-69

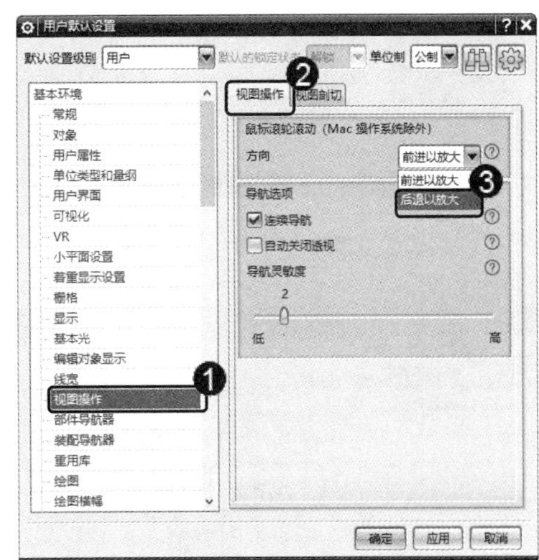

图 1-70

第 3 步 单击【确定】按钮，重新启动 UG NX 1892 软件，即可完成更改缩放模型的鼠标操作方式。

1.6.2　选取对象边线

在使用 UG NX 进行对象选取时，可以直接选取对象，也可以利用【类选择】对话框中的对象类型过滤功能来限制选择对象的范围，选中的对象将以高亮方式显示，下面详细介绍选取对象边线的操作方法。

素材保存路径：配套素材\第 1 章
素材文件名称：xuanze.prt

第 1 步 打开素材文件“xuanze.prt”，可以看到已经存在一个零件模型，如图 1-71 所示。

第 2 步 选择【菜单】→【编辑】→【对象显示】菜单项，如图 1-72 所示。

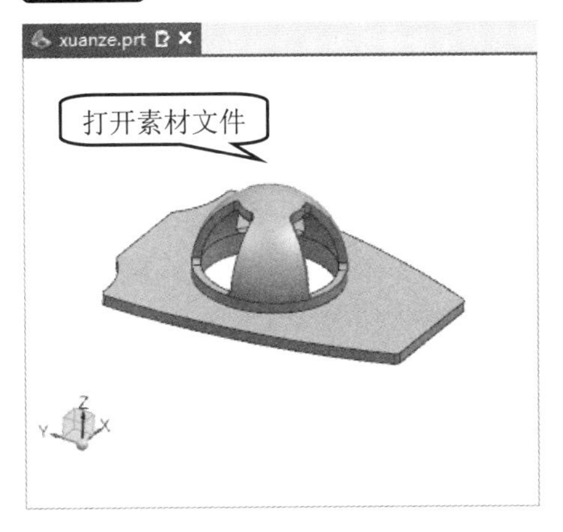

图 1-71

图 1-72

第 3 步 弹出【类选择】对话框，单击【类型过滤器】按钮，如图 1-73 所示。

第 4 步 弹出【按类型选择】对话框，*1.* 选择【曲线】选项，*2.* 单击【确定】按钮，如图 1-74 所示。

图 1-73

图 1-74

第 5 步 返回到【类选择】对话框，*1.* 在图形区选择目标对象，*2.* 单击对话框中的【确定】按钮，如图 1-75 所示。

第 6 步 弹出【编辑对象显示】对话框，单击【确定】按钮，即可完成选取对象边线的操作，如图 1-76 所示。

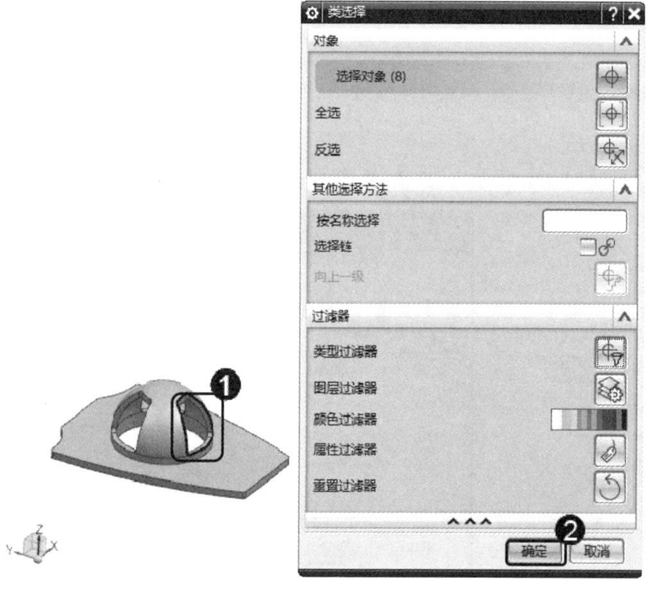

图 1-75

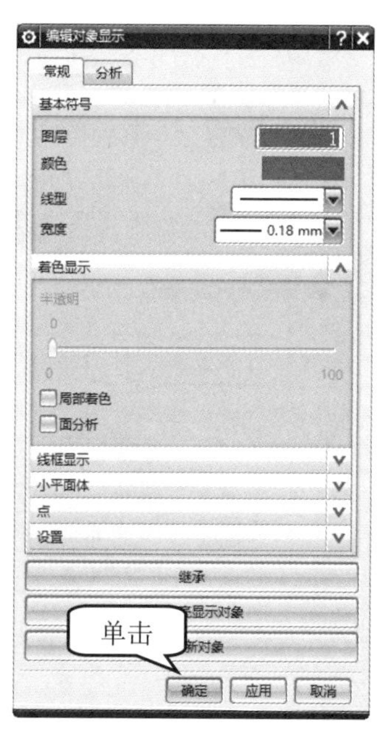

图 1-76

1.6.3　角色设置

角色是指一个专用的 UG NX 工作界面配置，不同角色的界面主题、图标大小和菜单位置等设置可能都不相同。根据不同使用者的需求，系统提供了几种常用的角色配置，下面详细介绍角色设置的操作方法。

在软件的资源工具条中单击【角色】按钮，然后在【内容】区域中单击【CAM 高级功能】按钮，即可设置角色为【角色 CAM 高级功能】，如图 1-77 所示。

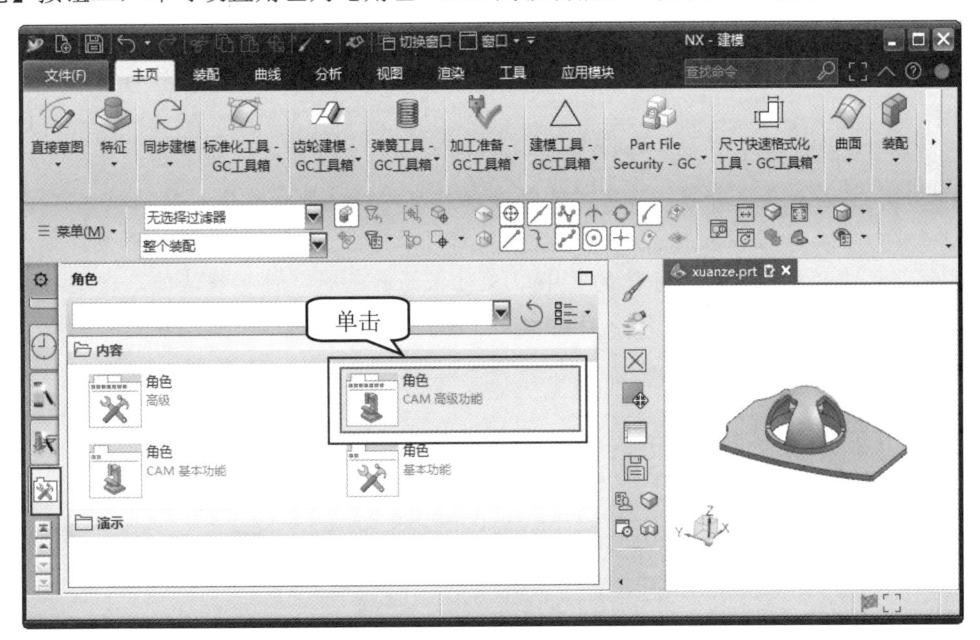

图 1-77

1.7　思考与练习

通过本章的学习，读者基本可以掌握 UG NX 1892 的基本知识以及一些常见的操作方法，下面通过练习几道习题，以达到巩固与提高的目的。

一、填空题

1. 在【定制】对话框中切换到【命令】选项卡，通过此选项卡可以改变【菜单】下拉菜单的________，可以将各类________添加到【菜单】下拉菜单中。

2. 在【定制】对话框中切换到【快捷方式】选项卡，可以对________和________中的命令及布局进行设置。

3. 在【定制】对话框中切换到【图标/工具提示】选项卡，可以对_____的显示、工具条图标大小以及菜单______大小进行设置。

4. 对象的隐藏就是通过一些操作，使该对象在零件模型中________。

5. 利用【编辑】下拉菜单中的__________命令，可以删除一个或者多个对象。

二、判断题

1. 启动软件后，一般情况下系统默认显示的是浅色界面主题，由于该界面主题下软件中的部分字体显示较小，不够清晰，用户可以将界面设置为【经典，使用系统字体】界面主题。 ( )

2. 在【定制】对话框中切换到【选项卡/条】选项卡，用户可以通过该选项卡改变选项卡的类型，可以将各类选项卡放在功能区中。 ( )

3. 若要恢复正交视图或其他预定义命名视图，那么可在图形窗口的空白区域中右击，接着从弹出的快捷菜单中选择【定向视图】命令以展开其级联菜单，然后从中选择一个视图命令即可。 ( )

4. 在进行模型设计时，选择对象是较为频繁的一类基础操作。通常要选择一个对象，将鼠标指针移至该对象上并单击即可。重复此操作可以继续选择其他对象。 ( )

5. 在 UG NX 1892 环境中，操作参数一般都可以修改。大多数的操作参数，如图形尺寸的单位、尺寸的标注方式、字体的大小以及对象的颜色等，都有默认值，这些参数的默认值都保存在默认参数设置文件中，当退出 UG NX 1892 时，系统会自动调用参数设置文件中的默认参数。 ( )

三、思考题

1. 如何在【菜单】下拉菜单中定制命令？
2. 如何新建视图布局？
3. 如何删除对象？

新起点
电脑教程

第 2 章

二维草图设计

本章要点

- 草图设计
- 绘制基本二维草图曲线
- 编辑草图曲线
- 操作草图
- 草图约束

本章主要内容

本章主要介绍了草图设计、绘制基本二维草图曲线和编辑草图曲线方面的知识与技巧，同时讲解了如何操作草图，在本章的最后还针对实际的工作需求，讲解了草图约束的方法。通过本章的学习，读者可以掌握二维草图设计基础操作方面的知识，为深入学习 UG NX 中文版知识奠定基础。

2.1 草图设计

三维建模离不开二维草图设计，可以说二维草图设计是三维建模的一个重要基础。利用 UG NX 提供的草图功能，可以轻松地实现草图的绘制、几何约束，以及对二维草图进行拉伸、旋转等操作，进而创建与草图相关联的实体模型。

↑ 扫码看视频

2.1.1 进入与退出草图环境

下面详细介绍如何进入草图绘制环境。

第 1 步 启动 UG NX，单击功能区中的【新建】按钮，如图 2-1 所示。

第 2 步 弹出【新建】对话框，*1.* 切换到【模型】选项卡，*2.* 设置模板类型为【模型】，*3.* 在【名称】文本框中输入准备应用的文件名，*4.* 单击【确定】按钮，如图 2-2 所示。

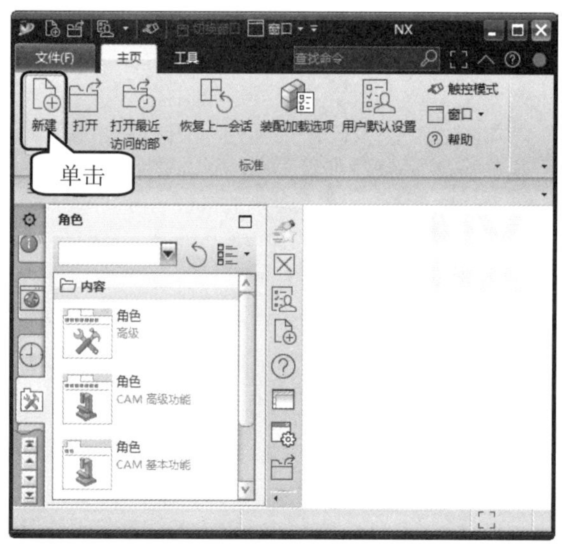

图 2-1

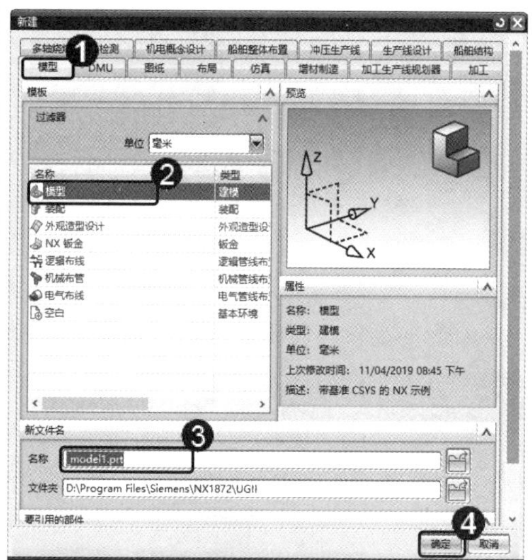

图 2-2

第 3 步 选择【菜单】→【插入】→【在任务环境中绘制草图】菜单项，如图 2-3 所示。

第 4 步 弹出【创建草图】对话框，采用默认的草图平面，单击该对话框中的【确定】按钮，如图 2-4 所示。

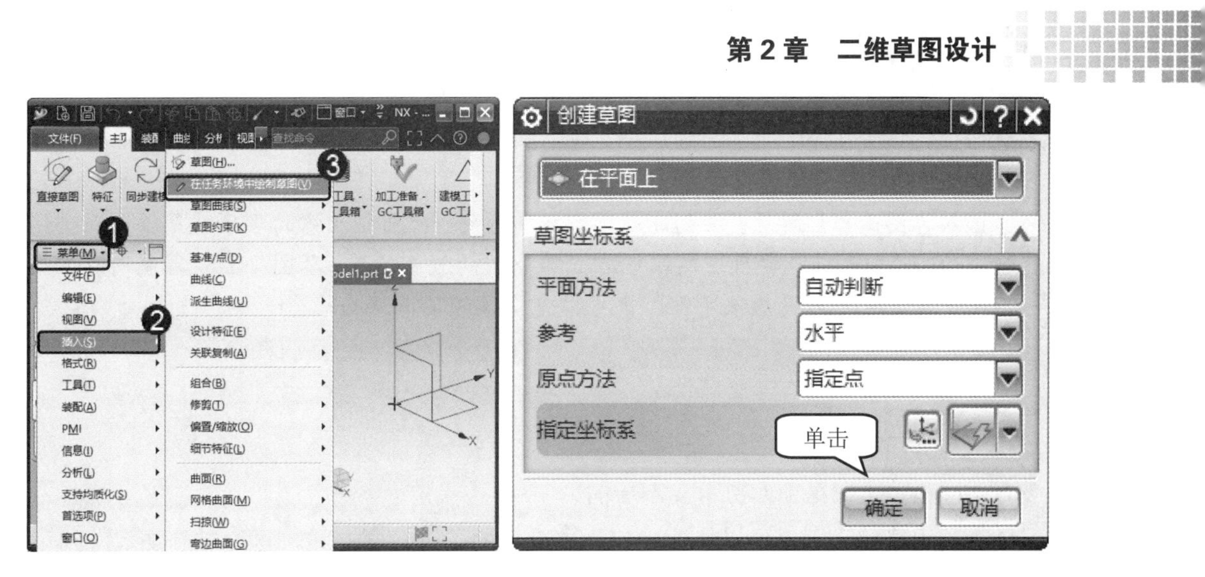

图 2-3　　　　　　　　图 2-4

第 5 步　系统会自动进入草图环境，如图 2-5 所示。

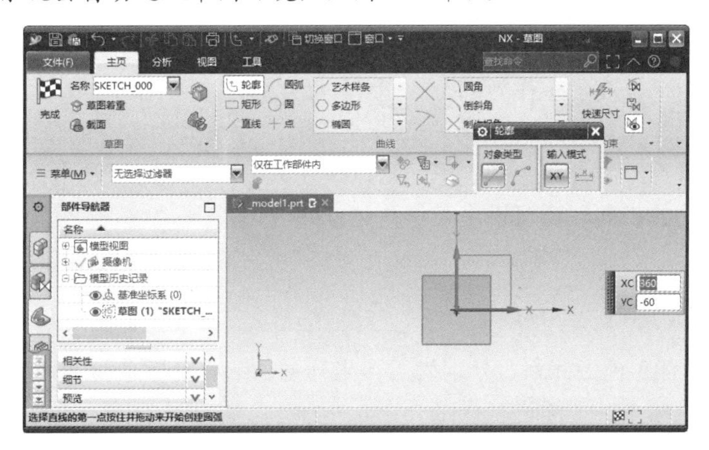

图 2-5

退出草图环境的方法很简单，在草图绘制完成后，单击功能区中的【完成】按钮，即可退出草图环境，如图 2-6 所示。

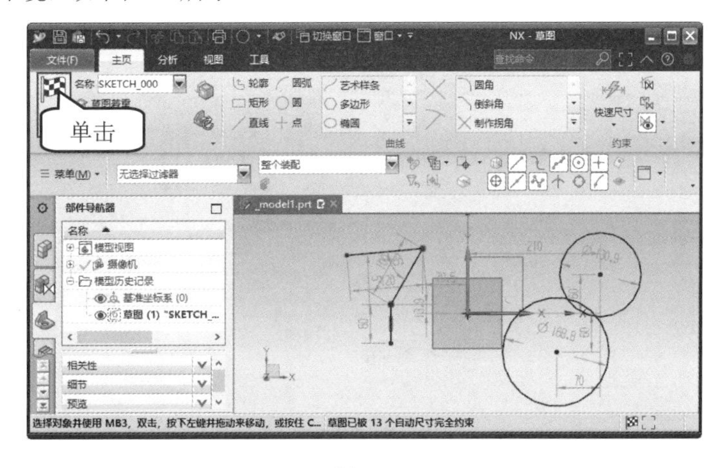

图 2-6

知识精讲

进入草图工作环境后，在创建新草图之前，一个特别要注意的事项就是要为新草图选择草图平面，也就是要确定新草图在三维空间的放置位置。草图平面是草图所在的某个空间平面，它可以是基准平面，也可以是实体的某个表面。

2.1.2 草图的作用

草图的作用主要体现在以下 4 个方面。

(1) 利用草图，用户可以快速地勾画出零件的二维轮廓曲线，再通过施加尺寸约束和几何约束，就可以精准确定轮廓曲线的尺寸、形状和位置等。

(2) 草图绘制完成后，就可以用拉伸、旋转或扫掠生成实体造型。

(3) 草图绘制具有参数设计特点，这对设计某一需要进行反复修改的复件非常有用。因为只需要在草图绘制环境中修改二维轮廓曲线即可，而不用去修改实体造型，这样就节省了很多修改时间，提高了工作效率。

(4) 草图可以最大限度地满足用户的设计要求，这是因为所有的草图对象都必须在某一指定的平面上进行绘制，而该指定平面可以是任一平面，既可以是坐标平面和基准平面，也可以是某一实体的表面，还可以是某一片体或碎片。

2.1.3 坐标系

在 UG NX 中有 3 种坐标系，分别为工作坐标系、绝对坐标系和基准坐标系。在绘图过程中经常要用到坐标系，下面进行详细介绍。

1. 工作坐标系(WCS)

要显示工作坐标系，可以单击【上边框条】右侧的下拉按钮，在弹出的图 2-7 所示的【上边框条】工具条中选择【实用工具组】→【WCS 下拉菜单】→【显示 WCS】菜单项。

图 2-7

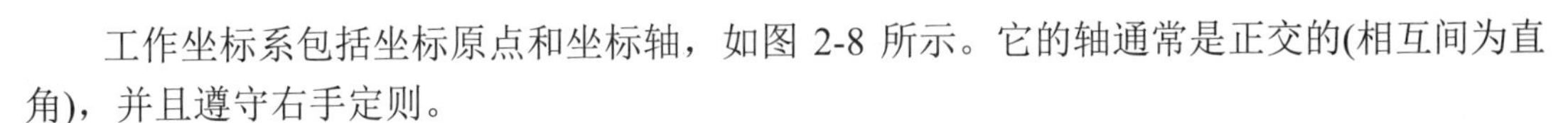

工作坐标系包括坐标原点和坐标轴，如图 2-8 所示。它的轴通常是正交的(相互间为直角)，并且遵守右手定则。

(a) 俯视图　　　(b) 正二测视图

图 2-8

智慧锦囊

工作坐标系也可以作为创建点、基准坐标系以及其他操作的位置参照。在 UG NX 的矢量列表中，XC、YC 和 ZC 等矢量就是以工作坐标系为参照来进行设定的。

2. 绝对坐标系(ACS)

绝对坐标系是原点为(0,0,0)的坐标系，它是唯一的、固定不变的，不能修改和调整方位。绝对坐标系的原点不会显示在图形区中，但是在图形区的左下角会显示绝对坐标轴的方位。绝对坐标系可以作为创建点、基准坐标系以及其他操作的绝对位置参照。

3. 基准坐标系(CSYS)

基准坐标系由原点、3 个基准轴和 3 个基准平面组成，如图 2-9 所示。

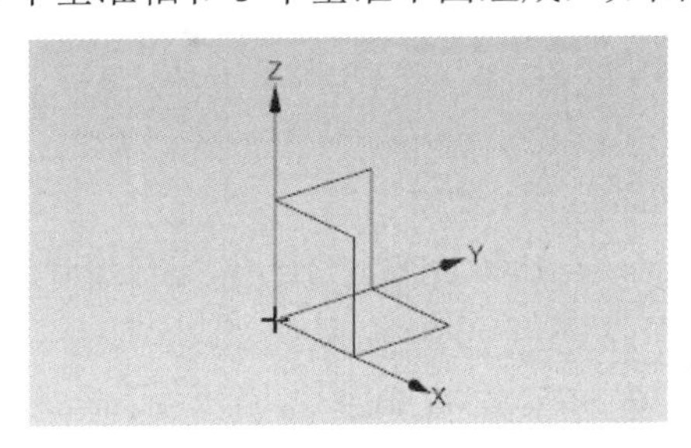

图 2-9

新建一个部件文件后，系统会自动创建一个基准坐标系作为建模的参考，该坐标系的位置与绝对坐标系一致，因此，模型中最先创建的草图一般都是选择基准坐标系中的基准平面作为草图平面，其坐标轴也能作为约束和尺寸标注的参考。基准坐标系不是唯一的，用户可以根据建模的需要创建多个基准坐标系。

4. 右手定则

1)　常规的右手定则

如果坐标系的原点在右手掌，拇指向上延伸的方向对应于某个坐标轴的方向，则可以利用常规的右手定则确定其他坐标轴的方向。如图 2-10 所示，假设拇指指向 ZC 轴的正方向，食指伸直的方向对应于 XC 轴的正方向，则中指向外延伸的方向则为 YC 轴的正方向。

2) 旋转的右手定则

旋转的右手定则用于将矢量和旋转方向关联起来。

当拇指伸直并且与给定的矢量对齐时，则弯曲的其他四指就能确定该矢量关联的旋转方向。反过来，当弯曲手指表示给定的旋转方向时，则伸直的拇指就确定关联的矢量。如图 2-11 所示，如果要确定当前坐标系的旋转逆时针方向，那么拇指就应该与 ZC 轴对齐，并指向其正方向，此时逆时针方向即为四指从 XC 轴正方向向 YC 轴正方向旋转。

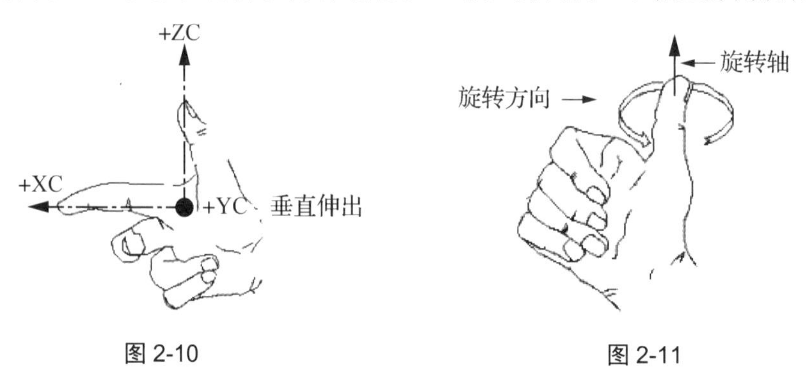

图 2-10　　图 2-11

考考您

请您根据上述方法进行进入草图与退出草图环境的操作，测试一下您的学习效果。

2.2 绘制基本二维草图曲线

进入草图环境后，使用草图绘制工具(包括各种绘图的工具)，可以绘制各种基本的二维草图。本节将详细介绍二维草图基本曲线绘制的相关知识及操作方法。

↑ 扫码看视频

2.2.1 绘制直线

进入草图环境以后，采用默认的平面(XY 平面)为草图平面，选择【菜单】→【插入】→【曲线】→【直线】菜单项，如图 2-12 所示；或单击【直线】按钮，系统会弹出图 2-13 所示的【直线】工具条。

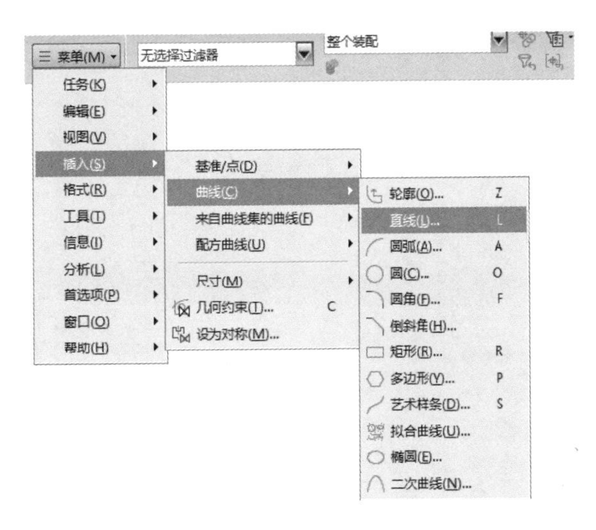

图 2-12

图 2-13

➢　【坐标模式】按钮。单击该按钮，系统会弹出图 2-14 所示的动态输入框，可以通过输入 XC 和 YC 的坐标值来精确绘制直线，坐标值以工作坐标系(WCS)为参照。要在动态输入框之间切换，可按键盘上的 Tab 键。要输入值，可以在文本框内输入数值，然后按下键盘上的 Enter 键。

➢　【参数模式】按钮。单击该按钮，系统会弹出图 2-15 所示的动态输入框，可以通过输入长度值和角度值来绘制直线。

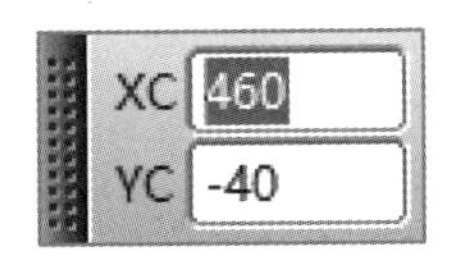

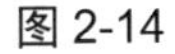
图 2-14

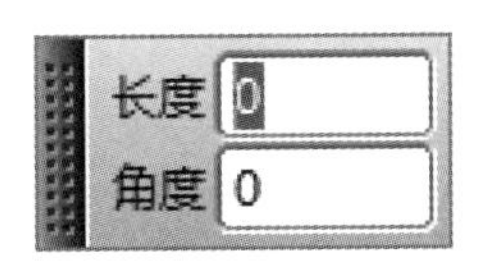

图 2-15

在系统提示下，在图形区中的任意位置单击，以确定直线的起始点，此时可以看到一条“橡皮筋”线附着在鼠标指针上，如图 2-16 所示。

在图形区中的另一位置单击，以确定直线的终止点，系统便在两点间创建一条直线(在终点处再次单击，另一条“橡皮筋”线又附着在鼠标指针上)，如图 2-17 所示。

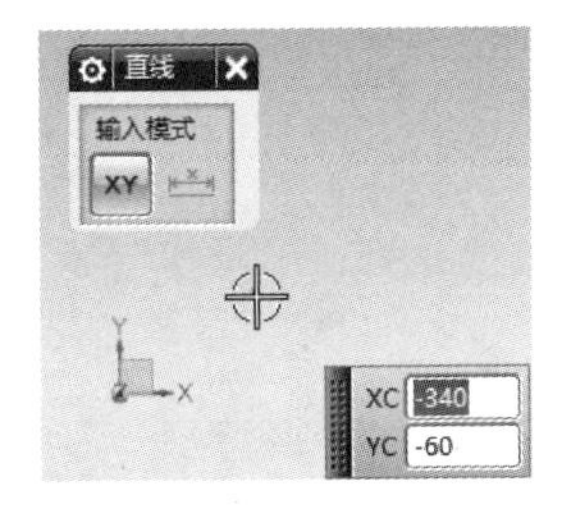

图 2-16

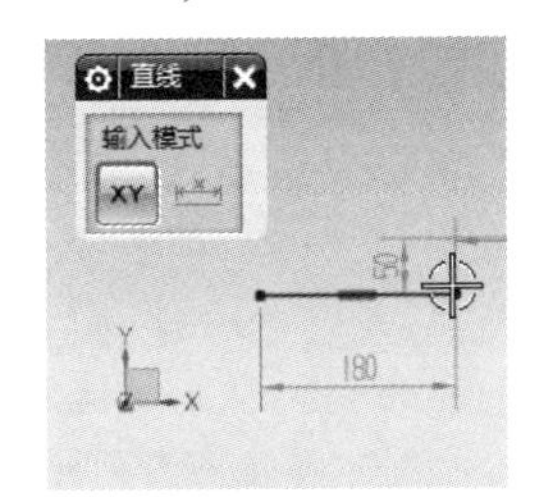

图 2-17

单击鼠标中键，结束直线的创建，效果如图 2-18 所示。

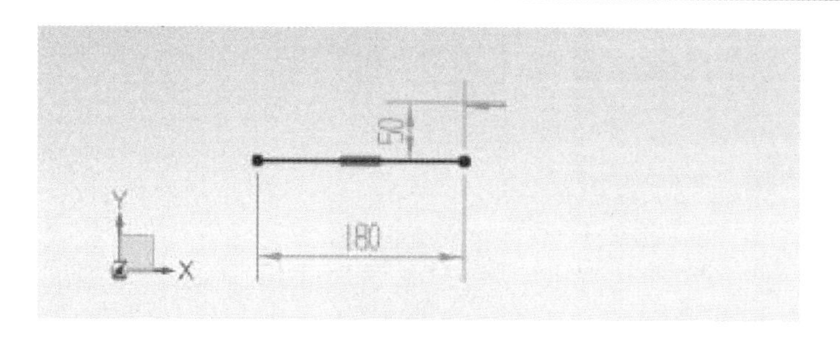

图 2-18

2.2.2 绘制圆弧

进入草图环境以后，选择【菜单】→【插入】→【曲线】→【圆弧】菜单项，或单击【圆弧】按钮，系统会弹出图 2-19 所示的【圆弧】工具条。

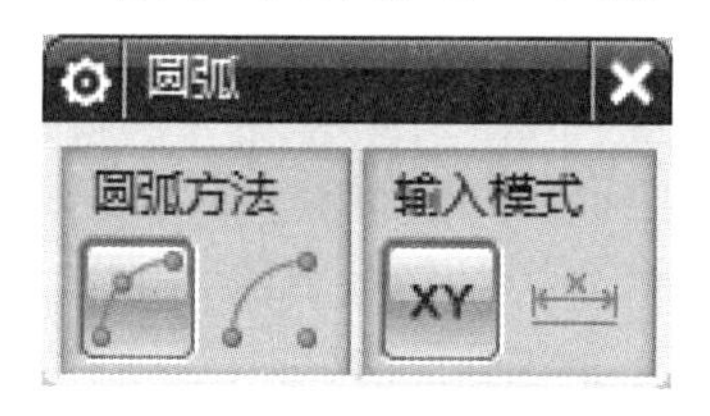

图 2-19

绘制圆弧有以下两种方式。

1. 方法一

通过 3 点的圆弧——确定圆弧的两个端点和弧上的一个附加点来创建一个 3 点圆弧。其操作方法如下。

单击【三点定圆弧】按钮，在系统提示下，在图形区中的任意位置单击，以确定圆弧的起点，如图 2-20 所示；在另一位置单击，放置圆弧的终点，如图 2-21 所示，移动鼠标，圆弧呈“橡皮筋”样变化，在图形区另一个位置单击，以确定圆弧，如图 2-22 所示。单击鼠标中键，即可完成圆弧的创建，如图 2-23 所示。

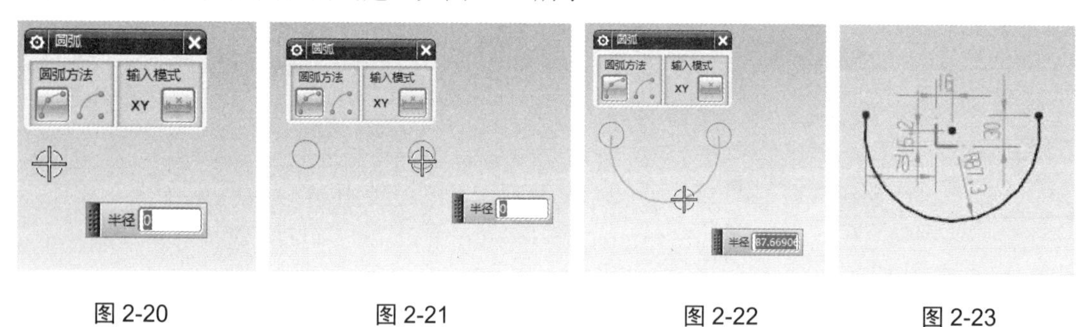

图 2-20　　图 2-21　　图 2-22　　图 2-23

2. 方法二

用中心和端点确定圆弧，其操作方法如下。

单击【中心和端点定圆弧】按钮，在系统提示下，在图形区中的任意位置单击，以确定圆弧中心点，如图 2-24 所示；在图形区的任意位置单击，以确定圆弧的起点，如图 2-25 所示；在图形区的任意位置单击，以确定圆弧的终点，如图 2-26 所示。单击鼠标中键，即可完成圆弧的创建，如图 2-27 所示。

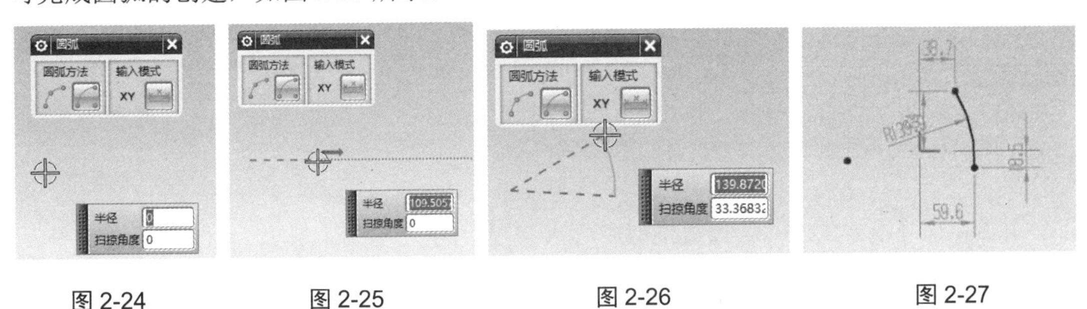

图 2-24　　图 2-25　　图 2-26　　图 2-27

2.2.3　绘制轮廓线

进入草图环境以后，选择【菜单】→【插入】→【曲线】→【轮廓】菜单项，或单击【轮廓】按钮，系统会弹出图 2-28 所示的【轮廓】工具条。

图 2-28

绘制轮廓线的时候需要注意以下几点。

(1) 轮廓线与直线的区别在于，轮廓线可以绘制连续的对象，如图 2-29 所示。

(2) 绘制时，按下、拖动并释放鼠标左键，直线模式变为圆弧模式，如图 2-30 所示。

(3) 利用动态输入框可以绘制精确的轮廓线。

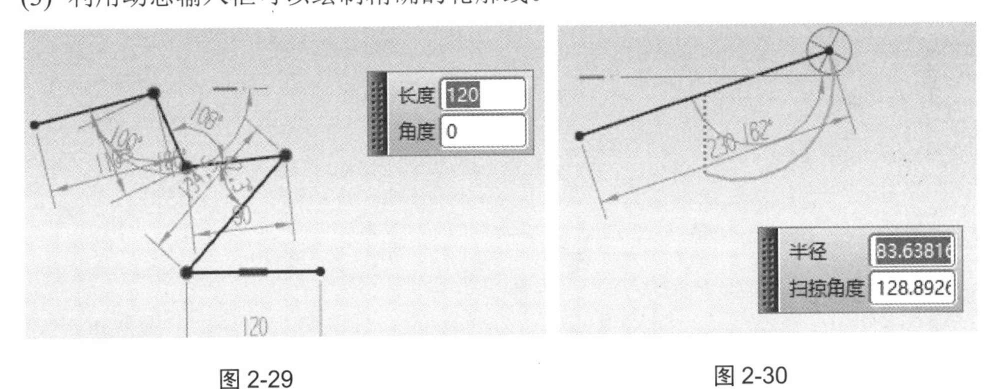

图 2-29　　图 2-30

2.2.4　绘制圆

进入草图环境以后，选择【菜单】→【插入】→【曲线】→【圆】菜单项，或单击【圆】按钮，系统会弹出图 2-31 所示的【圆】工具条。

图 2-31

绘制圆有以下两种方式。

1. 方法一

中心和半径决定的圆——通过选取中心点和圆上的一点来创建圆，其操作方法如下。

单击【圆心和直径定圆】按钮，在系统提示下，在图形区某位置单击，放置圆的中心点，如图 2-32 所示；拖动鼠标至另一位置，单击确定圆的大小，如图 2-33 所示。最后单击鼠标中键结束圆的创建，如图 2-34 所示。

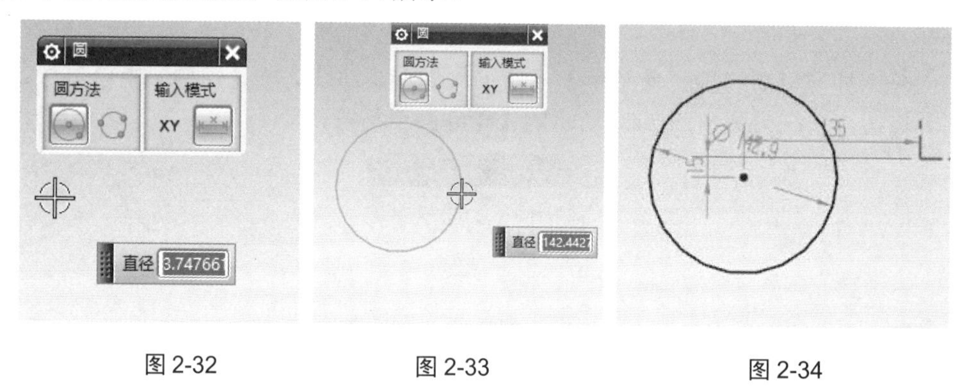

图 2-32　　图 2-33　　图 2-34

2. 方法二

单击【三点定圆】按钮，通过确定圆上的 3 个点来创建圆。绘制流程如图 2-35～图 2-38 所示。

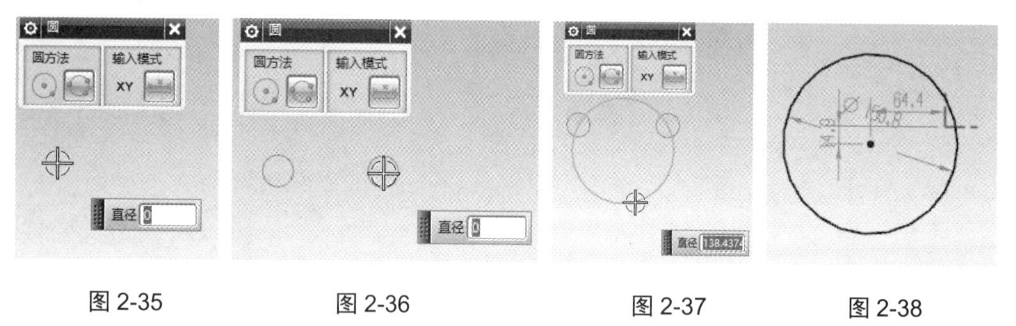

图 2-35　　图 2-36　　图 2-37　　图 2-38

2.2.5　绘制矩形

进入草图环境以后，选择【菜单】→【插入】→【曲线】→【矩形】菜单项，或单击【矩形】按钮，系统会弹出图 2-39 所示的【矩形】工具条。

图 2-39

在草图平面上绘制矩形共有 3 种方法，下面将分别予以详细介绍。

1. 方法一

按两点——通过选择两对角点来创建矩形。

第 1 步 单击【按 2 点】按钮，如图 2-40 所示。

第 2 步 定义第 1 个角点。在图形区某位置单击，放置矩形的第 1 个角点，如图 2-41 所示。

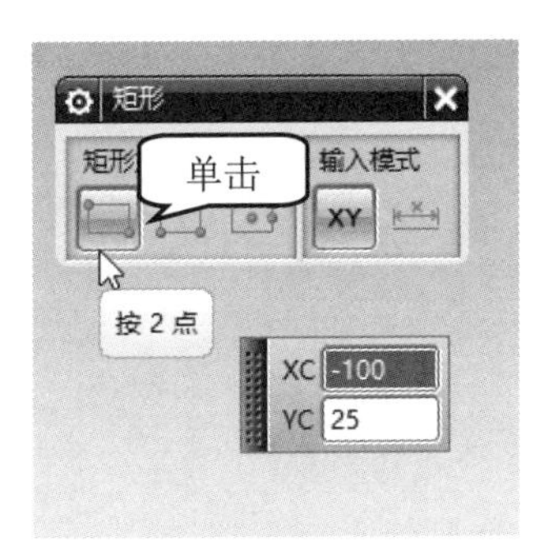

图 2-40

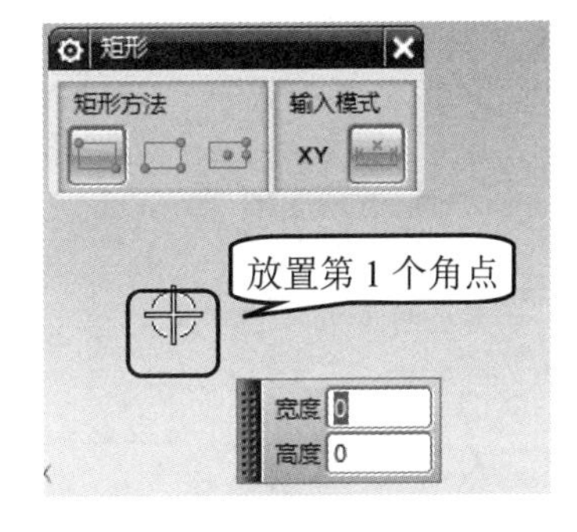

图 2-41

第 3 步 定义第 2 个角点。**1.** 单击【坐标模式】按钮，**2.** 再次在图形区另一位置单击，放置矩形的另一个角点，如图 2-42 所示。

第 4 步 单击鼠标中键，结束矩形的创建，效果如图 2-43 所示。

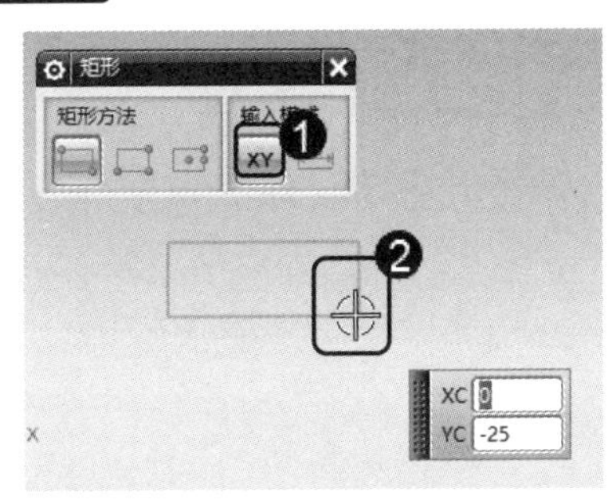

图 2-42

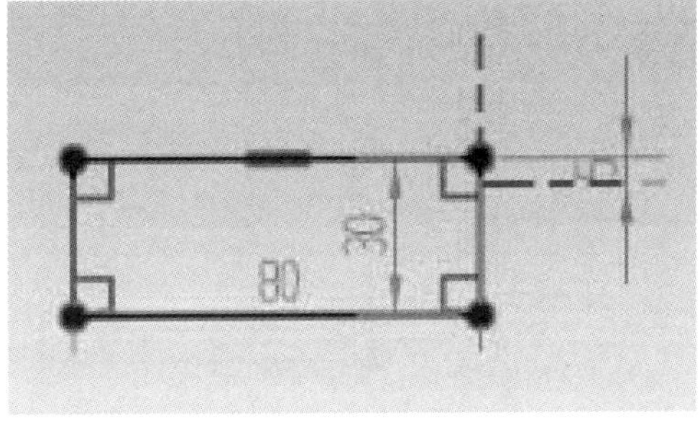

图 2-43

2. 方法二

按 3 点来创建矩形。

第 1 步 单击【按 3 点】按钮，如图 2-44 所示。

第 2 步 定义第 1 个角点。在图形区某位置单击，放置矩形的第 1 个角点，如图 2-45 所示。

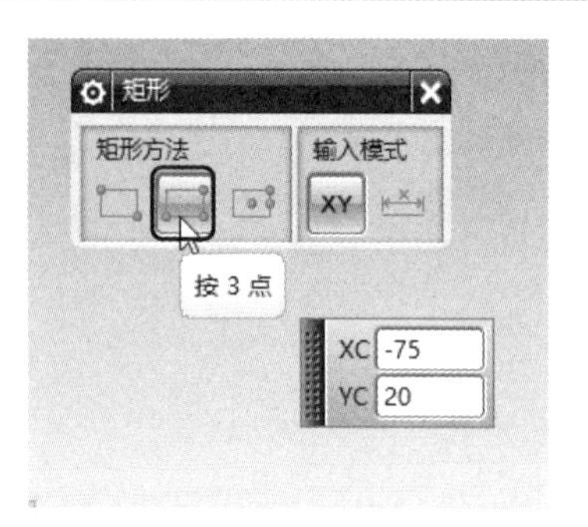

图 2-44

图 2-45

第 3 步 定义第 2 个角点。*1.* 单击【坐标模式】按钮，*2.* 在图形区另一位置单击，放置矩形的第 2 个顶点(第 1 个角点和第 2 个角点之间的距离即矩形的宽度)，此时矩形呈“橡皮筋”样变化，如图 2-46 所示。

第 4 步 定义第 3 个角点。再次在图形区单击，放置矩形的第 3 个角点(第 2 个角点和第 3 个角点之间的距离即矩形的高度)，如图 2-47 所示。

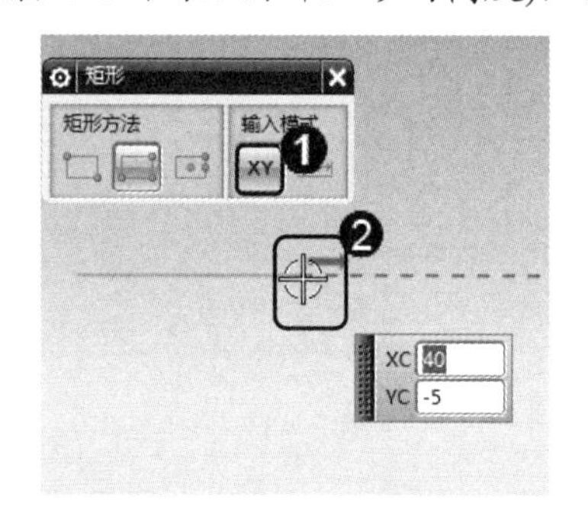

图 2-46

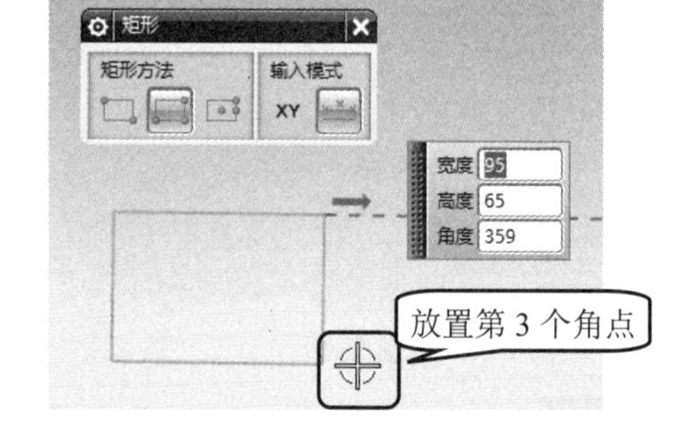

图 2-47

第 5 步 单击鼠标中键，结束矩形的创建，效果如图 2-48 所示。

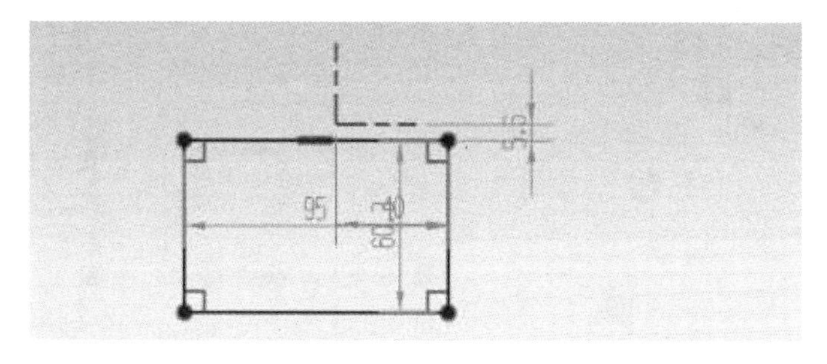

图 2-48

知识精讲

“橡皮筋”是指操作过程中的一条临时虚构的线段，它始终是当前光标的中心点与前一个指定点的连线。因为它可以随着光标的移动而拉长或缩短并可绕前一点转动，所以形象地将其称为“橡皮筋”。

3. 方法三

从中心——通过选取中心点、一条边的中点和顶点来创建矩形。

第 1 步 选择方法。单击【从中心】按钮，如图 2-49 所示。

第 2 步 定义中心点。在图形区某位置单击，放置矩形的中心点，如图 2-50 所示。

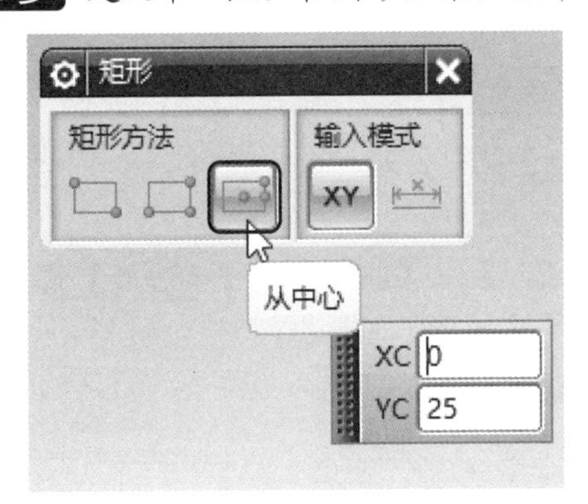

图 2-49

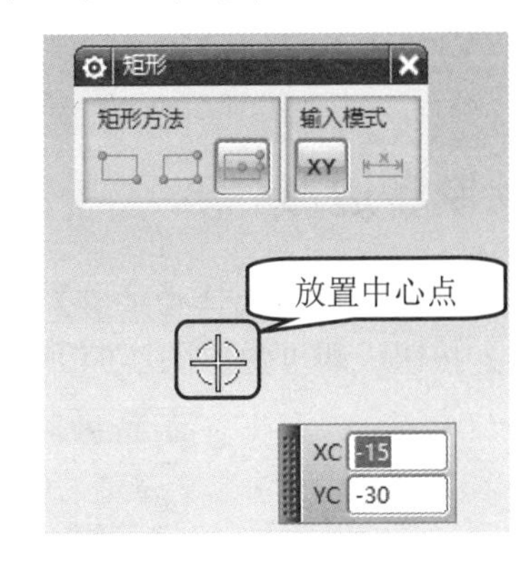

图 2-50

第 3 步 定义第 2 个点。**1.** 单击【坐标模式】按钮XY，**2.** 在图形区另一位置单击，放置矩形的第 2 个点(一条边的中点)，此时矩形呈“橡皮筋”样变化，如图 2-51 所示。

第 4 步 定义第 3 个点。**1.** 单击【坐标模式】按钮XY，**2.** 再次在图形区单击，放置矩形的第 3 个点，如图 2-52 所示。

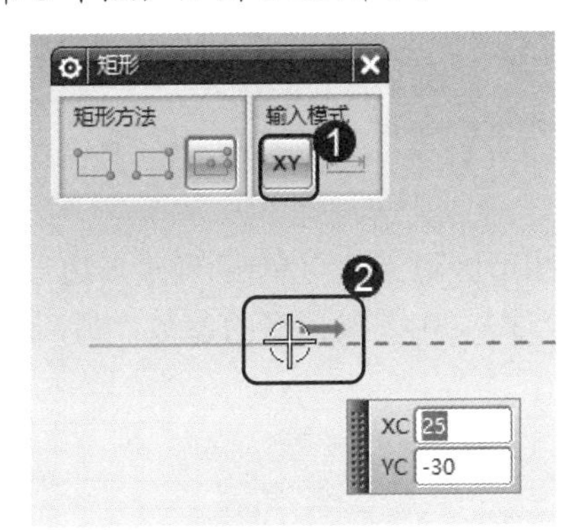

图 2-51

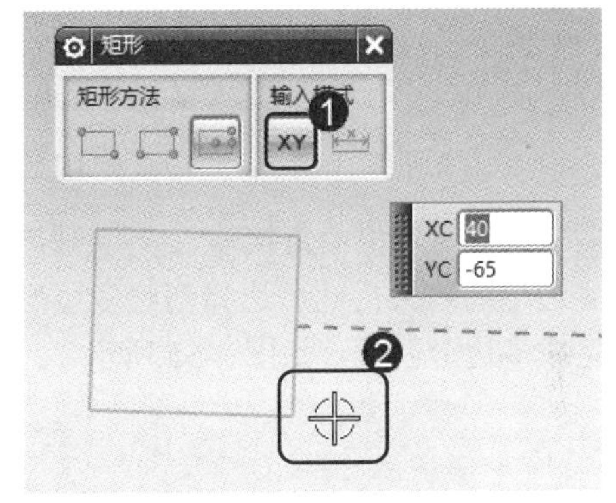

图 2-52

第 5 步 单击鼠标中键，结束矩形的创建，效果如图 2-53 所示。

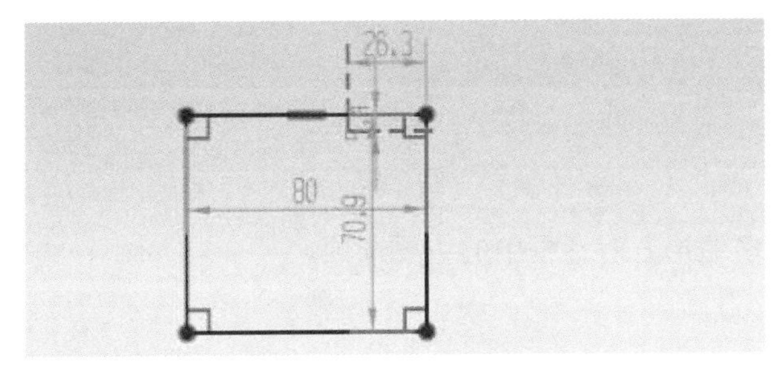

图 2-53

智慧锦囊

在绘制或编辑草图时，选择【菜单】→【编辑】→【撤销】菜单项，可以撤销上一个操作。选择【菜单】→【编辑】→【重做】菜单项，可以重新执行被撤销的操作。

2.2.6　绘制多边形

进入草图环境以后，选择【菜单】→【插入】→【曲线】→【多边形】菜单项，或单击【多边形】按钮，即可弹出图 2-54 所示的【多边形】对话框。

图 2-54

在【多边形】对话框中直接输入坐标(或者在图形区适当位置单击)确定多边形的中心，接着输入多边形的边数；然后选择创建多边形的方式，并设置相应的参数；最后单击鼠标中键即可完成多边形创建，如图 2-55 所示。

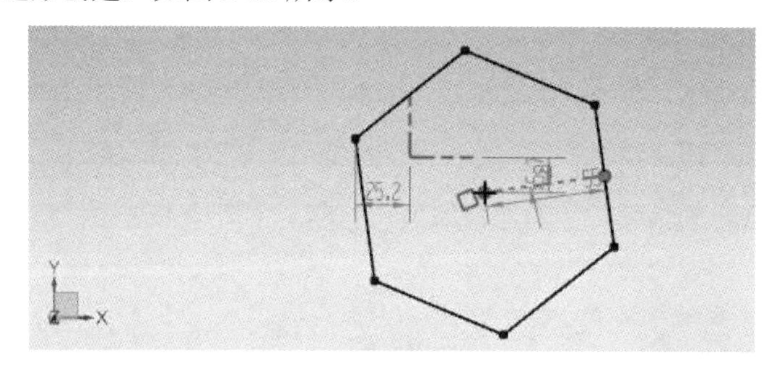

图 2-55

下面详细介绍【多边形】对话框中的主要选项。

1. 中心点

在适当的位置单击或通过输入坐标值确定中心点。

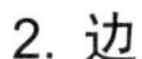

2. 边

设置多边形的边数。

3. 大小

(1) 指定点。在绘图区选择点或者通过【点】对话框定义多边形的半径。

(2) 大小。其下拉列表中有 3 个选项，如图 2-56 所示。

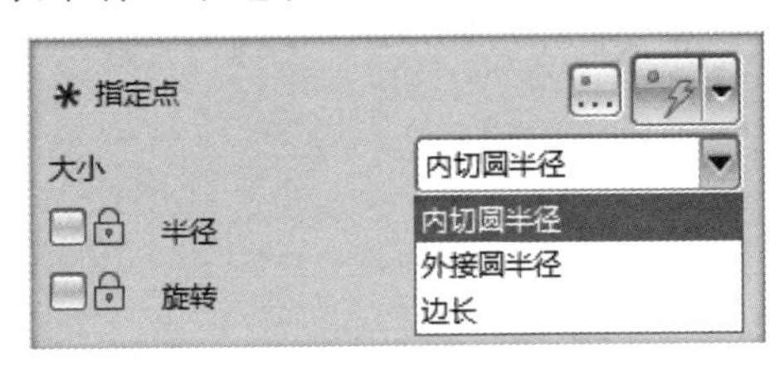

图 2-56

① 内切圆半径。指定从中心点到多边形边中点的距离。

② 外接圆半径。指定从中心点到多边形拐角的距离。

③ 边长。指定多边形边的长度。

(3) 半径。设置多边形内切圆和外接圆半径的大小。

(4) 旋转。设置从草图水平轴开始测量的旋转角度。

2.2.7　绘制椭圆

进入草图环境以后，选择【菜单】→【插入】→【曲线】→【椭圆】菜单项，或单击【椭圆】按钮，系统即可弹出图 2-57 所示的【椭圆】对话框。

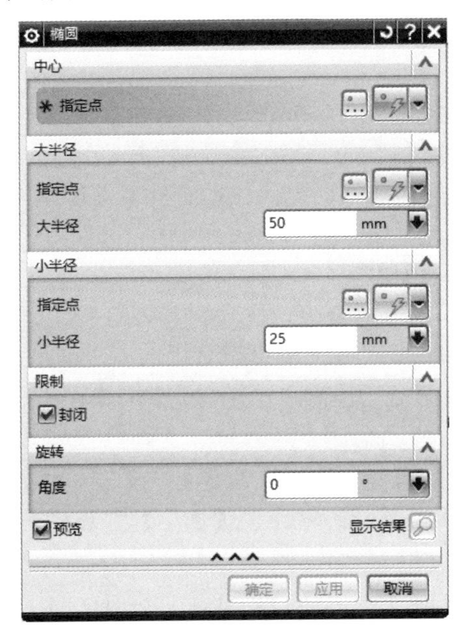

图 2-57

在【椭圆】对话框中直接输入坐标(或在绘图区适当位置单击)确定椭圆的中心；然后确定椭圆的大半径和小半径，以及旋转角度；最后单击【确定】按钮，即可完成创建椭圆的操作，如图 2-58 所示。

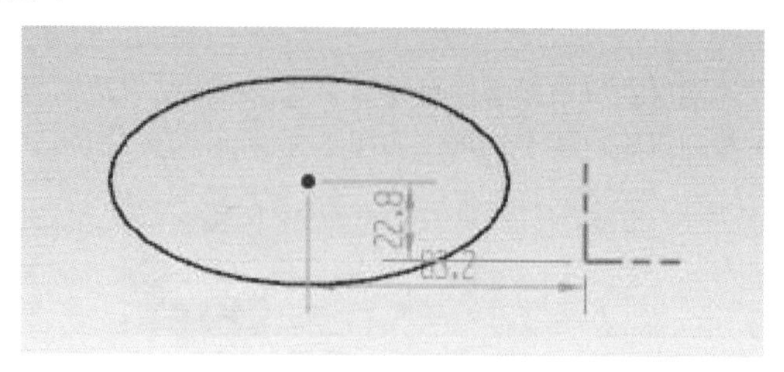

图 2-58

下面详细介绍【椭圆】对话框中选项的功能。

1. 中心

在绘图区适当的位置单击或通过【点】对话框确定椭圆中心点。

2. 大半径

直接输入长半轴长度，也可以通过【点】对话框来确定长轴长度。

3. 小半径

直接输入短半轴长度，也可以通过【点】对话框来确定短半轴长度。

4. 封闭

勾选此复选框，创建整圆。若取消此复选框的勾选，输入起始角和终止角将创建椭圆弧。

5. 旋转角度

椭圆的旋转角度是主轴相对于 XC 轴，沿逆时针方向倾斜的角度。

2.2.8 绘制艺术样条曲线

艺术样条曲线是指利用给定的若干个点拟合出的多项式曲线。样条曲线采用的是近似拟合的方法，但可以很好地满足工程需求，因此得到了较为广泛的应用。下面详细介绍创建艺术样条曲线的操作方法。

第 1 步 选择【菜单】→【插入】→【曲线】→【艺术样条】菜单项，如图 2-59 所示。

第 2 步 弹出【艺术样条】对话框，在【类型】下拉列表框中选择【通过点】选项，如图 2-60 所示。

第 3 步 依次在图形区域中适当的位置单击，如图 2-61 所示。

第 4 步 在【艺术样条】对话框中单击【确定】按钮，如图 2-62 所示。

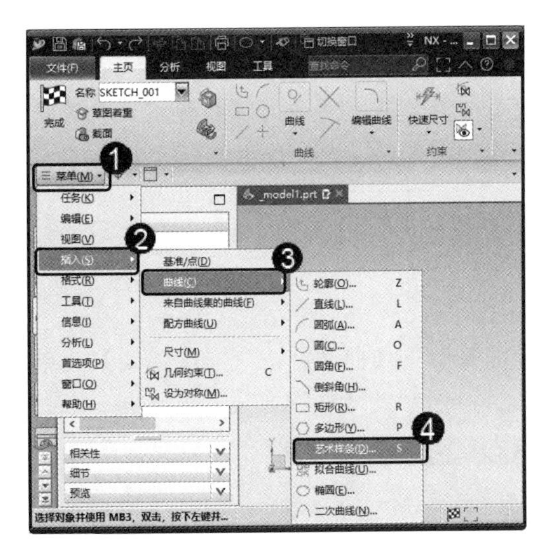

图 2-59

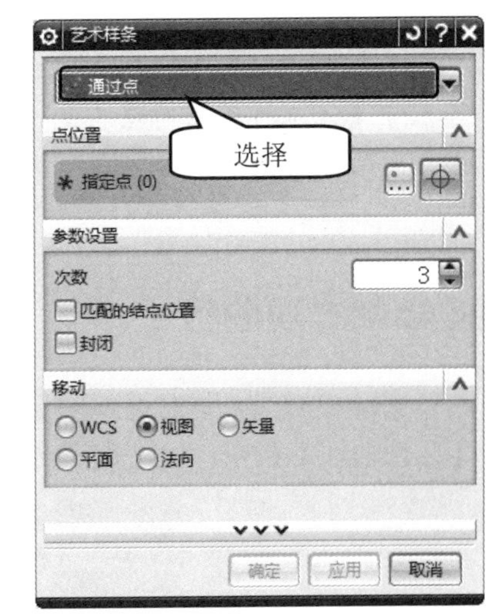

图 2-60

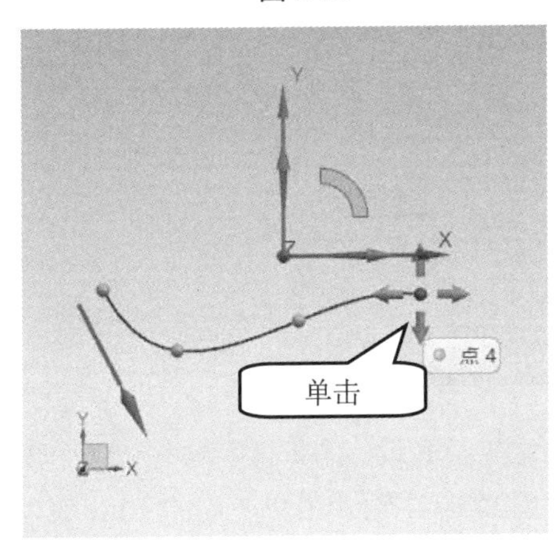

图 2-61

图 2-62

第 5 步　系统会自动生成图 2-63 所示的艺术样条曲线。

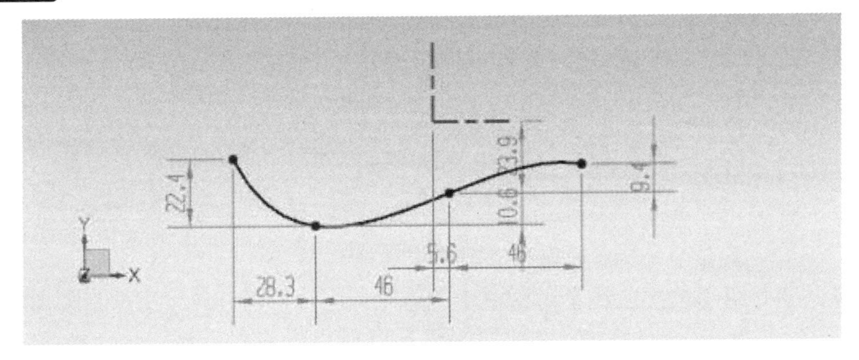

图 2-63

智慧锦囊

如果在【艺术样条】对话框的【类型】下拉列表框中选择【根据极点】选项，依次单击各点位置，系统则会生成“根据极点”方式创建的样条曲线。

2.2.9 绘制二次曲线

进入草图环境以后，选择【菜单】→【插入】→【曲线】→【二次曲线】菜单项，或者单击【二次曲线】按钮，系统即可弹出图 2-64 所示的【二次曲线】对话框。

图 2-64

在【二次曲线】对话框中定义二次曲线的三个点，输入用户所需的 Rho 值，然后单击【确定】按钮，即可完成二次曲线的创建，如图 2-65 所示。

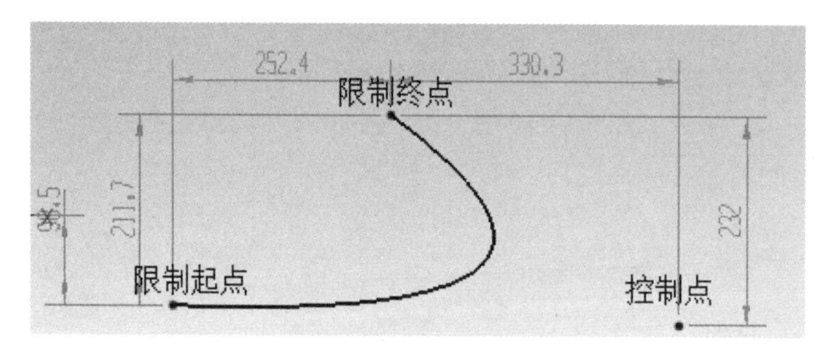

图 2-65

下面将详细介绍【二次曲线】对话框中的选项。

1. 限制

(1) 指定起点。在视图中直接拾取或通过【点】对话框确定二次曲线的起点。

(2) 指定终点。在视图中直接拾取或通过【点】对话框确定二次曲线的终点。

2. 指定控制点

在视图中直接拾取或通过【点】对话框确定二次曲线的控制点。

3. Rho 值

表示曲线的锐度，双击二次曲线，可编辑 Rho 值。

考考您

请您根据上述介绍的知识，绘制一些基本的二维草图曲线，测试一下您的学习效果。

2.3　编辑草图曲线

建立草图后，用户就可以对草图进行各种编辑操作，如编辑圆角、拐角、倒斜角，快速修剪、延伸，移动曲线、删除曲线和调整曲线尺寸等。本节将详细介绍编辑草图的相关知识。

↑扫码看视频

2.3.1　圆角

进入草图环境以后，选择【菜单】→【插入】→【曲线】→【圆角】菜单项，或单击【圆角】按钮，系统会弹出图 2-66 所示的【圆角】工具条。

图 2-66

【圆角】工具条中包括 4 个按钮，分别为【修剪】按钮、【取消修剪】按钮、【删除第三条曲线】按钮和【创建备选圆角】按钮。创建圆角的一般操作方法如下。

在【圆角】工具条中单击【修剪】按钮，选取图 2-67 所示的两条直线，拖动鼠标至合适的位置，单击确定圆角的大小(或者在动态输入框中输入圆角的半径，以确定圆角的大小)，如图 2-68 所示。最后单击鼠标中键，结束圆角的创建，结果如图 2-69 所示。

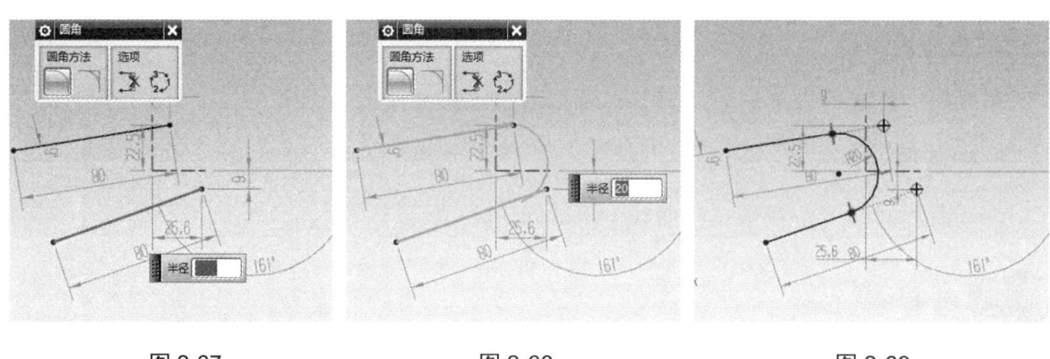

图 2-67　　图 2-68　　图 2-69

2.3.2　拐角

通过延伸或修剪两条曲线可以制作拐角。进入草图环境以后，选择【菜单】→【编辑】→【曲线】→【制作拐角】菜单项，或单击【制作拐角】按钮，即可弹出图 2-70 所示的【制作拐角】对话框。

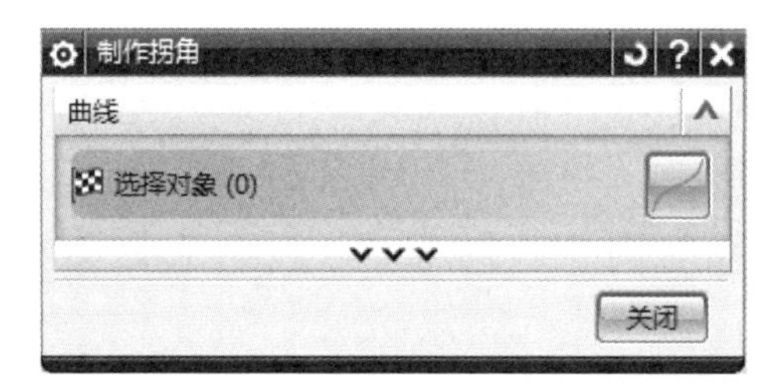

图 2-70

定义要制作拐角的两条曲线，如图 2-71 所示，最后单击鼠标中键，即可完成拐角的创建，如图 2-72 所示。

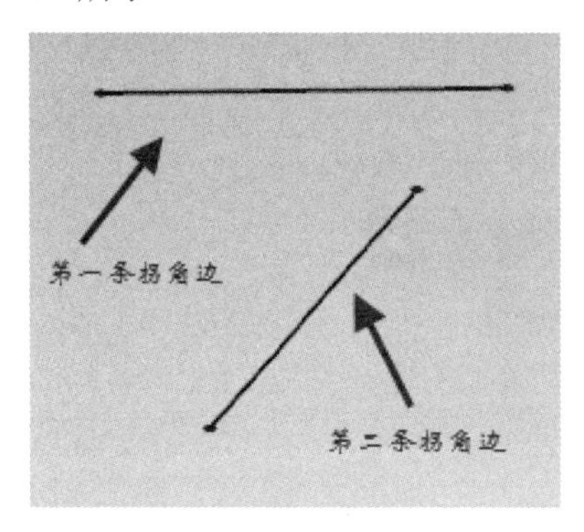

图 2-71

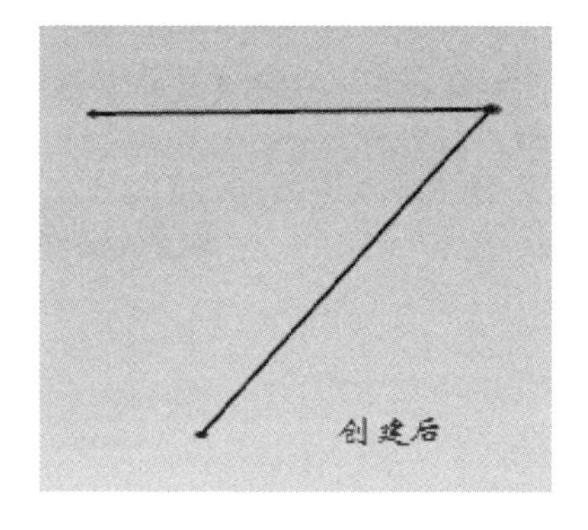

图 2-72

2.3.3　倒斜角

进入草图环境以后，选择【菜单】→【插入】→【曲线】→【倒斜角】菜单项，系统即可打开图 2-73 所示的【倒斜角】对话框。

图 2-73

在【倒斜角】对话框中选择倒斜角的横截面方式，接着选择要创建倒斜角的曲线，或选择交点，然后移动鼠标指针确定倒斜角的位置，也可以直接输入参数，最后单击创建倒斜角，如图 2-74 所示。

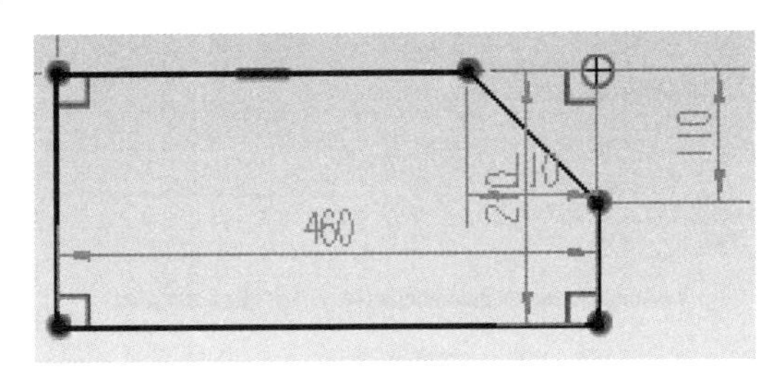

图 2-74

下面详细介绍【倒斜角】对话框中选项的功能。

1. 要倒斜角的曲线

(1) 选择直线。通过在相交直线上方拖动鼠标以选择多条直线，或按照一次选择一条直线的方法选择多条直线。

(2) 修剪输入曲线。勾选此复选框，修剪倒斜角的曲线。

2. 偏置

(1) 倒斜角。其下拉列表框中包括 3 个选项，如图 2-75 所示。

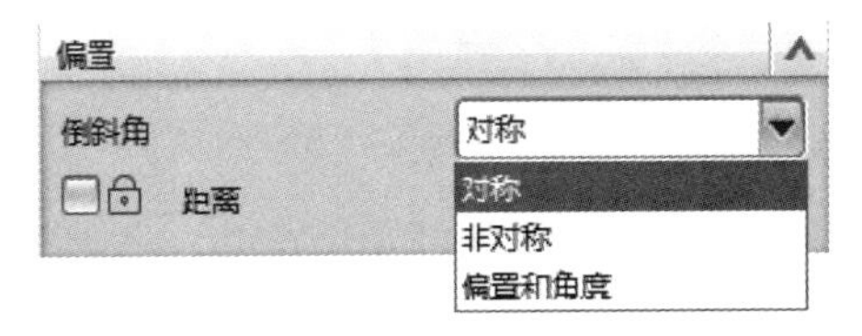

图 2-75

① 对称。指定倒斜角与交点有一定距离，且垂直于等分线。

② 非对称。指定沿选择的两条直线分别测量的距离值。

③ 偏置和角度。指定倒斜角的角度和距离值。

(2) 距离。指定从交点到第一条直线的倒斜角的距离。

(3) 距离 1/距离 2。设置从交点到第一条/第二条直线的倒斜角的距离。

(4) 角度。设置从第一条直线到倒斜角的角度。

3. 指定点

指定倒斜角的位置。

2.3.4 快速修剪

利用快速修剪功能，可以快速修剪一条或多条曲线。进入草图环境以后，选择【菜单】→【编辑】→【曲线】→【快速修剪】菜单项，或单击【快速修剪】按钮，即可弹出图 2-76 所示的【快速修剪】对话框。

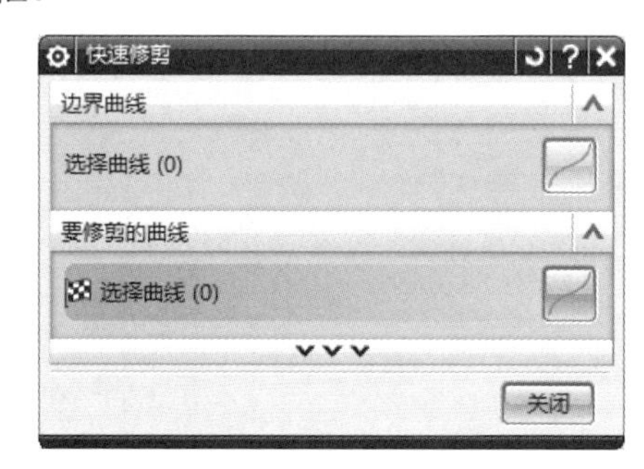

图 2-76

修剪草图中不需要的线素有 3 种方式，下面将分别予以详细介绍。

1. 修剪单一对象

选择不需要的线素，修剪边界为离指定对象最近的曲线，如图 2-77 所示。

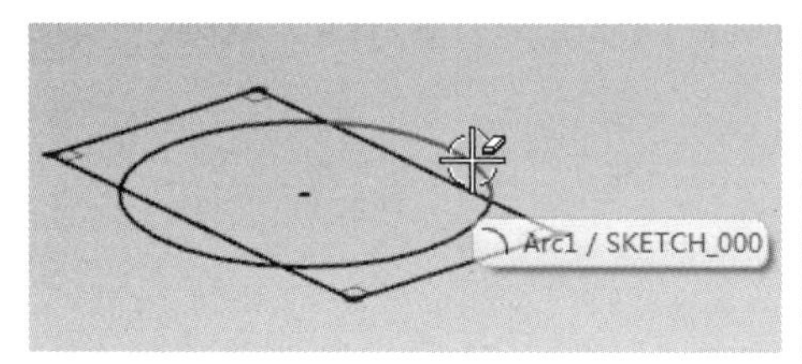

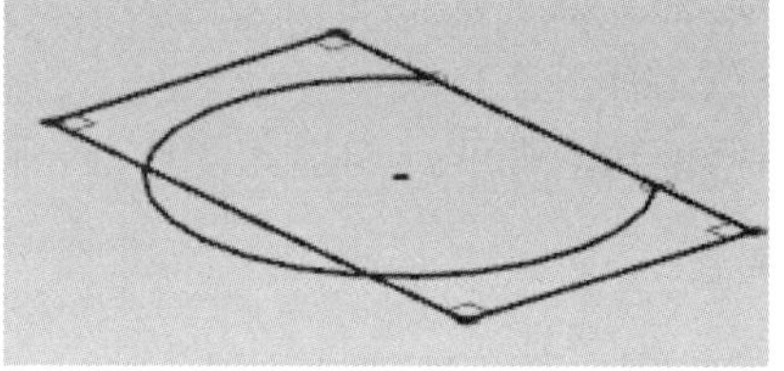

图 2-77

2. 修剪多个对象

按住鼠标左键并拖动，这时光标将变成画笔的形状，与画笔画出的曲线相交的线素都被裁剪掉，如图 2-78 所示。

3. 修剪至边界

按住键盘上的 Ctrl 键，使用鼠标选择剪切边界线，然后单击多余的线素，则被选中的线素就会以边界线为边界被修剪，如图 2-79 所示。

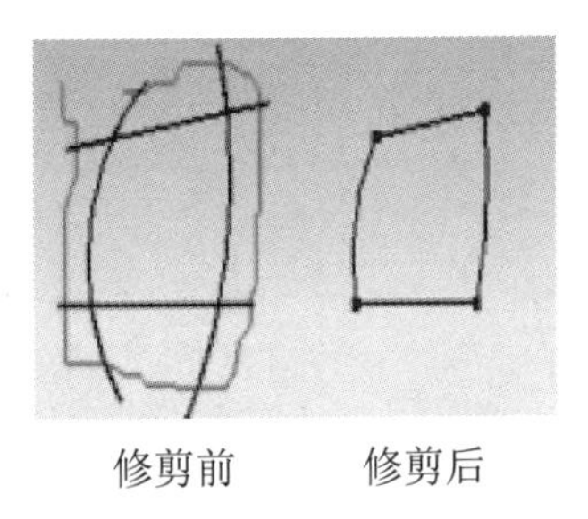

修剪前　　修剪后

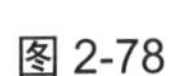

图 2-78

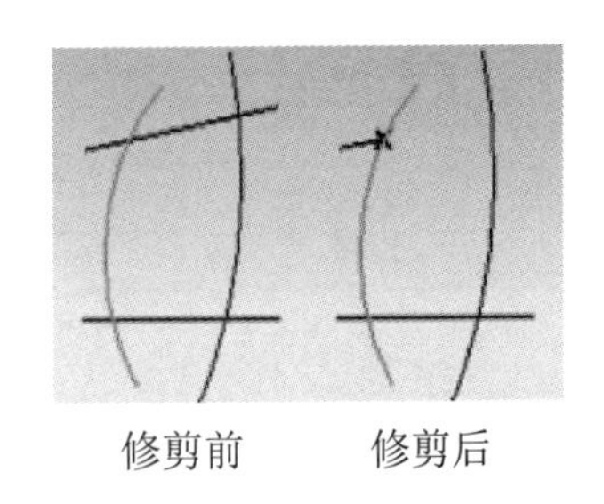

修剪前　　修剪后

图 2-79

2.3.5　快速延伸

利用快速延伸功能，可以快速延伸指定的对象与曲线边界相交。进入草图环境以后，选择【菜单】→【编辑】→【曲线】→【快速延伸】菜单项，或单击【快速延伸】按钮，即可弹出图 2-80 所示的【快速延伸】对话框。

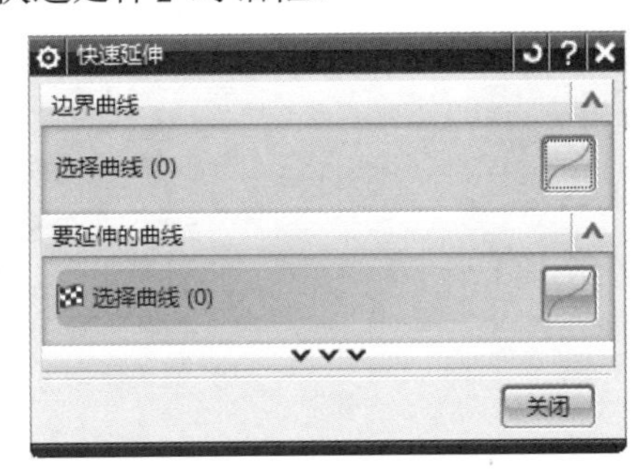

图 2-80

延伸指定的线素有 3 种方式，下面将分别予以详细介绍。

1. 延伸单一对象

使用鼠标直接选择要延伸的线素，然后单击确认，线素会自动延伸到下一边界，如图 2-81 所示。

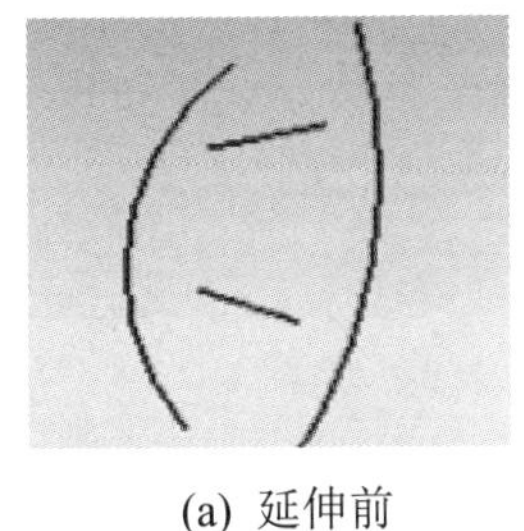

(a) 延伸前

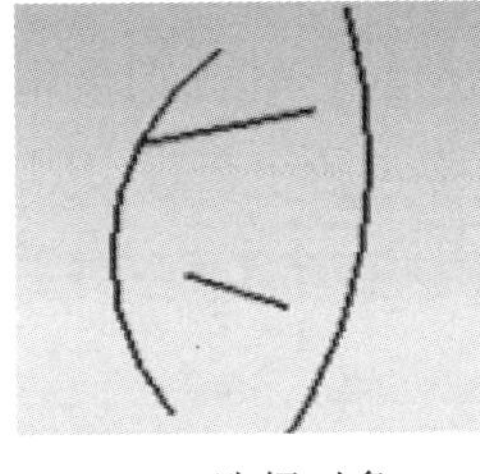

(b) 选择对象

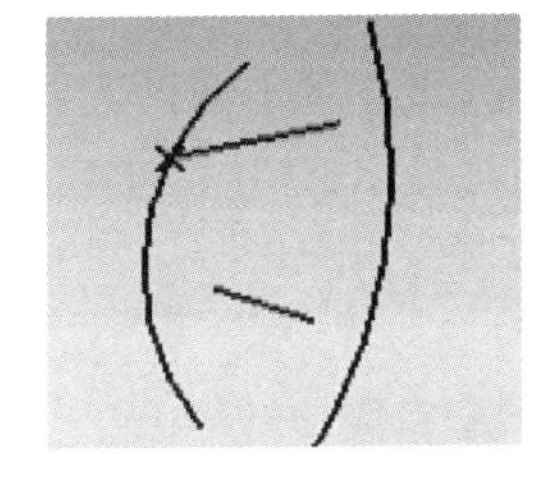

(c) 延伸至最近的边界线

图 2-81

2. 延伸多个对象

按住鼠标左键并拖动，此时光标将变成画笔的形状，与画笔画出的曲线相交的线素都会被延伸，如图 2-82 所示。

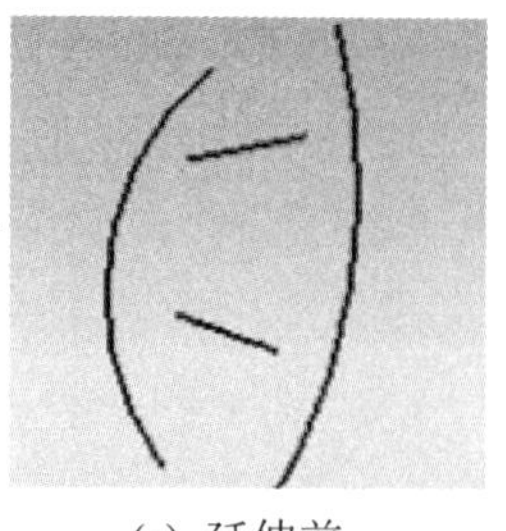

(a) 延伸前

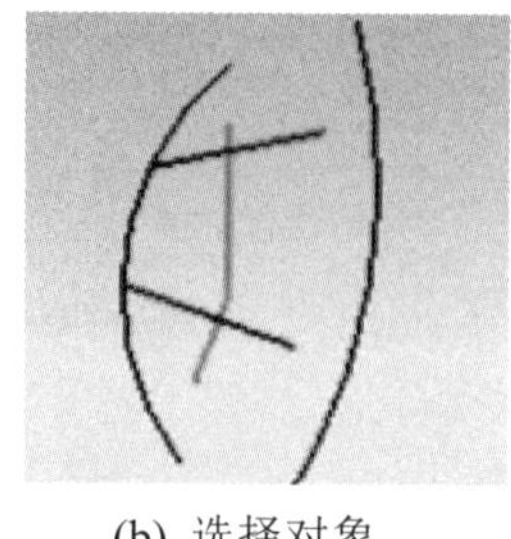

(b) 选择对象

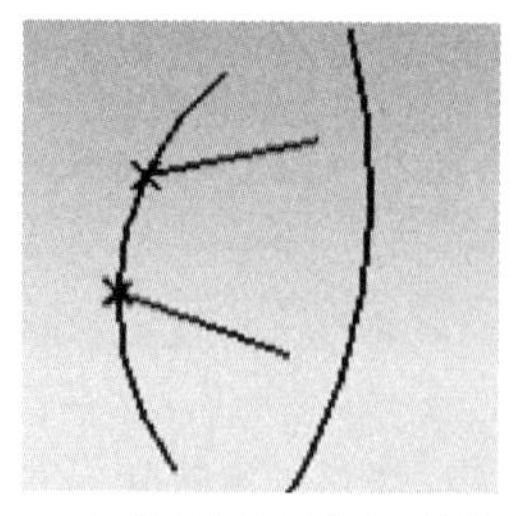

(c) 延伸至最近的边界线

图 2-82

3. 延伸至边界

按住键盘上的 Ctrl 键，使用鼠标选择延伸的边界线，然后单击要延伸的对象，则被选中对象即延伸至边界曲线，如图 2-83 所示。

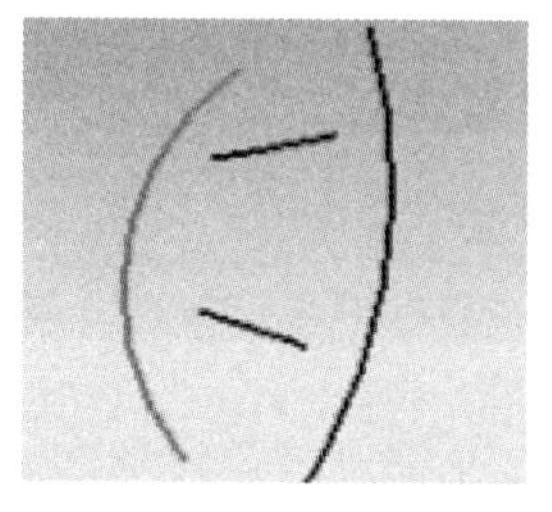

(a) 选择边界线

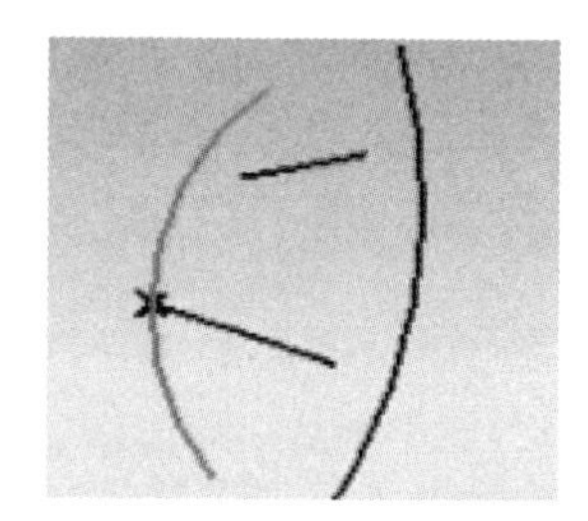

(b) 被选中对象延伸至边界

图 2-83

智慧锦囊

在延伸时，系统会自动选择最近的曲线作为延伸边界。

2.3.6 删除曲线

在图形区域中单击或框选要删除的对象(框选时要框住整个对象)，此时可以看到选中的对象变为高亮显示，如图 2-84 所示，然后按下键盘上的 Delete 键，所选的对象即可被删除，如图 2-85 所示。

智慧锦囊

如果要恢复已删除的对象，可以使用键盘上的 Ctrl+Z 组合键来完成。

考考您

请您根据上述介绍的知识，编辑草图曲线，测试一下您的学习效果。

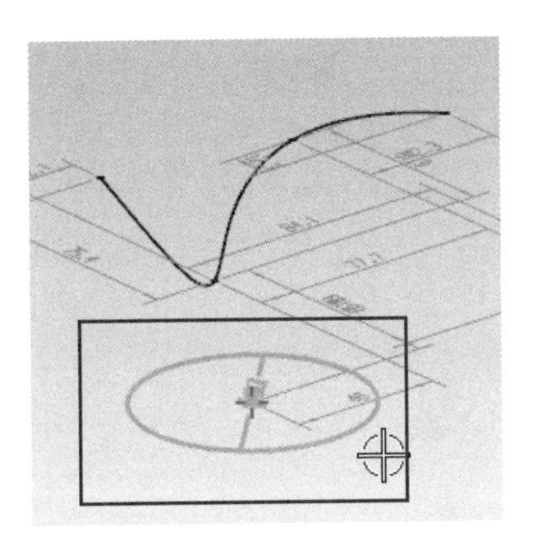

图 2-84

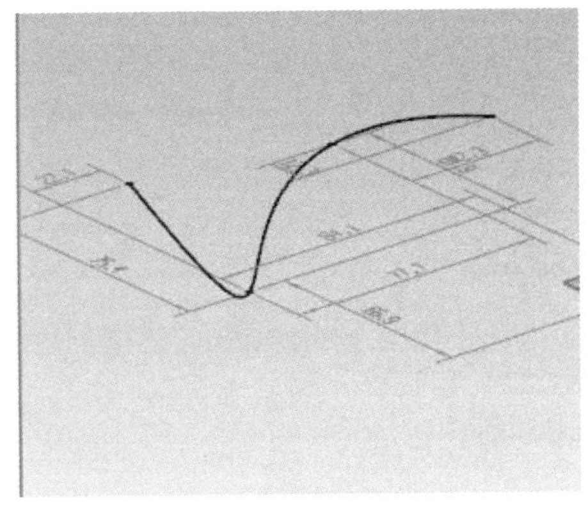

图 2-85

2.4　操 作 草 图

草图操作主要是对已绘制的草图进行编辑，或者根据已有模型特征快速创建草图。本节将详细介绍“镜像曲线”“偏置曲线”“投影曲线”“派生直线”“相交曲线”等命令的相关知识及使用方法。

↑扫码看视频

2.4.1　镜像草图

镜像曲线是以某一条直线为对称轴，镜像选取的草图对象。进入草图环境以后，选择【菜单】→【插入】→【来自曲线集的曲线】→【镜像曲线】菜单项，系统即可弹出图 2-86 所示的【镜像曲线】对话框。

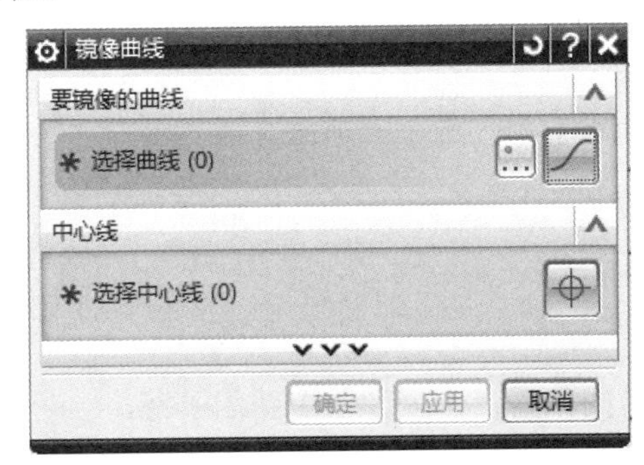

图 2-86

首先选择图形区中的镜像几何对象，然后选择镜像中心线，最后单击【确定】按钮即可镜像草图对象，如图 2-87 所示。

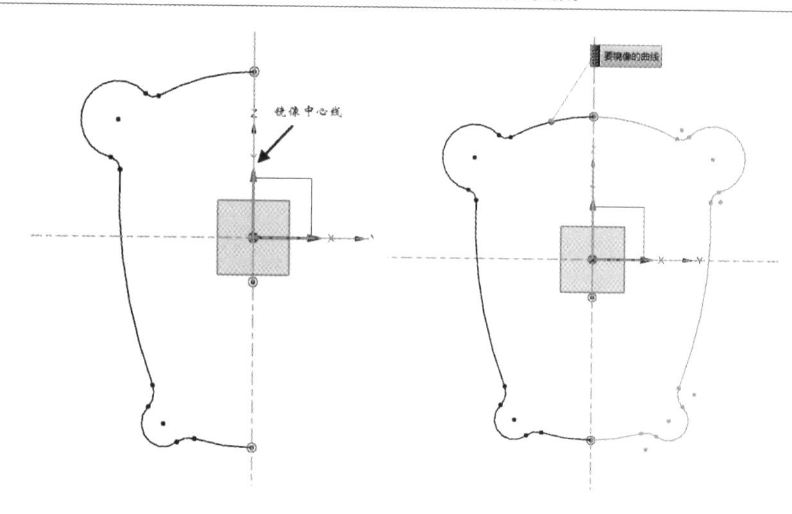

图 2-87

【镜像曲线】对话框中的选项功能说明如下。

(1) 【要镜像的曲线】。用于选择一个或多个要镜像的草图对象。在选取镜像中心线后，用户可以在草图中选取要进行镜像操作的草图对象。

(2) 【选择中心线】。用于选择存在的直线或轴作为镜像的中心线。选择草图中的直线作为镜像中心线时，所选的直线会变成参考线，暂时失去作用。如果要将其转换为一般草图对象，可用【草图约束】工具条中的【转换至/自参考对象】功能。

2.4.2 偏置曲线

偏置曲线就是对当前草图中的曲线进行偏移，从而产生与源曲线相关联、形状相似的新的曲线。可偏移的曲线包括绘制的基本曲线、投影曲线、边缘曲线等，具体操作步骤如下。

进入草图环境后，选择【菜单】→【插入】→【来自曲线集的曲线】→【偏置曲线】菜单项，或单击【偏置曲线】按钮，即可弹出图 2-88 所示的【偏置曲线】对话框。

在【偏置曲线】对话框中选择要偏置的曲线，然后输入偏置距离，更改偏置方向。也可以输入副本数，复制多份，最后单击【确定】按钮即可完成偏置曲线的操作。偏置曲线的效果如图 2-89 所示。

下面详细介绍【偏置曲线】对话框中主要选项的功能。

1. 要偏置的曲线

(1) 选择曲线。选择要偏置的曲线或曲线链。曲线链可以是开放的、封闭的或者一段开放一段封闭。

(2) 添加新集。在当前的偏置链中创建一个新的子链。

2. 偏置

(1) 距离。指定偏置距离。

(2) 反向。使偏置链的方向反向。

图 2-88

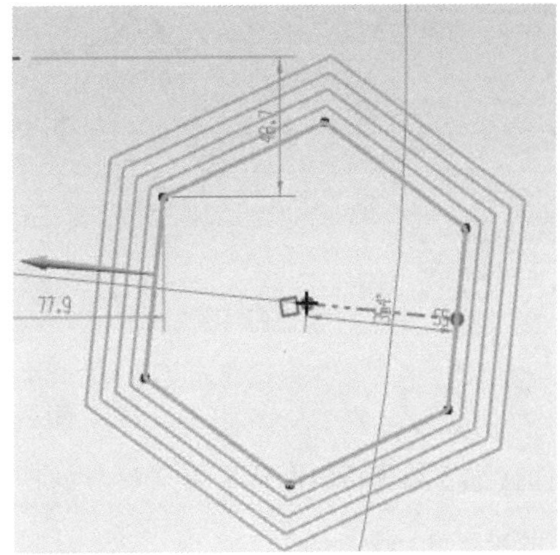

图 2-89

(3) 对称偏置。在基本链的两端各创建一个偏置链。

(4) 副本数。指定要生成的偏置链的副本数。

(5) 端盖选项。该下拉列表框包括【延伸端盖】和【圆弧帽形体】选项，下面分别予以介绍。

① 延伸端盖。通过沿着曲线的自然方向将其延伸到实际交点来封闭偏置链。

② 圆弧帽形体。通过为偏置链曲线创建圆角来封闭偏置链。

2.4.3 投影曲线

投影曲线用于将选中的对象沿草图平面的法向投影到草图的平面上。通过选择草图外部的对象，可以生成抽取的曲线或线串，能够抽取的对象包括曲线(关联或非关联的)、边、面、其他草图，或草图内的曲线、点等，具体操作步骤如下。

进入草图环境以后，选择【菜单】→【插入】→【来自曲线集的曲线】→【投影曲线】菜单项，或单击【投影曲线】按钮，即可弹出图 2-90 所示的【投影曲线】对话框。

图 2-90

在【投影曲线】对话框中选择要投影的曲线或点，然后设置相关参数，最后单击【确定】按钮即可完成创建投影曲线的操作，如图 2-91 所示。

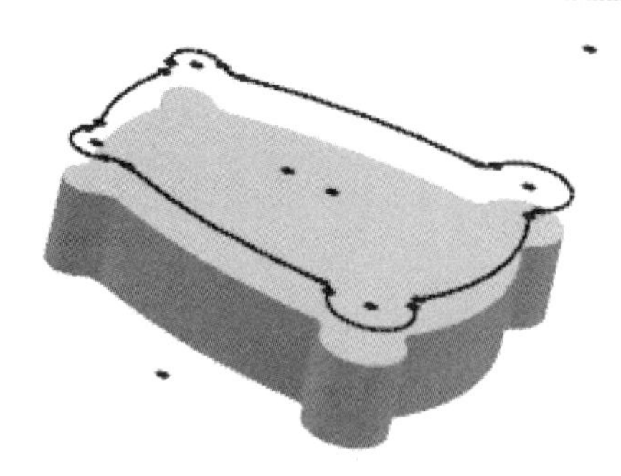

图 2-91

下面详细介绍【投影曲线】对话框中主要选项的功能。

1. 要投影的对象

选择要投影的曲线或点。

2. 设置

(1) 关联。勾选此复选框，如果原始几何体发生更改，则投影曲线也会发生改变。
(2) 输出曲线类型。该下拉列表框中包括 3 个选项，如图 2-92 所示。

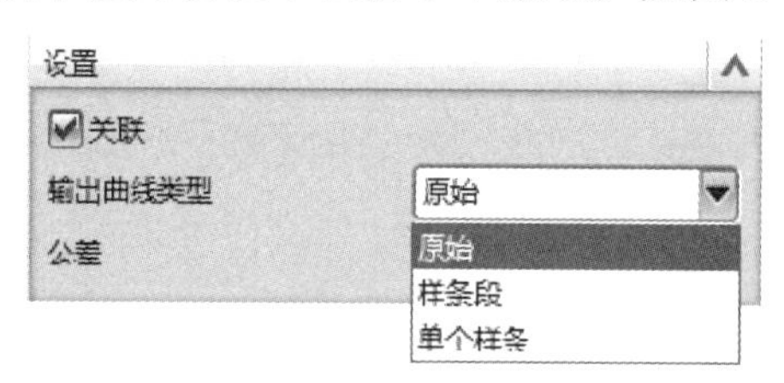

图 2-92

① 原始。使用其原始几何体类型创建抽取曲线。
② 样条段。使用样条段表示抽取曲线。
③ 单个样条。使用单个样条表示抽取曲线。

2.4.4 派生直线

派生直线用于为一条或多条直线自动生成其平行线或中线或角平分线。进入草图环境以后，选择【菜单】→【插入】→【来自曲线集的曲线】→【派生直线】菜单项，或单击【派生直线】按钮，选择要派生的直线，然后在适当的位置单击或输入偏置距离，即可完成派生直线的操作，如图 2-93 所示。

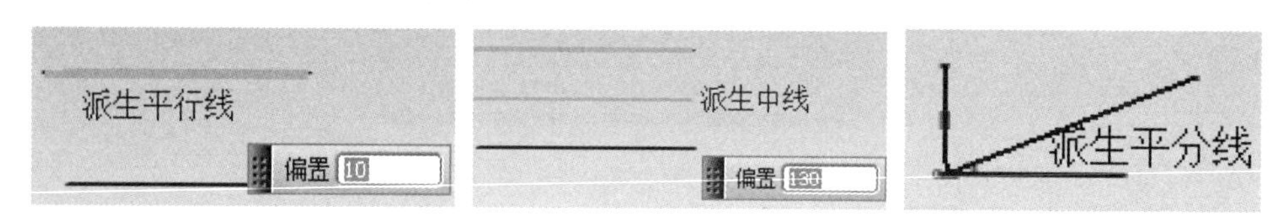

图 2-93

知识精讲

如需要派生多条直线，可以在图形区合适的位置继续单击，然后单击鼠标中键完成。如果选择两条平行线时，系统会在这两条平行线的中点处创建一条直线，可以通过拖动鼠标以确定直线长度，也可以在动态输入框中输入长度值。如果选择两条不平行的直线（不需要相交），系统将为这两条直线构造一条角平分线。可以通过拖动鼠标以确定直线长度（或在动态输入框中输入一个值），也可以在成角度的两条直线的任意象限放置平分线。

2.4.5　相交曲线

相交曲线功能是使用户指定的面与草图基准平面相交产生一条曲线。进入草图环境以后，选择【菜单】→【插入】→【来自曲线集的曲线】→【相交曲线】菜单项，或单击【相交曲线】按钮，即可打开图 2-94 所示的【相交曲线】对话框。

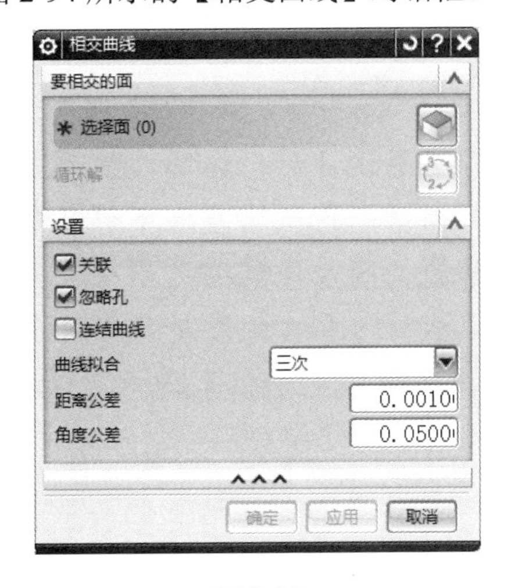

图 2-94

在【相交曲线】对话框中选择一个与目标面相交的平面，然后单击【确定】按钮即可完成相交曲线的创建，如图 2-95 所示。

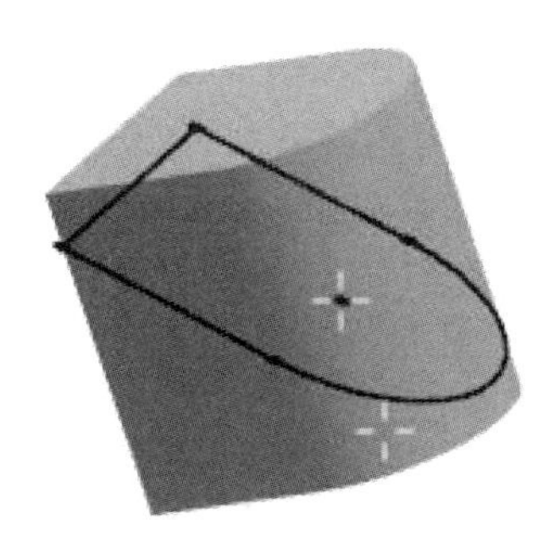

图 2-95

下面介绍【相交曲线】对话框中的主要选项。

1. 要相交的面

选择要在其上创建相交曲线的面。

2. 设置

(1) 忽略孔。勾选此复选框，在该面中创建通过任意修剪孔的相交曲线。
(2) 连结曲线。勾选此复选框，将多个面上的曲线合并成单个样条曲线。

考考您

请您根据上述介绍的知识，进行偏置、投影、派生以及相交曲线的操作，测试一下您的学习效果。

2.5 草图约束

完成草图设计后，轮廓曲线基本上就勾画出来了，但是这样绘制出来的轮廓曲线还不够精确，不能准确表达设计者的设计意图，因此还需要对草图对象施加草图约束。本节将详细介绍草图约束的相关知识及操作方法。

↑扫码看视频

2.5.1 尺寸约束

尺寸约束用来确定曲线的尺寸大小，建立尺寸约束便于在后续的编辑工作中实现尺寸的参数化驱动。建立尺寸约束的执行方式为：选择【菜单】→【插入】→【尺寸】菜单项，打开图2-96所示的级联菜单。

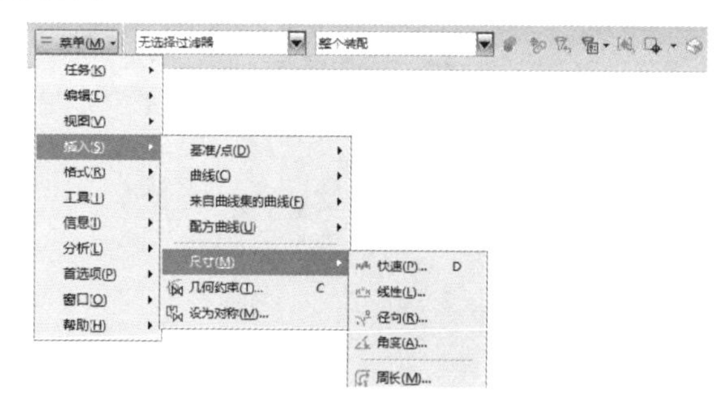

图2-96

(1) 快速。选择该命令，即可弹出【快速尺寸】对话框，如图 2-97 所示。选择几何体后，由系统自动根据所选择的对象搜寻合适尺寸类型进行匹配。

(2) 线性。选择该命令，即可弹出【线性尺寸】对话框，如图 2-98 所示。该命令用于指定与约束两对象或两点间距离。

图 2-97

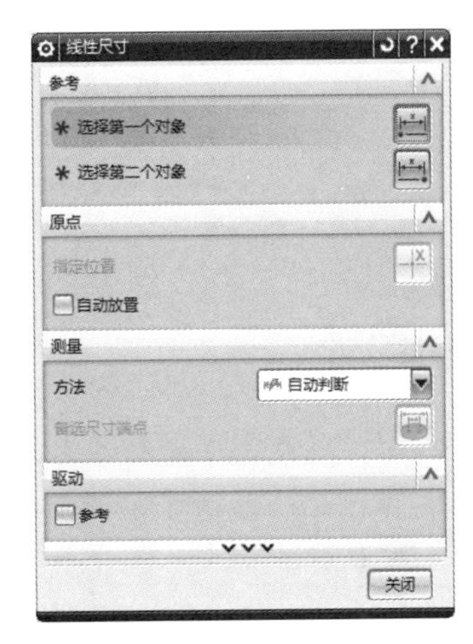

图 2-98

(3) 径向。选择该命令，即可弹出【径向尺寸】对话框，如图 2-99 所示。该命令用于为草图的弧/圆指定直径或半径尺寸。

(4) 角度。选择该命令，即可弹出【角度尺寸】对话框，如图 2-100 所示。该命令用于指定两条线之间的角度，相当于工作坐标系按照逆时针方向测量角度。

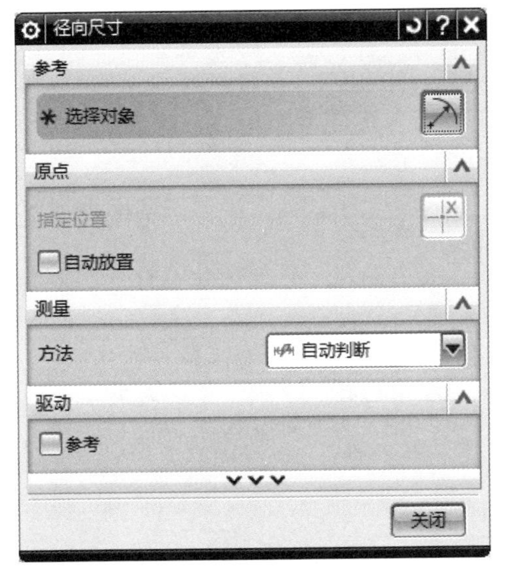

图 2-99

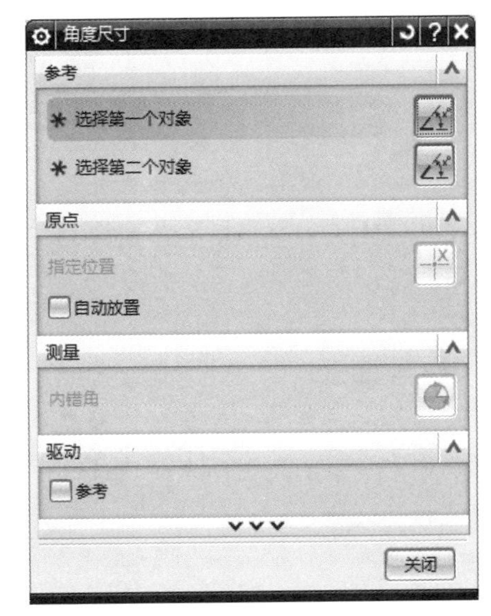

图 2-100

(5) 周长。该命令用于将所选的草图轮廓曲线的总长度限制为一个需要的值，可以选择周长约束的曲线有直线和圆弧。选择该命令后，即可弹出图 2-101 所示的【周长尺寸】对话框，选择曲线后，该曲线的尺寸显示在【距离】文本框中。

图 2-101

2.5.2 几何约束

使用几何约束可以指定草图对象必须遵守的条件，或草图对象之间必须维持的关系。几何约束的执行方式是：选择【菜单】→【插入】→【几何约束】菜单项，弹出图 2-102 所示的【几何约束】对话框。

图 2-102

在【几何约束】对话框中，用户可以单击相应的约束按钮，然后在绘图区中选择一条或者多条曲线，即可对选择的曲线创建几何约束。

智慧锦囊

根据所选对象的几何关系，在几何约束类型中选择一个或多个约束类型，则系统会添加指定类型的几何约束到所选草图对象上，这些草图对象会因所添加的约束而不能随便移动或旋转。

2.5.3 自动约束

自动约束是在可行的地方自动应用草图的几何约束类型(水平、竖直、平行、垂直、相切、点在曲线上、等长、等半径、重合、同心)。自动约束的执行方式是：单击【约束】选项组中的【自动约束】按钮，系统即可弹出图 2-103 所示的【自动约束】对话框。

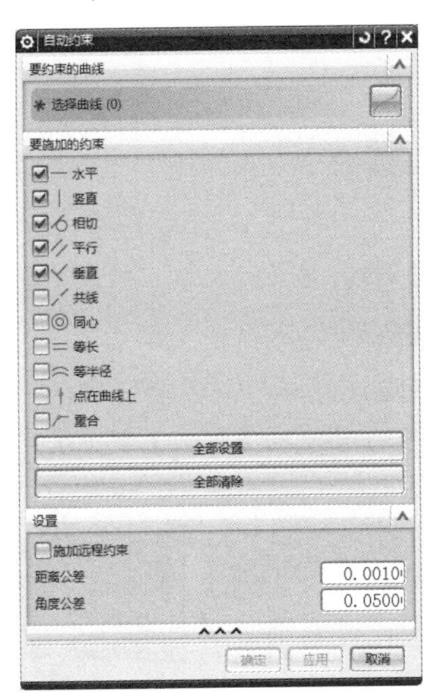

图 2-103

在【自动约束】对话框中选择需要约束的曲线，然后选择要添加的约束，单击【确定】按钮即可完成创建自动约束的操作。

下面介绍【自动约束】对话框中主要选项的功能。

(1) 全部设置。选中所有约束类型。

(2) 全部清除。清除所有约束类型。

(3) 距离公差。用于控制对象端点的距离必须达到的接近程度才能重合。

(4) 角度公差。用于控制系统要应用水平、竖直、平行或垂直约束，直线必须达到的接近程度。

考考您

请您根据上述介绍的知识，进行草图约束，测试一下您的学习效果。

2.6　实践案例与上机指导

通过本章的学习，读者基本可以掌握二维草图设计的基本知识以及一些常见的操作方法，下面通过练习操作，以达到巩固学习、拓展提高的目的。

↑扫码看视频

2.6.1 标注半径

标注半径是标注所选圆或圆弧半径的大小，下面通过本例的详细介绍来学习标注半径的操作方法。

素材保存路径：配套素材\第 2 章

素材文件名称：biaozhu.prt

第 1 步 打开素材文件“biaozhu.prt”，双击已有的草图，如图 2-104 所示。

第 2 步 在【直接草图】下拉菜单的【更多】中单击【在草图任务环境中打开】按钮，如图 2-105 所示。

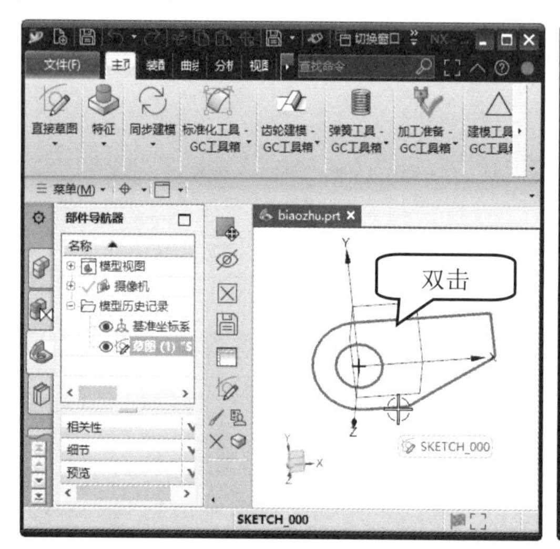

图 2-104

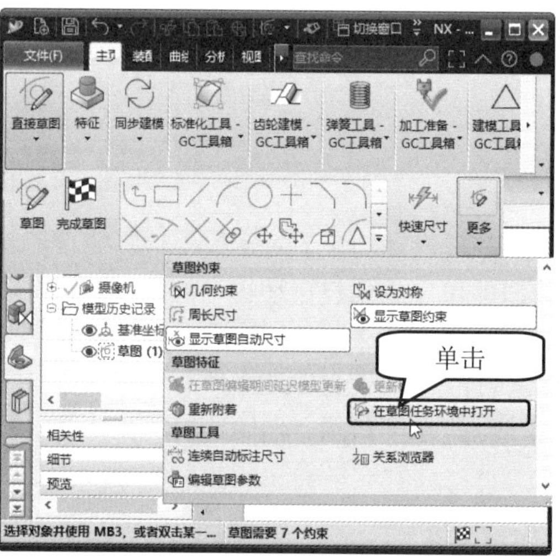

图 2-105

第 3 步 进入草图工作环境，选择【菜单】→【插入】→【尺寸】→【径向】菜单项，如图 2-106 所示。

第 4 步 在弹出的【径向尺寸】对话框的【方法】下拉列表中选择【径向】选项，如图 2-107 所示。

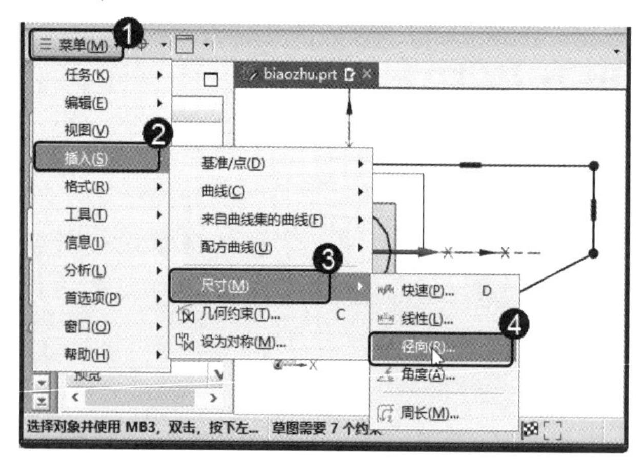

图 2-106

图 2-107

第 5 步 选择圆弧，如图 2-108 所示。

第 6 步 系统会生成半径尺寸，移动鼠标至合适位置单击放置尺寸，如图 2-109 所示。

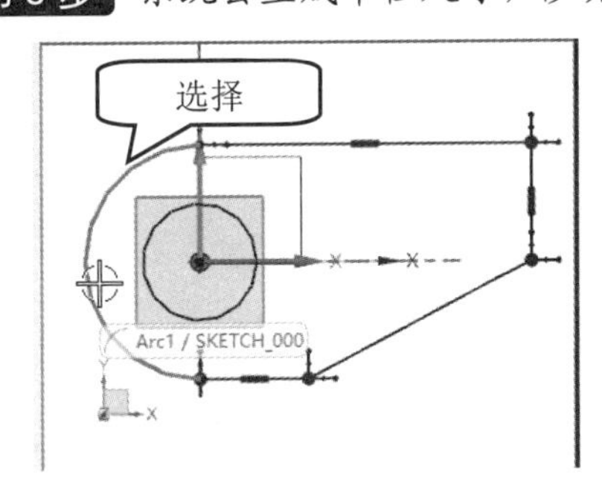

图 2-108

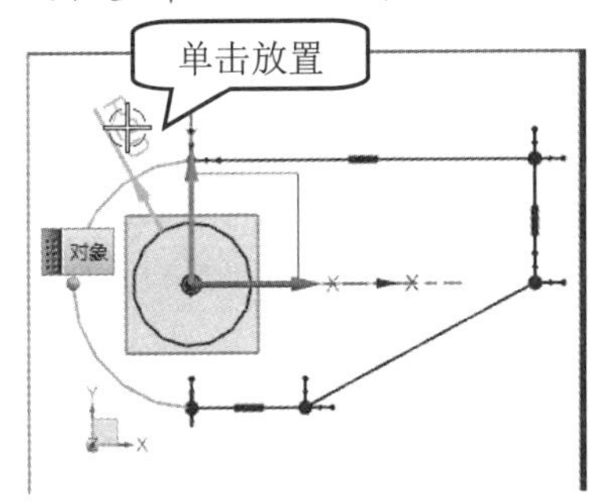

图 2-109

第 7 步 返回到【径向尺寸】对话框中，单击【关闭】按钮，如图 2-110 所示。

第 8 步 返回到图形区可以看到完成的半径标注，这样即可完成标注半径的操作，效果如图 2-111 所示。

图 2-110

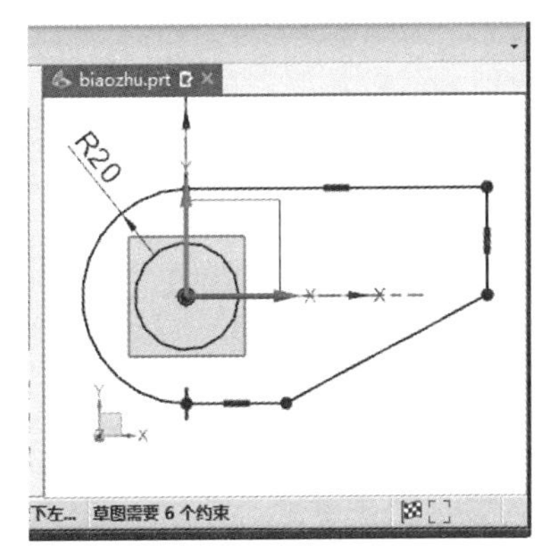

图 2-111

2.6.2　动画尺寸

动画尺寸就是使草图中指定的尺寸在规定的范围内变化，从而观察其他相应的几何约束变化情形，以此来判断草图设计的合理性，并及时发现错误。在进行动画模拟操作之前，必须在草图对象上进行尺寸的标注和添加必要的几何约束。本例详细介绍动画尺寸的操作方法。

素材保存路径：配套素材\第 2 章

素材文件名称：donghua.prt

第 1 步 打开素材文件“donghua.prt”，双击已有的草图，如图 2-112 所示。

第 2 步 在【直接草图】下拉菜单的【更多】中单击【在草图任务环境中打开】按钮，如图 2-113 所示。

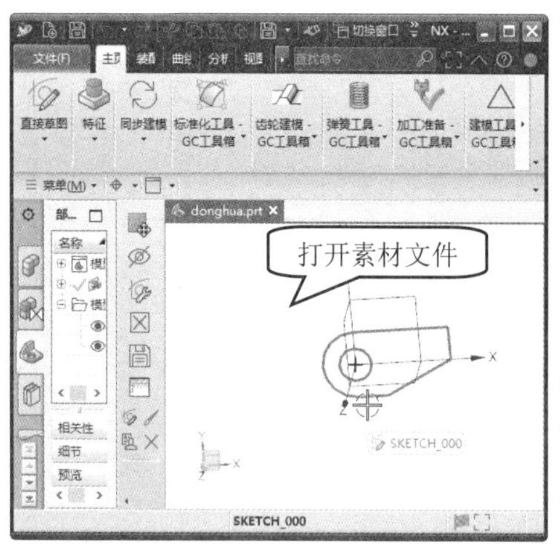

图 2-112

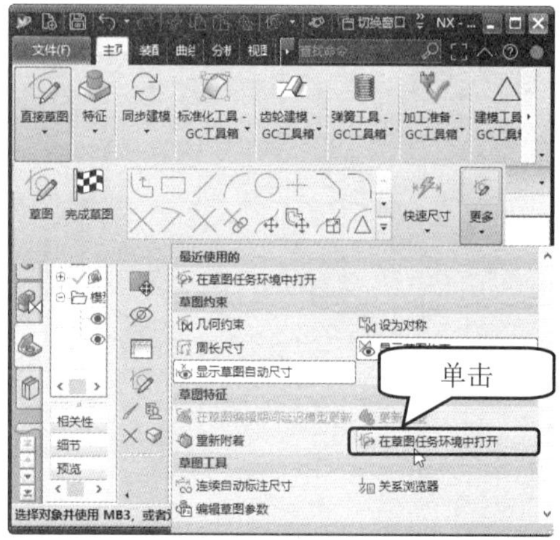

图 2-113

第 3 步 进入草图工作环境，选择【菜单】→【工具】→【约束】→【动画演示尺寸】菜单项，如图 2-114 所示。

第 4 步 弹出【动画演示尺寸】对话框，*1.* 选择尺寸 39，*2.* 分别在【下限】和【上限】文本框中输入数值 35.5 和 42.5，*3.* 在【步数/循环】文本框中输入循环的步数为 100，*4.* 勾选【显示尺寸】复选框，*5.* 单击【应用】按钮，如图 2-115 所示。

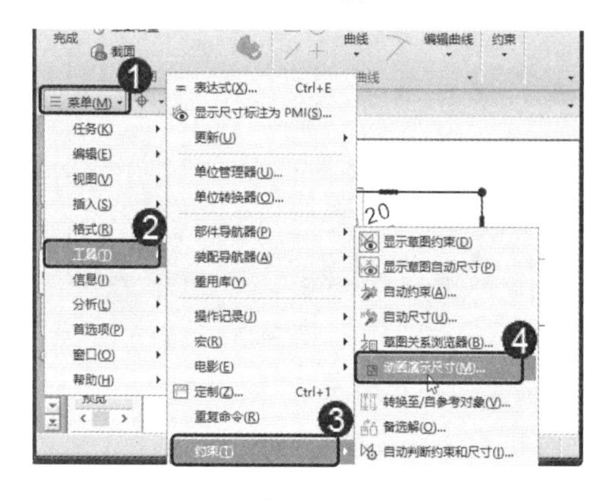

图 2-114

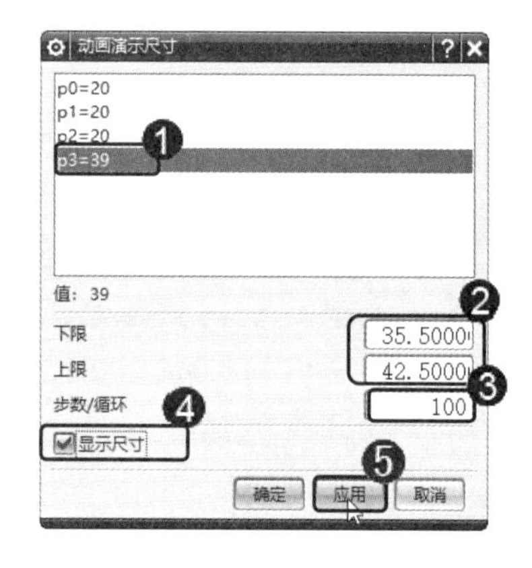

图 2-115

第 5 步 弹出【动画】对话框，单击【停止】按钮，草图即可恢复到原来的状态，如图 2-116 所示。

第 6 步 在弹出【动画】对话框的同时，可以看到所选尺寸的动画模拟效果，这样即可完成动画尺寸的操作，如图 2-117 所示。

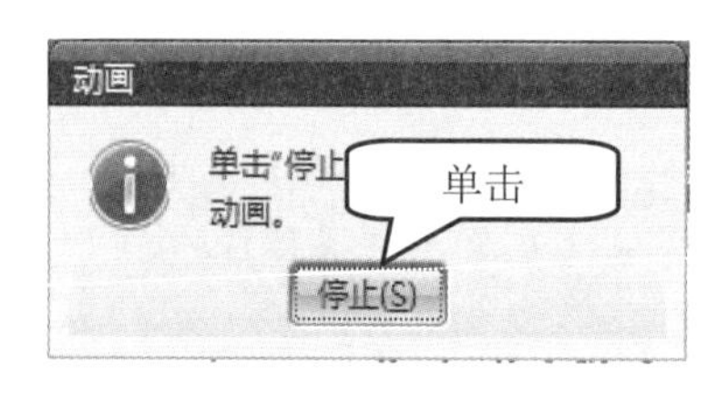

图 2-116

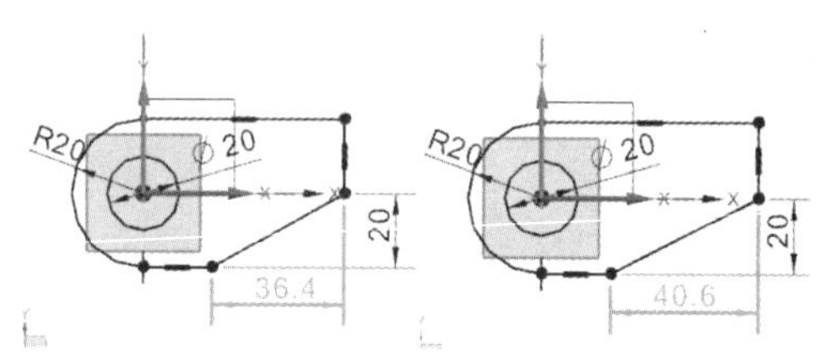

图 2-117

2.6.3　尺寸移动

为了使草图的布局更加清晰合理，可以移动尺寸文本的位置，本例详细介绍尺寸移动的操作方法。

素材保存路径：配套素材\第 2 章
素材文件名称：donghua.prt

第 1 步 打开素材文件“donghua.prt”，将鼠标指针放置到要移动的尺寸处，按住鼠标左键，如图 2-118 所示。

第 2 步 左右或上下移动鼠标指针，可以移动尺寸箭头和文本框的位置，如图 2-119 所示。

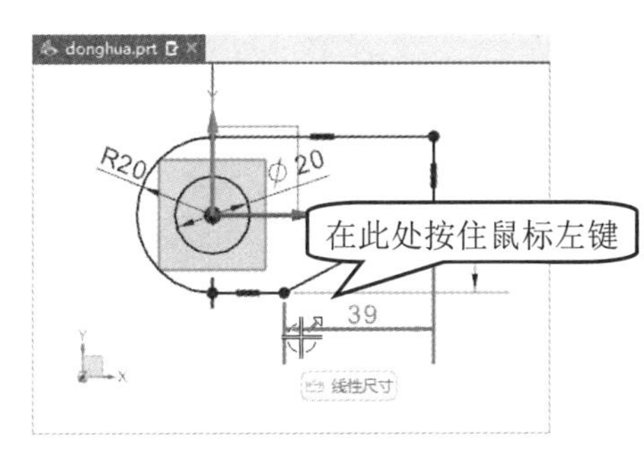

图 2-118

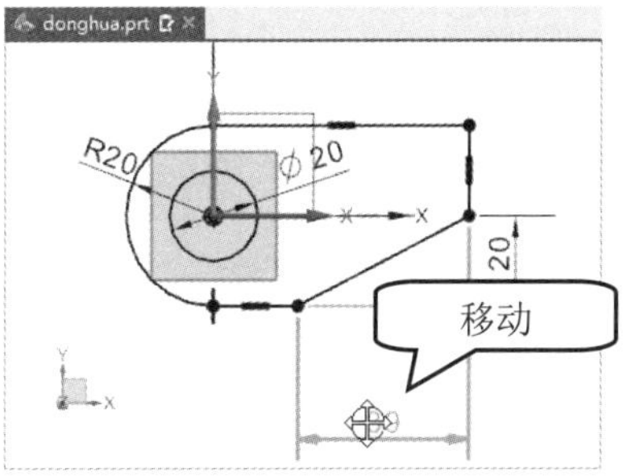

图 2-119

第 3 步 在合适的位置松开鼠标左键，即可完成尺寸位置的移动，如图 2-120 所示。

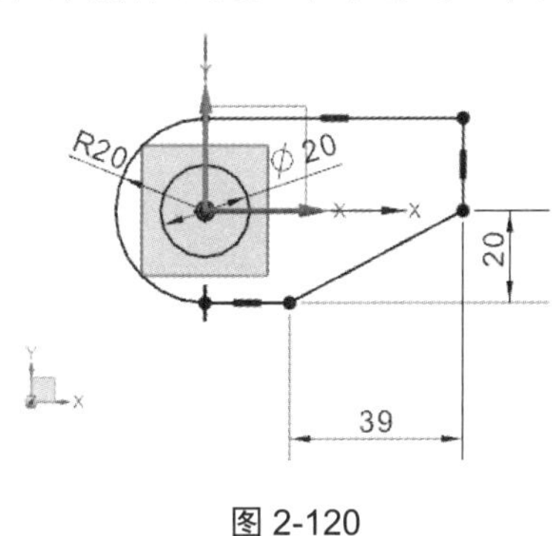

图 2-120

2.7　思考与练习

通过本章的学习，读者基本可以掌握二维草图设计的基本知识以及一些常见的操作方法，下面通过练习几道习题，以达到巩固与提高的目的。

一、填空题

1. 在 UG NX 中有 3 种坐标系，分别为工作坐标系、＿＿＿＿＿和＿＿＿＿＿。

2. ____________是指利用给定的若干个点拟合出的多项式曲线，样条曲线采用的是近似的拟合方法，但可以很好地满足工程需求，因此得到了较为广泛的应用。

3. __________就是对当前草图中的曲线进行偏移，从而产生与源曲线相关联、形状相似的新的曲线。

二、判断题

1. 制作圆角功能是通过延伸或修剪两条曲线来制作拐角。
2. 利用快速修剪功能，可以快速修剪一条或多条曲线。
3. 镜像曲线是以某一条直线为对称轴，镜像选取的草图对象。

三、思考题

1. 如何进入与退出草图环境？
2. 如何创建艺术样条曲线？

第 3 章

曲线设计

本章要点

- 绘制常见的曲线特征
- 复杂曲线
- 编辑曲线
- 派生曲线

本章主要内容

本章主要介绍了绘制常见的曲线特征和复杂曲线方面的知识与技巧，同时讲解了如何编辑曲线，在本章的最后还针对实际的工作需求，讲解了派生曲线的方法。通过本章的学习，读者可以掌握曲线设计基础操作方面的知识，为深入学习 UG NX 中文版奠定基础。

3.1 绘制常见的曲线特征

曲线是生成三维模型的基础，只有曲线构造的质量良好才能保证以后的面或实体质量好，在 UG NX 中熟练地掌握曲线操作功能，对于高效建立复杂的三维图形是非常有帮助的，本节将详细介绍绘制常见的曲线特征的相关方法。

↑ 扫码看视频

3.1.1 直线

【直线】命令用于创建直线段，选择【菜单】→【插入】→【曲线】→【直线】菜单项，系统即可弹出【直线】对话框，如图 3-1 所示。

在【直线】对话框中，首先选择起点，出现一条直线并自动生成平面；然后在适当的位置单击确定终点，或捕捉点获得终点，最后单击【确定】按钮即可完成创建直线的操作，如图 3-2 所示。

图 3-1

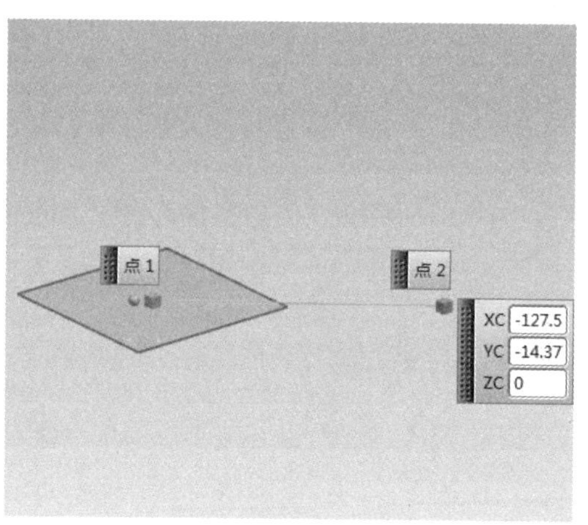

图 3-2

3.1.2 圆弧/圆

【圆弧/圆】命令用于创建关联的圆弧和圆曲线。在菜单栏中选择【菜单】→【插入】→【曲线】→【圆弧/圆】菜单项，系统即可弹出【圆弧/圆】对话框，如图 3-3 所示。

(a)【三点画圆弧】界面

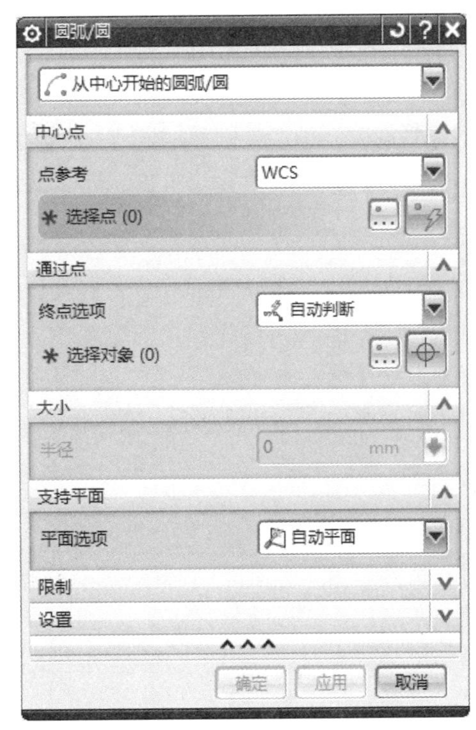

(b)【从中心开始的圆弧/圆】界面

图 3-3

下面详细介绍【圆弧/圆】对话框中的主要选项。

1. 类型

(1) 三点画圆弧。通过指定的三个点或指定两个点和半径来创建圆弧，如图 3-4 所示。

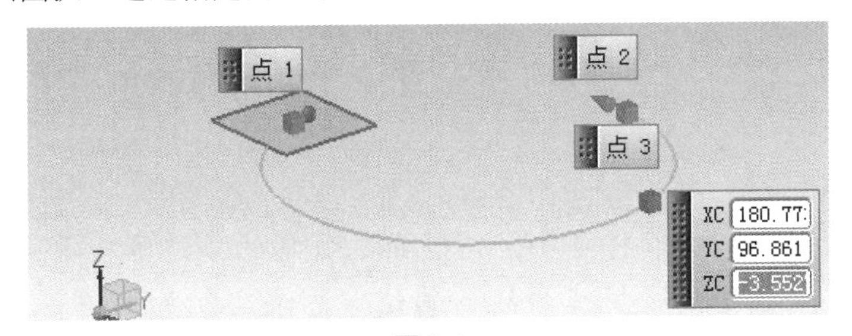

图 3-4

(2) 从中心开始的圆弧/圆。通过圆弧中心及第二点或半径来创建圆弧，如图 3-5 所示。

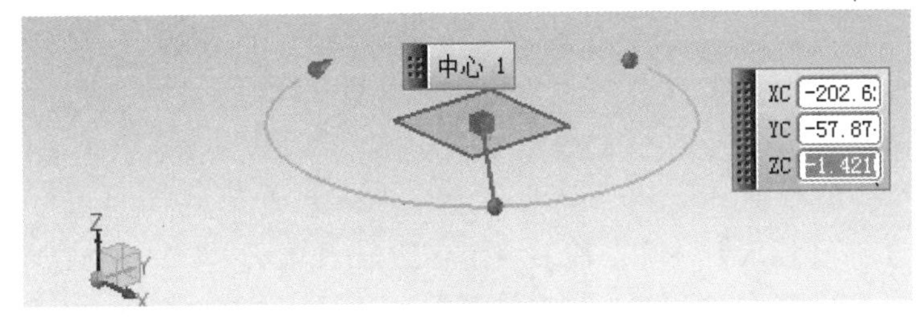

图 3-5

2. 起点/端点/中点选项

(1) 自动判断。根据选择的对象来确定要使用的起点/端点/中点选项。
(2) 十点。用于指定圆弧的起点/端点/中点。
(3) 相切。用于选择曲线对象，以从其派生与所选对象相切的起点/端点/中点。

3. 平面选项

(1) 自动平面。根据圆弧或圆的起点和终点来自动判断临时平面。
(2) 锁定平面。选择此选项，如果更改起点或终点，自动平面不可移动。可以双击解锁或锁定自动平面。
(3) 选择平面。用于选择现有平面或新建平面。

4. 限制

(1) 起始/终止限制。
① 角度。用于为圆弧的起始或终止限制指定数值。
② 在点上。通过【捕捉点】选项为圆弧的起始或终止限制指定点。
③ 直至选定对象。用于在所选对象的限制处开始或结束圆弧。
(2) 整圆。用于将圆弧指定为完整的圆。
(3) 补弧。用于创建圆弧的补弧。

考考您

请您根据上述方法绘制直线和圆弧，测试一下您的学习效果。

3.2 复杂曲线

本节将主要介绍复杂曲线中的多边形、螺旋线、抛物线、双曲线和规律曲线等的创建方法及相关知识，为深入学习曲线操作奠定基础。

↑ 扫码看视频

3.2.1 多边形

选择【菜单】→【插入】→【曲线】→【多边形(原有)】菜单项(该命令可以在【命令查找器】中搜索找到)，系统即可弹出【多边形】对话框，如图 3-6 所示。

图 3-6

当输入多边形的边数后，系统即可弹出图 3-7 所示的【多边形】对话框，选择创建多边形的方式。

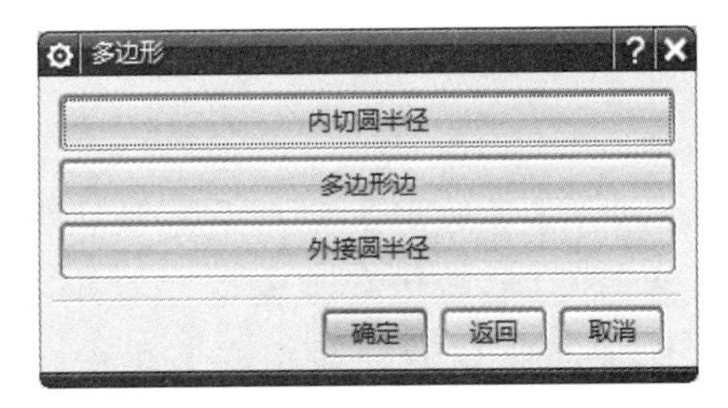

图 3-7

下面详细介绍【多边形】对话框中的选项。

1. 内切圆半径

单击此按钮，即可弹出图 3-8 所示的对话框，可以通过输入内切圆的半径定义多边形的尺寸及方向角度来创建多边形。

图 3-8

(1) 内切圆半径。原点到多边形边的中点的距离。

(2) 方位角。多边形从 XC 轴逆时针方向旋转的角度。

2. 多边形边

单击此按钮，弹出图 3-9 所示的对话框，该选项用于输入多边形一边的边长及方位角度来创建多边形。该长度将应用到所有边。

图 3-9

3. 外接圆半径

单击此按钮，弹出图 3-10 所示的对话框，该选项通过指定外接圆半径定义多边形的尺寸及方位角度来创建多边形。外接圆半径是原点到多边形顶点的距离。

图 3-10

知识精讲

本书使用的 UG NX 版本中，【多边形】命令是隐藏状态下的，用户可以在【命令查找器】文本框中输入“多边形”，然后进行搜索即可打开【命令查找器】窗口，在该窗口中即可查找到该命令。如果想将该命令显示在菜单中，可以右击该命令，然后在弹出的快捷菜单中选择【在菜单上显示】菜单项。

3.2.2 螺旋线

螺旋线功能能够通过定义圈数、螺距、半径方式(规律或恒定)、旋转方向和适当的方位等参数生成螺旋线。选择【菜单】→【插入】→【曲线】→【螺旋】菜单项，系统即可弹出【螺旋】对话框，如图 3-11 所示。

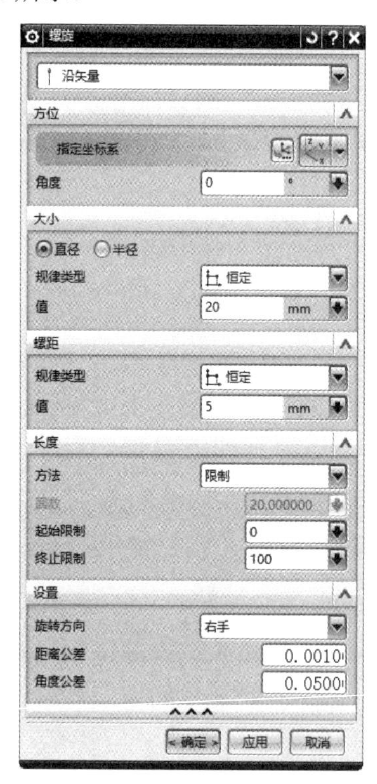

图 3-11

在【螺旋】对话框中，首先确定准备绘制螺旋线的方位，然后设置大小、螺距和长度等值，最后单击【确定】按钮即可完成创建螺旋线的操作，如图 3-12 所示。

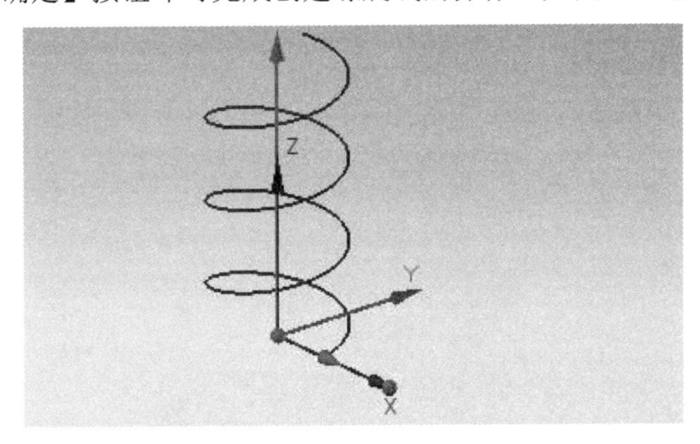

图 3-12

【螺旋】对话框中主要的参数说明如下。

1. 大小

指定螺旋的定义方式，可以通过使用【规律类型】或输入半径/直径来定义半径/直径。

(1) 规律类型。使用规律函数来控制螺旋线的半径/直径变化。可在其下拉列表框中选择一种规律来控制螺旋线的半径/直径。

(2) 值。该选项为默认值，输入螺旋线的半径/直径值，则该值在整个螺旋线上都是常数。

2. 螺距

相邻的圈之间沿螺旋轴方向的距离，螺距必须大于或等于 0。

3. 长度

指定长度方法为限制或圈数。

(1) 方法。用于指定起始限制和终止限制的数值。

(2) 圈数。用于指定螺旋线绕螺旋轴旋转的圈数，必须大于 0，可以接受小于 1 的值(如 0.5 可以生成半圈螺旋线)。

4. 旋转方向

该下拉列表框用于控制旋转的方向。

(1) 右手。螺旋线起始于基点向右卷曲(逆时针方向)。

(2) 左手。螺旋线起始于基点向左卷曲(顺时针方向)。

5. 方位

该选项能够使用坐标系工具的 Z 轴、X 点选项来定义螺旋线方向。可以使用【点】对话框或通过指出光标位置来定义基点。

3.2.3 抛物线

选择【菜单】→【插入】→【曲线】→【抛物线】菜单项，系统即可弹出【点】对话框，如图 3-13 所示。

图 3-13

在【点】对话框中输入抛物线的顶点，然后单击【确定】按钮，系统即可弹出【抛物线】对话框，如图 3-14 所示。

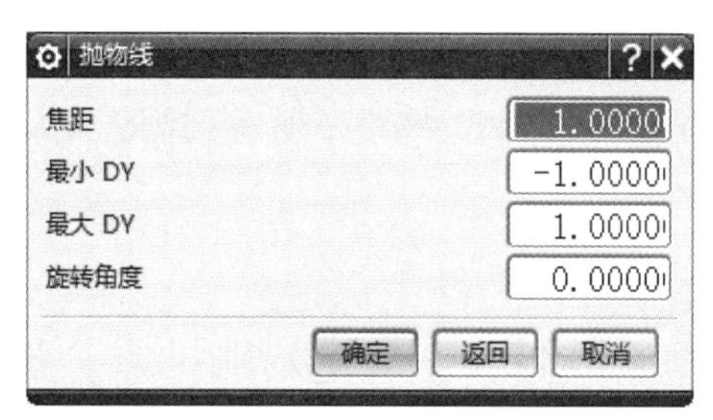

图 3-14

在【抛物线】对话框中输入用户所需的数值，单击【确定】按钮即可完成创建抛物线的操作，如图 3-15 所示。

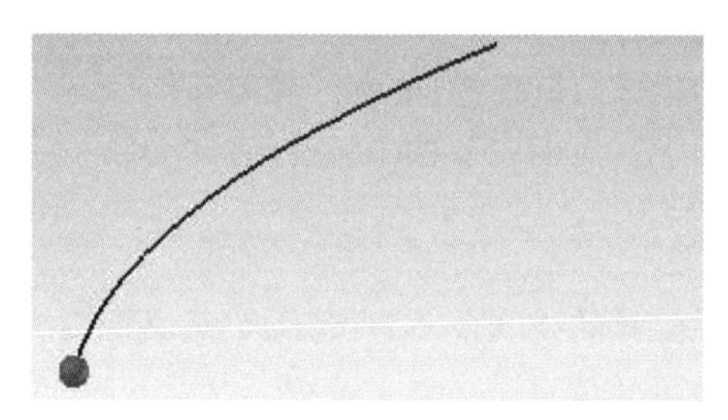

图 3-15

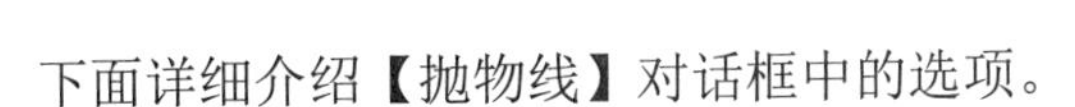

下面详细介绍【抛物线】对话框中的选项。

(1) 焦距。是指从顶点到焦点的距离，必须大于 0。

(2) 最小 DY/最大 DY。通过限制抛物线的显示宽度来确定该曲线的长度。

(3) 旋转角度。是指对称轴与 XC 轴之间所成的角度。

3.2.4　双曲线

选择【菜单】→【插入】→【曲线】→【双曲线】菜单项，系统即可弹出【点】对话框，如图 3-16 所示。

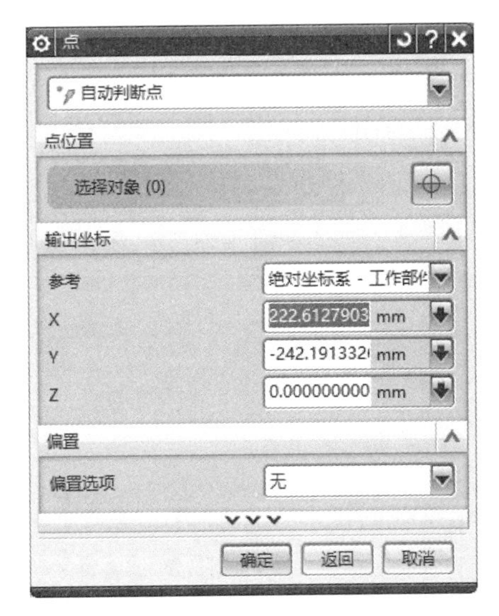

图 3-16

在【点】对话框中输入双曲线的中心点，单击【确定】按钮，系统即可弹出图 3-17 所示的【双曲线】对话框，在该对话框中输入用户所需的数值，单击【确定】按钮，即可完成创建双曲线的操作，如图 3-18 所示。

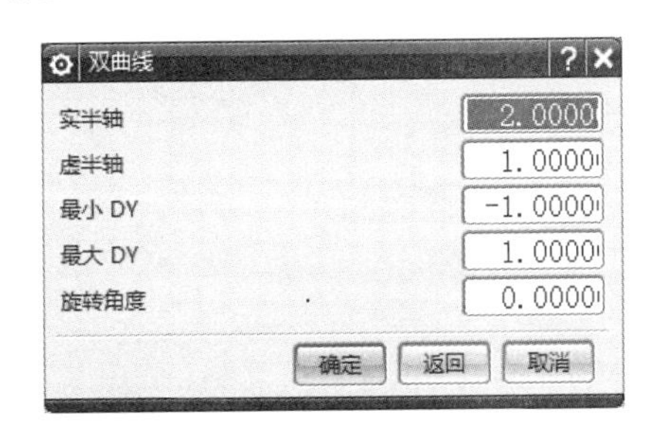

图 3-17

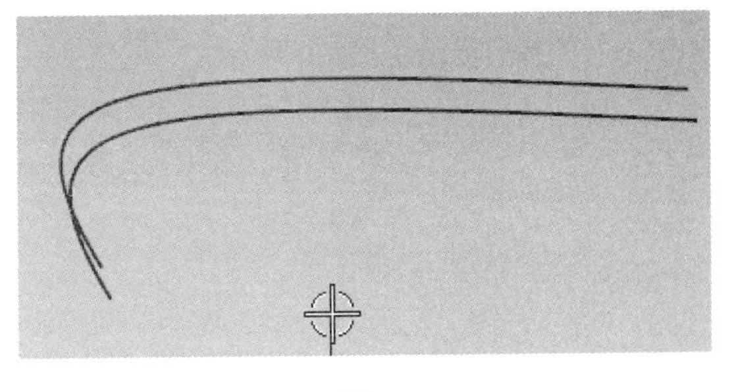

图 3-18

下面详细介绍【双曲线】对话框中主要选项的功能。

(1) 实半轴/虚半轴。实半轴/虚半轴参数指实半轴和虚半轴长度的一半，这两个轴之间的关系确定了曲线的斜率。

(2) 最小 DY/最大 DY。DY 值决定曲线的长度。最小 DY/最大 DY 限制双曲线在对称轴两侧的扫掠范围。

(3) 旋转角度。由实半轴与 XC 轴组成的角度。旋转角度从 XC 正向开始计算。

3.2.5 规律曲线

选择【菜单】→【插入】→【曲线】→【规律曲线】菜单项，系统即可弹出【规律曲线】对话框，如图 3-19 所示。

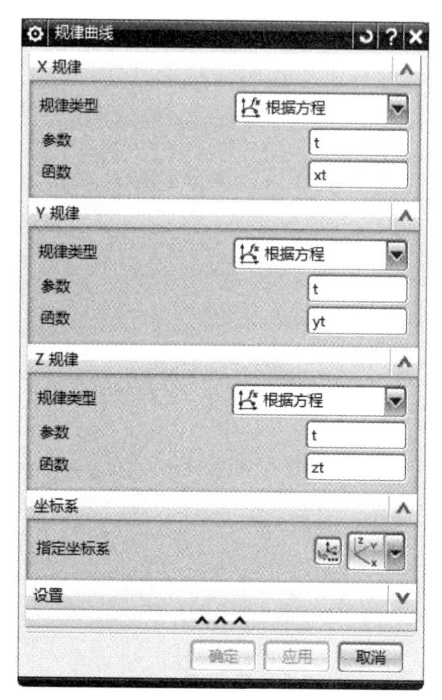

图 3-19

在【规律曲线】对话框中为 X/Y/Z 各分量选择并定义一个规律选项，然后通过定义方位、基点或指定一个参考坐标系来控制曲线的方位，最后单击【确定】按钮，即可完成创建规律曲线的操作，如图 3-20 所示。

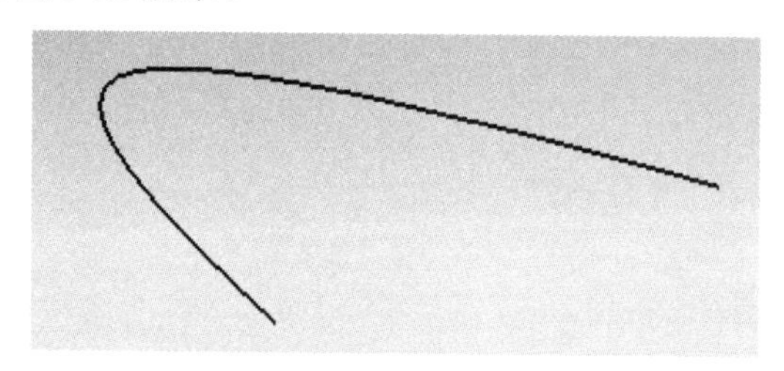

图 3-20

下面详细介绍【规律曲线】对话框中的选项。

1. X/Y/Z 规律类型

X/Y/Z 规律类型有 7 种，分别为恒定、线性、三次、沿脊线的线性、沿脊线的三次、根据方程和根据规律曲线等，如图 3-21 所示。

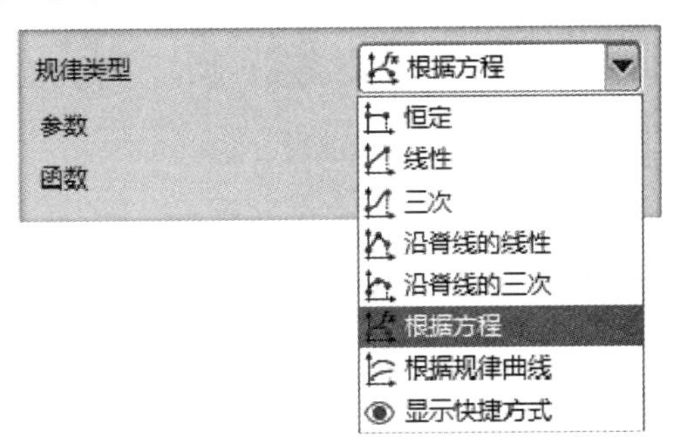

图 3-21

(1) 恒定。该选项能够给整个规律功能定义一个常数值。系统提示用户只输入一个规律值。

(2) 线性。该选项能够定义从起始点到终止点的线性变化率。

(3) 三次。该选项能够定义从起始点到终止点的三次变化率。

(4) 沿脊线的线性。该选项能够为两个或多个沿着脊线的点定义线性规律功能。选择一条脊线曲线后，可以沿该曲线指出多个点，系统会提示用户在每个点处输入一个值。

(5) 沿脊线的三次。该选项能够为两个或多个沿着脊线的点定义三次规律功能。选择一条脊线曲线后，可以沿该脊线指出多个点，系统会提示用户在每个点处输入一个值。

(6) 根据方程。该选项可以用表达式和参数表达式变量来定义规律。必须事先定义所有变量(变量可以使用【工具】→【表达式】来定义)，并且公式必须使用参数表达式变量“t”。

(7) 根据规律曲线。该选项利用已存在的规律曲线来控制坐标或参数的变化。选择该选项后，按照系统在提示栏给出的提示，先选择一条存在的规律曲线，再选择一条基线来辅助选定曲线的方向。如果没有定义基准线，默认的基准线方向就是绝对坐标系 X 轴的方向。

2. 坐标系

通过指定坐标系来控制样条的方位。

智慧锦囊

规律样条是根据【建模首选项】对话框中的【距离公差】和【角度公差】设置而近似生成的。另外，用户还可以使用【菜单】→【信息】→【对象】菜单项来显示关于规律样条的非参数信息或特征信息。任何大于 360° 的规律曲线都必须使用螺旋线选项或根据公式规律子功能来构建。

考考您

请您根据本小节介绍的方法绘制螺旋线和抛物线，测试一下您的学习效果。

3.3 编辑曲线

当曲线创建之后，还需要对曲线进行修改和编辑，调整曲线的很多细节，本小节将详细介绍曲线编辑的相关知识及操作方法。

↑ 扫码看视频

3.3.1 修剪曲线

修剪曲线是指根据边界实体和选中进行修剪的曲线的分段来调整曲线的端点。选择【菜单】→【编辑】→【曲线】→【修剪】菜单项，系统即可弹出【修剪曲线】对话框，如图 3-22 所示。

图 3-22

在【修剪曲线】对话框中选择一条或多条要修剪或延伸的曲线，指定要修剪或延伸哪一端的起点或终点，然后指定一个边界对象，最后指定方向矢量，单击【确定】按钮即可完成修剪曲线的操作。

下面详细介绍【修剪曲线】对话框中主要选项的功能。

1. 要修剪的曲线

该选项组用于选择要修剪的一条或多条曲线(此步骤是必需的)。

2. 边界对象

该选项组主要用于从工作区中选择一串对象作为边界，沿着它修剪曲线。

3. 修剪或分割

该选项组主要用于指定对对象进行的操作和使用的方向。

4. 设置

(1) 关联。勾选该复选框，可以使输出的修剪曲线具有关联性，即修剪后会生成一个 TRIM_CURVE 特征(与原始曲线完全相同的、关联的且经过修剪的副本)，而原始曲线会变为虚线，以便能够清楚地区别于修剪后的关联副本。如果输入的参数改变，则关联的修剪曲线会自动更新。

(2) 输入曲线。该下拉列表框用于指定让输入曲线被修剪的部分处于何种状态，其包括 4 种类型，如图 3-23 所示。

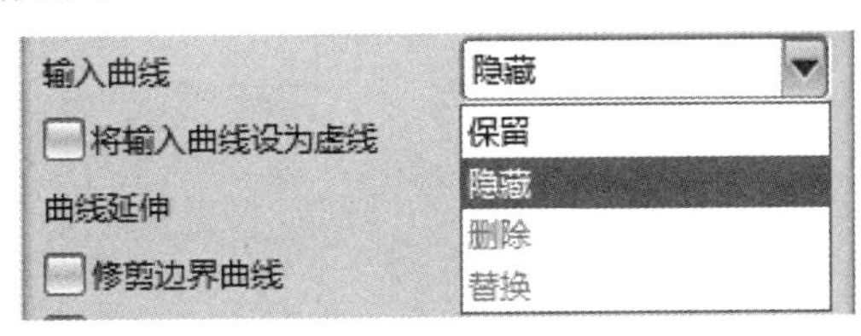

图 3-23

① 隐藏。输入曲线被渲染成不可见。

② 保留。输入曲线不受修剪曲线操作的影响，被保持在它们的初始状态。

③ 删除。通过修剪曲线操作把输入曲线从模型中删除。

④ 替换。输入曲线被已修剪的曲线替换。当使用【替换】功能时，原始曲线的子特征成为已修剪曲线的子特征。

(3) 曲线延伸。如果正修剪一个要延伸到它的边界对象的样条，则可以选择延伸的形状，其包括 4 种类型，如图 3-24 所示。

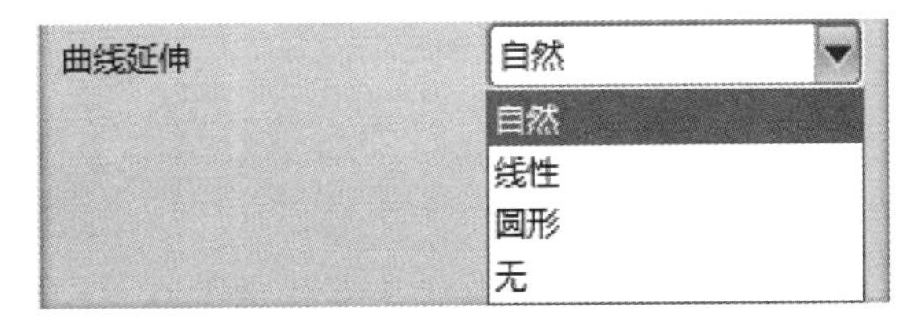

图 3-24

① 自然。从样条端点沿它的自然路径延伸。

② 线性。把样条从它的任意端点延伸到边界对象，延伸部分是直线。

③ 圆形。把样条从它的端点延伸到边界对象，样条的延伸部分是圆弧形的。

④ 无。对任何类型的曲线都不执行延伸。

3.3.2 修剪拐角

修剪拐角命令的功能是将两条曲线修剪到它们的交点，从而形成一个拐角。选择【菜单】→【编辑】→【曲线】→【修剪拐角(原有)】菜单项(该命令可以在【命令查找器】中搜索找到)，即可弹出【修剪拐角】对话框，如图 3-25 所示。

图 3-25

在【修剪拐角】对话框中按照提示选择两条相交曲线的交点(即选择球应将两条曲线完全包围住)后，弹出【快速选取】对话框，选择要裁剪的对象，则相对于交点，被选择的部分被修剪掉(或延伸至交点处)。

3.3.3 分割曲线

分割曲线的功能是把直线或曲线分割成一组同样的段(即直线到直线、圆弧到圆弧)，每个生成的段是单独的实体并赋予和原先曲线相同的线型。新的对象和原先的曲线放在同一层上。选择【菜单】→【编辑】→【曲线】→【分割】菜单项，系统即可弹出【分割曲线】对话框，如图 3-26 所示。

图 3-26

分割曲线的类型一共有 5 种，分别为等分段、按边界对象、圆弧长段数、在结点处和在拐角上，下面将分别予以详细介绍。

1. 等分段

该类型是使用曲线长度或特定的曲线参数把曲线分成相等的段。其操作方法为：首

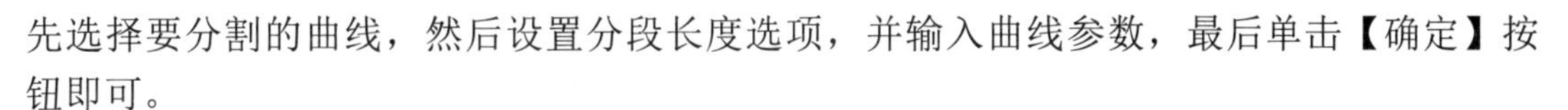

先选择要分割的曲线，然后设置分段长度选项，并输入曲线参数，最后单击【确定】按钮即可。

(1) 等参数。该选项是根据曲线参数特征把曲线等分。曲线的参数随各种不同的曲线类型而变化。

(2) 等弧长。该选项把选中的曲线分割成等长度的单独曲线，各段的长度是通过把实际的曲线长度分成要求的段数计算出来的。

2. 按边界对象

该类型是使用边界实体把曲线分成几段，边界实体可以是点、曲线、平面或面等。选择此类型，【分割曲线】对话框如图 3-27 所示。

图 3-27

其操作方法为：选择要分割的曲线，然后选择要用于分割曲线的对象类型，选择要分割曲线的对象，最后单击【确定】按钮即可完成分割曲线的操作。【边界对象】选项组中有 5 种类型的对象，如图 3-28 所示，下面将分别予以详细介绍。

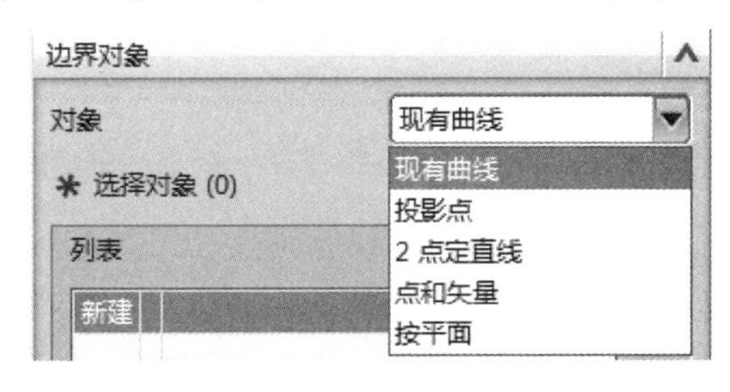

图 3-28

(1) 现有曲线。选择现有曲线作为边界对象。

(2) 投影点。选择点作为边界对象。

(3) 2 点定直线。选择两点之间的直线作为边界对象。

(4) 点和矢量。选择点和矢量作为边界对象。

(5) 按平面。选择平面作为边界对象。

3. 弧长段数

该类型是按照各段定义的弧长分割曲线。选中该类型选项，会弹出图 3-29 所示的对话框，输入分段弧长值，其后会显示分段数目和剩余部分弧长值。

图 3-29

该类型的操作方法为：选择要分割的曲线，然后指定每个分段的长度，最后单击【确定】按钮即可完成分割曲线的操作。下面详细介绍【弧长段数】选项组中的参数。

(1) 弧长。按照各段定义的弧长分割曲线。

(2) 段数。根据曲线的总长和输入的每段弧长，显示所创建的完整分段的数目。

(3) 部分长度。当所创建的完整分段的数目基于曲线的总长度和为每段输入的弧长时，显示曲线的任何剩余部分的长度。

4. 在结点处

该类型是使用选中的结点分割曲线，其中结点是指样条段的端点。选择该类型选项，弹出图 3-30 所示的对话框。

图 3-30

该类型的操作方法为：选择要分割的曲线，然后选择所需的分割方法，单击【确定】按钮即可完成分割曲线的操作。其结点方法有 3 种，如图 3-31 所示，下面分别予以介绍。

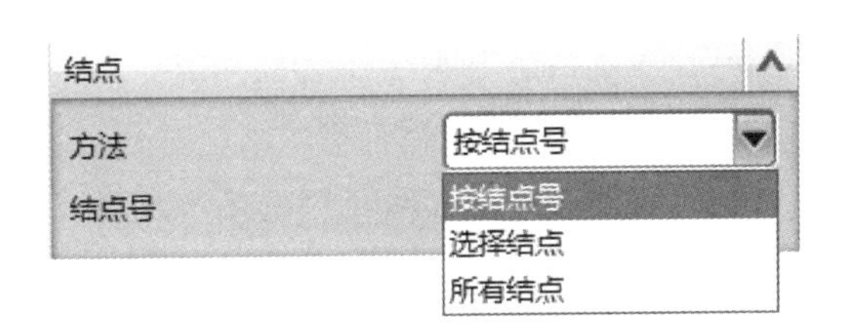

图 3-31

(1) 按结点号。通过输入特定的结点号码分割样条。

(2) 选择结点。通过用图形光标在结点附近指定一个位置来选择分割结点。当选择样条时会显示结点。

(3) 所有结点。自动选择样条上的所有结点来分割曲线。

5. 在拐角上

该类型是在角上分割样条，其中角是指样条折弯处(即某样条段的终止方向不同于下一段的起始方向)的结点。选择该类型选项，弹出图 3-32 所示的对话框。

图 3-32

该类型的操作方法为：选择要分割的曲线，然后选择所需的方法，单击【确定】按钮即可完成分割曲线的操作。其拐角方法有 3 种，如图 3-33 所示，下面分别予以介绍。

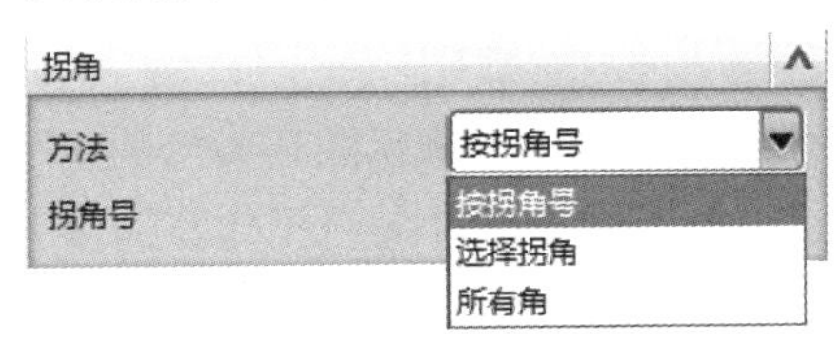

图 3-33

(1) 按拐角号。根据指定的拐角号将样条分段。

(2) 选择拐角。用于选择分割曲线所依据的拐角。

(3) 所有拐角。选择样条上的所有拐角以将曲线分段。

3.3.4 编辑圆角

【编辑圆角】命令用于编辑已有的圆角。选择【菜单】→【编辑】→【曲线】→【圆角(原有)】菜单项(该命令可以在【命令查找器】中搜索找到)，系统即可弹出【编辑圆角】对话框，如图 3-34 所示。

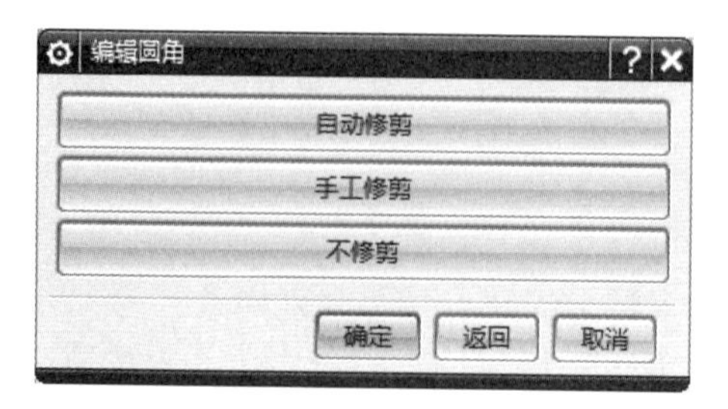

图 3-34

在【编辑圆角】对话框中依次选择对象 1、圆角、对象 2 之后，弹出图 3-35 所示的【编辑圆角】对话框，定义圆角的参数，然后单击【确定】按钮即可编辑圆角。

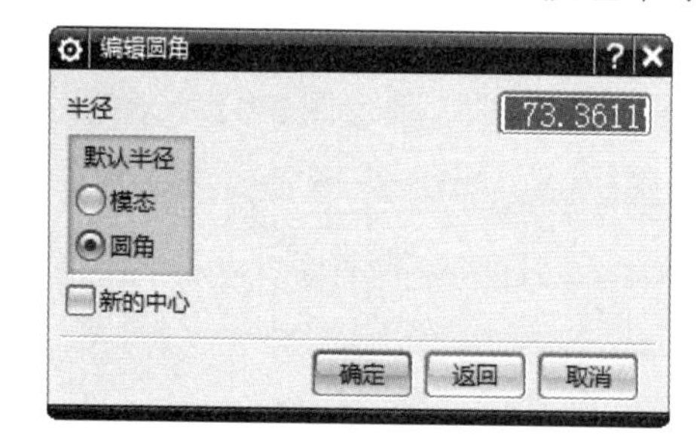

图 3-35

下面详细介绍【编辑圆角】对话框中的选项。

1. 半径

指定圆角新的半径值。半径值默认为被选圆角的半径或用户最近指定的半径。

2. 默认半径

(1) 【模态】。该单选按钮用于使半径值保持恒定，直到输入新的半径或半径默认值被更改为【圆角】。

(2) 【圆角】。每编辑一个圆角，半径值就默认为它的半径。

(3) 【新的中心】。该复选框让用户选择是否指定新的近似中心点。不勾选此复选框，当前圆角的圆弧中心用于计算修改的圆角。

3.3.5 曲线长度

曲线长度功能可以通过给定的圆弧增量或总弧长来修剪曲线。选择【菜单】→【编辑】→【曲线】→【长度】菜单项，系统即可弹出【曲线长度】对话框，如图 3-36 所示。

在【曲线长度】对话框中选择要延伸或修剪的曲线，然后指定要修剪和延伸的曲线的方向形状，输入所需的曲线长度增量值，最后单击【确定】按钮即可延伸或修剪曲线。

图 3-36

下面详细介绍【曲线长度】对话框中主要选项的功能。

1. 选择曲线

用于选择要修剪或拉伸的曲线。

2. 延伸

(1) 长度。其下拉列表框中包含两个选项：【增量】和【总数】，如图 3-37 所示。

图 3-37

① 增量。此方式利用给定的弧长增量来修剪曲线。弧长增量是指从初始曲线上修剪的长度。

② 总数。此方式利用曲线的总弧长来修剪曲线。总弧长是指沿着曲线的精确路径，从曲线的起点到终点的距离。

(2) 侧。其下拉列表框中包含两个选项：【起点和终点】、【对称】，如图 3-38 所示。

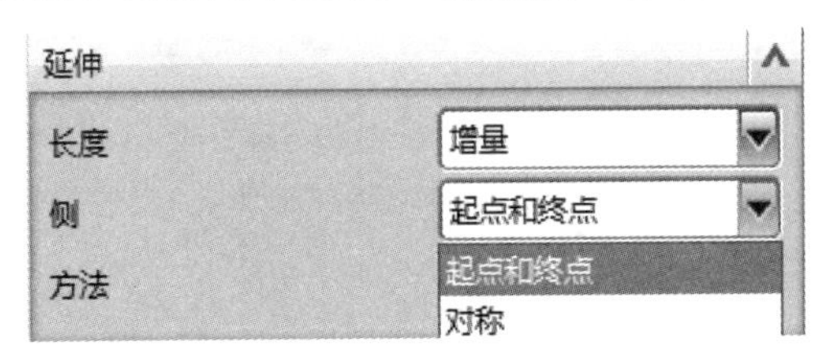

图 3-38

① 起点和终点。从圆弧的起始点和终点修剪或延伸曲线。

② 对称。从圆弧的起点和终点修剪和延伸曲线。

(3) 方法。该下拉列表框用于确定所选样条延伸的形状，其选项有 3 个：【自然】、【线性】和【圆形】，如图 3-39 所示。

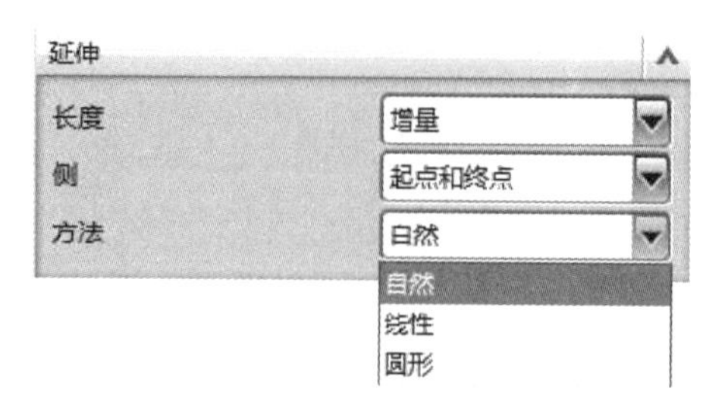

图 3-39

① 自然。从样条的端点沿它的自然路径延伸。
② 线性。从任意一个端点延伸样条，延伸部分是线性的。
③ 圆形。从样条的端点延伸，延伸部分是圆弧形的。

3. 限制

该选项组用于输入一个值作为修剪掉的或延伸的圆弧的长度。
① 开始。起始端修剪或延伸的圆弧的长度。
② 结束。终端修剪或延伸的圆弧的长度。

3.3.6 光顺样条

光顺样条用来光顺曲线的斜率，可以使得 B-样条曲线更加光顺。选择【菜单】→【编辑】→【曲线】→【光顺样条】菜单项，系统即可弹出【光顺样条】对话框，如图 3-40 所示。

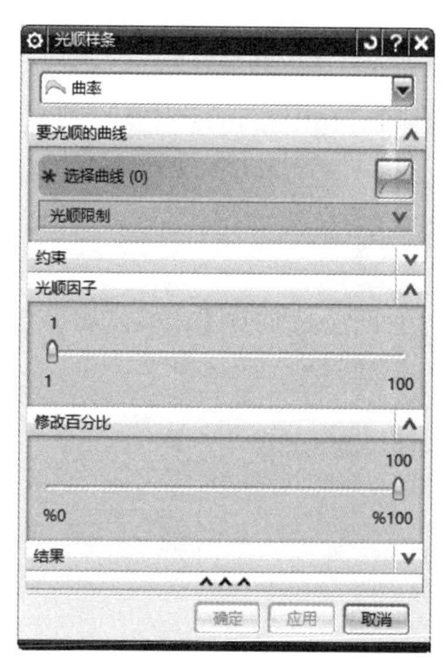

图 3-40

在【光顺样条】对话框中，首先选择类型，然后选择要光顺的样条，设置光顺的次数

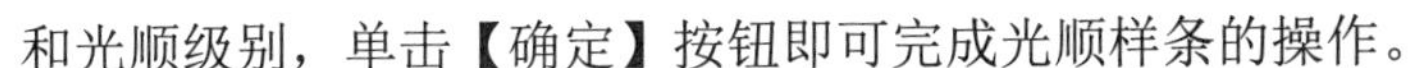

和光顺级别，单击【确定】按钮即可完成光顺样条的操作。

下面详细介绍【光顺样条】对话框中主要选项的功能。

(1) 类型。其下拉列表框包括两种类型：【曲率】和【曲率变化】，如图 3-41 所示。

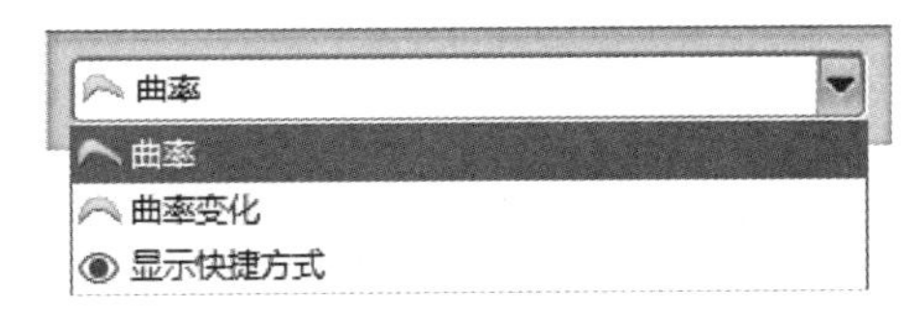

图 3-41

① 曲率。通过最小化曲率值的大小来光顺曲线。

② 曲率变化。通过最小化整条曲线的曲率变化来光顺曲线。

(2) 要光顺的曲线。

① 选择曲线。指定要光顺的曲线。

② 光顺限制。指定部分样条或整个样条的光顺限制。

(3) 约束。约束正在修改样条的任意端。

(4) 光顺因子。拖动滑块来决定光顺操作的次数。

(5) 修改百分比。拖动滑块决定样条全局光顺的百分比。

(6) 结果。显示原始样条和所得样条之间的偏差。

考考您

请您根据本小节介绍的方法，进行编辑曲线的操作，测试一下您的学习效果。

3.4 派生曲线

↑ 扫码看视频

一般情况下，曲线创建完成后并不能满足用户的需求，还需要进一步的处理，即进行派生曲线的操作，如偏置曲线、投影曲线、桥接曲线、抽取曲线等。

3.4.1 偏置曲线

偏置命令能够通过从原先对象偏置的方法，生成直线、圆弧、二次曲线、样条和边等。偏置曲线是通过垂直于选中基曲线上的点来构造的，可以选择是否使偏置曲线与其输入数据相关联。选择【菜单】→【插入】→【派生曲线】→【偏置】菜单项，系统即可弹出【偏置曲线】对话框，如图 3-42 所示。

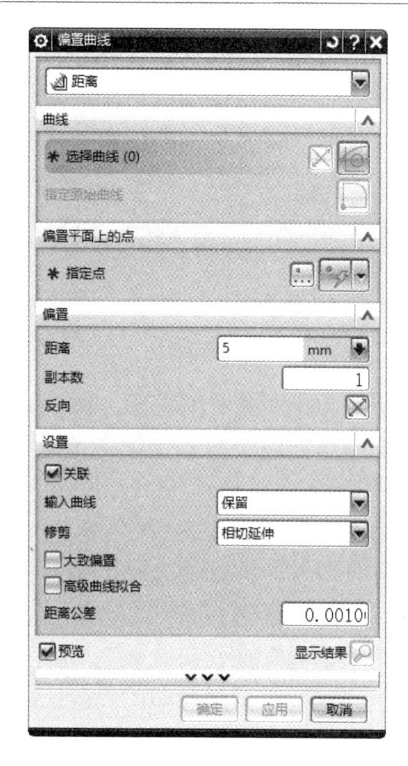

图 3-42

在【偏置曲线】对话框的【类型】下拉列表框中选择要创建的偏置曲线的类型，然后选择要偏置的曲线，输入相应的参数，最后单击【确定】按钮，即可完成创建偏置曲线的操作，如图 3-43 所示。

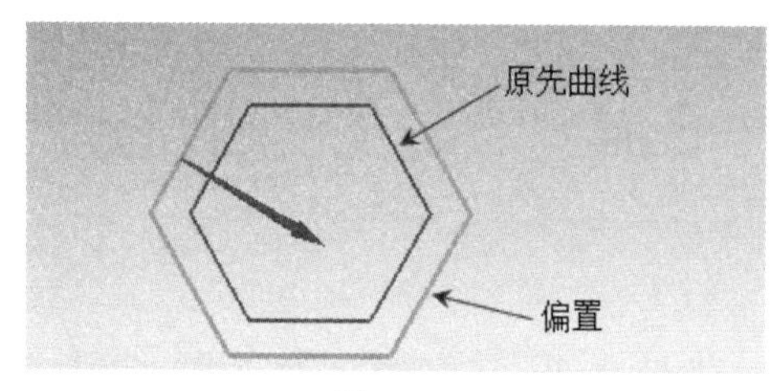

图 3-43

下面详细介绍【偏置曲线】对话框中主要选项的功能。

1. 类型

偏置曲线有 4 种类型，分别为【距离】、【拔模】、【规律控制】和【3D 轴向】，如图 3-44 所示。

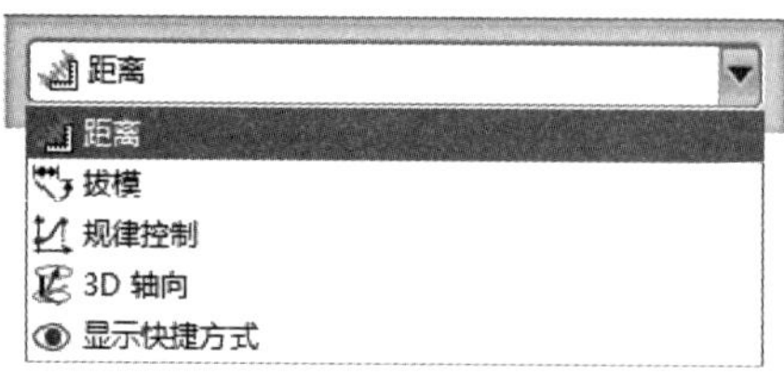

图 3-44

(1) 距离。在选取曲线的平面上偏置曲线。

① 偏置平面上的点。指定偏置平面上的点。

② 距离。设置在箭头矢量指示的方向上与选中曲线之间的偏置距离。负的距离值将在反方向上偏置曲线。

③ 副本数。该选项能够构造多组偏置曲线。

④ 反向。该选项用于反转箭头矢量标记的偏置方向。

(2) 拔模。在平行于选取曲线平面，并与其相距指定距离的平面上偏置曲线。

① 高度。指从输入曲线平面到生成的偏置曲线平面之间的距离。

② 角度。指偏置方向与原曲线所在平面的法向的夹角。

③ 副本数。该选项能够构造多组偏置曲线。

(3) 规律控制。在规律定义的距离上偏置曲线，该规律是用规律子功能选项对话框指定的。

① 规律类型。在下拉列表框中选择规律类型来创建偏置曲线。

② 副本数。该选项能够构造多组偏置曲线。

③ 反向。该选项用于反转箭头矢量标记的偏置方向。

(4) 3D 轴向。在三维空间内指定矢量方向和偏置距离来偏置曲线。

① 距离。设置在箭头矢量指示的方向上与选中曲线之间的偏置距离。

② 指定方向。在其下拉列表中选择方向的创建方式或单击【矢量对话框】按钮来创建偏置方向矢量。

2. 曲线

选择要偏置的曲线。

3. 设置

(1) 关联。勾选此复选框，则偏置曲线会与输入曲线和定义数据相关联。

(2) 输入曲线。该下拉列表框能够指定对原先曲线的处理情况。其下拉列表框有 4 个选项，如图 3-45 所示。对于关联曲线，某些选项不可用。

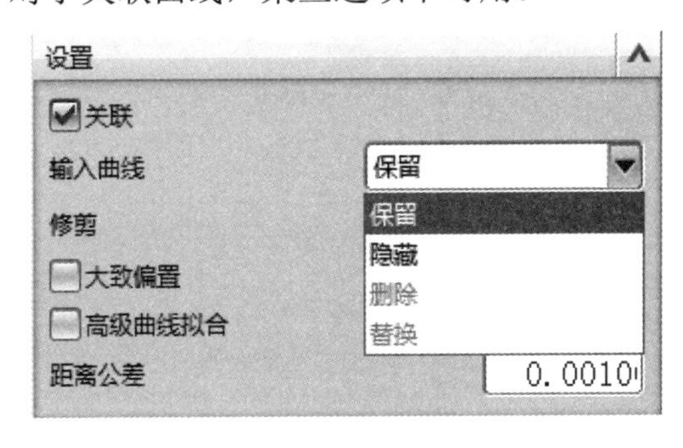

图 3-45

① 保留。在生成偏置曲线时，保留输入曲线。

② 隐藏。在生成偏置曲线时，隐藏输入曲线。

③ 删除。在生成偏置曲线时，删除输入曲线。取消【关联】复选框的勾选，则该选

项不能用。

④ 替换。该操作类似于移动操作，输入曲线被移至偏置曲线的位置。取消【关联】复选框的选择，则该选项不能用。

(3) 修剪。该下拉列表框将偏置曲线修剪或延伸到它们的交点处。其中有 3 个选项，如图 3-46 所示。

图 3-46

① 无。既不修剪偏置曲线，也不将偏置曲线倒成圆角。

② 相切延伸。将偏置曲线延伸到它们的交点处。

③ 圆角。构造与每条偏置曲线的终点相切的圆弧。

(4) 距离公差。当输入曲线为样条或二次曲线时，可确定偏置曲线的精度。

3.4.2 在面上偏置曲线

【在面上偏置】命令用于在一表面上将一存在曲线按指定的距离生成一条沿面的偏置曲线。选择【菜单】→【插入】→【派生曲线】→【在面上偏置】菜单项，系统即可弹出【在面上偏置曲线】对话框，如图 3-47 所示。

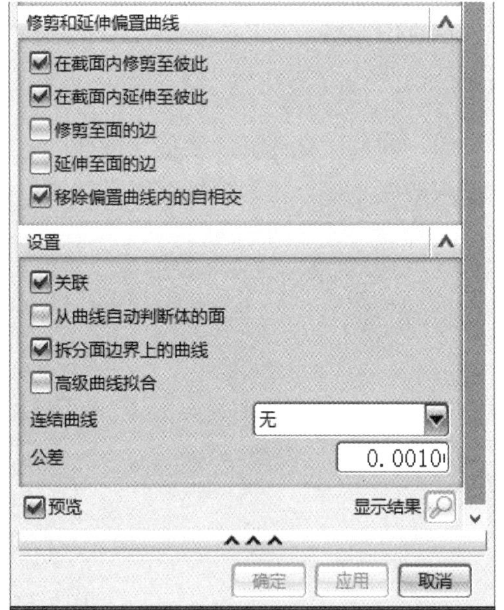

图 3-47

下面详细介绍【在面上偏置曲线】对话框中主要选项的功能。

1. 类型

【类型】下拉列表框中有两种类型供用户选择，分别为【恒定】和【可变】，如图 3-48 所示。

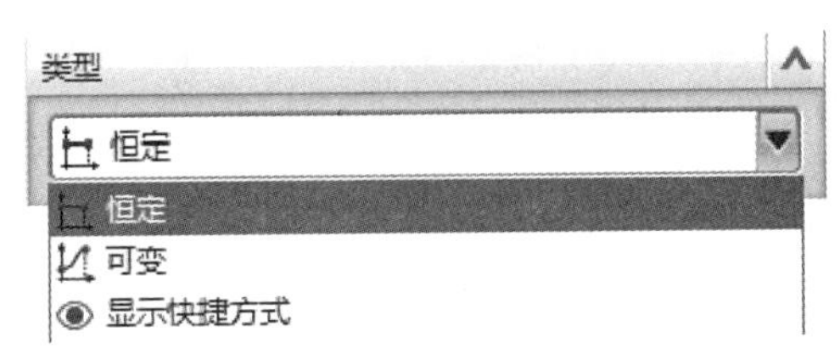

图 3-48

(1) 恒定。生成与面内原始曲线距离恒定的偏置曲线。

(2) 可变。用于指定与原始曲线上点位置之间的不同距离，以在面中创建可变曲线。

2. 曲线

(1) 选择曲线。用于选择在指定面上偏置的曲线或边。

(2) 截面线 1：偏置 1。输入偏置值。

3. 面或平面

用于选择面与平面，在其上创建偏置曲线。

4. 方向和方法

(1) 偏置方向。

①垂直于曲线。沿垂直于输入曲线相切矢量的方向创建偏置曲线。

②垂直于矢量。用于指定一个矢量，确定与偏置垂直的方向。

(2) 偏置法。

① 弦。使用线串曲线上各点之间的线段，基于弦距离创建偏置曲线。

② 弧长。沿曲线的圆弧创建偏置曲线。

③ 测地线。沿曲面上最小距离创建偏置曲线。

④ 相切。沿曲线最初所在面的切线，在一定距离处创建偏置曲线，并将其重新投影在该面上。

⑤ 投影距离。用于按指定的法向矢量在虚拟平面上指定偏置距离。

5. 倒圆尖角

该选项组中包括 4 个选项内容，如图 3-49 所示。

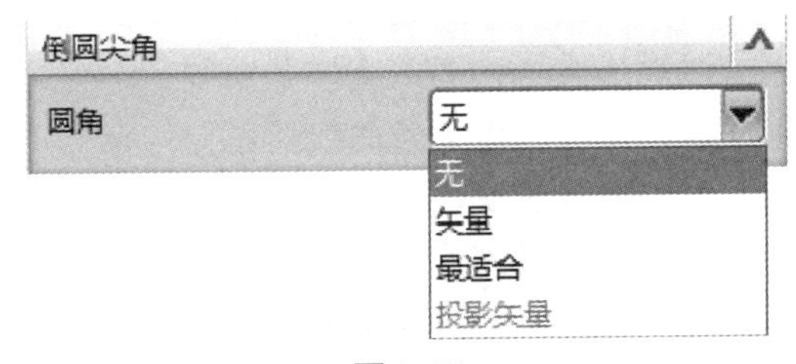

图 3-49

(1) 无。不添加任何倒圆。

(2) 矢量。用于定义输入矢量作为虚拟倒圆圆柱的轴方向。

(3) 最适合。根据垂直于圆柱和曲线之间最终接触点的曲线，确定虚拟倒圆圆柱的轴方向。

(4) 投影矢量。将投影方向用作虚拟倒圆圆柱的轴方向。

6. 修剪和延伸偏置曲线

(1) 在截面内修剪至彼此。修剪同一截面内两条曲线之间的拐角。延伸两条曲线的切线形成拐角，并对切线进行修剪。

(2) 在截面内延伸至彼此。延伸同一截面内两条曲线之间的拐角。延伸两条曲线的切线以形成拐角。

(3) 修剪至面的边。将曲线修剪至面的边界。

(4) 延伸至面的边。将偏置曲线延伸至面边界。

(5) 移除偏置曲线内的自相交。修剪偏置曲线的相交区域。

7. 设置

(1) 关联。勾选此复选框，新偏置的曲线与偏置前的曲线相关。

(2) 从曲线自动判断体的面。勾选此复选框，偏置体的面由选择要偏置的曲线自动确定。

(3) 拆分面边界上的曲线。在各个面边界上拆分偏置曲线。

(4) 高级曲线拟合。用于为要偏置的曲线指定拟合方法。

(5) 连结曲线。用于连结多个面的曲线，其下拉列表框中有 4 个选项，如图 3-50 所示。

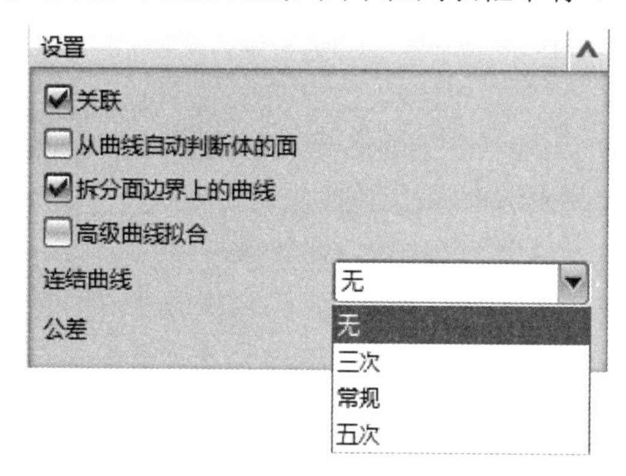

图 3-50

① 无。使用跨多个面或平面创建的曲线在每个面或平面上均显示为单独的曲线。

② 三次。连结输出曲线以形成 3 次多项式样条曲线。

③ 常规。连结输出曲线以形成常规样条曲线。

④ 五次。连结输出曲线以形成 5 次多项式样条曲线。

(6) 公差。该选项用于设置偏置曲线公差，其默认值是在【建模预设置】对话框中设置的。公差值决定了偏置曲线与被偏置曲线的相似程度，选用默认值即可。

在面上偏置曲线的示意图如图 3-51 所示。

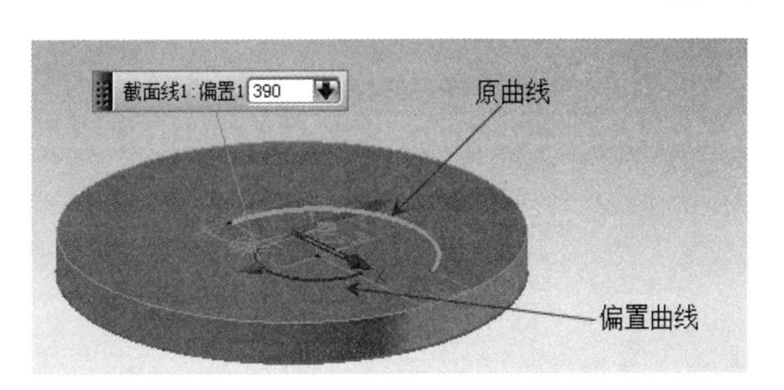

图 3-51

3.4.3　投影曲线

投影曲线能够将曲线和点投影到片体、面、平面和基准面上。点和曲线可以沿着指定矢量方向、与指定矢量成某一角度的方向、指向特定点的方向或沿着面法线的方向进行投影。所有投影曲线在孔或面边界处都要进行修剪。选择【菜单】→【插入】→【派生曲线】→【投影】菜单项，系统即可弹出【投影曲线】对话框，如图 3-52 所示。

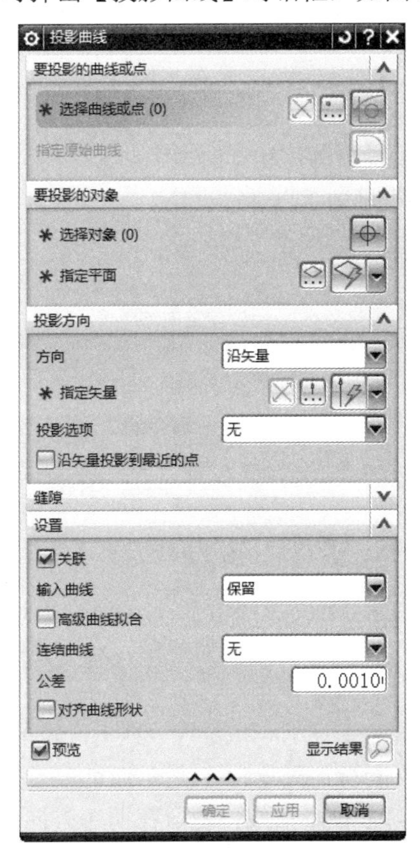

图 3-52

在【投影曲线】对话框中选择要投影的曲线或点，然后选择目标曲面，选择要投影的方向，并设置相关参数，最后单击【确定】按钮即可生成投影曲线，如图 3-53 所示。

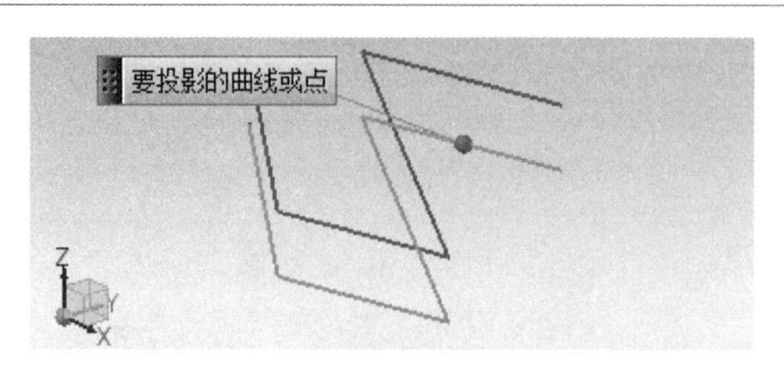

图 3-53

下面详细介绍【投影曲线】对话框中主要选项的功能。

1. 要投影的曲线或点

用于确定要投影的曲线、点、边或草图。

2. 要投影的对象

(1) 选择对象。用于选择面、小平面化的体或基准平面以在其上投影。

(2) 指定平面。通过在下拉列表框中或在【平面】对话框中选择平面构造方法来创建目标平面。

3. 投影方向

该选项组用于定义将对象投影到片体、面和平面上时所适用的方向。投影方向有 5 个选项，如图 3-54 所示，下面将分别予以详细介绍。

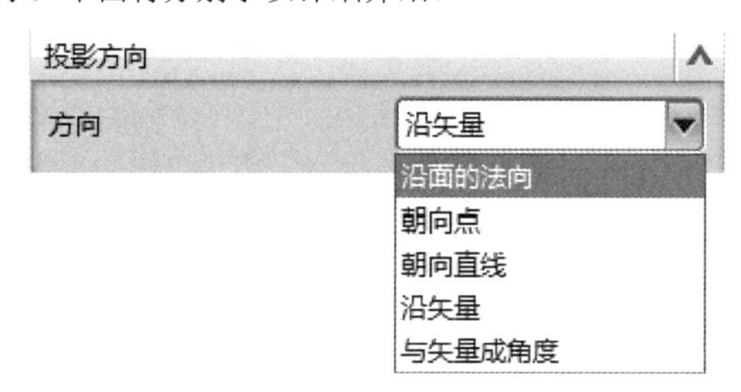

图 3-54

(1) 沿面的法向。该选项用于沿着面和平面的法向投影对象。

(2) 朝向点。该选项可向一个指定点投影对象。对于投影的点，可以在选中点与投影点之间的直线上获得。

(3) 朝向直线。该选项可沿垂直于一指定直线或基准轴的矢量投影对象。

(4) 沿矢量。该选项可沿着指定矢量(该矢量是通过矢量构造器定义的)投影选中对象。可以在该矢量指示的单个方向上投影曲线，或者在两个方向(指示的方向和它的反方向)上投影。

(5) 与矢量成角度。该选项可将选中曲线按与指定矢量成指定角度的方向投影，该矢量是使用矢量构造器定义的。根据选择的角度值(向内的角度为负值)，该投影可以相对于曲线的近似形心按向外或向内的角度生成。对于点的投影，该选项不可用。

4. 缝隙

缝隙选项组中的详细内容如图 3-55 所示。

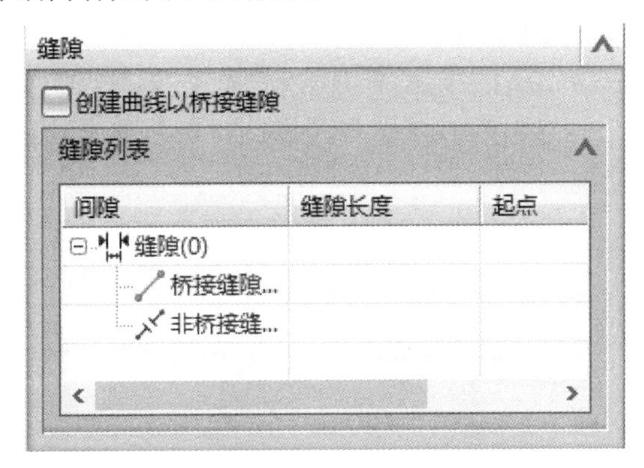

图 3-55

(1) 创建曲线以桥接缝隙。桥接投影曲线中任何两个段之间的小缝隙，并将这些段连接为单条曲线。

(2) 缝隙列表。列出缝隙数、桥接的缝隙数、非桥接的缝隙数等信息。

5. 设置

(1) 高级曲线拟合。用于为要投影的曲线指定拟合方法。勾选此复选框，显示创建曲线的拟合方法，如图 3-56 所示。

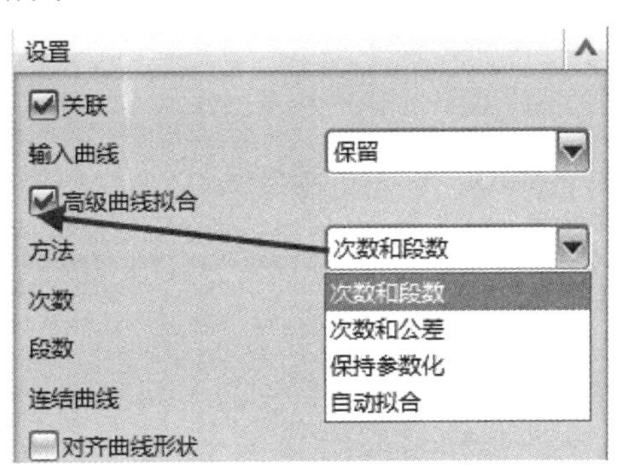

图 3-56

① 次数和段数。指定输出曲线的阶次和段数。

② 次数和公差。指定最大阶次和公差来控制输出曲线的参数化。

③ 保持参数化。从输入曲线继承阶次、段数、极点结构和结点结构，并将其应用到输出曲线。

④ 自动拟合。指定最小阶次、最大阶次、最大段数和公差数，以控制输出曲线的参数化。

(2) 对齐曲线形状。将输入曲线的极点分布应用到投影曲线，而不考虑已使用的曲线拟合方法。

3.4.4 组合投影

组合投影用于组合两个已有曲线的投影，生成一条新的曲线。需要注意的是，这两个曲线投影必须相交。可以指定新曲线是否与输入曲线关联，以及将对输入曲线作哪些处理。选择【菜单】→【插入】→【派生曲线】→【组合投影】菜单项，系统即可弹出【组合投影】对话框，如图 3-57 所示。

图 3-57

在【组合投影】对话框中选择要投影的曲线 1，接着选择要投影的曲线 2，然后在【投影方向 1】/【投影方向 2】选项组中设置所需的方向，最后单击【确定】按钮即可完成组合曲线投影。下面详细介绍【组合投影】对话框中主要选项的功能。

1. 曲线 1/曲线 2

(1) 选择曲线。用于选择第一个和第二个要投影的曲线链。

(2) 反向⊠。单击此按钮，反转显示方向。

(3) 指定原始曲线。用于指定选择曲线中的原始曲线。

2. 投影方向 1/投影方向 2

投影方向：分别为选择的曲线 1 和曲线 2 指定方向。

① 垂直于曲线平面。设置曲线所在平面的法向。

② 沿矢量。使用【矢量】对话框或【矢量】下拉列表选项来指定所需的方向。

3.4.5　桥接曲线

桥接曲线用来桥接两条不同位置的曲线，边也可以作为曲线来选择。选择【菜单】→【插入】→【派生曲线】→【桥接】菜单项，系统即可弹出【桥接曲线】对话框，如图3-58所示。

图3-58

在【桥接曲线】对话框中，首先定义起始对象和终止对象，然后设置其他参数，最后单击【确定】按钮即可生成桥接曲线，如图3-59所示。

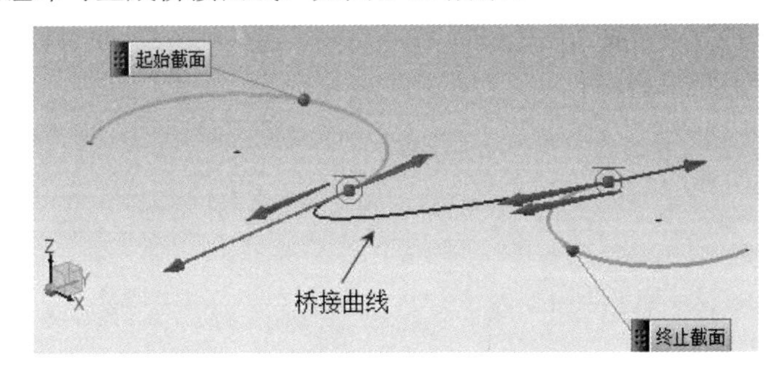

图3-59

下面详细介绍【桥接曲线】对话框中主要选项的功能。

1. 起始对象

选择一个对象作为曲线的起点。

2. 终止对象

选择一个对象作为曲线的终点，其中包括【截面】、【对象】、【基准】和【矢量】4个单选按钮。

3. 连接

【连接】选项组中的详细内容如图 3-60 所示。

图 3-60

(1) 开始/结束。用于指定要编辑的点。

(2) 连续性。

① 相切。表示桥接曲线与第一条曲线、第二条曲线在连接点处相切连续，且为 3 阶样条曲线。

② 曲率。表示桥接曲线与第一条曲线、第二条曲线在连接点处曲率连续，且为 5 阶或 7 阶样条曲线。

(3) 位置。确定点在曲线的百分比位置。

(4) 方向。确定点在曲线上的方向。

4. 约束面

限制桥接曲线所在的面。

5. 半径约束

限制桥接曲线半径的类型和大小。

6. 形状控制

以交互方式对桥接曲线重新定型。

(1) 相切幅值。通过改变桥接曲线与第一条曲线和第二条曲线连接点的切矢量值，来控制桥接曲线的形状。

(2) 深度和歪斜度。当选择该控制方式时，其对话框的变化如图 3-61 所示。

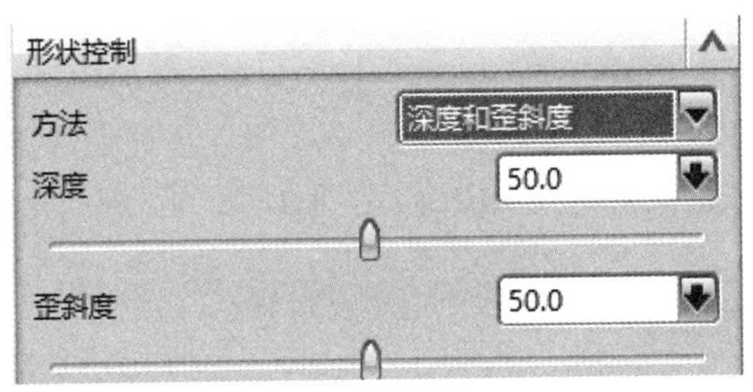

图 3-61

① 深度。指桥接曲线峰值点的深度，即影响桥接曲线形状的曲率的百分比，其值可通过拖动下面的滑块或直接在【深度】文本框中输入百分比实现。

② 歪斜度。指桥接曲线峰值点的倾斜度，即设定沿桥接曲线从第一条曲线向第二条曲线度量时峰值点位置的百分比。

7. 微定位

勾选【比率】复选框，启用微定位，用于进行非常细微的曲线点编辑，可通过拖动手柄设置相应点移动的相对量，值越低，点移动越精细。

3.4.6 抽取曲线

抽取曲线是使用一个或多个已有体的边或面生成几何曲线(弦、圆弧、二次曲线和样条)，体不发生变化。大多数抽取曲线是非关联的，但也可选择生成相关的等斜度曲线或阴影外形曲线。

选择【菜单】→【插入】→【派生曲线】→【抽取(原有)】菜单项(该命令可以在【命令查找器】中搜索找到)，系统即可弹出【抽取曲线】对话框，如图 3-62 所示。

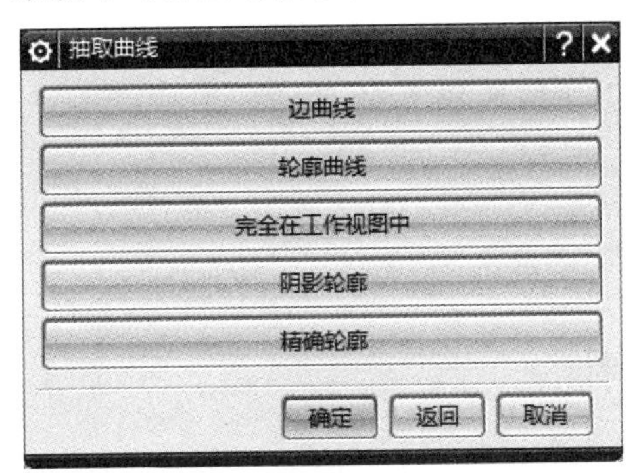

图 3-62

在【抽取曲线】对话框中即可选择不同的抽取方式来抽取曲线。下面详细介绍【抽取曲线】对话框中的主要选项内容。

1. 边曲线

该选项用来沿一个或多个已有体的边生成曲线。每次选择一条所需的边，或使用菜单选择面、体中的所有边。

2. 轮廓曲线

该选项用于生成体的轮廓边缘曲线(直线，弯曲面在直线处从指向视点变为远离视点)。生成的曲线是近似的，由建模距离公差控制。工作视图中生成的轮廓曲线与视图相关。

3. 完全在工作视图中

用来生成所有的边曲线，包括工作视图中实体和片体可视边缘的任何轮廓。

4. 阴影轮廓

该选项可产生工作视图中显示的体的与视图相关的曲线的外形，但内部详细信息无法生成任何曲线。

5. 精确轮廓

使用可以产生精确效果的 3D 曲线算法在工作视图中创建显示体轮廓的曲线。

考考您

请您根据本小节介绍的方法，进行派生曲线的一些操作，测试一下您的学习效果。

3.5 实践案例与上机指导

通过本章的学习，读者基本可以掌握曲线设计的基本知识以及一些常见的操作方法，下面通过练习操作，以达到巩固学习、拓展提高的目的。

↑扫码看视频

3.5.1 镜像曲线实例

镜像曲线是通过基准平面或平的曲面创建镜像曲线，本实例详细介绍创建镜像曲线的操作方法。

素材保存路径：配套素材\第 3 章

素材文件名称：quxian.prt、jingxiangquxian.prt

第 1 步 打开素材文件“quxian.prt”，选择【菜单】→【插入】→【派生曲线】→【镜像】菜单项，如图 3-63 所示。

图 3-63

第 2 步 弹出【镜像曲线】对话框，*1.* 选择目标曲线，*2.* 选择准备镜像的平面，*3.* 单击【确定】按钮，如图 3-64 所示。

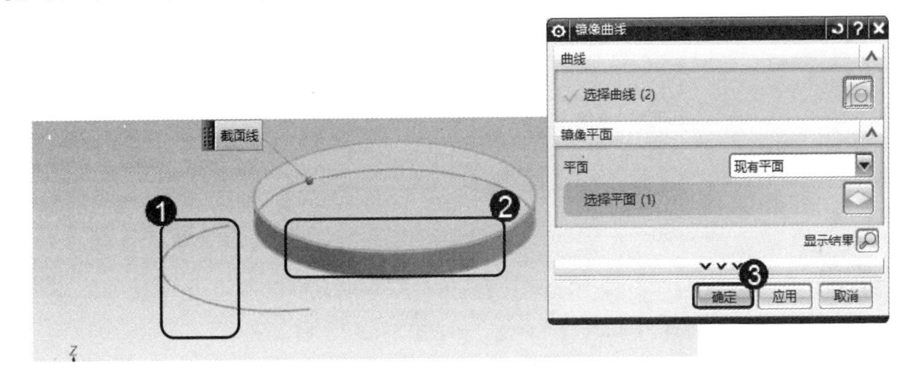

图 3-64

第 3 步 通过上述操作即可完成镜像曲线的操作，效果如图 3-65 所示。

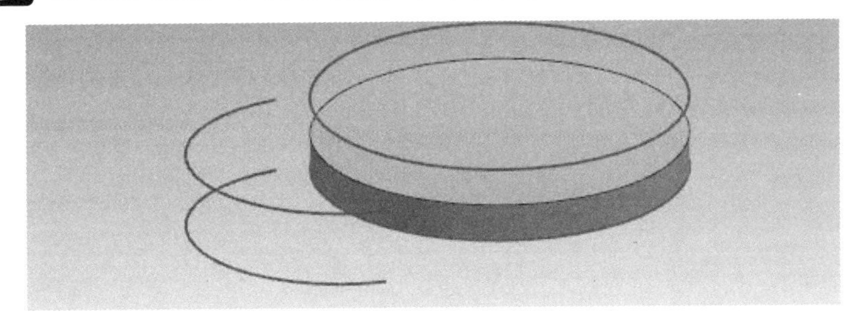

图 3-65

3.5.2 创建文本实例

使用 UG NX 软件中的【文本】功能，可以为指定的几何体创建文本，本例详细介绍创建文本的操作方法。

素材保存路径：配套素材\第 3 章
素材文件名称：quxian1.prt、wenben.prt

第 1 步 打开素材文件“quxian1.prt”，选择【菜单】→【插入】→【曲线】→【文本】菜单项，如图 3-66 所示。

第 2 步 弹出【文本】对话框，1. 在【类型】下拉列表框中选择【曲线上】选项，2. 在图形区中选择准备放置文本的曲线，如图 3-67 所示。

图 3-66

图 3-67

第 3 步 在【文本属性】选项组中，1. 在【文本框】中输入准备创建的文本内容，2. 在【字型】下拉列表框中选择【粗体】字型，如图 3-68 所示。

第 4 步 在【文本框】选项组中设置长度和高度参数，如图 3-69 所示。

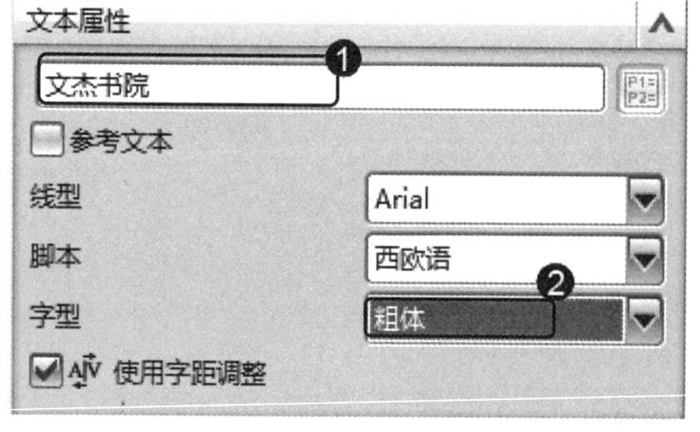

图 3-68

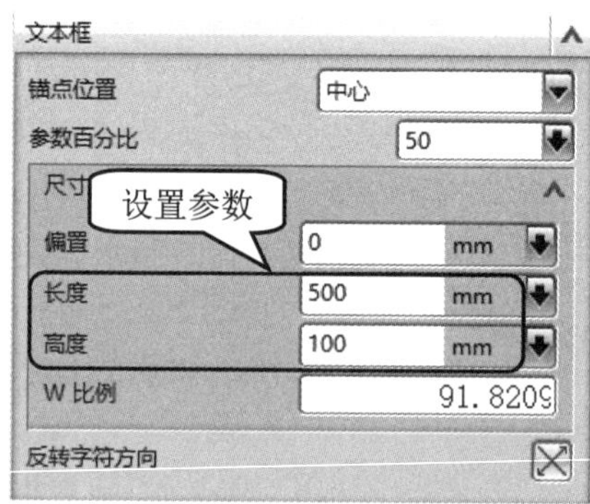

图 3-69

第 5 步 单击【确定】按钮即可完成创建文本的操作，效果如图 3-70 所示。

图 3-70

3.5.3　显示曲率梳

曲线质量的好坏对由该曲线产生的曲面、模型等的质量有重大的影响。曲率梳依附于曲线存在，直观地反映了曲线的连续特性。曲率梳是指系统用梳状图形的方式来显示样条曲线上各点曲率变化的情况。显示曲线的曲率梳后，能方便地检测曲率的不连续性、突变和拐点，在多数情况下，这些是不希望存在的；在对曲线进行编辑时，可以很直观地调整曲线的曲率，直到得到满意的结果为止。下面详细介绍显示样条曲线曲率梳的操作方法。

素材保存路径：配套素材\第 3 章

素材文件名称：quxianfenxi.prt、qulvshu.prt

第 1 步 打开素材文件“quxianfenxi.prt”，选中图形区域中的曲线，然后选择【菜单】→【分析】→【曲线】→【显示曲率梳】菜单项，如图 3-71 所示。

第 2 步 此时即可在图形区中显示图 3-72 所示的曲率梳。

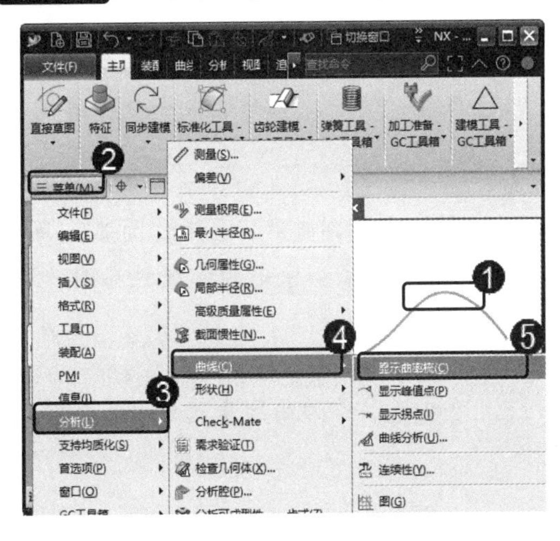

图 3-71

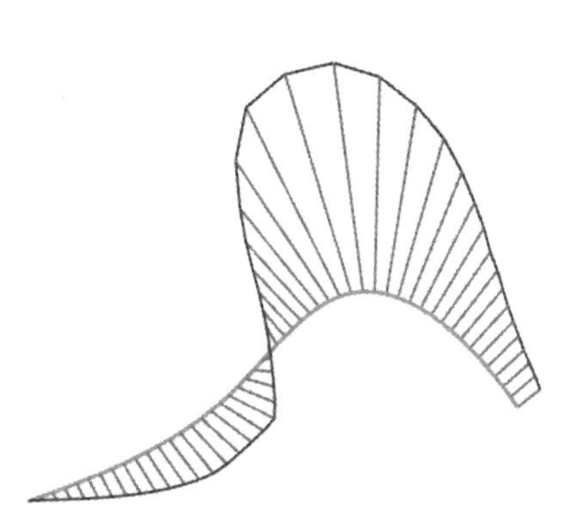

图 3-72

第 3 步 选择【菜单】→【分析】→【曲线】→【曲线分析】菜单项，如图 3-73 所示。

第 4 步 系统会弹出【曲线分析】对话框，*1.* 在【分析显示】区域下方设置详细的参数值，2. 勾选【最小值】和【最大值】复选框，3. 单击【确定】按钮，即可完成曲率梳分析的操作，如图 3-74 所示。

图 3-73

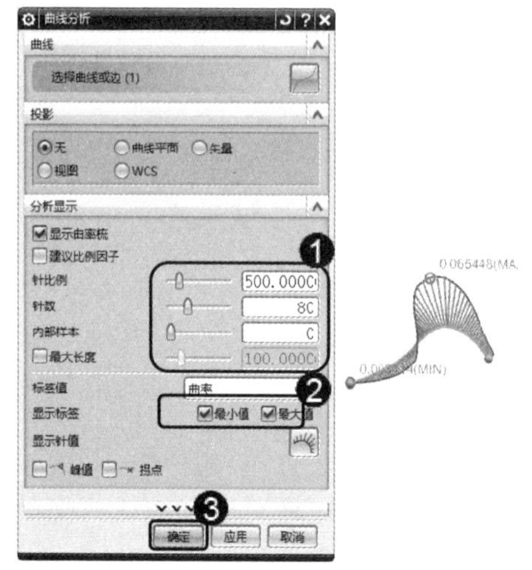

图 3-74

3.6 思考与练习

通过本章的学习，读者基本可以掌握曲线设计的基本知识以及一些常见的操作方法，下面通过练习几道习题，以达到巩固与提高的目的。

一、填空题

1. 螺旋线功能能够通过定义________、螺距、半径方式(规律或恒定)、_________方向和适当的方向，生成螺旋线。
2. 修剪曲线是指根据________实体和选中进行修剪的曲线的分段来调整曲线的端点。
3. 修剪拐角命令功能是将两条曲线修剪到它们的______，从而形成一个拐角。

二、判断题

1. 分割曲线功能是把曲线分割成一组同样的段(即直线到直线，圆弧到圆弧)，每个生成的段是单独的实体并赋予和原先曲线相同的线型。新的对象和原先的曲线放在同一层上。 (　　)
2. 所有投影曲线在孔或面边界处都不需要进行修剪。 (　　)
3. 桥接曲线用来连接两条不同位置的曲线，边也可以作为曲线来选择。 (　　)

三、思考题

1. 如何创建螺旋线?
2. 如何创建偏置曲线?

新起点 电脑教程

第 4 章

实体建模

本章要点

- 实体建模概述
- 基准特征
- 体素特征
- 拉伸与旋转
- 扫掠特征
- 布尔运算

本章主要内容

本章主要介绍了实体建模概述、基准特征、体素特征、拉伸与旋转方面的知识与技巧，同时讲解了扫掠特征的相关知识，在本章的最后还针对实际的工作需求，讲解了布尔运算的方法。通过本章的学习，读者可以掌握实体建模方面的知识，为深入学习 UG NX 中文版知识奠定基础。

4.1 实体建模概述

三维实体设计在现代产品设计中具有举足轻重的地位。在 UG NX 中，用户可以使用相关实体建模功能来完成三维实体模型的设计，包括造型与结构。本节将详细介绍实体建模的相关知识。

↑ 扫码看视频

4.1.1 实体建模基础

UG NX 的实体建模功能是非常强大而灵活的，用户可以在 UG NX 中创建出各类复杂产品的三维实体造型与结构，并且可以对创建的实体模型进行渲染和修饰，如着色和消隐。

在 UG NX 中，无论设计单独部件还是装配中的部件，所遵循的基本建模流程都是类似的，即在新建文件后，先定义建模策略，接着创建用于定位建模特征的基准(基准坐标系和基准平面等)，以及根据建模策略创建特征，可以从拉伸、回转或扫掠等设计特征开始定义基本形状(这些特征通常使用草图定义截面)，然后继续添加其他特征以设计模型，最后添加边倒圆、倒斜角和拔模等细节特征，从而完成模型设计。这是特征建模的典型思路。在定义建模策略时，要根据设计目的，决定最终部件是实体还是片体，实体提供体积和质量的明确定义，而片体则没有质量等物理特性，不过片体可以作为实体模型的修剪工具等。通常大多数模型首选实体。

创建实体的方法很多，如拉伸、旋转或扫掠草图可以创建具有复杂几何体的实体关联特征，使用体素也可以创建一些简单的几何实体(如长方体、圆柱体、球体和圆锥体等)，可以在实体特征上创建更多特定的特征，如孔和键槽，可以对几何体进行布尔组合操作(求交、求差和求和)，并设计模型的实体精细结构(如边缘倒角、倒圆、面倒圆、拔模和偏置等)，总之创建和编辑实体特征的方法很灵活。

在 UG NX 中，复合建模包括基于特征的参数化设计、传统的显式建模和独特的同步建模等。其中，同步建模可以与常规建模共存，它实时检查产品模型当前的几何条件，并且将它们与设计人员添加的参数和几何约束合并在一起，以便评估、构建新的几何模型并且编辑模型，而无须重复全部历史记录，即无须考虑模型的原点、关联性或特征历史记录等。

4.1.2 特征工具条

UG NX 的操作界面非常方便快捷，各种建模功能都可以直接使用工具条上的按钮来实现。进入建模环境后，单击功能区下方的下拉按钮▾，在弹出的下拉菜单中勾选【特征组】复选框，如图 4-1 所示，这样即表明【特征】工具条已经显示在 UG NX 界面的功能区里了。

【特征】工具条用来创建基本的建模特征，它在 UG NX 1892 界面中的显示如图 4-2 所示。

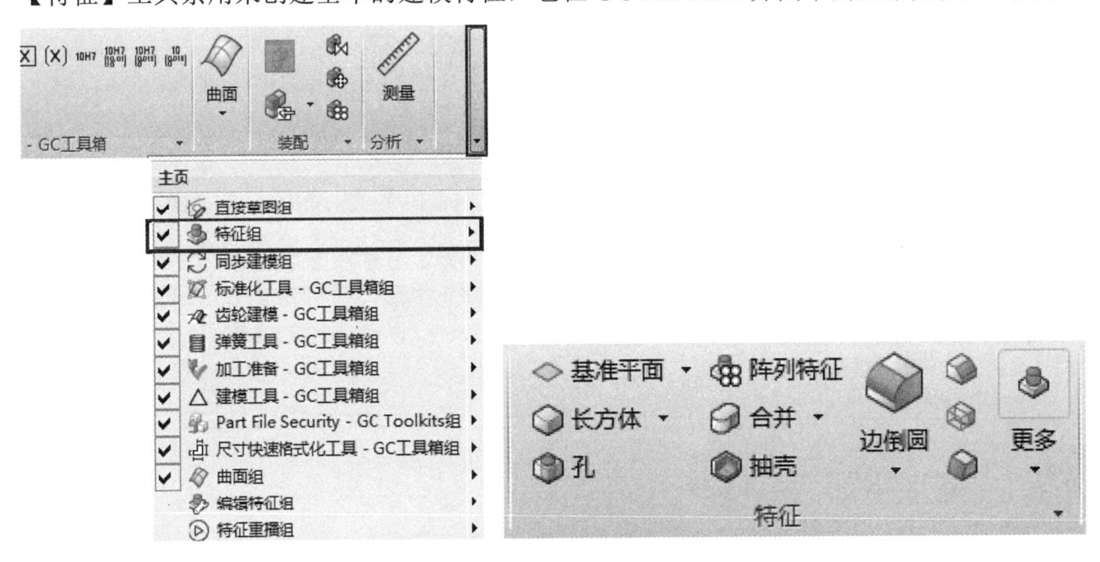

图 4-1　　　　图 4-2

图 4-2 中只显示了一部分特征按钮，如果需要添加其他特征按钮，可以单击【更多】下拉按钮，在下拉菜单中选择其他的命令，系统即可添加所选命令按钮到工具条里，如图 4-3 所示。

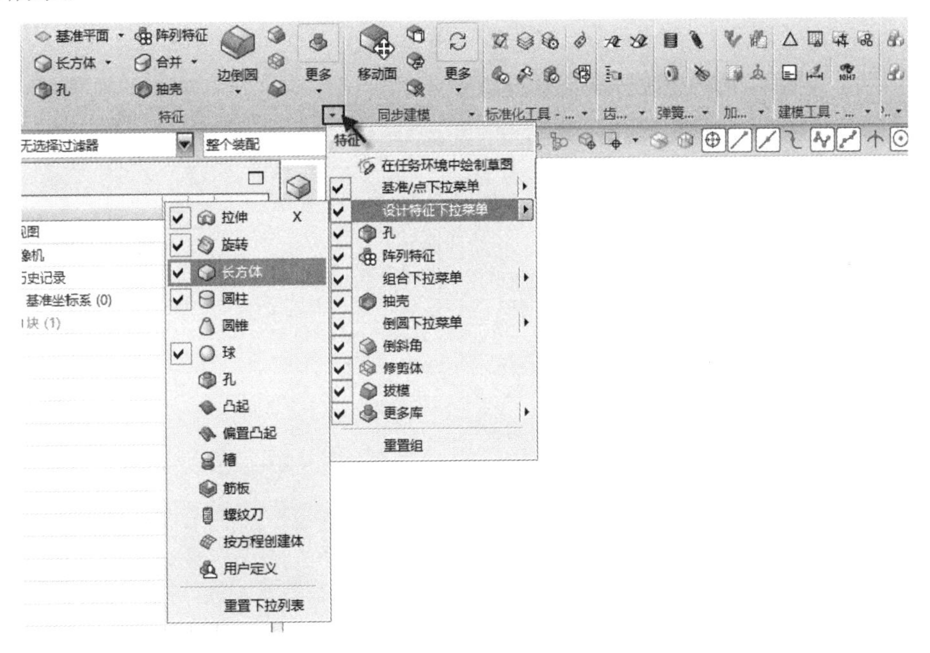

图 4-3

考考您

请您根据本节介绍的知识，充分熟记和掌握实体建模的相关基础知识。

4.2 基准特征

基准特征为建模提供定位和参照作用。基准特征包括基准平面、基准轴、基准坐标系、点与点集等。本节将详细介绍基准特征的相关知识及操作方法。

↑扫码看视频

4.2.1 基准平面

基准平面是非常有用的，如用来作为草图平面、为其他特征提供定位参照等。在实际设计中，可以根据建模策略来创建所需的基准平面。

创建基准平面的方法较为简单，具体操作为：选择【菜单】→【插入】→【基准/点】→【基准平面】菜单项，系统即可弹出图 4-4 所示的【基准平面】对话框，接着从【类型】下拉列表框中选择所需的选项，并根据所选类型来选择相应的参照对象以及设置相应的参数等，然后单击【确定】按钮或【应用】按钮即可。

图 4-4

4.2.2 基准轴

要创建基准轴，具体操作方法为：选择【菜单】→【插入】→【基准/点】→【基准轴】菜单项，系统即可弹出图 4-5 所示的【基准轴】对话框，接着从【类型】下拉列表框中选择所需的选项(可供选择的选项有【自动判断】、【交点】、【曲线/面轴】、【曲线上矢量】、【XC 轴】、【YC 轴】、【ZC 轴】、【点和方向】和【两点】)，并根据所选的类型指定相应的参照对象及其参数，然后定义轴方位和设置是否关联，最后单击【确定】按钮或【应用】按钮。

图 4-5

4.2.3　基准坐标系

创建基准坐标系的具体操作方法为：选择【菜单】→【插入】→【基准/点】→【基准坐标系】菜单项，系统弹出图 4-6 所示的【基准坐标系】对话框，接着在【类型】下拉列表框中选择一个选项(可供选择的选项包括【动态】、【自动判断】、【原点，X 点，Y 点】、【X 轴，Y 轴，原点】、【Z 轴，X 轴，原点】、【Z 轴，Y 轴，原点】、【平面、X 轴、点】、【平面，Y 轴，点】、【三平面】、【绝对坐标系】、【当前视图的坐标系】、【偏置坐标系】、【PQR】和【欧拉/泰特布莱恩角】)，接着选择相应的参照及设置相应的参数等，最后单击【确定】按钮或【应用】按钮。

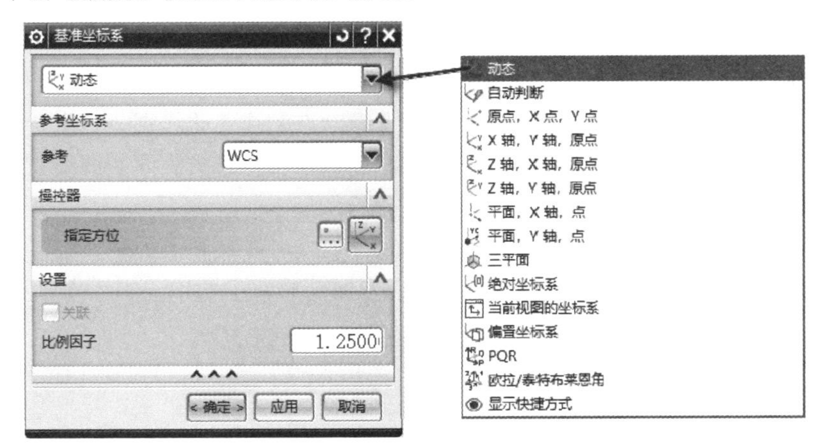

图 4-6

4.2.4　点与点集

选择【菜单】→【插入】→【基准/点】→【点】菜单项，系统即可弹出图 4-7 所示的【点】对话框，利用该对话框来创建所需的基准点。

选择【菜单】→【插入】→【基准/点】→【点集】菜单项，系统即可弹出图 4-8 所示的【点集】对话框，利用该对话框可使用现有几何体创建点集。

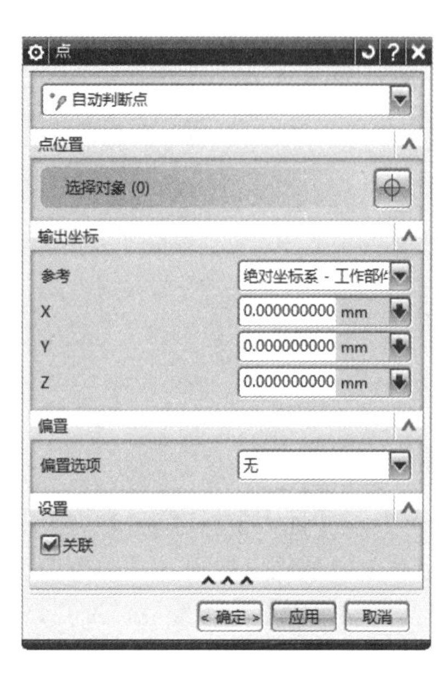

图 4-7

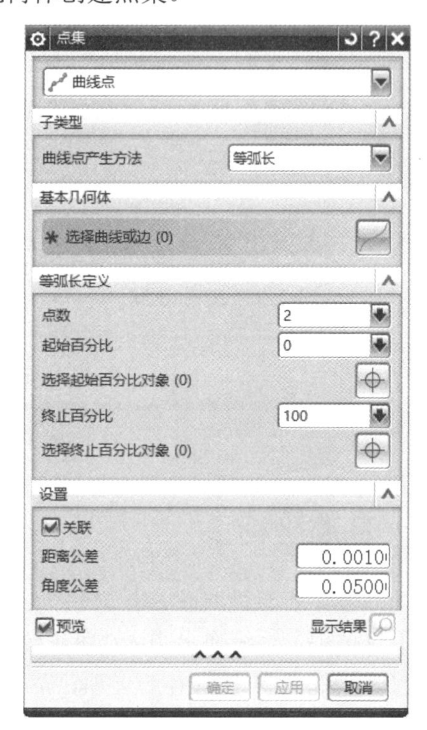

图 4-8

在【点集】对话框的【类型】下拉列表框中选择所需的选项(可供选择的选项有【曲线点】、【样条点】、【面的点】和【交点】)。选择不同的类型，设置的内容也将不同。

当选择【曲线点】选项时，在【选择曲线或边以创建点集】提示下选择所需的曲线或边，在【子类型】选项组的【曲线点产生方法】下拉列表框中选择【等弧长】、【等参数】、【几何级数】、【弦公差】、【增量弧长】、【投影点】或【曲线百分比】选项来定义曲线点产生方法，并在相应的选项组中设置其他参数等。注意选择不同的曲线点产生方法，所要设置的参数也可能不相同。

当选择【样条点】选项时，需选择样条来创建点集，并在【子类型】选项组的【样条点类型】下拉列表框中选择【定义点】、【结点】或【极点】选项，如图 4-9 所示。

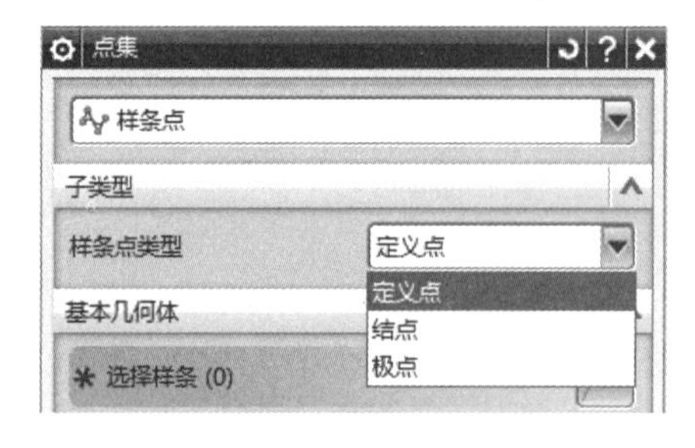

图 4-9

当选择【面的点】选项时，选择所需面来创建点集，此时可以在【子类型】选项组的

【面点产生方法】下拉列表框中选择【阵列】、【面百分比】和【B 曲面极点】三者之一，如图 4-10 所示。

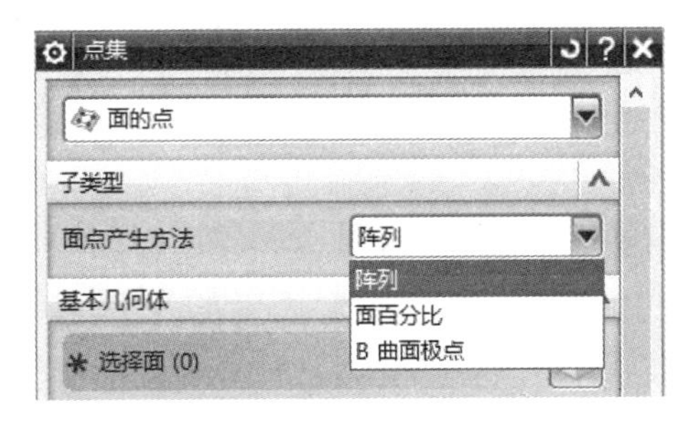

图 4-10

在指定边线上创建点集的示例如图 4-11 所示。在【点集】对话框的【类型】下拉列表框中选择【曲线点】选项，在【子类型】选项组的【曲线点产生方法】下拉列表框中选择【等参数】选项，然后选择所需的边线，接着在【等参数定义】选项组中设置【点数】为 6，【起始百分比】为 0，【终止百分比】为 100，然后单击【确定】按钮，即可在所选的边线上创建具有 6 个点的点集。

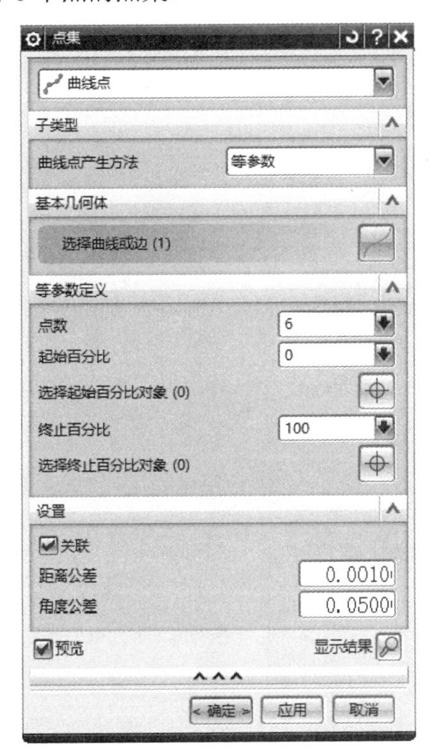

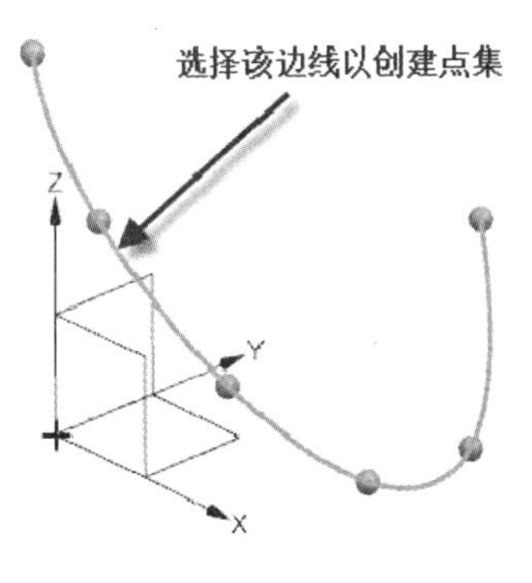

图 4-11

考考您

请您根据上述方法创建点和点集，测试一下您的学习效果。

4.3 体素特征

体素特征是基本的几何解析形状，包括长方体、圆柱体、圆锥体和球体，它们可关联到创建它们时用于定位它们的点、矢量和曲线对象。体素特征的创建比较简单，首先选择要创建的体素类型(长方体、圆柱、圆锥或球体)，接着选择创建方法，以及输入创建值即可。

↑扫码看视频

4.3.1 长方体

可以通过指定方向、尺寸和位置来创建长方体这一类体素实体特征。要创建长方体体素特征，可选择【菜单】→【插入】→【设计特征】→【长方体】菜单项，或单击【特征】工具条中的【长方体】按钮，即可弹出图 4-12 所示的【块】对话框。用于创建长方体(块)的类型方法(创建方法)有【原点和边长】、【两点和高度】和【两个对角点】，根据所选的创建方法输入相应的创建值，必要时设置布尔选项和是否关联原点。

图 4-12

1. 原点和边长

在【类型】下拉列表框中选择【原点和边长】选项时，将利用指定的原点和 3 个尺寸(长度、宽度和高度)来创建一个长方体块，如图 4-13 所示。

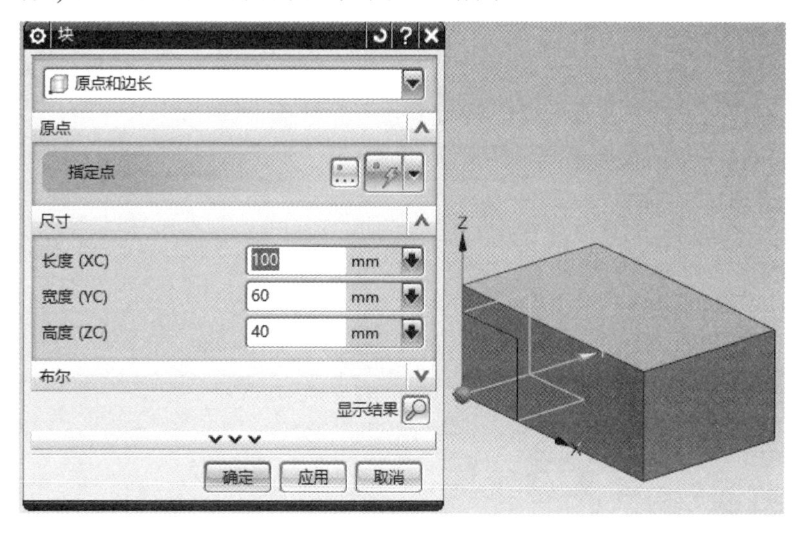

图 4-13

2. 两点和高度

在【类型】下拉列表框中选择【两点和高度】选项时，将利用一个高度和两个处于基准平面上的对角拐点建立一个长方体块，如图 4-14 所示，图中指定原点和从原点出发的点(XC，YC)即为指定所在平面上的对角拐点。

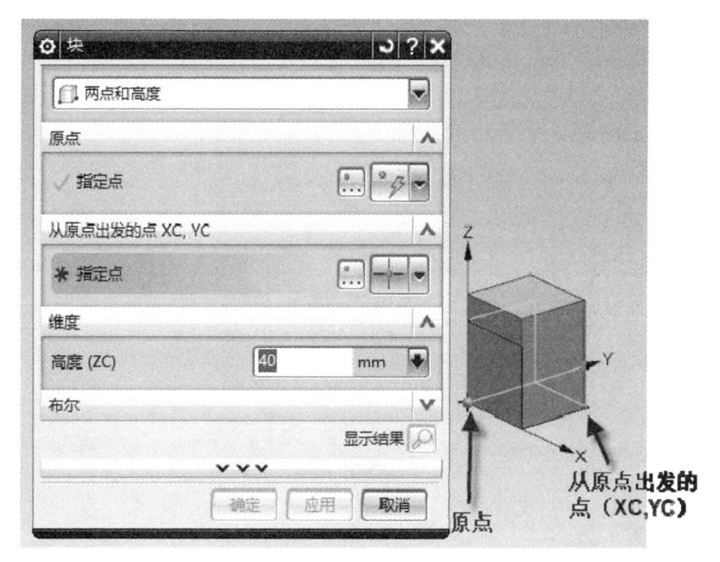

图 4-14

3. 两个对角点

在【类型】下拉列表框中选择【两个对角点】选项时，将利用 3D 对角线点作为相对拐角顶点建立一个长方体块。使用【两个对角点】选项创建长方体(块)的典型图解如图 4-15 所示。

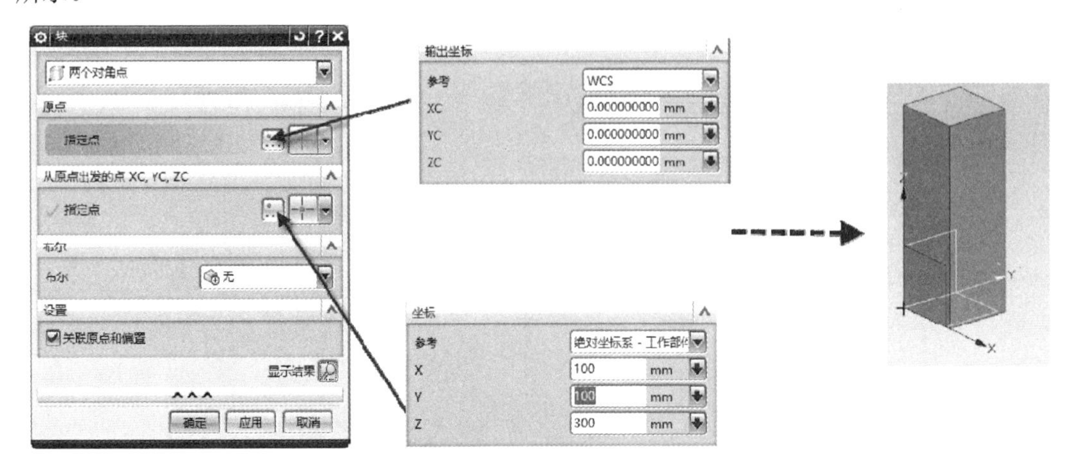

图 4-15

4.3.2 圆柱体

选择【菜单】→【插入】→【设计特征】→【圆柱】菜单项，或单击【特征】工具条中的【圆柱】按钮，系统即可弹出【圆柱】对话框，如图 4-16 所示。

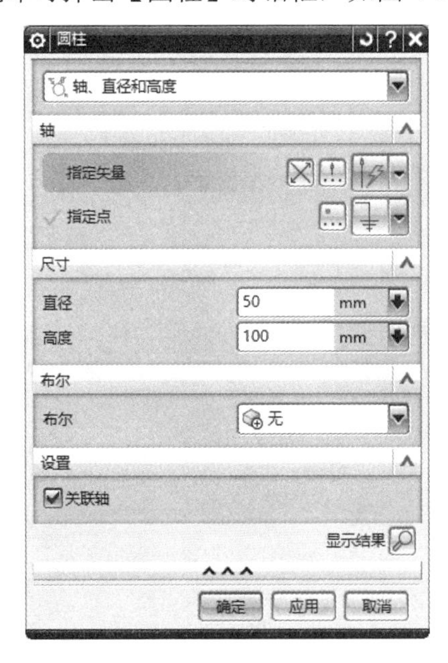

图 4-16

【圆柱】对话框的【类型】下拉列表框中显示了创建圆柱体有两种方式：【轴、直径和高度】和【圆弧和高度】，如图 4-17 所示。

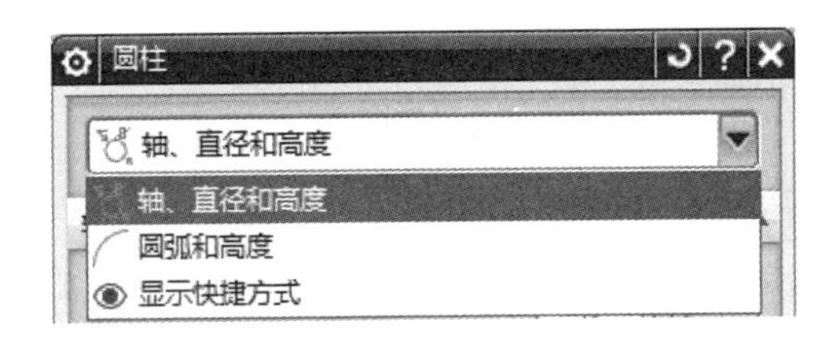

图 4-17

1. 轴、直径和高度

该方法是按指定轴线方向、高度和直径的方式创建圆柱体，其操作步骤如下。

第 1 步 单击【圆柱】对话框中的【矢量对话框】按钮，弹出【矢量】对话框，如图 4-18 所示。在【类型】下拉列表框中列出了各种方向的矢量，以此确定圆柱的轴线方向。

第 2 步 在【圆柱】对话框的【尺寸】选项组中输入参数，单击【点对话框】按钮，弹出图 4-19 所示的【点】对话框，确定圆柱体的原点位置。

图 4-18

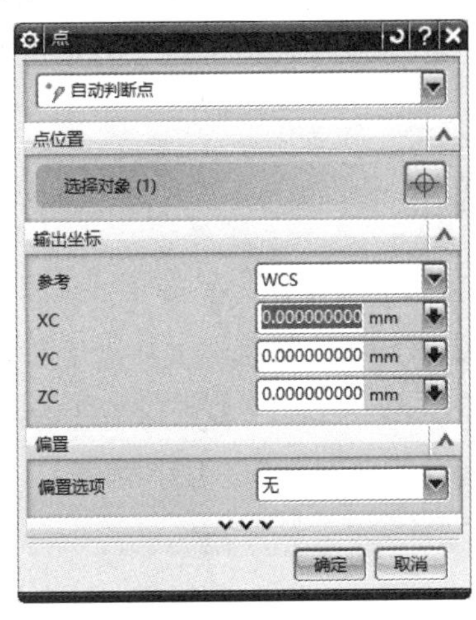

图 4-19

第 3 步 如果 UG NX 环境中已经有实体，则会询问是否进行布尔操作，在【圆柱】对话框的【布尔】下拉列表框中选择需要的操作，即可完成创建圆柱体的操作，如图 4-20 所示。

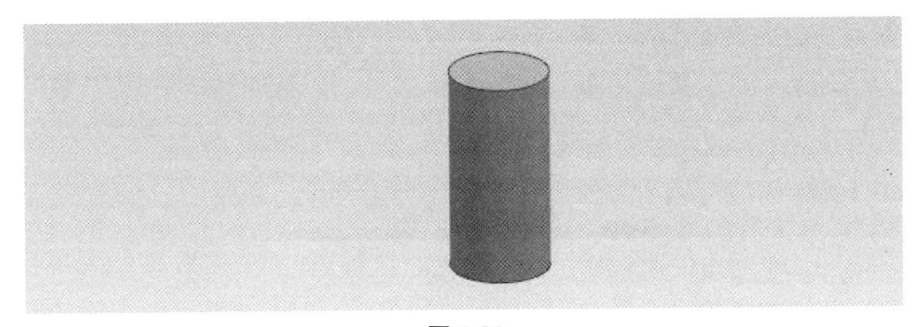

图 4-20

2. 圆弧和高度

该方法是按指定高和圆弧的方式创建圆柱体。在【类型】下拉列表框中选择【圆弧和高度】选项，【圆柱】对话框如图 4-21 所示。输入高度值，选择圆弧，可以通过单击【反向】按钮来调整圆柱的拉伸方向，效果如图 4-22 所示。

图 4-21

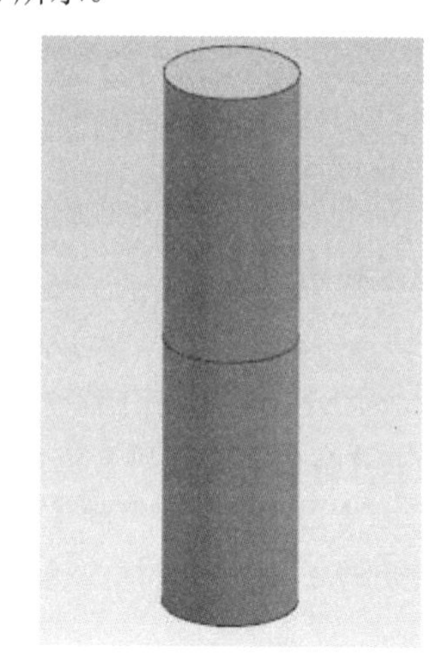

图 4-22

4.3.3 圆锥体

选择【菜单】→【插入】→【设计特征】→【圆锥】菜单项，或单击【特征】工具条中的【圆锥】按钮，系统即可弹出【圆锥】对话框，如图 4-23 所示。

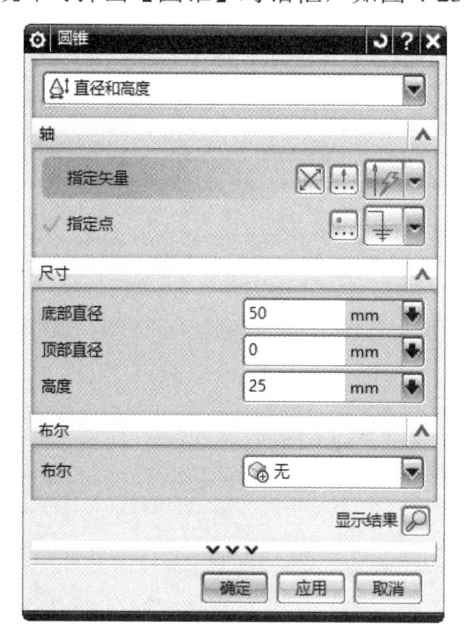

图 4-23

【圆锥】对话框中的【类型】下拉列表框包括 5 个选项，分别表示 5 种创建方式，如图 4-24 所示。

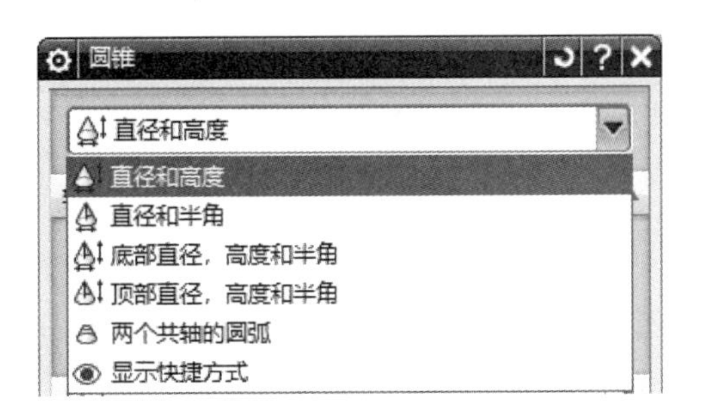

图 4-24

下面将分别予以详细介绍这 5 种创建方式。

1. 直径和高度

采用这种方式定义圆锥需要指定圆锥底部直径、顶部直径、高度和圆锥方向 4 个参数。单击它会打开一个矢量构造器以确定其方向，然后在图 4-25 所示的【尺寸】选项组中输入参数。这种创建方式的示意如图 4-26 所示。

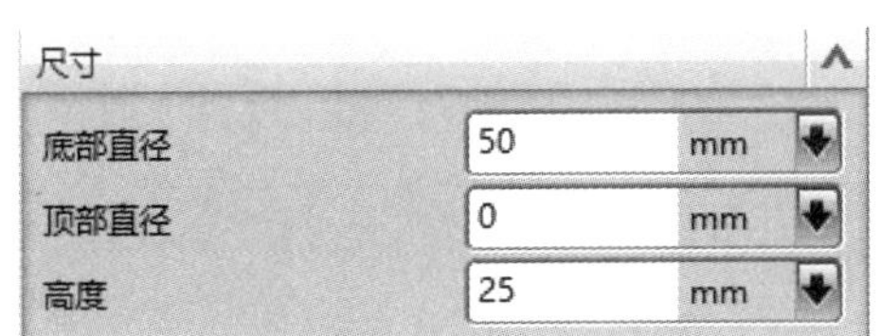

图 4-25

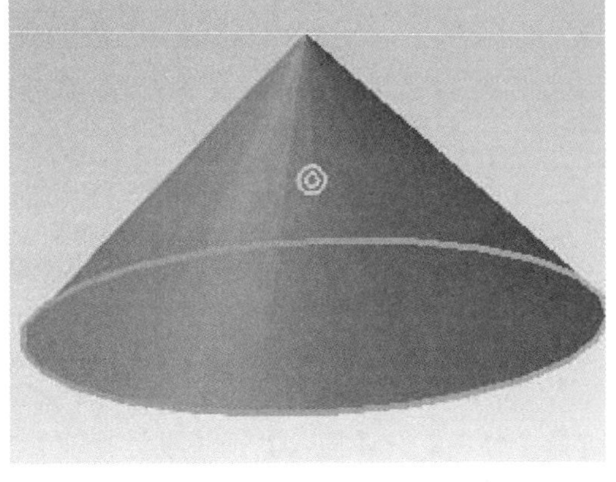

图 4-26

2. 直径和半角

采用这种方式定义圆锥需要指定底部直径、顶部直径、半角和圆锥方向 4 个参数。这种方式跟直径和高度方法类似，只是参数有些不同，如图 4-27 所示。

3. 底部直径，高度和半角

这种方法需要指定圆锥的底部直径、半角、高度和圆锥方向 4 个参数。同上面一样，半角的值只能取 1°～89°，可正可负。

智慧锦囊

应防止出现顶部直径小于 0 的情况。因为当高度增加时，顶部直径减小，当顶部直径小于 0 时系统会出现错误信息，如图 4-28 所示。

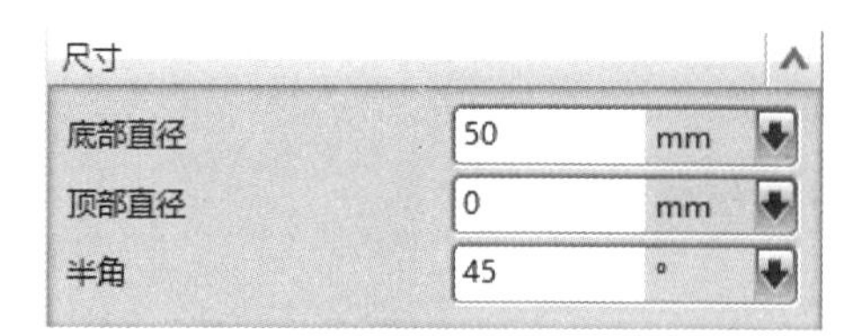

图 4-27

图 4-28

4. 顶部直径，高度和半角

这种方法需要指定圆锥的顶部直径、半角、高度和圆锥方向 4 个参数。这种方式同第三种方式极其相似，只是要注意，当使用负半角时，底部直径不能小于 0。

5. 两个共轴的圆弧

这种方法需要指定圆锥的顶部、底部两圆弧。这种方式比较简单，只需确定两圆弧就可创建圆锥，如图 4-29 所示。

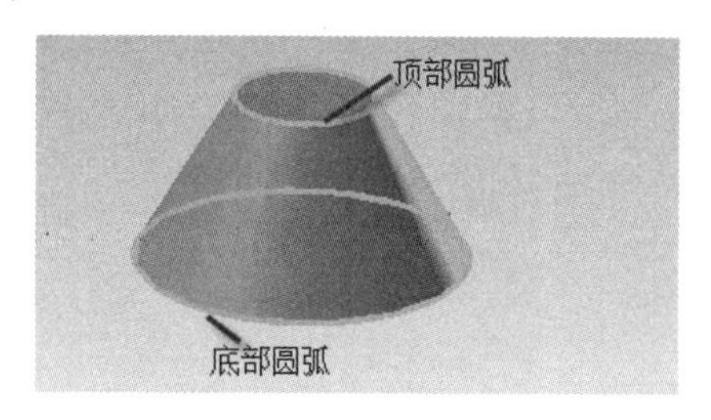

图 4-29

4.3.4 球体

选择【菜单】→【插入】→【设计特征】→【球】菜单项，或单击【特征】工具条中的【球】按钮，系统即可弹出【球】对话框，如图 4-30 所示。

图 4-30

【球】对话框比较简单，包括两种类型方式，即【中心点和直径】方式和【圆弧】方式，如图 4-31 所示。【中心点和直径】方式要求输入直径值，选择圆心点，【圆弧】方式要求选择已有的圆弧曲线，如图 4-31 所示。

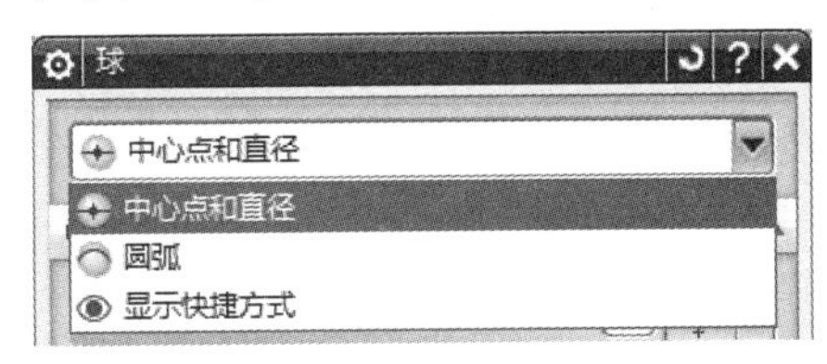

图 4-31

下面将分别予以详细介绍这两种方式的操作方法。

1. 中心点和直径

在【球】对话框的【类型】下拉列表框中选择【中心点和直径】选项，然后选择现有的点或新建点作为球的中心点，输入球的直径值，单击【确定】按钮即可完成创建球体的操作，效果如图 4-32 所示。

2. 圆弧

在【球】对话框的【类型】下拉列表框中选择【圆弧】类型，然后选择一段圆弧，单击【确定】按钮即可完成创建球体的操作，效果如图 4-33 所示。

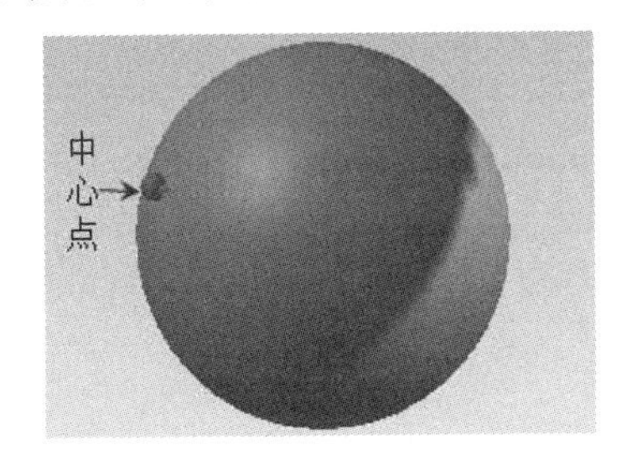

图 4-32

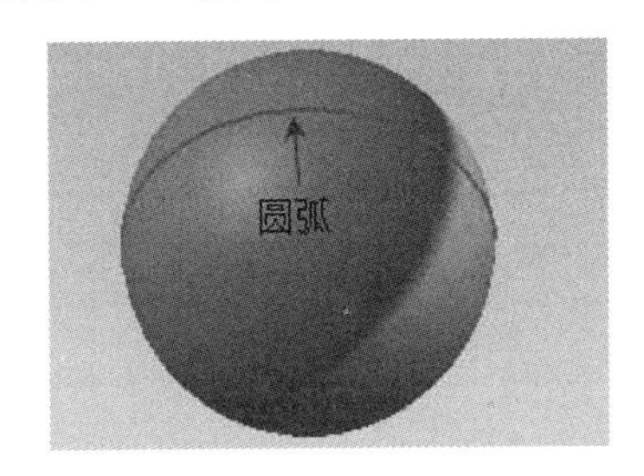

图 4-33

考考您

请您根据本小节介绍的知识创建一些体素特征，测试一下您的学习效果。

4.4　拉伸与旋转

拉伸是将截面沿着某一特定方向拉伸而形成的特征，它是最常用的零件建模方法。旋转是由特征截面曲线绕旋转中心线旋转而成的一类特征。本节将详细介绍拉伸与旋转的相关知识及操作方法。

↑扫码看视频

4.4.1 拉伸

拉伸特征是将截面沿着某一特定方向拉伸而形成的特征，它是最常用的零件建模方法。选择【菜单】→【插入】→【设计特征】→【拉伸】菜单项，或单击【特征】工具条中的【拉伸】按钮，系统即可弹出【拉伸】对话框，如图 4-34 所示。

图 4-34

下面详细介绍【拉伸】对话框中主要选项的功能。

1. 截面线

(1) 【绘制截面】按钮。单击此按钮可以进入草图环境绘制草图来作为截面线圈。
(2) 【曲线】按钮。单击此按钮可以选择要拉伸的截面线圈。

2. 方向

(1) 【反向】按钮。单击此按钮能够对选择好的矢量方向进行反向操作。
(2) 【矢量对话框】按钮。单击此按钮可以弹出【矢量】对话框，进行相关设置。
(3) 【面/平面法向】按钮。单击此按钮，可以确定拉伸方向。

3. 限制

此选项组用于确定拉伸的开始值和终点值。

4. 布尔

此选项组用于实现拉伸扫描所创建的实体与原有实体的布尔运算。

5. 拔模

运用它可以在拉伸扫描时拔模，其下拉列表中包含 6 种拔模类型，如图 4-35 所示。

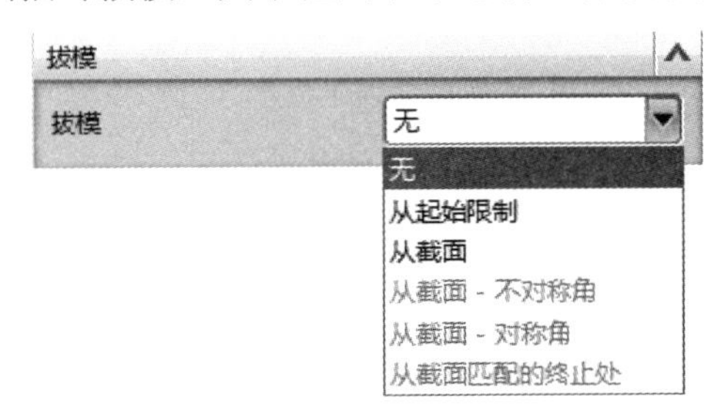

图 4-35

① 无。

② 从起始限制。允许用户从起始点至结束点创建拔模。

③ 从截面。允许用户从起始点至结束点创建的锥角与截面对齐。

④ 从截面-不对称角。允许用户沿截面至起始点和结束点创建不对称锥角。

⑤ 从截面-对称角。允许用户沿截面至起始点和结束点创建对称锥角。

⑥ 从截面匹配的终止处。允许用户沿轮廓线至起始点和结束点创建锥角，在终止处的锥面保持一致。

6. 预览

勾选此复选框后可以在拉伸扫描过程中进行预览。

在【拉伸】对话框中定义拉伸特征的截面草图、拉伸类型、拉伸深度属性，最后单击【确定】按钮即可完成拉伸特征的创建，如图 4-36 所示。

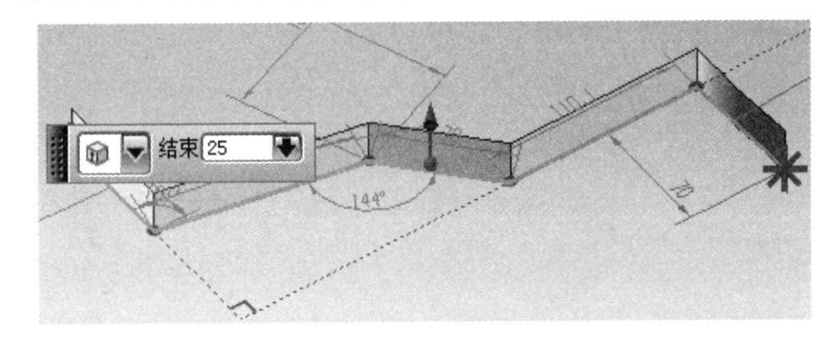

图 4-36

4.4.2 旋转

旋转特征是由特征截面曲线绕旋转中心线旋转而成的一类特征。选择【菜单】→【插入】→【设计特征】→【旋转】菜单项，或单击【特征】工具条中的【旋转】按钮，系统即可弹出【旋转】对话框，如图 4-37 所示。

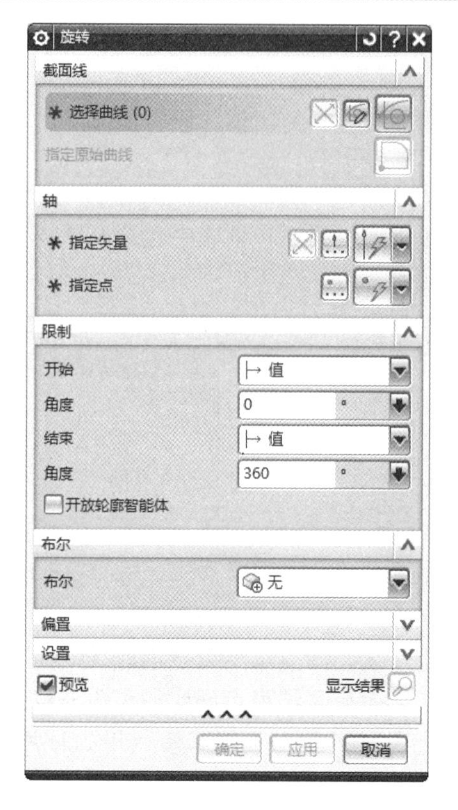

图 4-37

【旋转】对话框与【拉伸】对话框非常相似，功能也一样，唯一不同的是它没有【拔模】和【方向】选项组，而是增添了【轴】选项组。下面详细介绍创建旋转体的操作方法。

第 1 步 选择截面线圈，即在绘图区中选择要旋转扫描的线圈，如图 4-38 所示。

第 2 步 弹出【旋转】对话框，设置【开始】和【结束】值，如图 4-39 所示。

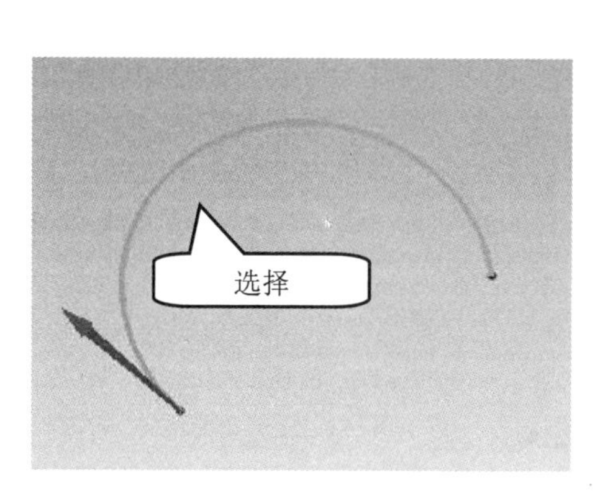

图 4-38

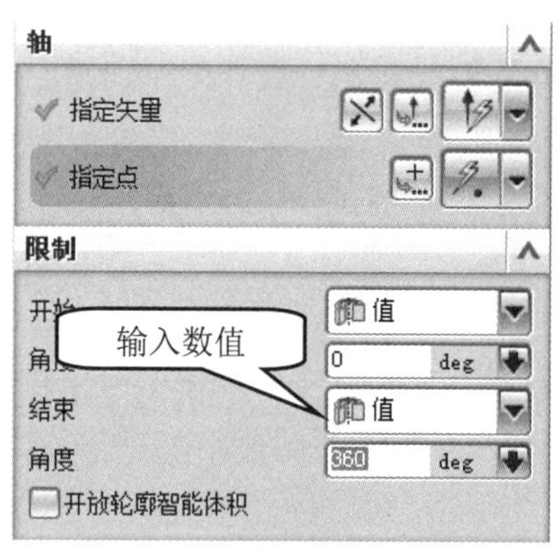

图 4-39

第 3 步 勾选【预览】复选框，如图 4-40 所示。

第 4 步 预览旋转扫描结果，如图 4-41 所示。

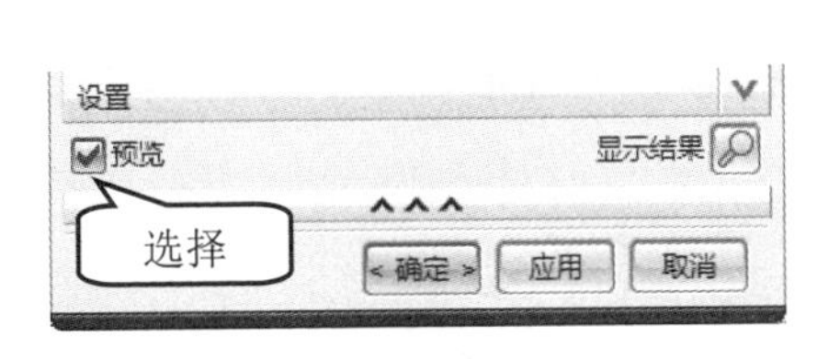

图 4-40

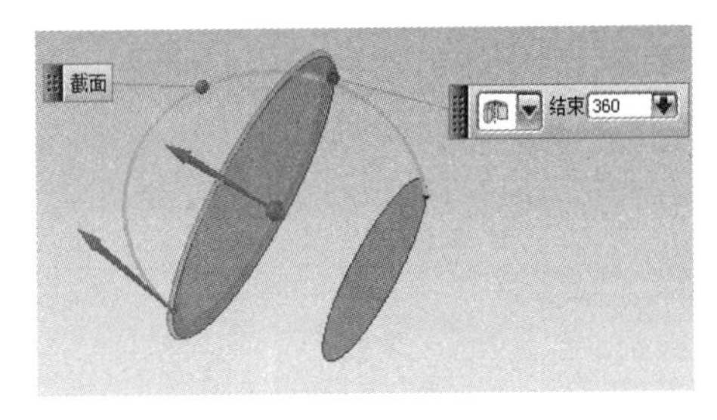

图 4-41

第 5 步 单击【确定】按钮即可完成创建旋转体的操作，效果如图 4-42 所示。

图 4-42

考考您

请您根据本小节介绍的知识，创建拉伸和旋转特征，测试一下您的学习效果。

4.5　扫 掠 特 征

在 UG NX 建模模块的【插入】→【扫掠】级联菜单中提供了【扫掠】、【沿引导线扫掠】、【变化扫掠】和【管道】4 个扫掠操作命令，本节介绍这 4 个扫掠操作命令的应用。需要用户注意的是，严格来说，也可以把拉伸特征和旋转特征看作一类特殊的由矢量驱动的扫掠特征。

↑扫码看视频

4.5.1　基本扫掠

在建模模块中使用【插入】→【扫掠】→【扫掠】菜单项(该命令对应的【扫掠】按钮位于【曲面】工具栏中)，可以沿着一条或多条(如两条或 3 条，注意最多 3 条)引导线串扫掠一个或多个截面来创建实体或片体。在使用【扫掠】命令时可以沿着引导曲线对齐截面线串以控制扫掠体的形状、控制截面沿引导线串扫掠时的方位、缩放扫掠体、使用脊线串使曲面上的等参数曲线变均匀等。

创建基本扫掠实体特征的典型示例如图 4-43 所示。下面详细介绍创建基本扫掠特征的操作方法。

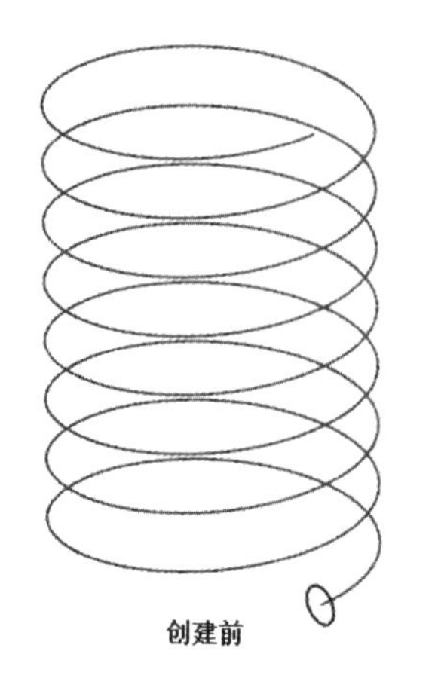

图 4-43

素材保存路径：配套素材\第 4 章
素材文件名称：saolve.prt、jibensaolve.prt

第 1 步 打开素材文件“saolve.prt”，可以看到螺旋线和引导线素材，如图 4-44 所示。

第 2 步 选择【菜单】→【插入】→【扫掠】→【扫掠】菜单项，如图 4-45 所示。

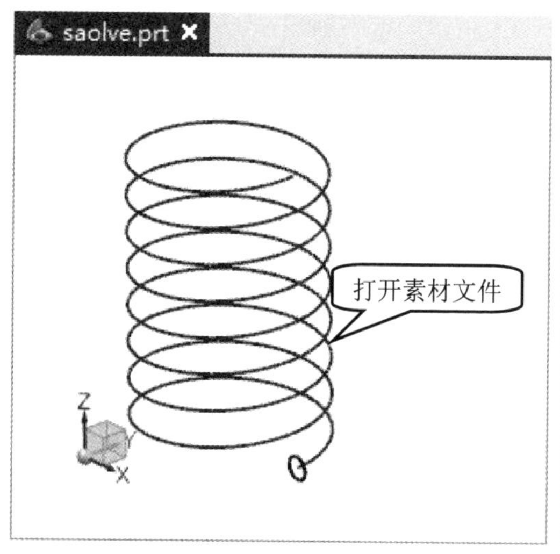

图 4-44

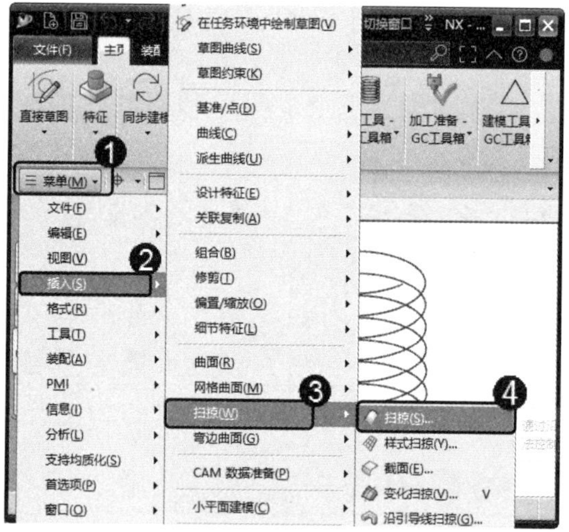

图 4-45

第 3 步 弹出【扫掠】对话框，*1.* 选择【截面】选项组中的【选择曲线】选项，*2.* 在图形区域中选择图 4-46 所示的截面线串。

第 4 步 定义引导线串。*1.* 单击【引导线(最多 3 条)】选项组中的【选择曲线】按钮，*2.* 在图形区域选择引导线串，如图 4-47 所示。

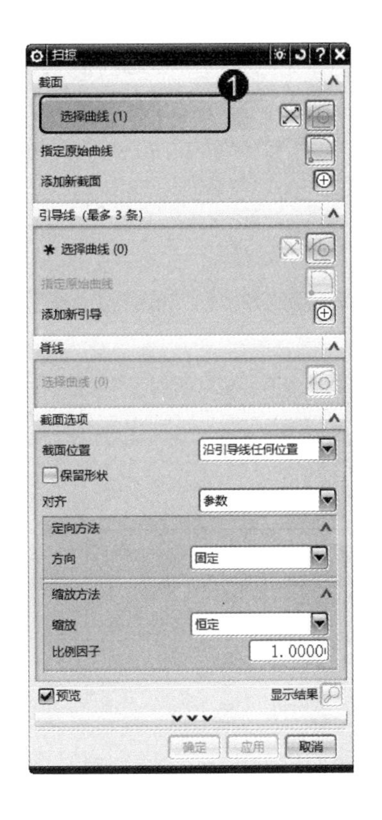
扫掠
截面
选择曲线 (1)
指定原始曲线
添加新截面
引导线（最多 3 条）
选择曲线 (0)
指定原始曲线
添加新引导
脊线
选择曲线 (0)
截面选项
截面位置
沿引导线任何位置
保留形状
对齐
参数
定向方法
方向
固定
缩放方法
缩放
恒定
比例因子
1.0000
预览
显示结果
确定
应用
取消

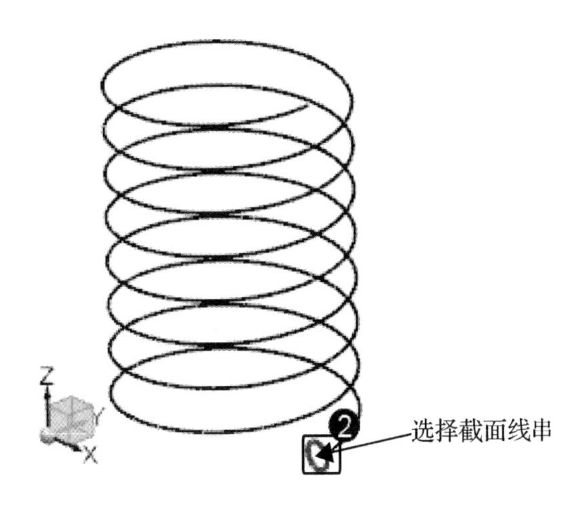
选择截面线串

图 4-46

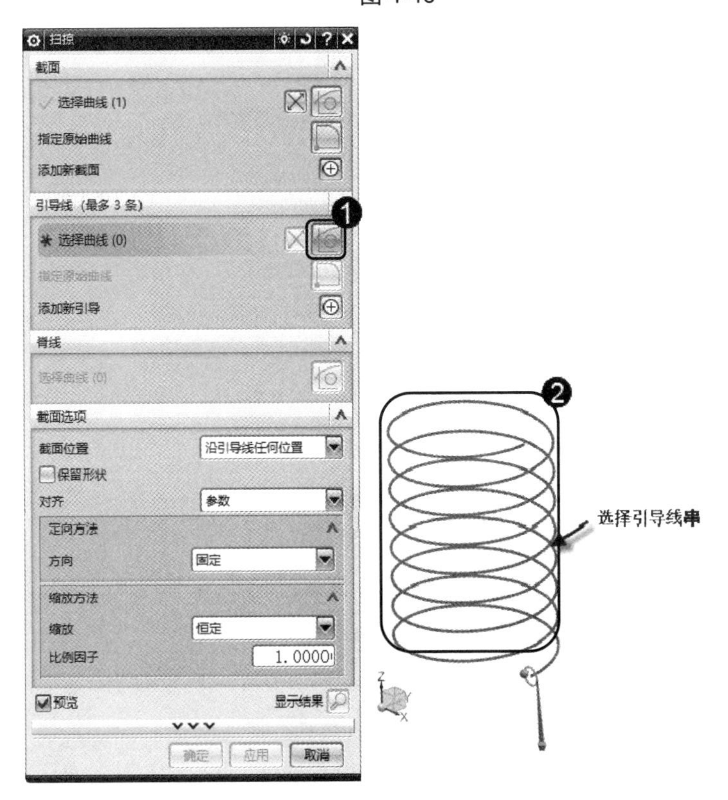
扫掠
截面
选择曲线 (1)
指定原始曲线
添加新截面
引导线（最多 3 条）
选择曲线 (0)
指定原始曲线
添加新引导
脊线
选择曲线 (0)
截面选项
截面位置
沿引导线任何位置
保留形状
对齐
参数
定向方法
方向
固定
缩放方法
缩放
恒定
比例因子
1.0000
预览
显示结果
确定
应用
取消
选择引导线串

图 4-47

第 5 步 单击【扫掠】对话框中的【确定】按钮，即可完成创建扫掠特征的操作，效果如图 4-48 所示。

图 4-48

4.5.2　沿导线扫掠

沿导线扫掠是通过沿着由一个或一系列曲线、边或面构成的引导线串(路径)拉伸开放的或封闭的边界草图、曲线、边或面来生成单个体。

选择【菜单】→【插入】→【扫掠】→【沿引导线扫掠】菜单项，系统即可弹出【沿引导线扫掠】对话框，如图 4-49 所示。

图 4-49

在【沿引导线扫掠】对话框中设置截面曲线(在绘图区中选择截面曲线)，再选择引导曲线，然后输入偏置值，最后单击【确定】按钮即可创建引导扫掠体，如图 4-50 所示。

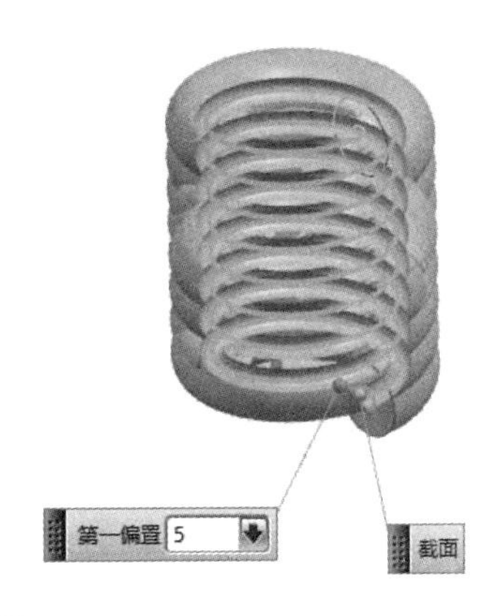

图 4-50

下面详细介绍【沿引导线扫掠】对话框中主要选项的功能。

1. 截面

选择曲线、边或者曲线链，或是截面的边为截面。

2. 引导

选择曲线、边或曲线链，或是引导线的边。引导线串中的所有曲线都必须是连续的。

3. 偏置

① 第一偏置。增加扫掠特征的厚度。
② 第二偏置。使扫掠特征的基础偏离于截面线串。

知识精讲

如果截面对象有多个环，则引导线串必须由线/圆弧构成。如果沿着具有封闭的、尖锐拐角的引导线串扫掠，建议把截面线串放置到远离尖锐拐角的位置。如果引导路径上两条相邻的线以锐角相交，或者引导路径中的圆弧半径对于截面曲线来说太小，则不会发生扫掠面操作。换言之，路径必须是光顺的、切向连续的。

考考您

请您根据本小节学到的知识创建扫掠特征，测试一下您的学习效果。

4.6 布尔运算

零件模型通常由单个实体组成，但在建模过程中，实体通常是由多个实体或特征组合而成，于是要求把多个实体或特征组合成一个实体，这个操作被称为布尔运算。本节将详细介绍布尔运算的相关知识及操作方法。

↑扫码看视频

4.6.1 布尔求和

布尔求和操作用于将工具体和目标体合并成一体。选择【菜单】→【插入】→【组合】→【合并】菜单项，系统会弹出图 4-51 所示的【合并】对话框。

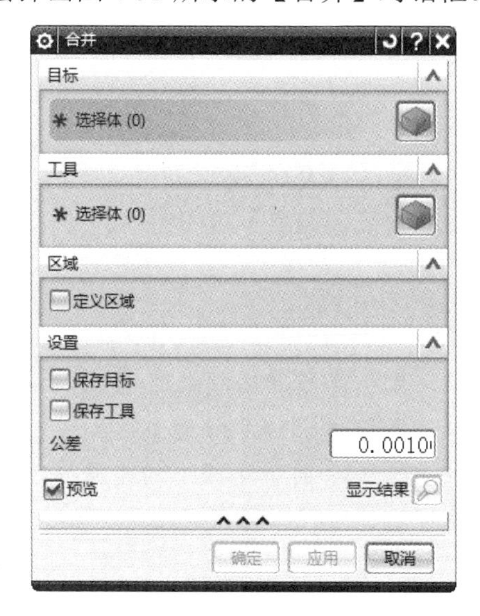

图 4-51

按照顺序选择目标体和工具体，最后单击【确定】按钮即可完成求和操作，如图 4-52 所示。

【合并】对话框中包含【目标】、【工具】、【区域】、【设置】和【预览】几个部分，下面将分别予以详细介绍。

1. 目标

进行布尔求和时，第一个选择的体对象，运算的结果将加在这个目标体上，并修改目标体。一次布尔运算中，目标体只能有一个。布尔运算的结果体类型与目标体的类型一致。

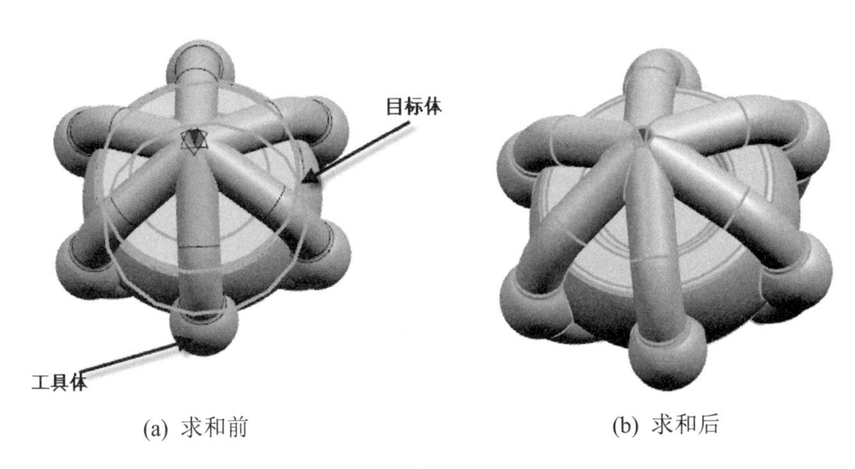

(a) 求和前　　(b) 求和后

图 4-52

2. 工具

进行布尔运算时，第二个选择的体对象，这些对象将加在目标体上，并构成目标体的一部分。一次布尔运算中，工具体可有多个。

需要注意的是，可以将实体和实体进行求和运算，也可以将片体和片体进行求和运算(具有近似公共边缘线)，但不能将片体和实体、实体和片体进行求和运算。

3. 区域

勾选【定义区域】复选框，构造并允许选择要保留或移除的体区域。

4. 设置

(1) 保存目标。勾选此复选框，完成求和运算后目标体还将保留。
(2) 保存工具。勾选此复选框，完成求和运算后工具体还将保留。

5. 预览

勾选【预览】复选框，可以在绘图区中查看运算结果。

4.6.2　布尔求差

布尔求差操作用于将工具体从目标体中移除，它要求目标体和工具体之间包含相交部分。选择【菜单】→【插入】→【组合】→【减去】菜单项，或单击【特征】工具条中的【减去】按钮，系统会弹出图 4-53 所示的【减去】对话框。

【减去】对话框用于从目标体中减去一个或多个工具体的体积，即将目标体中与工具体公共的部分去掉，需要注意以下几点。

(1) 若目标体和工具体不相交或相接，则运算结果保持目标体不变。

(2) 实体与实体、片体与实体、实体与片体之间都可进行求差运算，但片体与片体之间不能进行求差运算。实体与片体的差的结果为非参数化实体。

(3) 布尔求差运算时，若目标体进行差运算后的结果为两个或多个实体，则目标体将丢失数据。也不能将一个片体变成两个或多个片体。

(4) 差运算的结果不允许产生 0 厚度，即不允许目标实体和工具体的表面刚好相切。

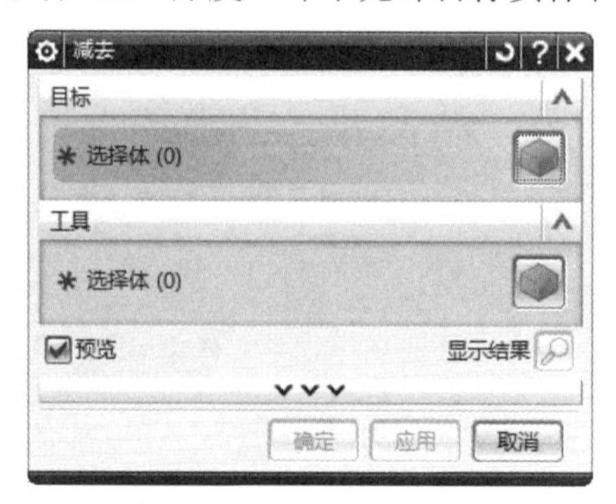

图 4-53

4.6.3 布尔求交

布尔求交操作用于创建包含两个不同实体的共有部分。进行布尔求交运算时，工具体与目标体必须相交。下面详细介绍求交运算的操作方法。

素材保存路径：配套素材\第 4 章

素材文件名称：xiangjiao.prt、buerqiujiao.prt

第 1 步 打开素材文件“xiangjiao.prt”，在【特征】工具条中单击【相交】按钮，如图 4-54 所示。

第 2 步 弹出【求交】对话框，1. 在图形区中选择目标体，2. 选择工具体，3. 单击【确定】按钮，如图 4-55 所示。

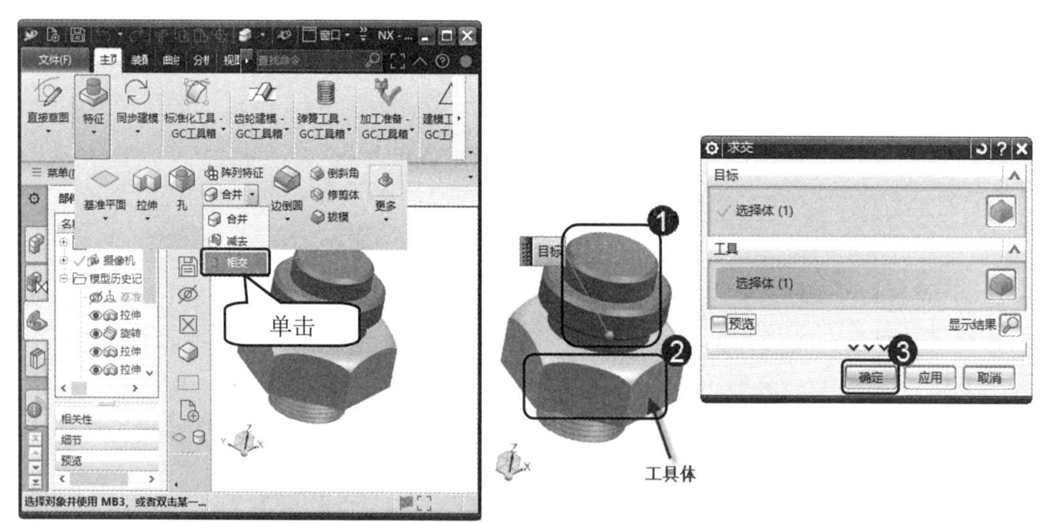

图 4-54　　图 4-55

第 3 步 通过以上步骤即可完成布尔求交的操作，效果如图 4-56 所示。

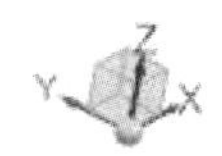

图 4-56

知识精讲

如果创建的是第一个特征，此时不会存在布尔运算，【布尔操作】列表框为灰色。从创建第二个特征开始，以后加入的特征都可以选择“布尔操作”，而且对于一个独立的部件，每一个添加的特征都需要选择“布尔操作”，系统默认选中“创建”类型。

考考您

请您根据本小节学到的知识进行布尔运算，测试一下您的学习效果。

4.7　实践案例与上机指导

通过本章的学习，读者基本可以掌握实体建模的基本知识以及一些常见的操作方法，下面通过练习操作，以达到巩固学习、拓展提高的目的。

↑扫码看视频

4.7.1　创建管道

管道是沿着由一个或一系列曲线构成的引导线串(路径)扫掠出的简单的管道对象。下面详细介绍创建管道特征的操作方法。

素材保存路径：配套素材\第 4 章
素材文件名称：guandaosucai.prt、guandaoxiaoguo.prt

第 1 步 打开素材文件“guandaosucai.prt”，选择【菜单】→【插入】→【扫掠】→【管】菜单项，如图 4-57 所示。

第 2 步 弹出【管】对话框，1. 在图形区中选择素材文件中的曲线，2. 设置【外径】和【内径】值，3. 单击【确定】按钮，如图 4-58 所示。

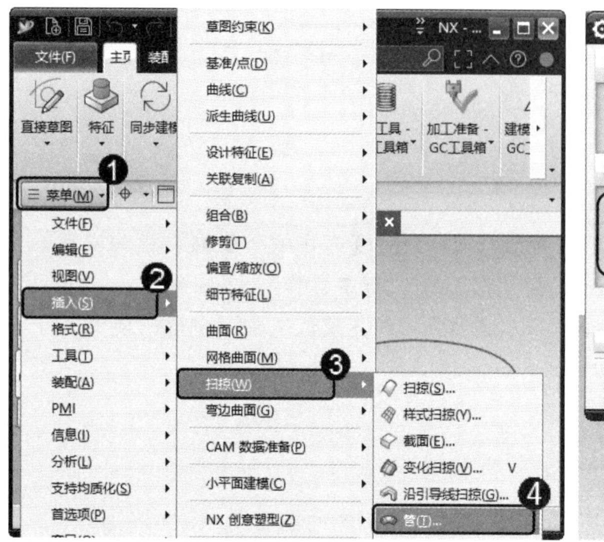

图 4-57

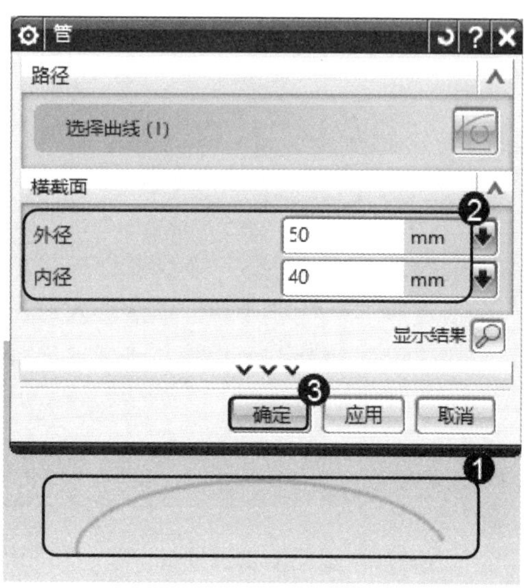

图 4-58

第 3 步 通过以上步骤即可完成创建管道的操作，效果如图 4-59 所示。

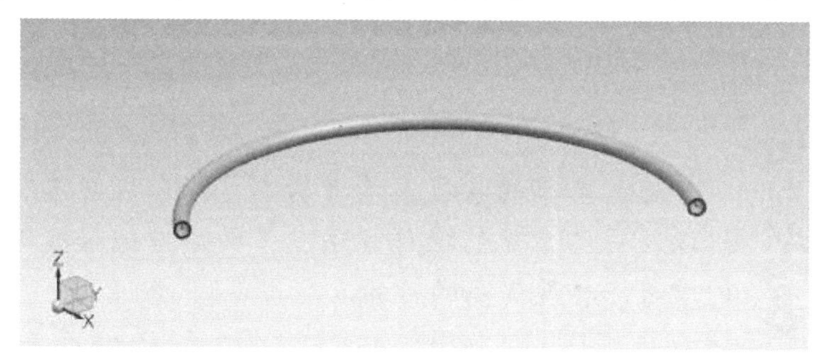

图 4-59

4.7.2 使用三个点创建坐标系

根据所选的三个点来定义坐标系，X 轴是从第一点到第二点的矢量，Y 轴是从第一点到第三点的矢量，原点是第一点。下面以一个范例来说明用三点创建坐标系的操作方法。

素材保存路径：配套素材\第 4 章
素材文件名称：zuobiaoxi.prt、chuangjianzuobiaoxi.prt

第 1 步 打开素材文件“zuobiaoxi.prt”，可以看到一个特征素材，如图 4-60 所示。

第 2 步 选择【菜单】→【插入】→【基准/点】→【基准坐标系】菜单项，如图 4-61 所示。

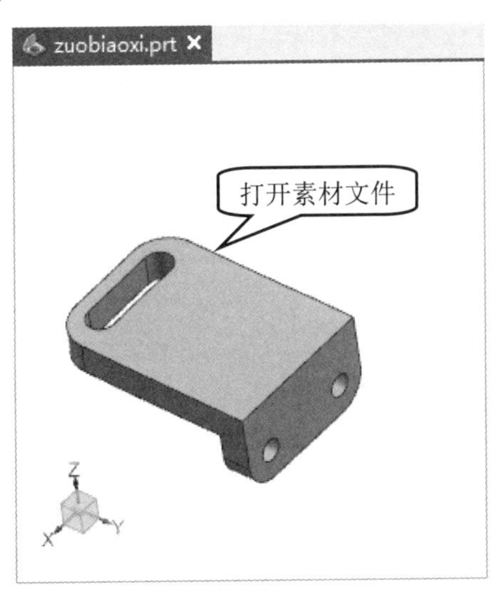

图 4-60

图 4-61

第 3 步 弹出【基准坐标系】对话框，*1.* 在【类型】下拉列表框中选择【原点，X 点，Y 点】选项，*2.* 选择图 4-62 所示的三点，其中 X 轴是从第一点到第二点的矢量，Y 轴是从第一点到第三点的矢量。

第 4 步 单击【基准坐标系】对话框中的【确定】按钮，即可完成使用三个点创建基准坐标系的操作，效果如图 4-63 所示。

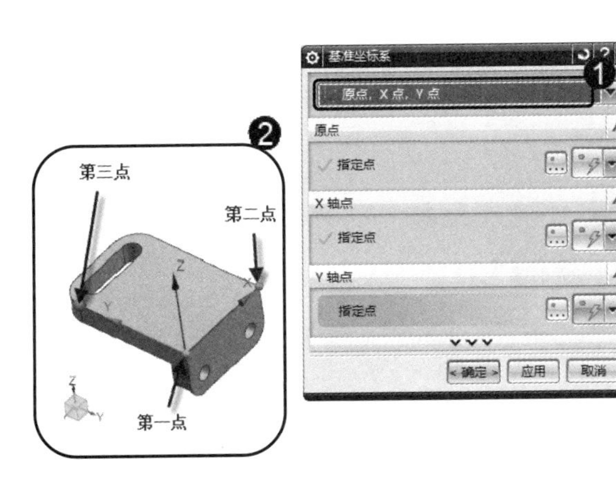

图 4-62

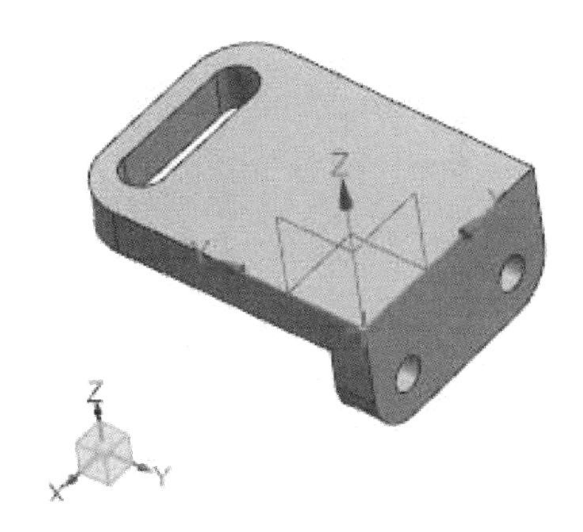

图 4-63

4.7.3　通过“面上的点”创建点集

面上的点是指在现有的面上创建点集，下面以一个范例来详细介绍通过“面上的点”创建点集的操作方法。

素材保存路径：配套素材\第 4 章
素材文件名称：miandian.prt、chuangjiandianji.prt

第 1 步 打开素材文件“miandian.prt”，可以看到一个特征素材，如图 4-64 所示。

第 2 步 选择【菜单】→【插入】→【基准/点】→【点集】菜单项，如图 4-65 所示。

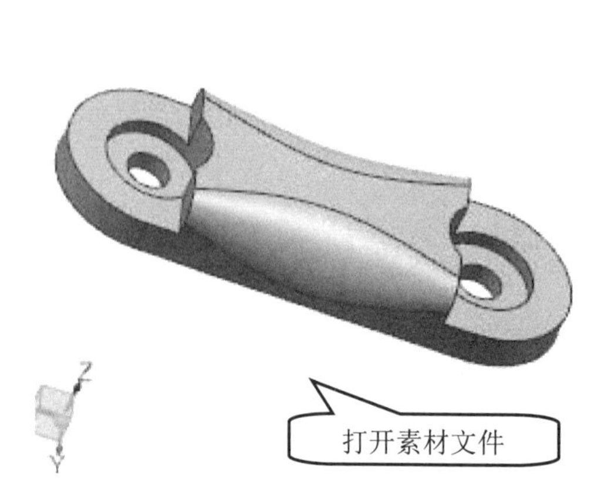

图 4-64

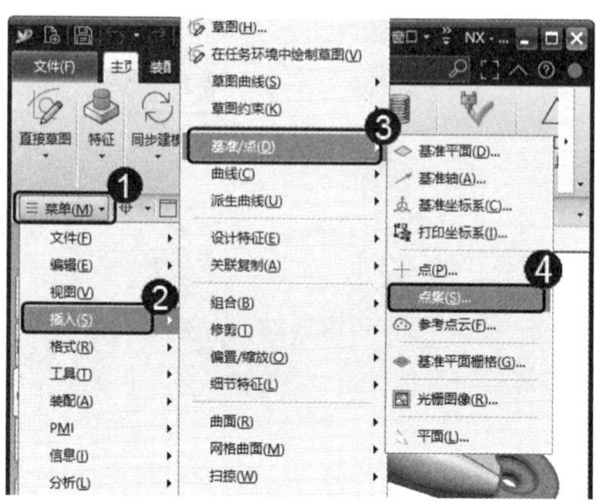

图 4-65

第 3 步 弹出【点集】对话框，1. 在【类型】下拉列表框中选择【面的点】选项，2. 选择图 4-66 所示的曲面，3. 在【U 向】和【V 向】文本框中均输入数值 10，4. 单击【确定】按钮。

第 4 步 通过以上步骤即可完成通过“面上的点”创建点集的操作，效果如图 4-67 所示。

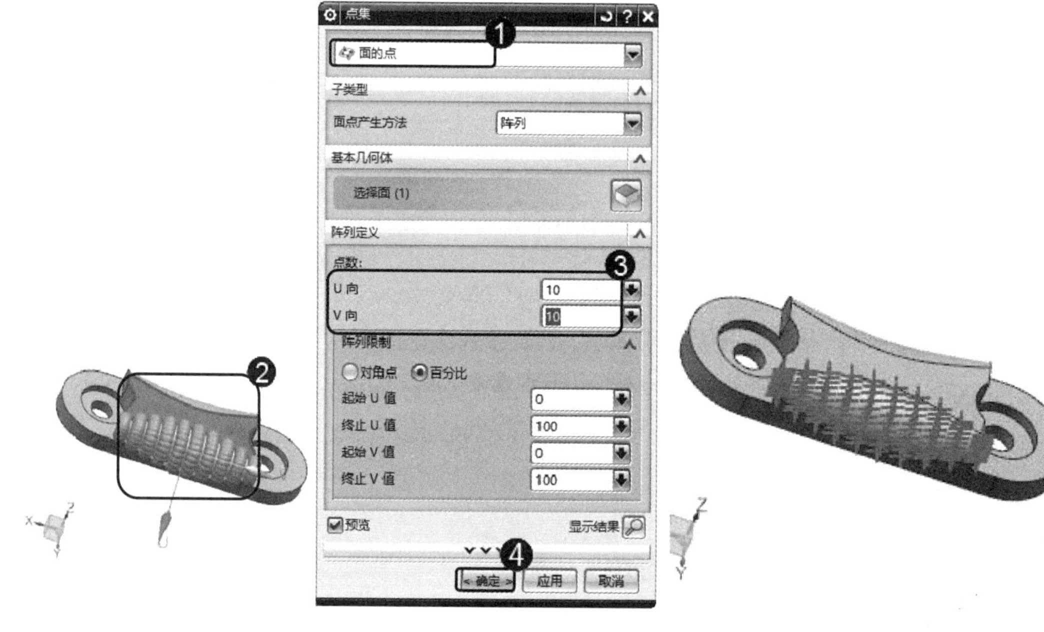

图 4-66　　图 4-67

4.8 思考与练习

通过本章的学习，读者基本可以掌握实体建模的基本知识以及一些常见的操作方法，下面通过练习几道习题，以达到巩固与提高的目的。

一、填空题

1. ____________是将截面沿着某一特定方向拉伸而形成的特征，它是最常用的零件建模方法。

2. ________ 是由特征截面曲线绕旋转中心线旋转而成的一类特征。

3. ________ 操作用于将工具体从目标体中移除，它要求目标体和工具体之间包含相交部分。

二、判断题

1. 沿导线扫掠是通过沿着由一个或一系列曲线、边或面构成的引导线串(路径)拉伸开放的或封闭的边界草图、曲线、边或面来生成单个体。（　　）

2. 布尔求交操作用于创建包含两个相同实体的共有部分。进行布尔求交运算时，工具体与目标体必须相交。（　　）

三、思考题

1. 如何创建基本扫掠特征？

2. 如何进行布尔求交运算？

新起点
电脑教程

第 5 章

特征设计

本章要点

- 特征设计概述
- 孔特征与凸台特征
- 腔体特征
- 垫块特征
- 键槽特征与槽特征

本章主要内容

本章主要介绍了特征设计概述、孔特征与凸台特征、腔体特征方面的知识与使用技巧，同时讲解了垫块特征的相关知识，在本章的最后还针对实际的工作需求，讲解了键槽特征与槽特征的相关创建方法。通过本章的学习，读者可以掌握特征设计基础操作方面的知识，为深入学习 UG NX 中文版知识奠定基础。

5.1 特征设计概述

UG NX 具有强大的特征设计功能，可以创建各种实体特征，如孔、凸台、腔体、垫块和键槽等。使用这种设计方法，用户可以更加高效快捷、轻松自如地按照设计意图来创建出所需要的零件模型。

↑ 扫码看视频

5.1.1 特征的安放表面

所有特征都需要一个安放平面，对于沟键槽来说，其安放平面必须为圆柱或圆锥面，而对于其他形式的大多数特征(除垫块和通用腔外)，其安放面必须是平面。特征是在安放平面的法线方向上被创建的，与安放表面相关联。当然，安放平面通常选择已有实体的表面，如果没有平面作为安放面，可以画基准面作为安放面。

5.1.2 水平参考

UG NX 规定特征坐标系的 XC 轴为水平参考，可以选择可投影到安放表面的线性边。平表面、基准轴和基准平面定义为水平参考。

5.1.3 特征的定位

定位是指相对于安放表面的位置，用定位尺寸来控制。定位尺寸是沿着安放表面测量的距离尺寸，它可以看作是约束或使特征体必须遵守的规则。对于孔特征体的定位，可以在草图界面使用约束工具进行定义，如图 5-1 所示。对于其他特征，可以使用【定位】对话框进行定位，【定位】对话框中有 9 种定位方式，如图 5-2 所示。

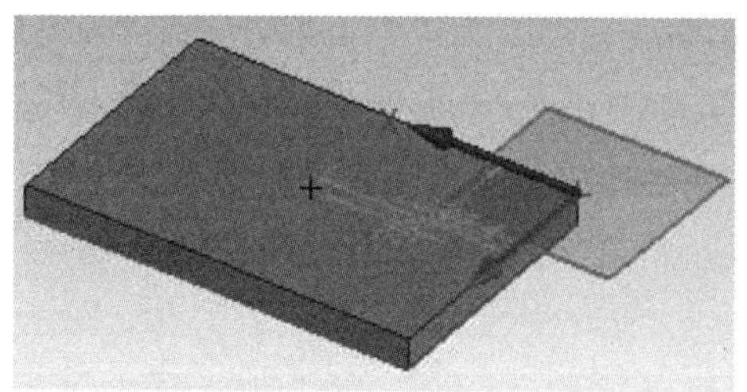

图 5-1

图 5-2

下面将分别予以详细介绍这 9 种定位方式。

1. 水平方式

运用水平定位首先要确定水平参考。水平参考用于确定 XC 轴的方向，而水平定位是确定与水平参考平行方向的定位尺寸。

2. 竖直方式

竖直定位方式是指确定垂直于水平参考方向上的尺寸，它一般与水平定位方式一起使用来确定特征位置。

3. 平行方式

平行定位使用两点连线距离来定位。

4. 垂直方式

垂直定位使用成型特征体上某点到目标边的垂直距离定位。

5. 按一定距离平行定位

该定位方式是指成型特征体一边与目标体的边平行且间隔一定距离的定位方式。

6. 成角度定位

成角度定位是指成型特征体一边与目标体的边成一定夹角的定位方式。

7. 点到点定位

点到点定位是分别指定成型特征体一点和目标体上的一点，使它们重合的定位方式。

8. 点到线定位

点到线定位是让成型特征体的一点落在目标体一边上的定位方式。

9. 线到线定位

线到线定位是让成型特征体的一边落在目标体一边上的定位方式。

5.2　孔特征与凸台特征

孔是特征里比较常用的特征之一，通过沉头孔、埋头孔和螺纹孔选项可为部件或装配中的一个或多个实体添加孔。凸台是指增加一个按指定高度、垂直或有拔模锥度的侧面的圆柱形物体。本节将介绍孔特征与凸台特征的相关知识及操作方法。

↑ 扫码看视频

5.2.1 孔特征类型及实践操作

选择【菜单】→【插入】→【设计特征】→【孔】菜单项，系统即可弹出【孔】对话框，如图 5-3 所示。

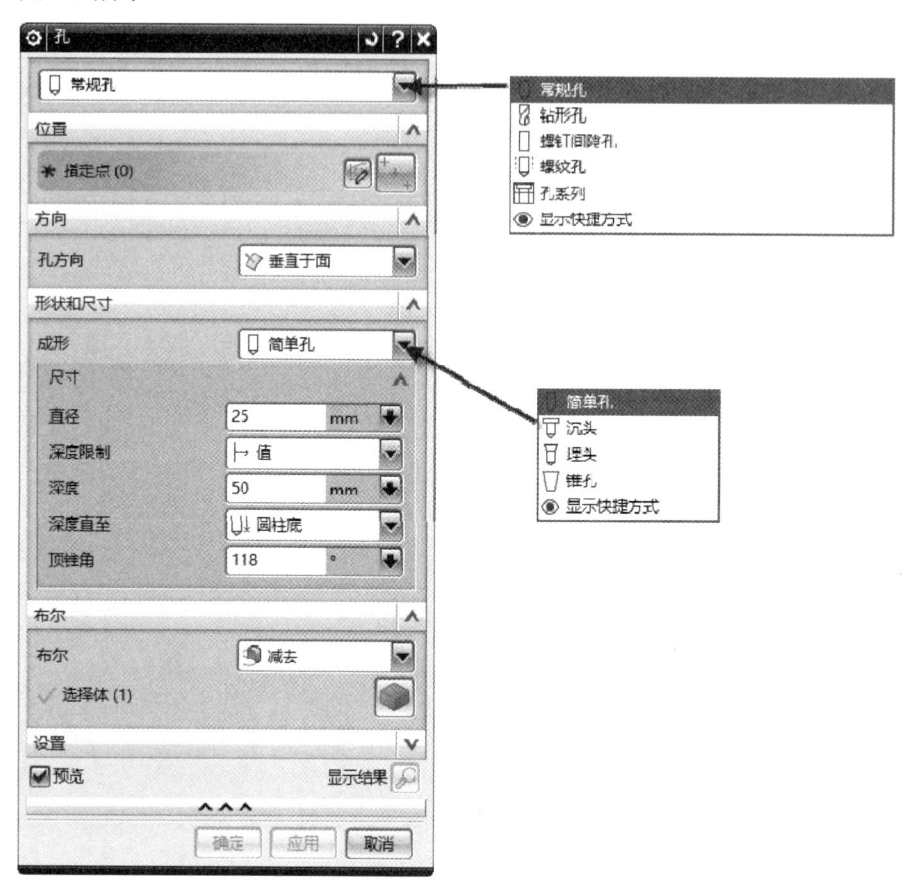

图 5-3

当用户选择不同的孔类型时，【孔】对话框中的参数类型和参数的个数都将相应地改变。下面将详细介绍几种类型的孔的设置，它们的操作方法相同，不同的是【形状和尺寸】选项组中的参数。

1. 常规孔

常规孔是创建指定尺寸的简单孔、沉头孔、埋头孔或锥孔特征等。如果是通孔，则指定通孔位置；如果不是通孔，则需要输入深度和顶锥角两个参数。

2. 钻形孔

钻形孔是使用 ANSI 或 ISO 标准创建的简单钻形孔特征。钻形孔的【孔】对话框中【形状和尺寸】选项组的参数如图 5-4 所示。

3. 螺钉间隙孔

螺钉间隙孔是创建简单、沉头或埋头通孔为具体应用而设计。螺钉间隙孔的【孔】对话框中【形状和尺寸】选项组中的参数如图 5-5 所示。

图 5-4

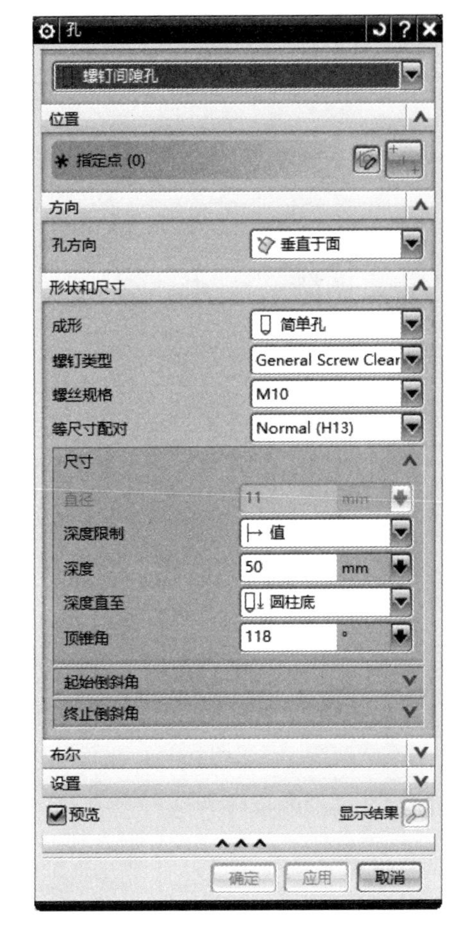

图 5-5

4. 螺纹孔

创建螺纹孔，其尺寸标注由标准、螺纹尺寸和径向进刀定义。螺纹孔的【孔】对话框中【形状和尺寸】选项组中的参数如图 5-6 所示。

5. 孔系列

孔系列是创建尺寸一致的多形状、多目标体的对齐的起始孔、中间孔和结束孔。孔系列的【孔】对话框中【形状和尺寸】选项组的参数如图 5-7 所示。

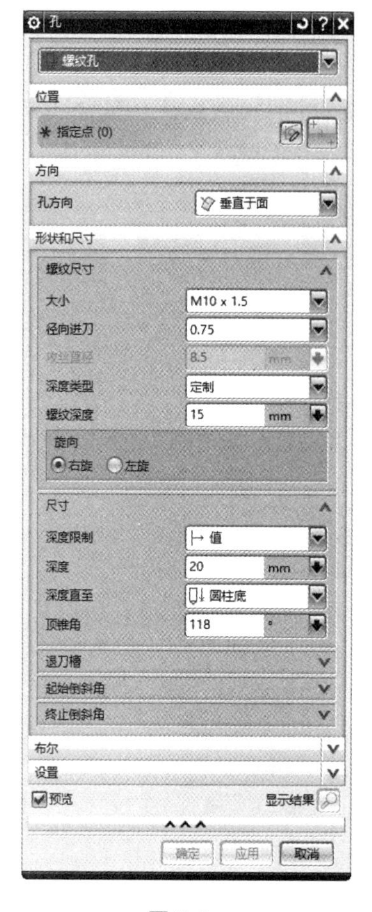

图 5-6

图 5-7

6. 创建孔特征的操作方法

下面以创建常规孔为例，详细介绍创建孔特征的操作方法。

素材保存路径：配套素材\第 5 章
素材文件名称：kongsucai.prt、kongxiaoguo.prt

第 1 步 打开素材文件“kongsucai.prt”，可以看到一个拉伸特征，并在上面创建了两个点，如图 5-8 所示。

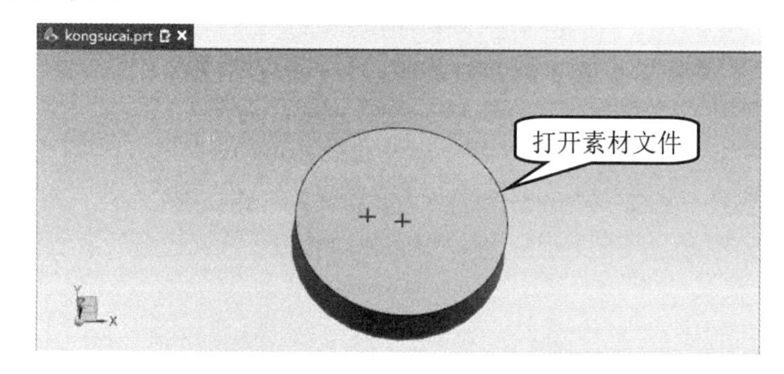

图 5-8

第 2 步 弹出【孔】对话框，**1.** 在【类型】下拉列表框中选择【常规孔】选项，**2.** 在绘图区中指定孔位置，即创建的点，**3.** 选择孔方向，**4.** 设置孔的形状和尺寸参数，**5.** 单击【确定】按钮，如图 5-9 所示。

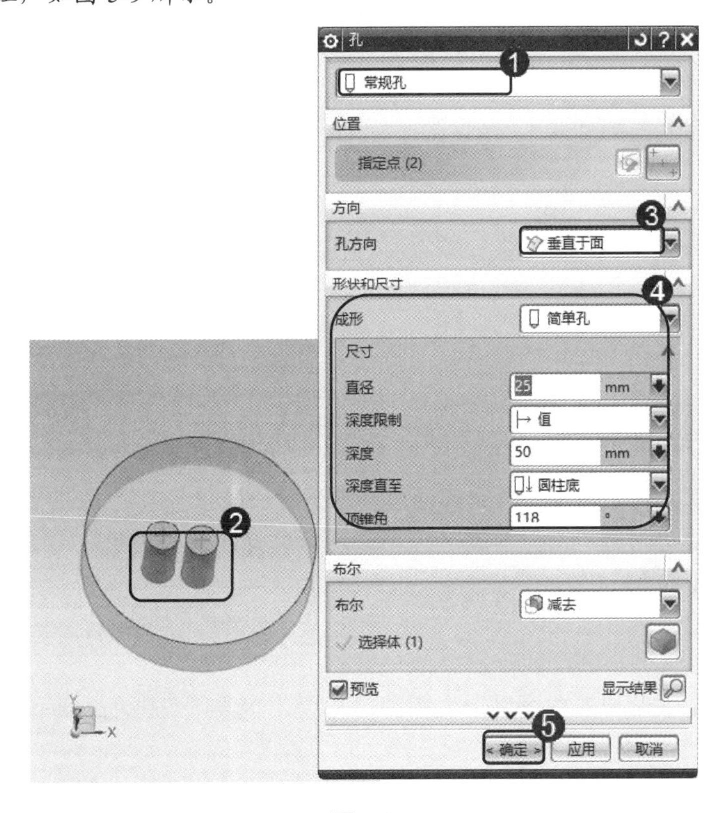

图 5-9

第 3 步 通过以上步骤即可完成创建孔特征的操作，效果如图 5-10 所示。

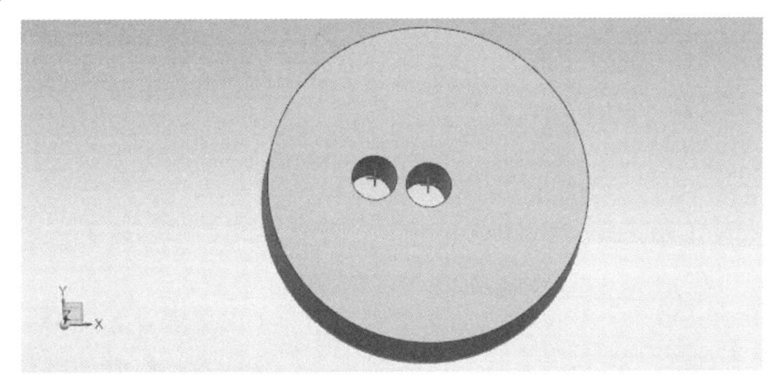

图 5-10

5.2.2 凸台特征的创建与操作

选择【菜单】→【插入】→【设计特征】→【凸台(原有)】菜单项(该命令可以在【命令查找器】中搜索找到)，系统即可弹出【凸台】对话框，如图 5-11 所示。

图 5-11

1. 选项说明

【凸台】对话框中包括【选择步骤】、【过滤】、【直径】、【高度】、【锥角】和【反侧】等选项，下面分别予以详细介绍。

(1) 选择步骤。用于指定一个平的面或基准平面，以在其上定位凸台。

(2) 过滤。通过限制可用的对象类型帮助用户选择需要的对象，可选项有【任意】、【面】和【基准平面】。

(3) 直径。输入凸台直径的值。

(4) 高度。输入凸台高度的值。

(5) 锥角。输入凸台的柱面壁向内倾斜的角度。该值可正可负，零值产生没有锥度的垂直圆柱壁。

(6) 反侧。如果选择了基准面作为放置平面，则此按钮可用，单击此按钮使当前方向矢量反向，同时重新生成凸台的预览。

2. 创建与操作方法

创建凸台特征的操作过程很简单，下面详细介绍其操作方法。

素材保存路径：配套素材\第 5 章
素材文件名称：tutaisucai.prt、tutaixiaoguo.prt

第 1 步 打开素材文件“tutaisucai.prt”，可以看到已经创建了一个拉伸特征，如图 5-12 所示。

第 2 步 弹出【凸台】对话框，**1.** 选择凸台特征的放置面，**2.** 在【过滤】下拉列表框中选择【任意】选项，**3.** 设置直径、高度和锥角等参数值，**4.** 单击【确定】按钮，如图 5-13 所示。

第 3 步 弹出【定位】对话框，**1.** 选择一种定位方式，如垂直方式，**2.** 单击【确定】按钮，如图 5-14 所示。

第 4 步 通过以上步骤即可完成创建凸台特征的操作，效果如图 5-15 所示。

图 5-12

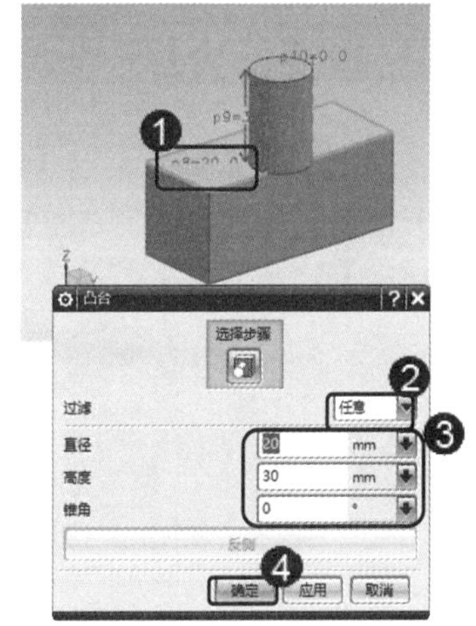

图 5-13

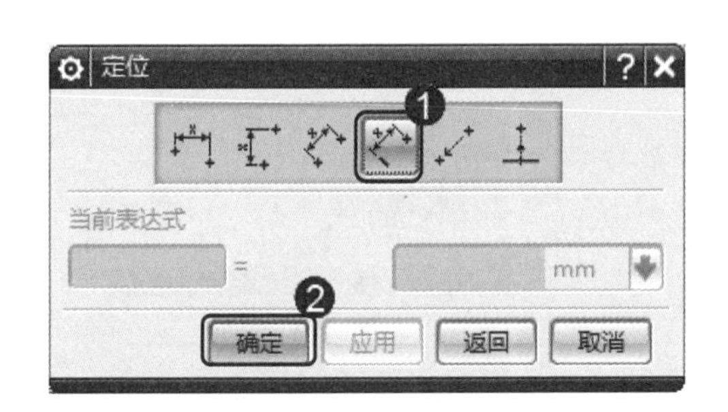

图 5-14

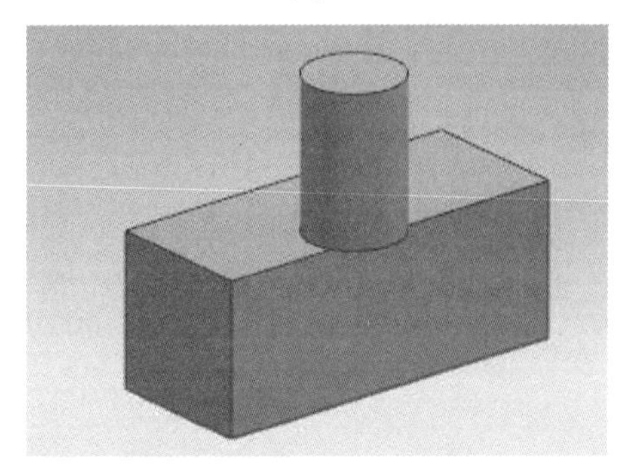

图 5-15

考考您

请您根据本小节介绍的知识，创建孔特征与凸台特征，测试一下您的学习效果。

5.3　腔 体 特 征

腔体特征操作是指用一定的形状在实体中去除材料。腔体类型有 3 种，分别为圆柱形、矩形和常规。本节将详细介绍腔体特征的相关知识及操作方法。

↑ 扫码看视频

5.3.1 腔体特征介绍

选择【菜单】→【插入】→【设计特征】→【腔(原有)】菜单项(该命令可以在【命令查找器】中搜索找到)，系统即可弹出【腔】对话框，如图 5-16 所示。腔体特征包括 3 种类型：【圆柱形】、【矩形】和【常规】。

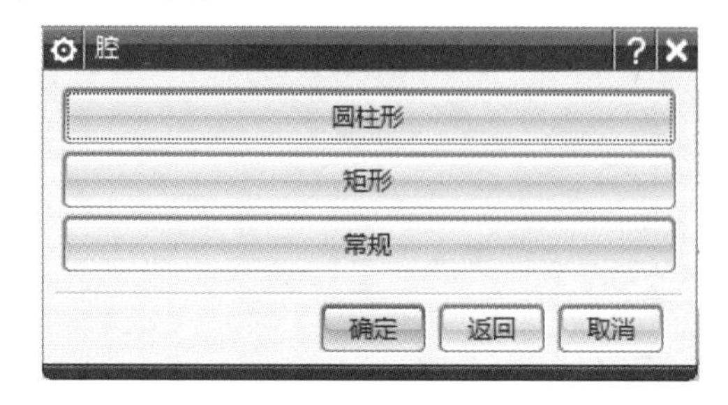

图 5-16

5.3.2 圆柱形腔体

第 1 步 在【腔】对话框中单击【圆柱形】按钮，如图 5-17 所示。

第 2 步 弹出【圆柱腔】对话框，在绘图区中选择目标体上的放置面，如图 5-18 所示。

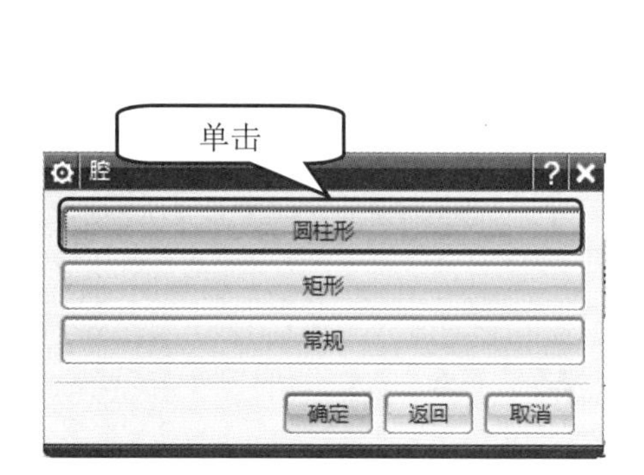

图 5-17

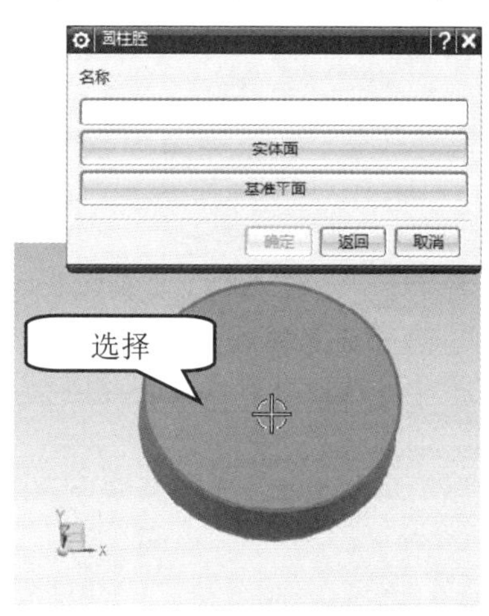

图 5-18

第 3 步 在【圆柱腔】对话框中，*1.* 分别设置【腔直径】、【深度】、【底面半径】和【锥角】等参数值，*2.* 单击【确定】按钮，如图 5-19 所示。

第 4 步 弹出【定位】对话框，*1.* 选择一种定位方式，如垂直定位，*2.* 单击【确定】按钮，如图 5-20 所示。

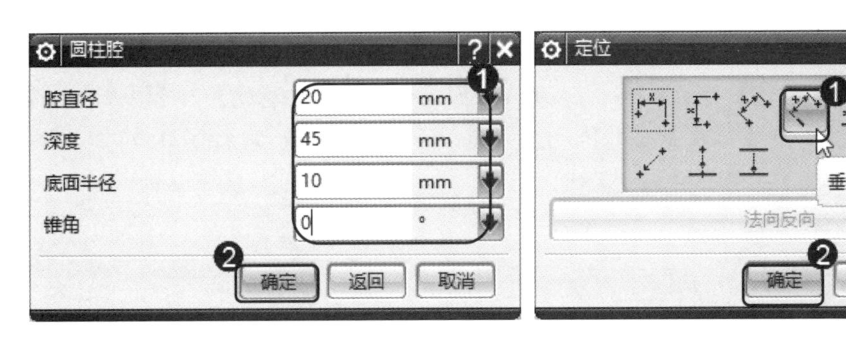

图 5-19　　　　图 5-20

第 5 步 通过以上操作步骤即可完成创建圆柱形腔体的操作，效果如图 5-21 所示。

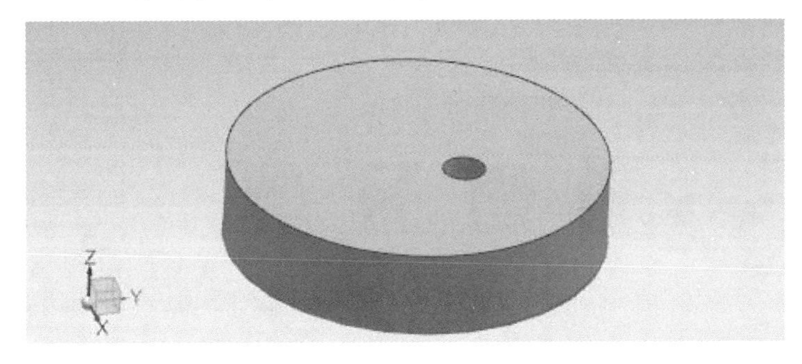

图 5-21

5.3.3　矩形腔体

矩形腔体的操作方法与圆柱形腔体的操作类似，但是矩形腔体参数设置与圆柱形腔体的不一样，下面详细介绍创建矩形腔体的操作方法。

第 1 步 首先需要创建一个拉伸特征，并打开【腔】对话框，单击【矩形】按钮，如图 5-22 所示。

第 2 步 弹出【矩形腔】对话框，在绘图区中选择目标体上的放置面，如图 5-23 所示。

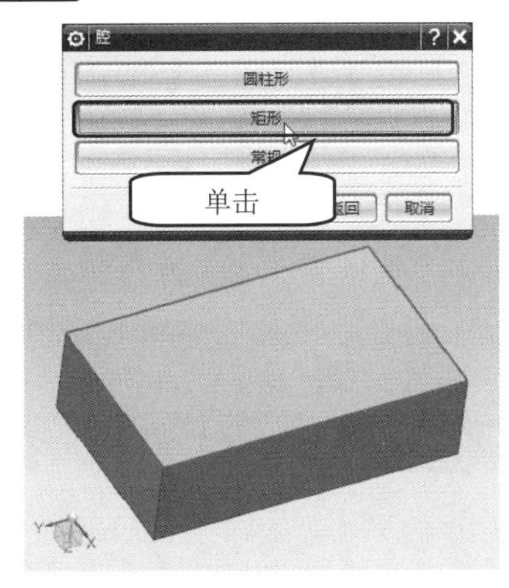

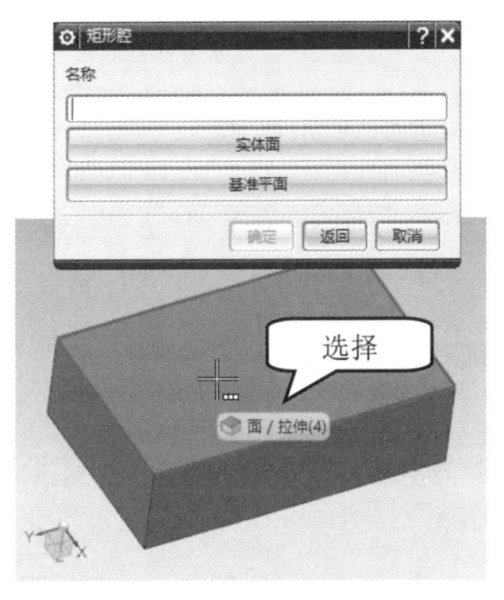

图 5-22　　　　图 5-23

第 3 步 弹出【水平参考】对话框，在绘图区中选择水平参考面，如图 5-24 所示。

第 4 步 在【矩形腔】对话框中，*1.* 分别设置【长度】、【宽度】、【深度】、【角半径】、【底面半径】和【锥角】参数值，*2.* 单击【确定】按钮，如图 5-25 所示。

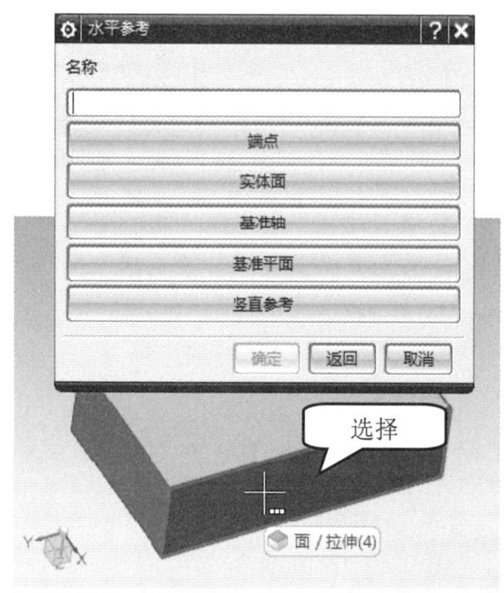

图 5-24

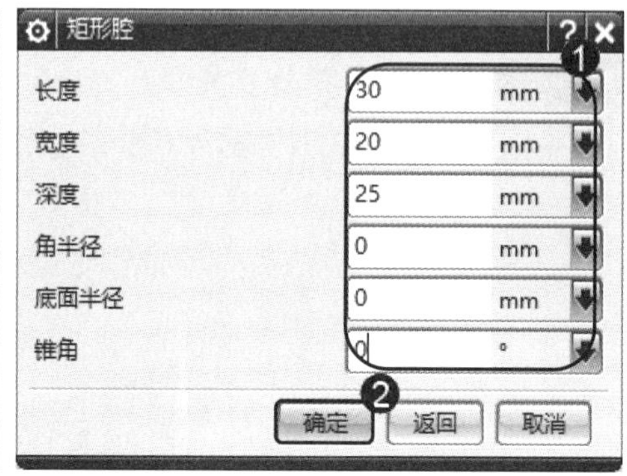

图 5-25

第 5 步 弹出【定位】对话框，*1.* 选择一种定位方式，如水平定位，*2.* 单击【确定】按钮，如图 5-26 所示。

第 6 步 通过以上操作步骤即可完成创建矩形腔体的操作，效果如图 5-27 所示。

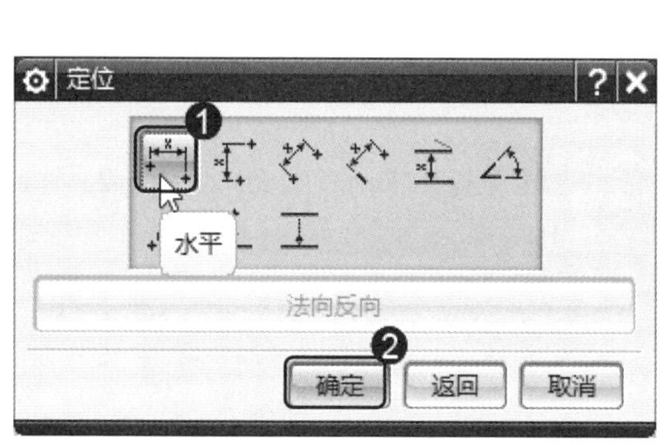

图 5-26

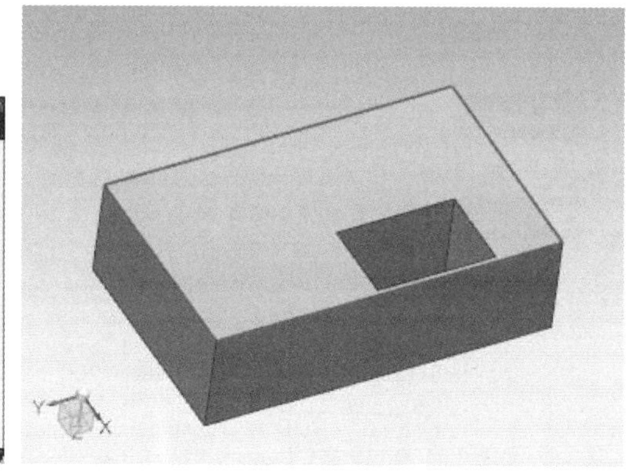

图 5-27

5.3.4 常规腔体

常规腔体在尺寸和位置方面比圆柱形腔体和矩形腔体具有更多的灵活性。【常规腔】对话框如图 5-28 所示。

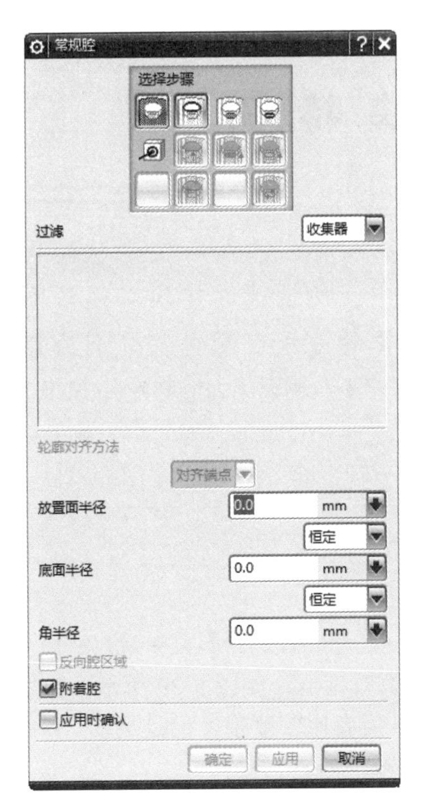

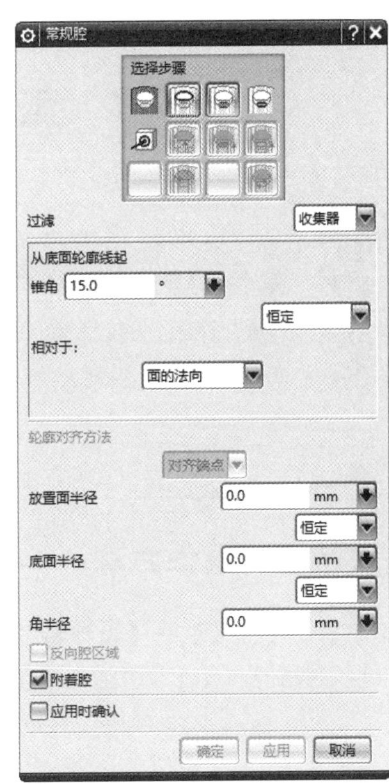

图 5-28

下面详细介绍【常规腔】对话框中的主要参数内容。

(1) 【放置面】按钮。选择腔体的放置面。放置面可以是平面也可以是曲面。

(2) 【放置面轮廓】按钮。选择放置面的轮廓曲线(即腔体的上部分轮廓线)。

(3) 【底面】按钮。指定腔体的底部面或指定从放置面偏置或平移。

(4) 【底面轮廓曲线】按钮。选择底面轮廓曲线或从放置面的轮廓曲线上投影。

(5) 【目标体】按钮。选择可选的目标体(即腔体所依附的实体)。

(6) 【锥角】选项。确定锥角的角度和拔锥方式，有三种拔锥方式：【恒定】、【规律控制】和【根据轮廓曲线】。

① 恒定。通过固定角度拔锥。

② 规律控制。通过放置面轮廓线和底面轮廓线确定拔锥角度。

③ 根据轮廓曲线。通过轮廓曲线确定拔锥角度。

(7) 【轮廓对齐方法】。指定放置面上轮廓线和底面轮廓线相应点对齐。

(8) 【放置面半径】。指定腔体与放置面的倒角半径。

(9) 【底面半径】。指定腔体与底部面的倒角半径。

(10) 【角半径】。指定腔体侧面拐角处的倒角半径。

考考您

请您根据本小节介绍的知识创建腔体特征，测试一下您的学习效果。

5.4 垫块特征

垫块特征操作是指在实体上添加一定形状的材料。在执行【垫块】命令的过程中，所创建的垫块必须依附一个已存在的实体。创建垫块特征的方式有两种，分别为矩形垫块和常规垫块。本节将详细介绍垫块特征的相关知识及操作方法。

↑ 扫码看视频

5.4.1 垫块特征的操作方法

选择【菜单】→【插入】→【设计特征】→【垫块(原有)】菜单项(该命令可以在【命令查找器】中搜索找到)，系统即可弹出【垫块】对话框，如图 5-29 所示。垫块分为两类，矩形垫块和常规垫块，前者比较简单，有规则，后者比较复杂，但是灵活。

图 5-29

在【垫块】对话框中，首先需要选择垫块的类型——【矩形】或【常规】，然后选择放置平面或基准面，输入垫块参数，最后选择定位方式即可定位垫块。

5.4.2 矩形垫块

选择矩形垫块、选定放置平面及水平参考面后，系统即可弹出图 5-30 所示的【矩形垫块】对话框，在该对话框内可定义一个有指定长度、宽度和高度，在拐角处有指定半径，具有直面或斜面的垫块。

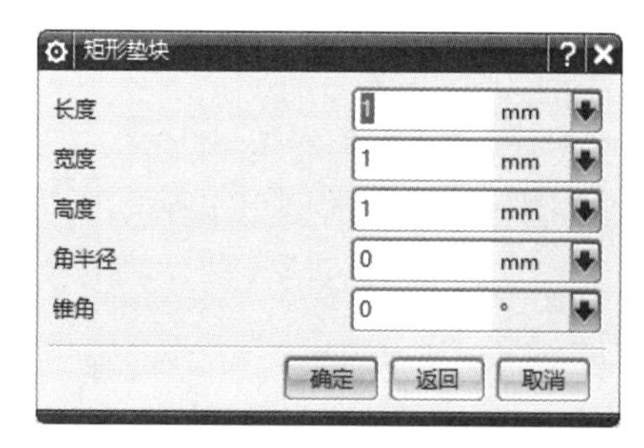

图 5-30

下面详细介绍【矩形垫块】对话框中的选项。

(1) 长度。输入垫块的长度。

(2) 宽度。输入垫块的宽度。

(3) 高度。输入垫块的高度。

(4) 角半径。输入垫块竖直边的圆角半径。

(5) 锥角。输入垫块四壁向里倾斜的角度。

智慧锦囊

需要注意的是：【角半径】不能小于 0，并且必须小于垫块高的一半。

5.4.3 常规垫块

常规垫块比起矩形垫块来说具有更大的灵活性，但比较复杂，主要表现在形状控制和安放表面。常规垫块特征的顶面曲线可以自己定义，安放表面可以是曲面。下面详细介绍创建常规垫块的过程。

第 1 步 在【垫块】对话框中单击【常规】按钮后，弹出【常规垫块】对话框，单击【放置面】按钮，以选择安放表面，可以是多个，如图 5-31 所示。

第 2 步 单击【放置面轮廓】按钮，以选择安放表面的外轮廓，可以由多条曲线组成，此时的【常规垫块】对话框如图 5-32 所示。

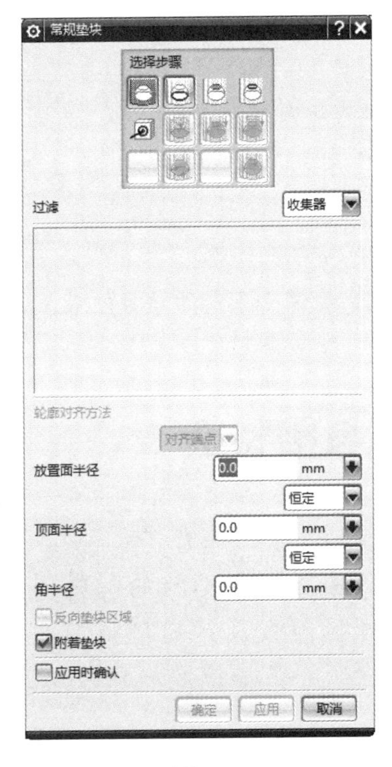

图 5-31

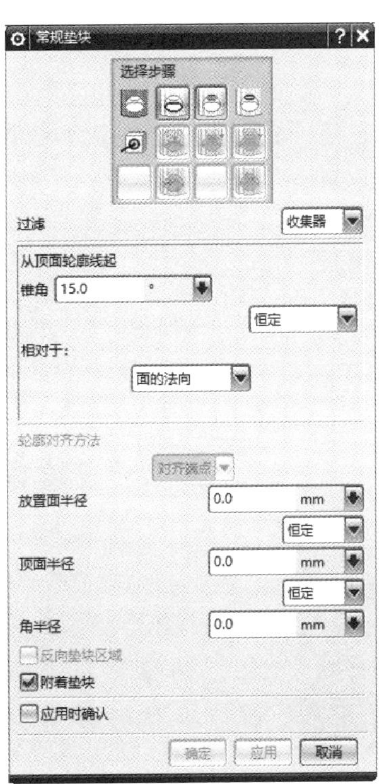

图 5-32

第 3 步 单击【顶面】按钮，以选择顶部表面，此时的【常规垫块】对话框如图 5-33 所示。

第 4 步 单击【顶部轮廓曲线】按钮，以选择顶部表面的外形轮廓，此时的【常规垫块】对话框如图 5-34 所示。

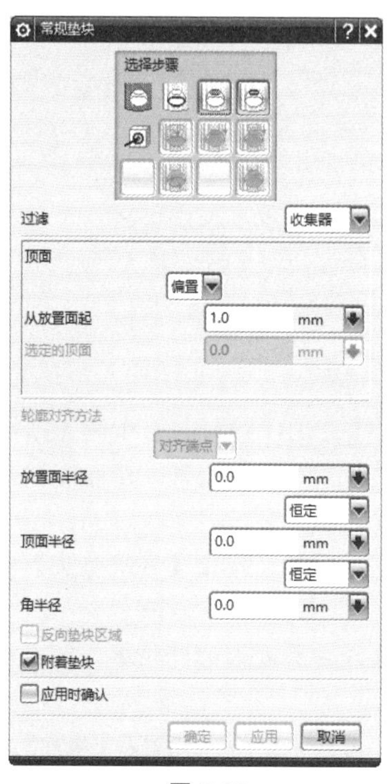

图 5-33

图 5-34

这时【放置面轮廓线投影矢量】按钮也会由灰色变为亮色，单击它，选择安放表面投影矢量，并设置各个参数半径，然后单击【应用】按钮，即可创建垫块。

考考您

请您根据本小节介绍的知识，创建垫块特征，测试一下您的学习效果。

5.5 键槽特征与槽特征

键槽是指在实体上通过去除一定形状的材料创建槽形特征，而槽特征是专门应用于圆柱或圆锥的特征功能。本节将详细介绍键槽特征与槽特征的相关知识及操作方法。

↑ 扫码看视频

5.5.1　键槽特征的创建与操作

键槽特征包括 5 种类型，分别为矩形槽、球形端槽、U 形槽、T 形槽和燕尾槽，所有类型键槽的深度值都是垂直于安放平面测量的。键槽特征的执行方法为：选择【菜单】→【插入】→【设计特征】→【键槽(原有)】菜单项(该命令可以在【命令查找器】中搜索找到)，系统即可弹出【槽】对话框，如图 5-35 所示。

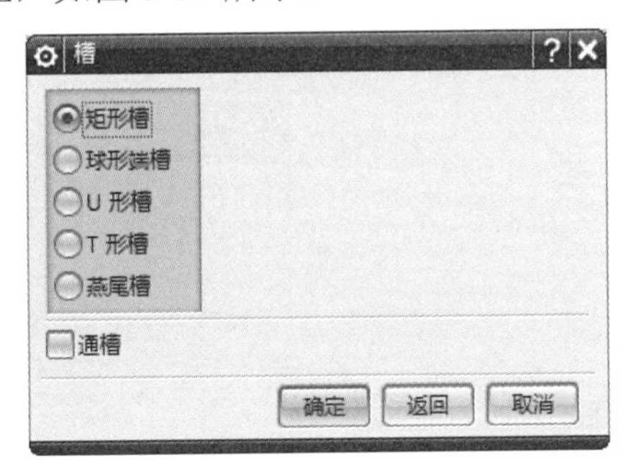

图 5-35

智慧锦囊

由于键槽只能建立在实体平面上，因此，当在非平面的实体上建立键槽特征时，必须首先建立基准面。

打开【槽】对话框后，用户即可选择一种键槽类型进行键槽特征的操作，下面将分别详细介绍这几种类型键槽的相关知识。

1. 矩形槽

选中【矩形槽】单选按钮且选定放置平面及水平参考面后，系统即可弹出图 5-36 所示的【矩形槽】对话框，其实例如图 5-37 所示。

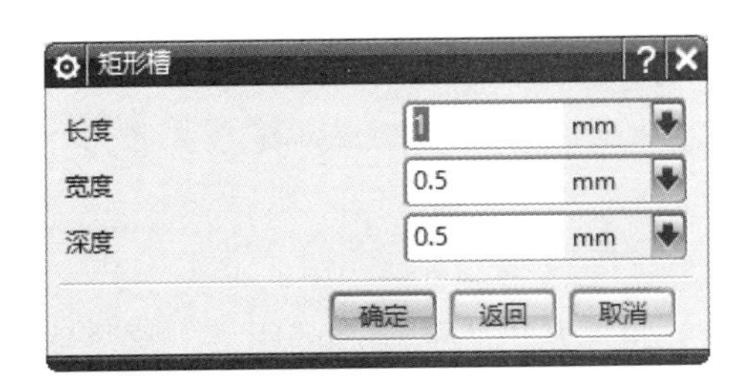

图 5-36

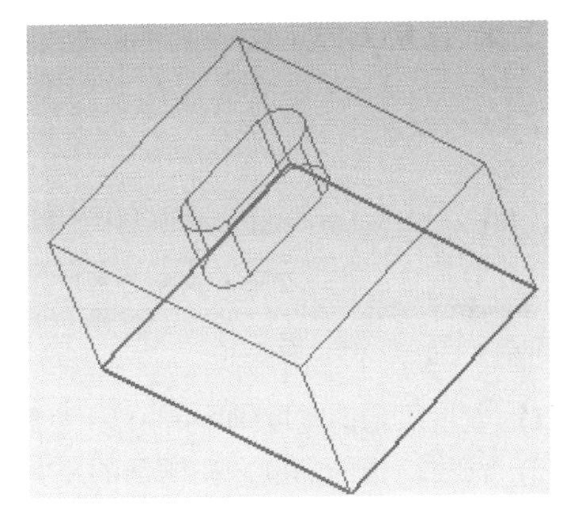

图 5-37

(1)　长度。槽的长度，按照平行于水平参考的方向测量，此值必须是正的。

(2) 宽度。槽的宽度值。

(3) 深度。槽的深度，按照和槽的轴相反的方向测量，是从原点到槽底面的距离，此值必须是正的。

2. 球形端槽

选中【球形端槽】单选按钮，且选定放置平面及水平参考面后，弹出图 5-38 所示的【球形槽】对话框，设置【球直径】、【深度】、【长度】的值，此时生成一个有完整半径底面和拐角的槽，其实例如图 5-39 所示。

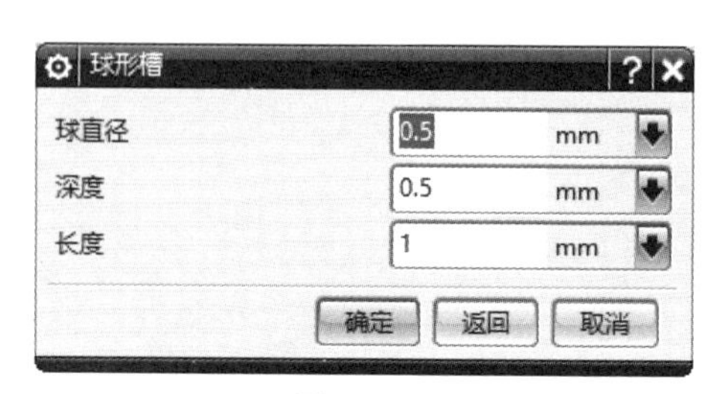

图 5-38

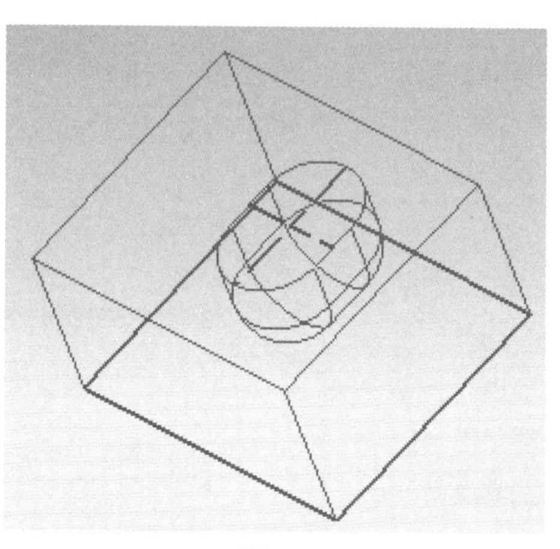

图 5-39

3. U 形键槽

选中【U 形槽】单选按钮，且选定放置平面及水平参考面后，系统会弹出图 5-40 所示的【U 形键槽】对话框，设置【宽度】、【深度】、【角半径】、【长度】等相关参数，即生成 U 形键槽，其实例如图 5-41 所示。

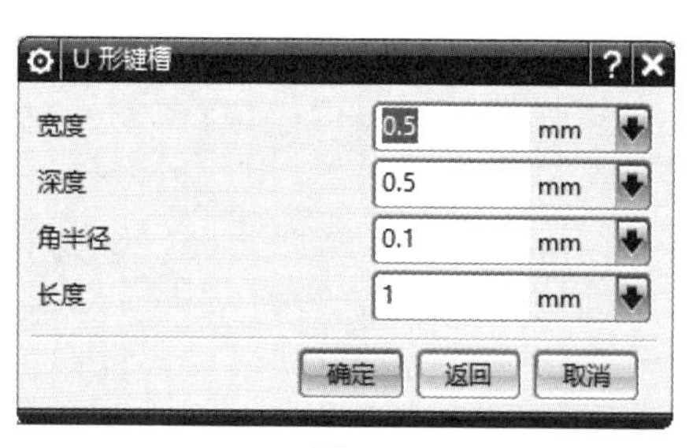

图 5-40

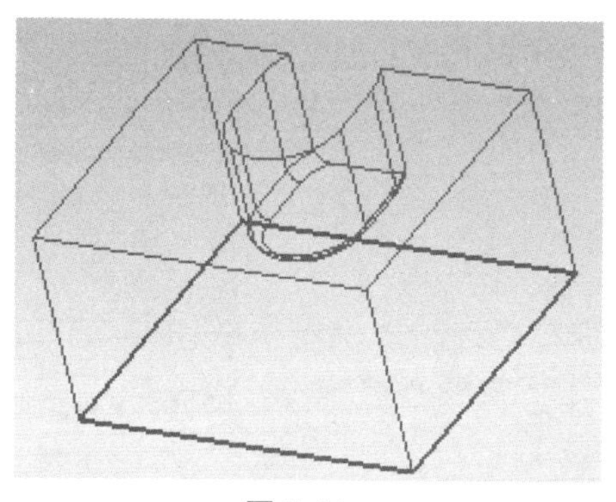

图 5-41

(1) 宽度。槽的宽度(即切削工具的直径)。

(2) 深度。槽的深度，在槽轴的反方向测量，也即从原点到槽底的距离，这个值必须为正。

(3) 角半径。槽的底面半径(即切削工具边半径)。

(4) 长度。槽的长度，在平行于水平参考的方向上测量，这个值必须为正。

4. T 形槽

选中【T 形槽】单选按钮，且选定放置平面及水平参考面后，系统即可弹出图 5-42 所示的【T 形槽】对话框。使用该选项能够生成横截面为倒 T 字形的槽，如图 5-43 所示。

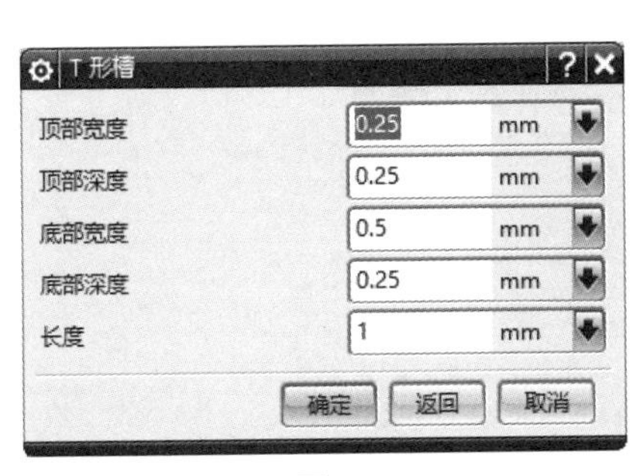

图 5-42

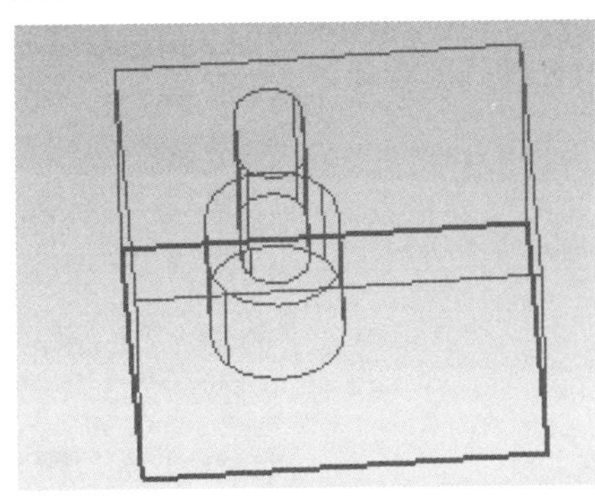

图 5-43

(1) 顶部宽度。槽的较窄的上部宽度。

(2) 顶部深度。槽顶部的深度，在槽轴的反方向上测量，即从槽原点到底部深度值顶端的距离。

(3) 底部宽度。槽较宽的下部宽度。

(4) 底部深度。槽底部的深度，在刀轴的反方向上测量，即从顶部深度值的底部到槽底的距离。

(5) 长度。槽的长度，在平行于水平参考的方向上测量，这个值必须为正。

5. 燕尾槽

选中【燕尾槽】单选按钮，且选定放置平面及水平参考面后，弹出图 5-44 所示的【燕尾槽】对话框。设置相关参数即生成“燕尾”形的槽，该槽留下尖锐的角和有角度的壁，如图 5-45 所示。

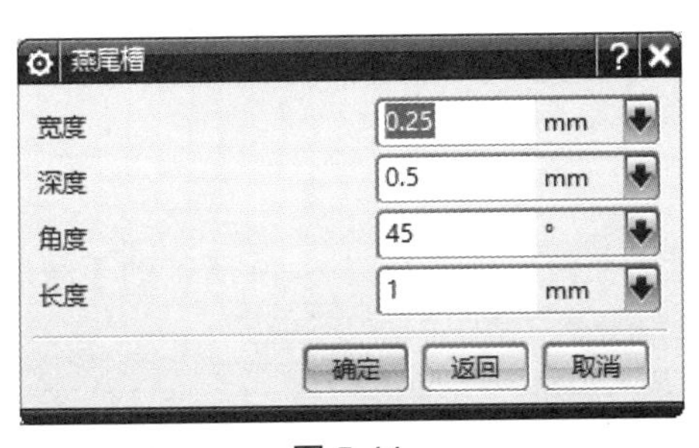

图 5-44

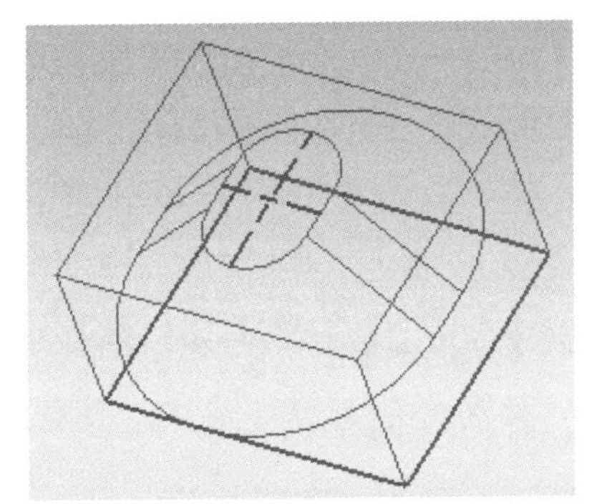

图 5-45

(1) 宽度。实体表面上槽的开口宽度，在垂直于槽路径的方向上测量，以槽的原点为中心。

(2) 深度。槽的深度，在刀轴的反方向测量，也即从原点到槽底的距离。

(3) 角度。槽底面与侧壁的夹角。

(4) 长度。槽的长度，在平行于水平参考的方向上测量，这个值必须为正。

5.5.2 槽特征的创建与操作

槽特征仅用于圆柱形或圆锥形表面上，旋转轴是旋转表面的轴。选择【菜单】→【插入】→【设计特征】→【槽】菜单项，系统即可弹出【槽】对话框，如图 5-46 所示。

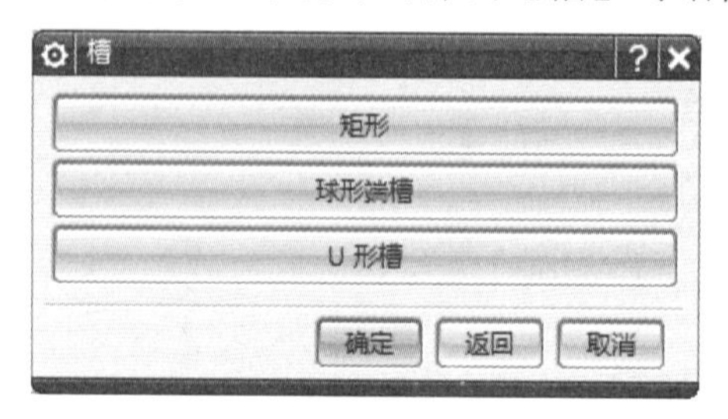

图 5-46

在【槽】对话框中，可以看到槽有 3 种类型，分别为【矩形】、【球形端槽】和【U 形槽】。下面分别详细介绍这 3 种槽类型。

1. 矩形

矩形槽用于在一个已创建的实体上建立一个截面为矩形的槽。单击【矩形】按钮后，再选定放置平面，系统会弹出图 5-47 所示的【矩形槽】对话框，设置相关参数即可生成一个周围为尖角的槽，如图 5-48 所示。

图 5-47

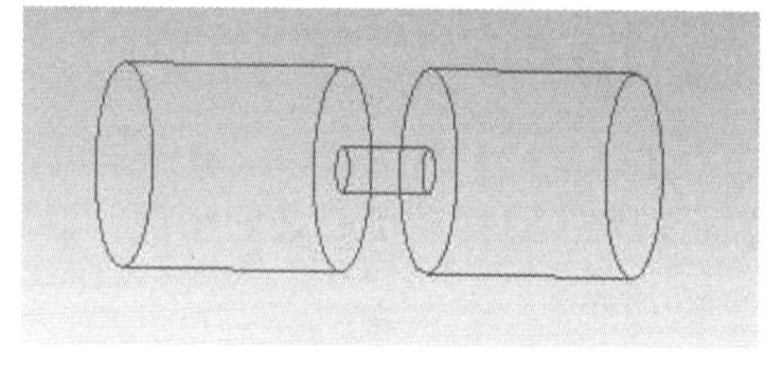

图 5-48

(1) 槽直径。生成外部槽时，指定槽的内径；生成内部槽时，指定槽的外径。

(2) 宽度。槽的宽度，沿选定面的轴向测量。

2. 球形端槽

单击【球形端槽】按钮后，再选定放置平面，系统即可弹出图 5-49 所示的【球形端槽】对话框，设置相关参数即可生成底部有完整半径的槽，如图 5-50 所示。

图 5-49

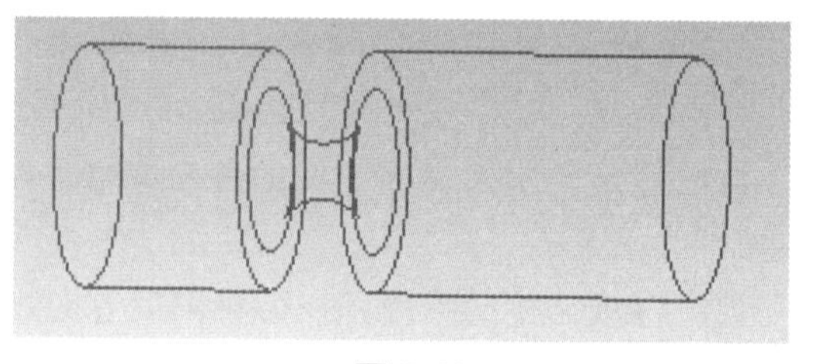

图 5-50

(1) 槽直径。生成外部槽时，指定槽的内径；生成内部槽时，指定槽的外径。
(2) 球直径。槽的宽度。

3. U 形槽

单击【U 形槽】按钮后，再选定放置平面，系统即可弹出图 5-51 所示的【U 形槽】对话框，设置相关参数即可生成在拐角有半径的槽，如图 5-52 所示。

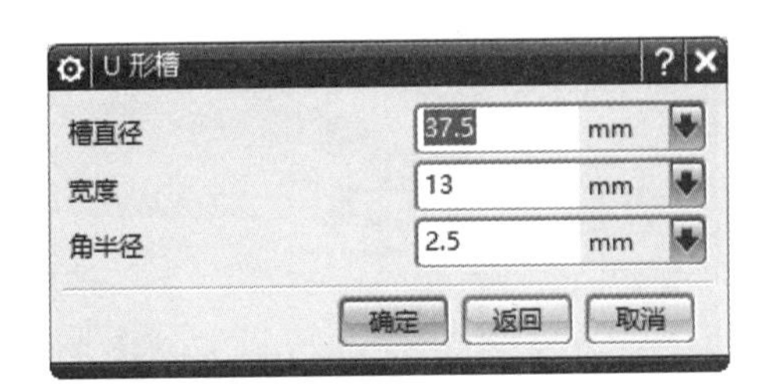

图 5-51

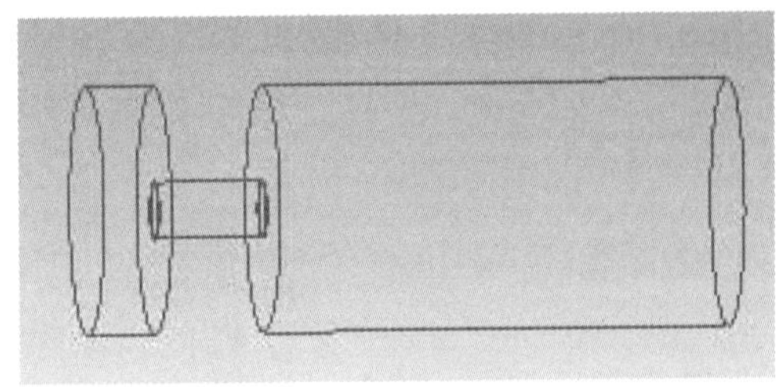

图 5-52

(1) 槽直径。生成外部槽时，指定槽的内部直径；生成内部槽时，指定槽的外部直径。
(2) 宽度。槽的宽度，沿选择面的轴向测量。
(3) 角半径。槽的内部圆角半径。

考考您

请您根据本小节介绍的知识，创建键槽以及槽特征，测试一下您的学习效果。

5.6　实践案例与上机指导

通过本章的学习，读者基本可以掌握特征设计的基本知识以及一些常见的操作方法，下面通过练习操作，以达到巩固学习、拓展提高的目的。

↑扫码看视频

5.6.1　创建螺纹孔特征

本例通过学习创建螺纹孔特征的操作方法，充分巩固掌握孔特征的相关知识。下面详细介绍创建螺纹孔特征的操作方法。

素材保存路径：配套素材\第 5 章
素材文件名称：kongsucai1.prt、luowenkong.prt

第 1 步 启动 UG NX 软件，打开素材文件 “kongsucai1.prt” ，可以看到已经创建了一个拉伸特征，如图 5-53 所示。

第 2 步 选择【菜单】→【插入】→【设计特征】→【孔】菜单项，如图 5-54 所示。

图 5-53

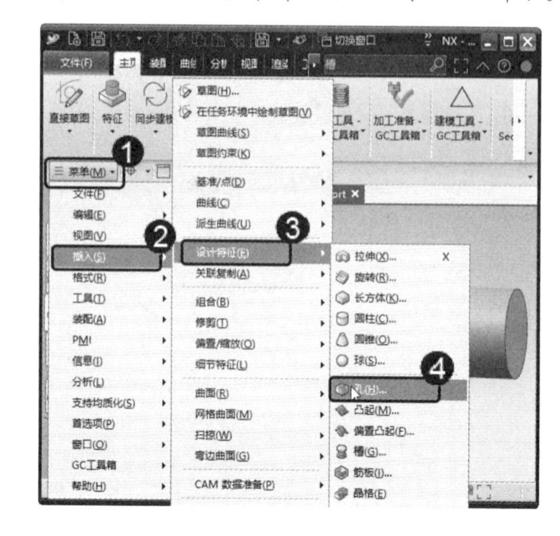

图 5-54

第 3 步 弹出【孔】对话框，**1.** 在【类型】下拉列表框中选择【螺纹孔】选项，**2.** 在绘图区中指定孔位置，**3.** 选择孔方向，如选择【垂直于面】选项，**4.** 设置孔的形状和尺寸参数，**5.** 单击【确定】按钮，如图 5-55 所示。

第 4 步 通过上述操作即可完成创建螺纹孔的操作，效果如图 5-56 所示。

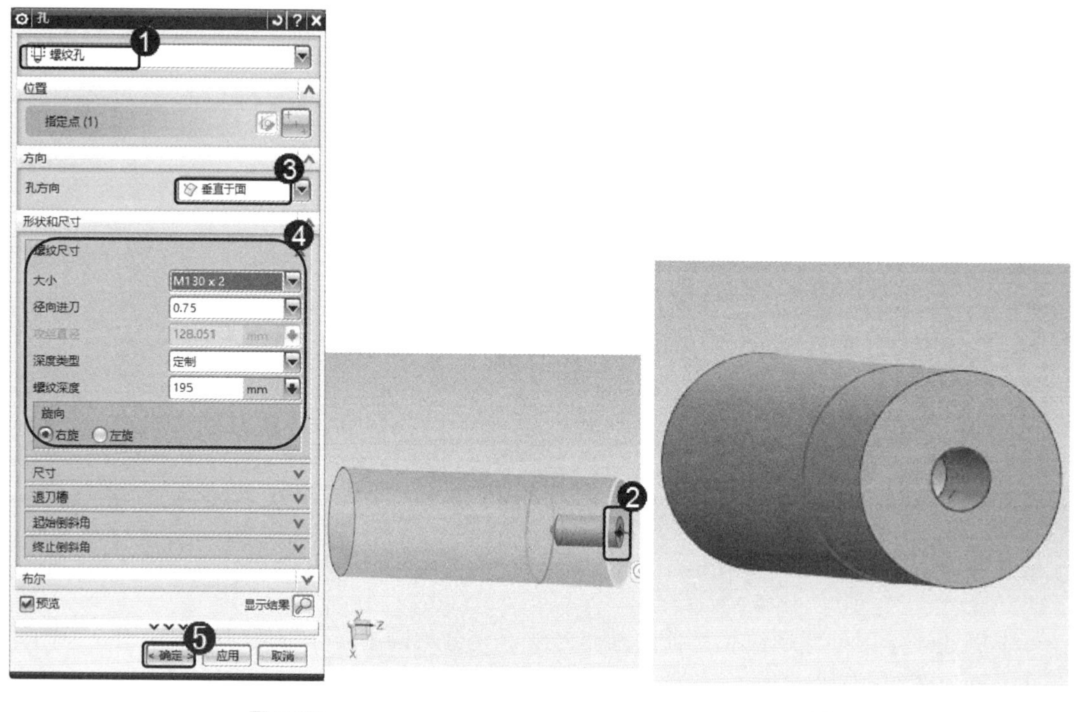

图 5-55

图 5-56

5.6.2　创建矩形垫块实例

本例通过学习创建矩形垫块的操作方法，充分巩固掌握垫块特征的相关知识。下面详细介绍创建矩形垫块的操作方法。

素材保存路径：配套素材\第 5 章
素材文件名称：diankuaisucai.prt、juxingdiankuai.prt

第 1 步 启动 UG NX 软件，打开素材文件"diankuaisucai.prt"，1. 在【命令查找器】文本框中输入"垫块"，2. 单击【搜索】按钮，如图 5-57 所示。

第 2 步 打开【命令查找器】对话框，显示搜索的结果页面，选择【垫块(原有)】选项，如图 5-58 所示。

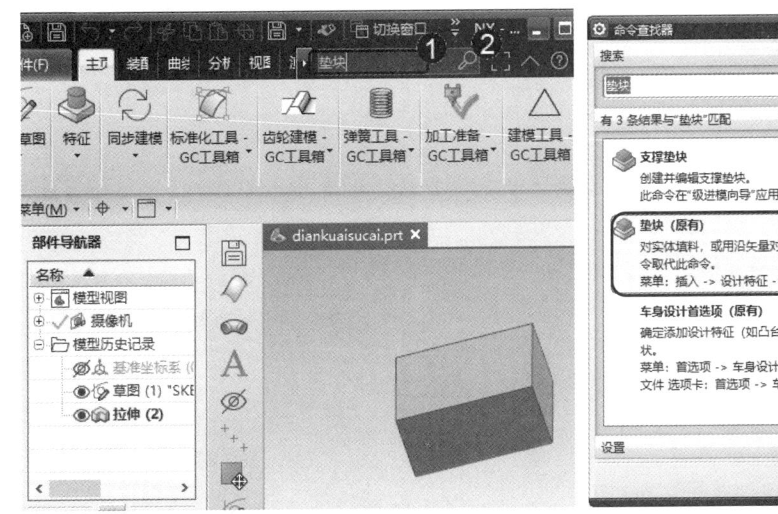

图 5-57

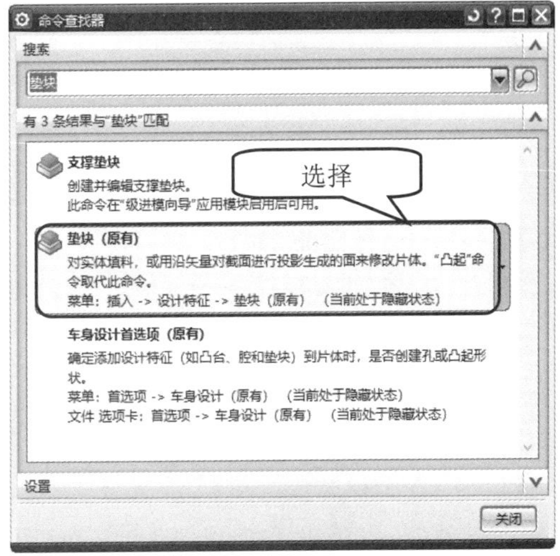

图 5-58

第 3 步 弹出【垫块】对话框，单击【矩形】按钮，如图 5-59 所示。

第 4 步 弹出【矩形垫块】对话框，在绘图区中选择目标体上的放置面，如图 5-60 所示。

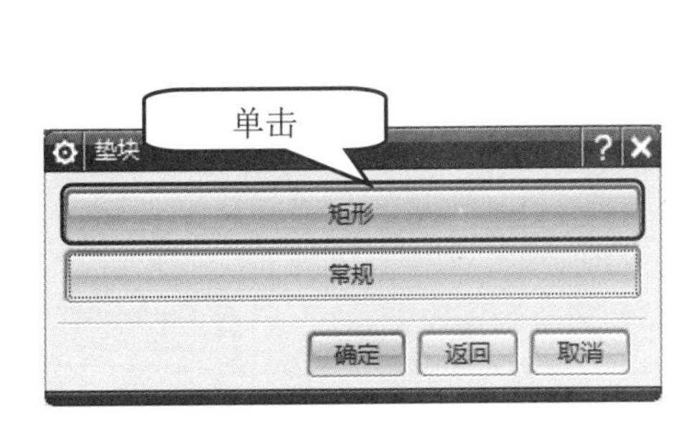

图 5-59

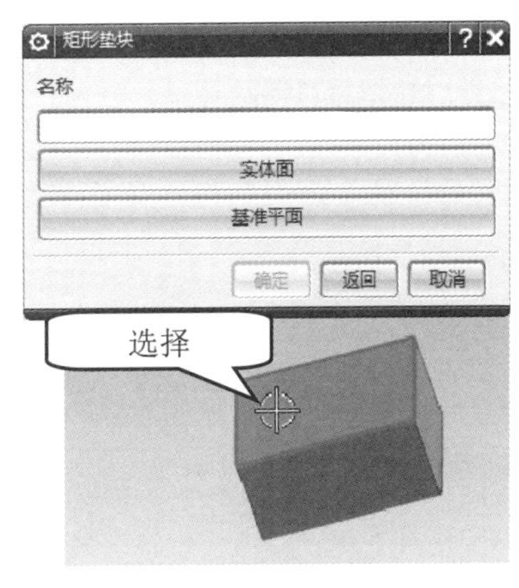

图 5-60

第 5 步　弹出【水平参考】对话框，在绘图区中选择水平参考面，如图 5-61 所示。

第 6 步　在【矩形垫块】对话框中，1. 分别设置【长度】、【宽度】、【高度】、【角半径】和【锥角】的参数值，2. 单击【确定】按钮，如图 5-62 所示。

图 5-61

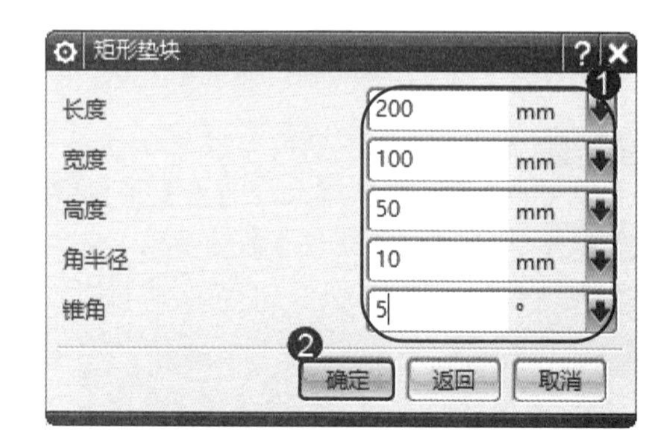

图 5-62

第 7 步　弹出【定位】对话框，1. 选择一种定位方式，如选择垂直方式，2. 单击【确定】按钮，如图 5-63 所示。

第 8 步　通过以上操作步骤即可完成创建矩形垫块的操作，效果如图 5-64 所示。

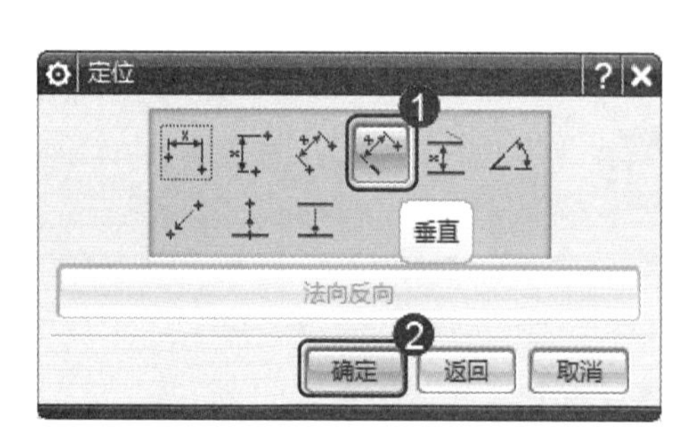

图 5-63

图 5-64

5.6.3　缩放体实例

使用【缩放体】命令可以在工作坐标系(WCS)中按比例缩放实体和片体，可以使用均匀比例，也可以在 XC、YC 和 ZC 方向上独立地调整比例。下面详细介绍缩放体的操作方法。

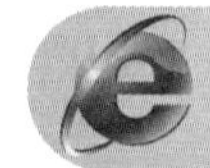

素材保存路径：配套素材\第 5 章

素材文件名称：suofang.prt、suofangxiaoguo.prt

第 1 步　启动 UG NX 软件，打开素材文件“suofang.prt”，可以看到已经创建了一个模型特征，如图 5-65 所示。

第 2 步　选择【菜单】→【插入】→【偏置/缩放】→【缩放体】菜单项，如图 5-66

所示。

图 5-65

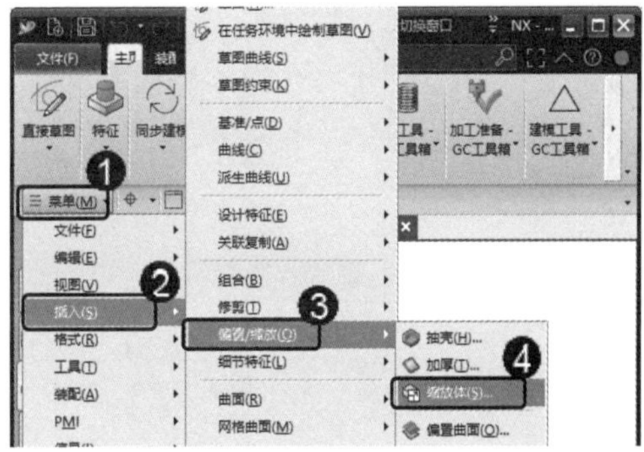

图 5-66

第 3 步 弹出【缩放体】对话框，在【类型】下拉列表框中选择【均匀】选项，如图 5-67 所示。

第 4 步 选择图 5-68 所示的缩放体对象。

图 5-67

图 5-68

第 5 步 单击【点对话框】按钮，如图 5-69 所示。

第 6 步 弹出【点】对话框，选择图 5-70 所示的参考点。

图 5-69

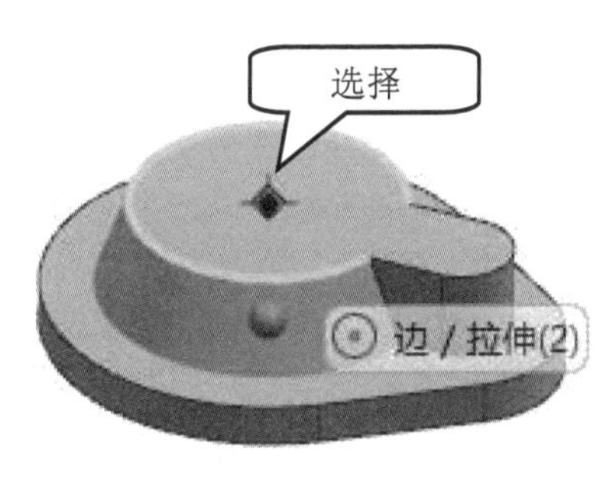

图 5-70

第 7 步 返回到【缩放体】对话框中，**1.** 在【均匀】文本框中输入比例数值 0.5，**2.** 单击【应用】按钮，如图 5-71 所示。

第 8 步 通过以上步骤即可完成缩放体的操作，效果如图 5-72 所示。

图 5-71

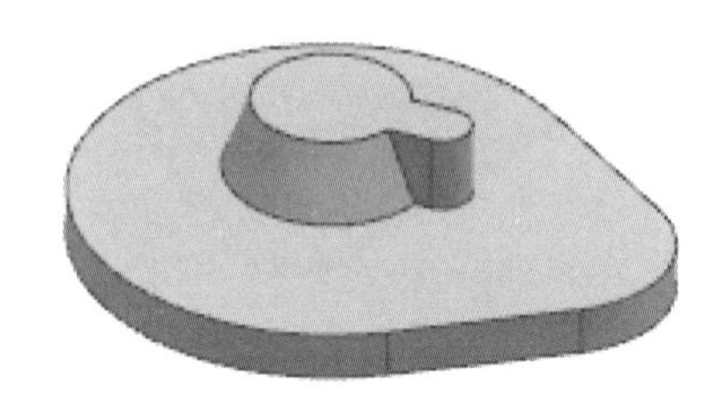

图 5-72

5.7 思考与练习

通过本章的学习，读者基本可以掌握特征设计的基本知识以及一些常见的操作方法，下面通过练习几道习题，以达到巩固与提高的目的。

一、填空题

1. 创建槽特征仅用于__________或圆锥形表面上，旋转轴是旋转表面的轴。

2. 键槽特征包括 5 种类型，分别为________、球形端槽、__________、T 形槽和燕尾槽，所有类型的深度值都是垂直于安放平面测量的。

二、判断题

1. 所有特征都需要一个安放平面，对于沟键槽来说，其安放平面必须为圆柱或圆锥面，而对于其他形式的大多数特征(除垫块和通用腔外)，其安放面必须是平面。 (　　)

2. 矩形腔体在尺寸和位置方面比圆柱形腔体和常规腔体具有更多的灵活性。 (　　)

3. 常规垫块比起矩形垫块具有更大的灵活性，比较复杂，主要表现在形状控制和安放表面。 (　　)

三、思考题

1. 如何创建孔特征？

2. 如何创建凸台特征？

3. 如何创建矩形腔体？

第6章

特征操作

本章要点

- 特征基础
- 关联复制
- 特征的编辑与操作

本章主要内容

本章主要介绍了特征基础方面的知识与技巧，同时讲解了关联复制的相关知识，在本章的最后还针对实际的工作需求，讲解了特征的编辑与操作的方法。通过本章的学习，读者可以掌握特征操作方面的知识，为深入学习 UG NX 中文版知识奠定基础。

6.1 特 征 基 础

特征操作用于修改各种实体模型或特征，它主要包括边特征操作、面特征操作和其他操作。本节将详细介绍特征操作的相关知识及操作方法。

↑ 扫码看视频

6.1.1 边特征操作

边特征操作包括倒斜角设计和边倒圆设计，下面将分别详细介绍这两种边特征操作的相关知识及操作方法。

1. 倒斜角

倒斜角是指通过定义要求的倒角尺寸斜切实体的边缘。选择【菜单】→【插入】→【细节特征】→【倒斜角】菜单项，系统即可弹出【倒斜角】对话框，如图 6-1 所示。

图 6-1

在【倒斜角】对话框中，系统提供了 3 种倒斜角的选项，分别为【对称】、【非对称】、【偏置和角度】，如图 6-2 所示，下面将分别予以详细介绍。

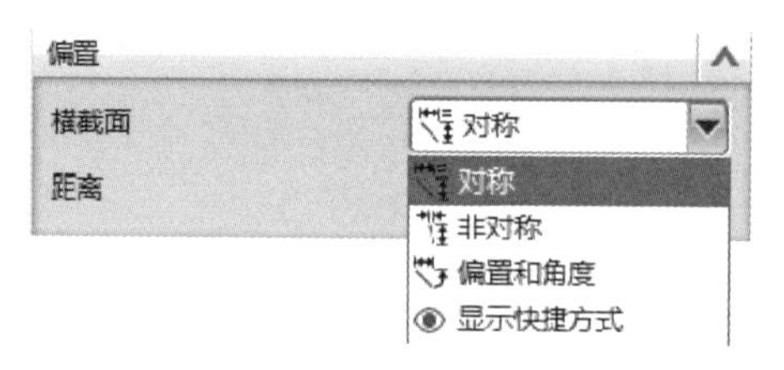

图 6-2

(1) 对称。选择此选项，建立沿两个表面的偏置量相同的倒角，如图 6-3 所示。

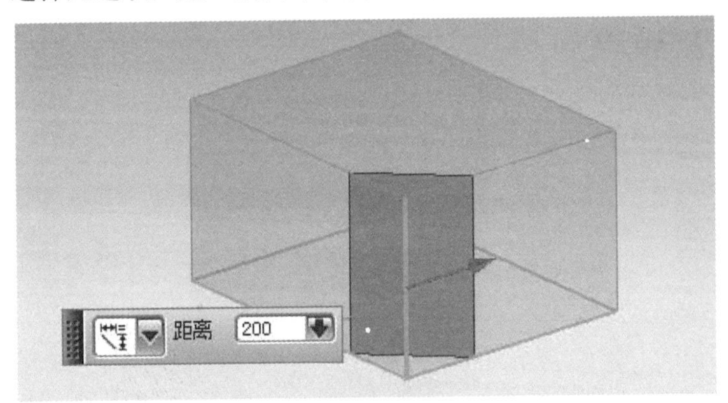

图 6-3

(2) 非对称。选择此选项，建立沿两个表面的偏置量不同的倒角，如图 6-4 所示。

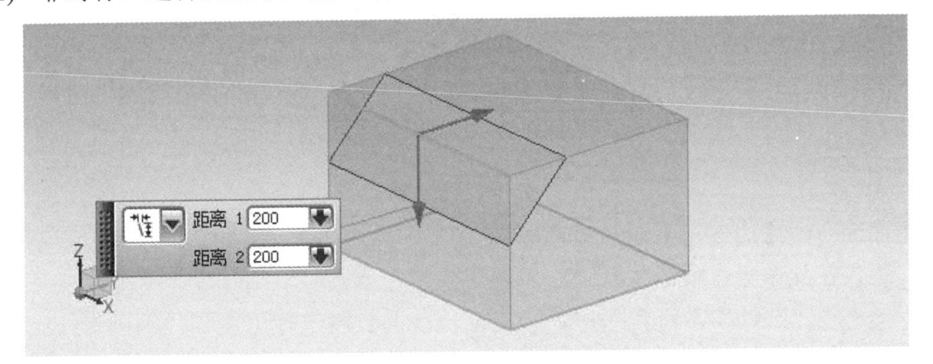

图 6-4

(3) 偏置和角度。选择此选项，建立由一个偏置值和一个角度决定的偏置，如图 6-5 所示。

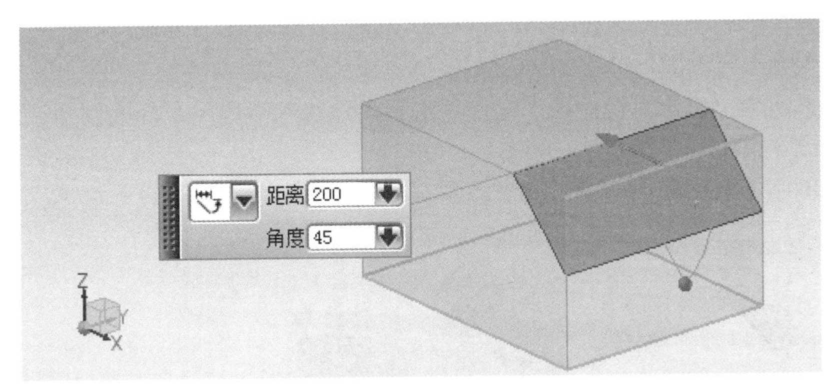

图 6-5

2. 边倒圆

边倒圆是指使选择的边缘按指定的半径进行倒圆。选择【菜单】→【插入】→【细节特征】→【边倒圆】菜单项，系统即可弹出【边倒圆】对话框，如图 6-6 所示。

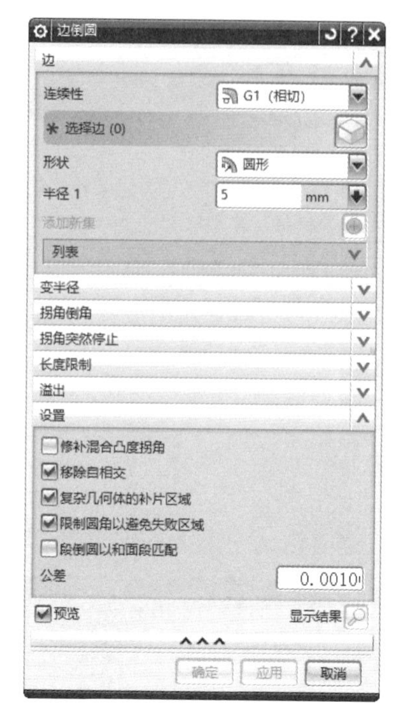

图 6-6

下面详细介绍【边倒圆】对话框中的参数。

(1) 边。在此参数选项组中，设定以恒定的半径倒圆。

(2) 变半径。在此参数选项组中，设定沿边缘的长度进行可变半径倒圆。

(3) 拐角倒角。在此参数选项组中，设定以实体的三条边的交点倒圆。

(4) 拐角突然停止。在此参数选项组中，设定对局部边缘倒圆。

(5) 长度限制。用来设置修剪对象。

(6) 溢出。用来设置滚动边等参数。

(7) 设置。可以设置移除自相交、公差等参数。

1) 恒定的半径倒圆

用户可以运用“恒定半径倒圆”功能为选择的边缘创建同一半径的圆角，选择的边可以是一条边或多条边，其操作方法如下。

在【边倒圆】对话框中选择需要倒圆的实体边缘，然后在【半径】文本框中输入圆角的半径值，最后单击【确定】按钮即可完成边倒圆的操作，效果如图 6-7 所示。

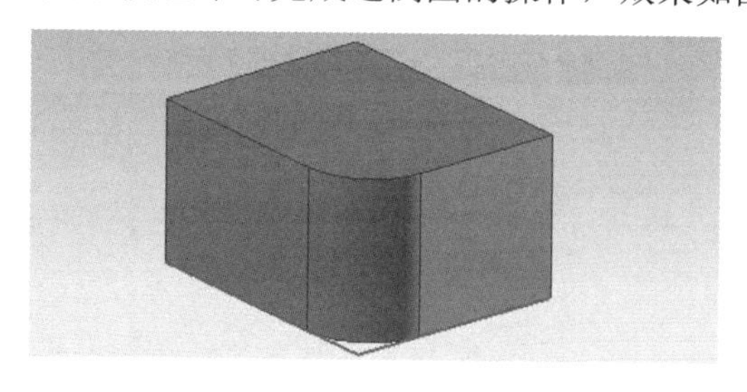

图 6-7

2)　变半径倒圆

用户可以运用“变半径”功能为选择的边缘创建不同半径的圆角，选择的边可以是一条边或者多条边，其操作方法如下。

在【边倒圆】对话框中选择需要倒圆的实体边缘，然后展开【变半径】选项组，如图 6-8 所示。在需要倒圆的实体边缘上选择不同的点，并在【V 半径】文本框中依次输入不同的半径值，最后单击【确定】按钮即可完成变半径倒圆的操作，效果如图 6-9 所示。

图 6-8

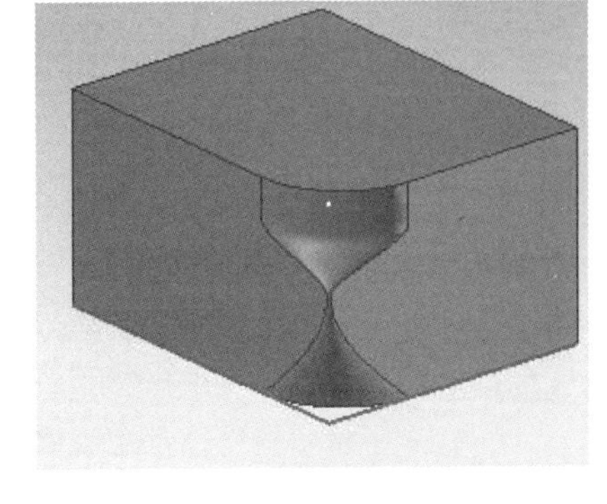

图 6-9

3)　拐角倒角

用户可以运用“拐角倒角”功能为选择的实体三条边缘相交部分创建光滑过渡的圆角。拐角倒角的操作方法如下。

在【边倒圆】对话框中选择需要倒圆的实体边缘，要选择三条相交的实体边缘。然后展开【拐角倒角】选项组，如图 6-10 所示，在绘图区中选择一个终点以指定倒角深度，并输入圆角半径值和回切距离值，最后单击【确定】按钮即可完成边缘倒圆的操作，效果如图 6-11 所示。

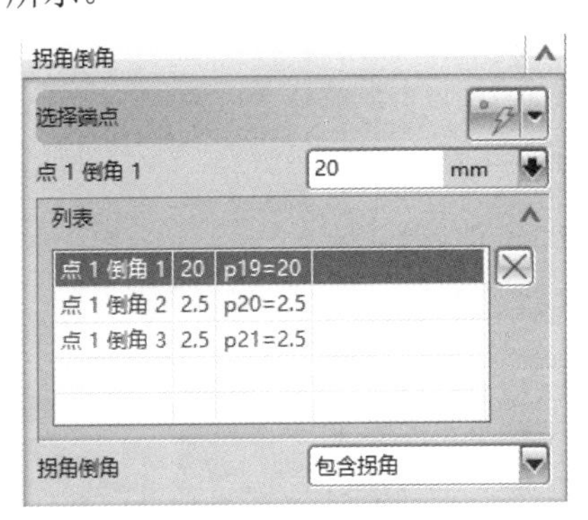

图 6-10

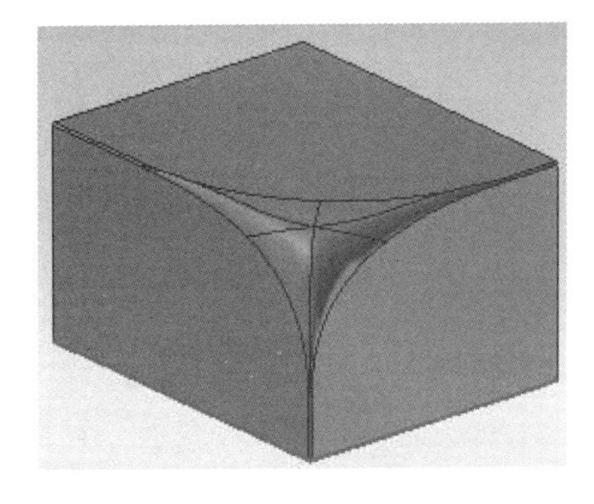

图 6-11

4)　拐角突然停止

用户可以运用“拐角突然停止”功能为选择的实体边缘的一部分创建圆角，操作方法如下。

在【边倒圆】对话框中选择需要倒圆的实体边缘，输入圆角半径值，然后展开【拐角突然停止】选项组，如图 6-12 所示。在绘图区中选择已经被选择的实体边缘上的一个顶点，并输入弧长值，最后单击【确定】按钮即可完成边缘倒圆的操作，效果如图 6-13

所示。

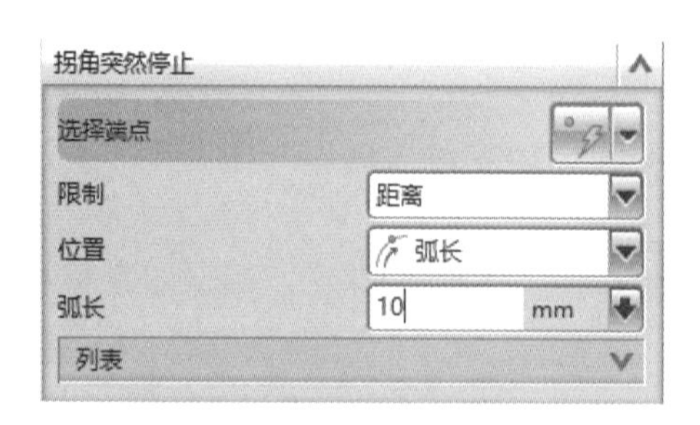

图 6-12

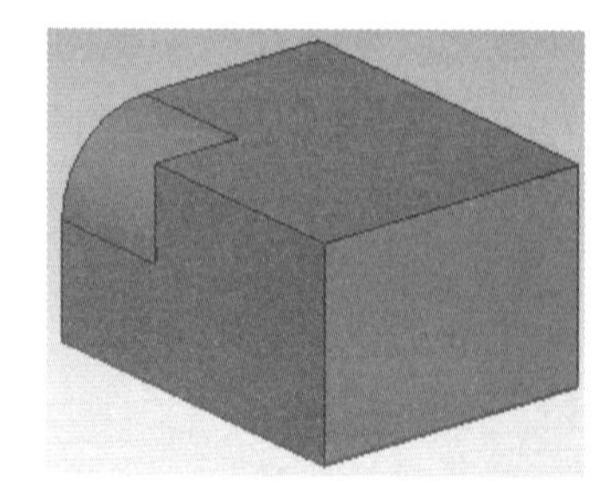

图 6-13

6.1.2 面特征操作

面特征包括面倒圆设计和抽壳，下面将分别详细介绍这两种面特征操作的相关知识及操作方法。

1. 面倒圆设计

面倒圆是在选择的两个面的相交处建立圆角。选择【菜单】→【插入】→【细节特征】→【面倒圆】菜单项，系统即可弹出【面倒圆】对话框。【面倒圆】对话框中有多种类型供选择，其中两种对应的对话框如图 6-14、图 6-15 所示。

图 6-14

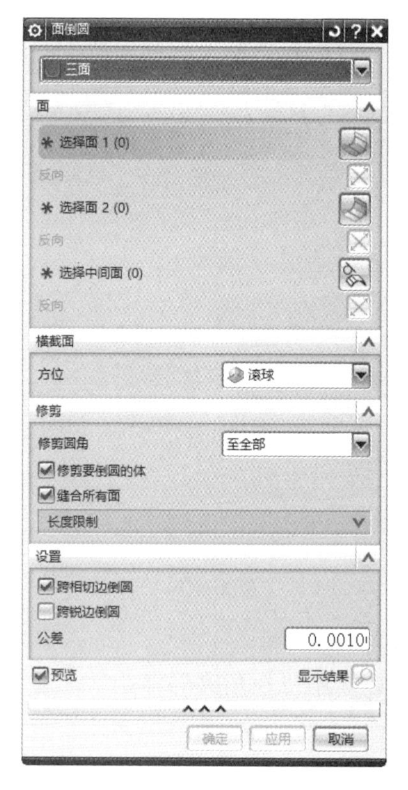

图 6-15

下面详细介绍【面倒圆】对话框中的参数设置。

(1) 类型。包括【双面】、【三面】和【特征相交边】等类型。

(2) 面。选择要倒圆的面。

(3) 横截面。规定圆的横截面为圆形或二次曲线。截面方位包括【滚球】和【扫掠圆盘】两个选项，如图 6-16 所示。

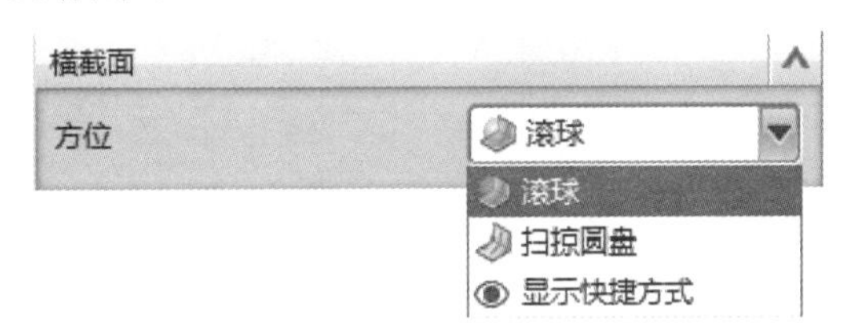

图 6-16

① 滚球。选择此项，通过一球滚动与两组输入面接触形成表面倒圆。

② 扫掠圆盘。选择此项，沿脊线扫描一横面来形成表面倒圆。

(4) 宽度限制。设置倒圆的约束和限制几何体参数。

(5) 修剪。设置倒圆的修剪和缝合参数。

(6) 设置。设置其他参数。其中，勾选【跨相切边倒圆】复选框，则为每个面链添加最少的面，然后面倒圆时系统自动选择附加的相切面。

1) 滚球面倒圆

用户可以运用“滚球”功能通过一球滚动与选择的两组面接触来形成倒圆。利用“滚球”功能对面进行倒圆的操作步骤如下。

在【面倒圆】对话框的【方位】下拉列表框中选择【滚球】选项(图 6-14)，在绘图区内选择第一组面；在【面】选项组中单击【选择面 2】按钮，在绘图区内选择第二组面；在【横截面】选项组中输入倒圆的半径值，单击【确定】按钮，即可完成面倒圆操作，如图 6-17 所示。

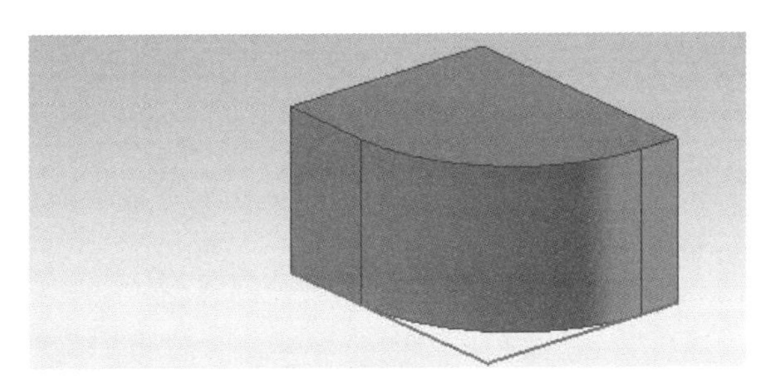

图 6-17

2) 扫掠圆盘倒圆

用户可以运用“扫掠圆盘”功能使一横截面沿一指定的脊线扫掠，生成表面圆角。利用“扫掠圆盘”功能对面进行倒圆的操作步骤如下。

在【面倒圆】对话框的【方位】下拉列表框中选择【扫掠圆盘】选项，在绘图区内选择第一组面；在【面】选项组中单击【选择面 2】按钮，在绘图区内选择第二组面；在【横截面】选项组中单击【选择脊线】后面的【曲线】按钮，在绘图区中选择脊曲线。在【半径方法】下拉列表框中选择【恒定】选项，并设置半径值，最后单击【确定】按钮，完成面倒圆操作，如图 6-18 所示。

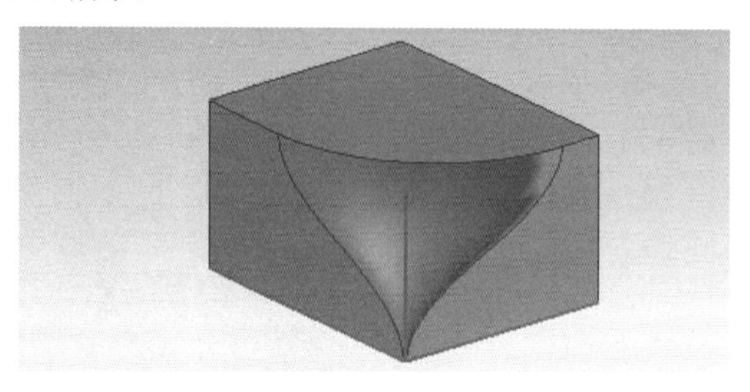

图 6-18

2. 抽壳

抽壳是指对一个实体以一定的厚度进行去除操作，生成薄壁体或绕实体建立壳体。完成的壳体的各个部分壁厚可以是相同的，也可以是不同的。选择【菜单】→【插入】→【偏置/缩放】→【抽壳】菜单项，系统即可弹出【抽壳】对话框，如图 6-19 所示。

图 6-19

1) 【抽壳】对话框中的参数

【抽壳】对话框中提供了运用“抽壳”功能进行抽壳的各种设置，包括选择类型、面，输入壁壳的厚度值等，下面详细介绍【抽壳】对话框中的选项。

(1) 类型。该选项组中有两种类型可供选择，如图 6-20 所示。

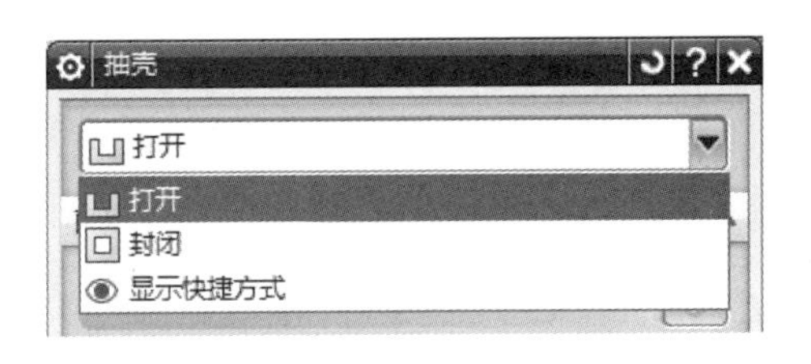

图 6-20

① 打开。选择此类型，可以指定从壳体中移除的面。

② 封闭。选择此类型，生成的壳体将是封闭壳体。

(2) 面。从要抽壳的实体中选择一个或多个面移除。

(3) 厚度。规定壳的厚度。

(4) 备选厚度。选择面调整抽壳厚度。

(5) 设置。设置相切边和公差等参数。

2) 抽壳的操作步骤

在【抽壳】对话框的【类型】下拉列表框中选择【打开】选项，在绘图区内选择移除面，在【厚度】文本框中输入壳的厚度值，最后单击【确定】按钮，即可完成该抽壳操作，效果如图 6-21 所示。

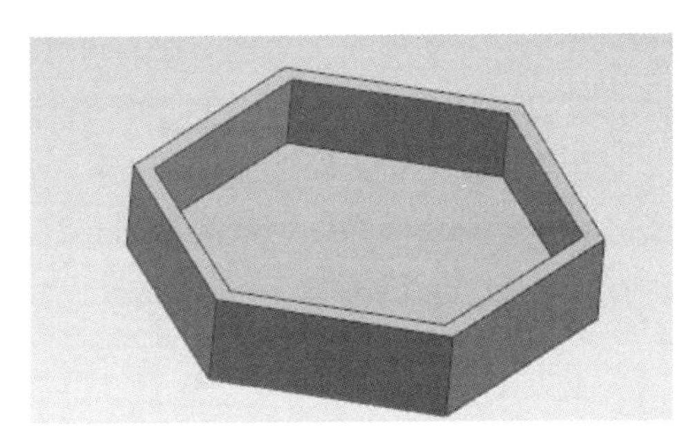

图 6-21

6.1.3 其他细节特征操作

其他细节特征操作还包括拔模操作和螺纹操作等，下面将分别予以详细介绍。

1. 拔模操作

拔模操作是指对目标体的表面或边缘按指定的方向拔一定大小的锥度。拔模角有正负之分，正的拔模角使得拔模体朝拔模矢量中心靠拢，负的拔模角使得拔模体朝拔模矢量中心背离。

选择【菜单】→【插入】→【细节特征】→【拔模】菜单项，系统即可弹出【拔模】对话框，如图 6-22 所示。

拔模类型分为【面】、【边】、【与面相切】和【分型边】4 种，如图 6-23 所示。

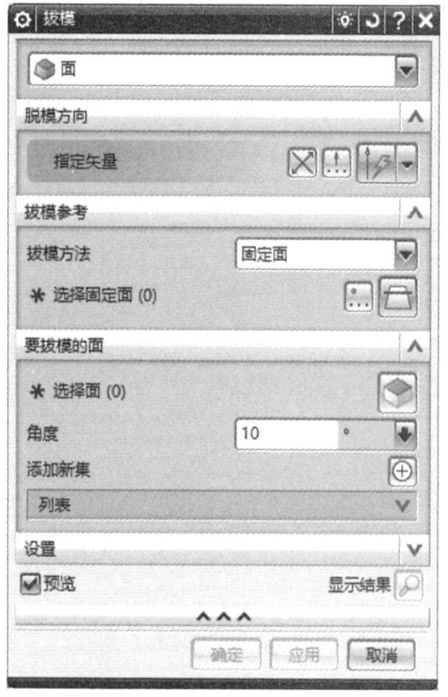

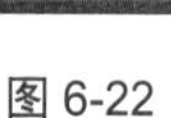

图 6-22

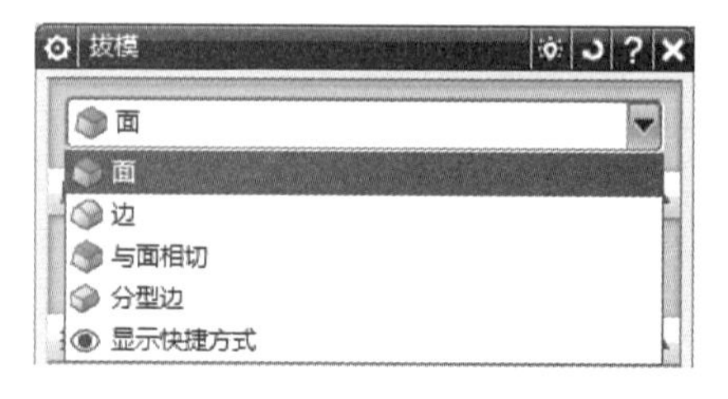

图 6-23

1) 从面拔模

从面拔模操作需要设置拔模方向、基准面、拔模表面和拔模角度 4 个关联参数，其中拔模角度可以进行编辑修改。其操作步骤是：在【拔模】对话框的【类型】下拉列表框中选择【面】选项，然后依次设置【脱模方向】、【拔模参考】、【要拔模的面】和【设置】等选项组，单击【确定】按钮即可完成拔模操作，效果如图 6-24 所示。

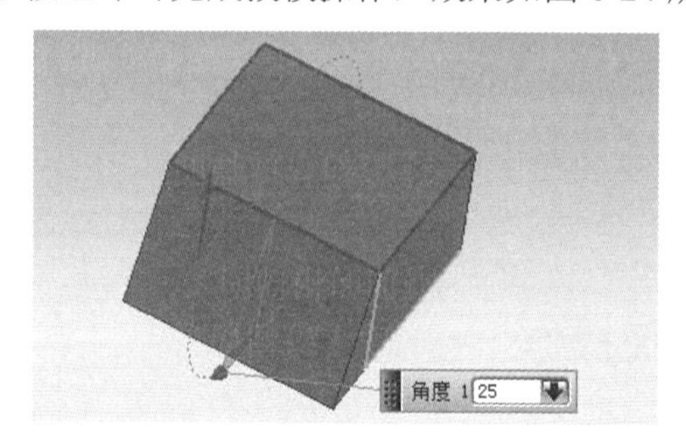

图 6-24

2) 从边拔模

从边拔模是指对指定的一边缘组进行拔模。从边拔模的最大优点是可以进行变角度拔模，其操作步骤是：在【拔模】对话框的【类型】下拉列表框中选择【边】选项，然后选择【脱模方向】，单击【边】按钮，选择目标边缘，在【角度】文本框中设置参数，定义所有的变角度点和百分比参数后，单击【确定】按钮即可完成操作，效果如图 6-25 所示。

3) 与面相切拔模

与面相切拔模一般针对具有相切面的实体表面进行拔模，它能保证拔模后，相切表面仍然相切。选择【与面相切】拔模类型的【拔模】对话框如图 6-26 所示。

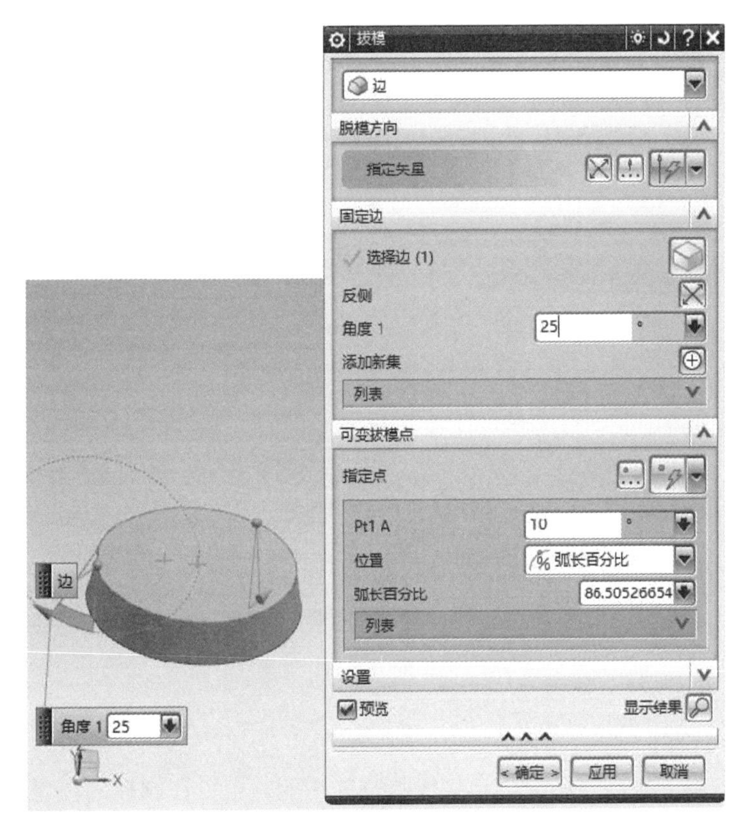

图 6-25

图 6-26

4)　分型边拔模

分型边拔模是按一定的拔模角度和参考点，沿一分裂线组对目标体进行拔模操作。选择【分型边】拔模类型的【拔模】对话框及其实例效果如图 6-27 所示。

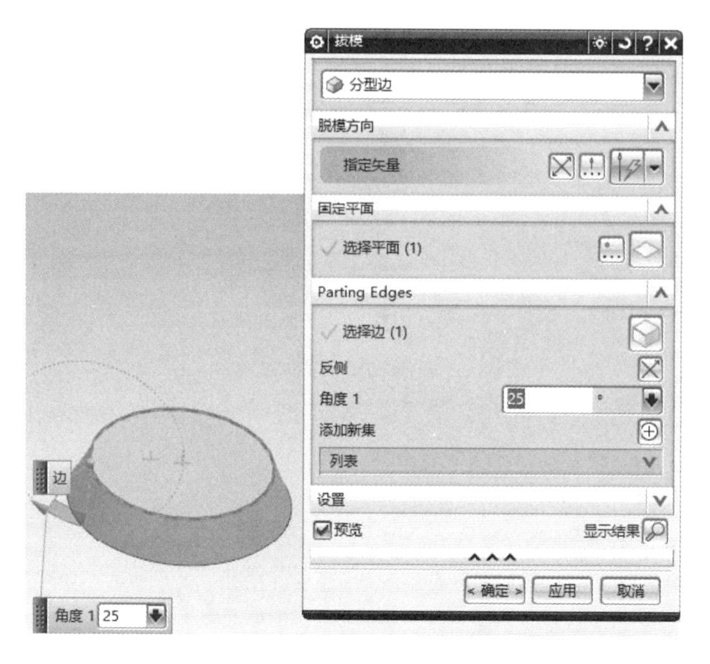

图 6-27

2. 螺纹

UG NX 中提供了在旋转面上创建螺纹特征的功能，可以在圆柱的内表面或外表面创建螺纹特征。选择【菜单】→【插入】→【设计特征】→【螺纹】菜单项，系统即可打开【螺纹切削】对话框，如图 6-28 所示。

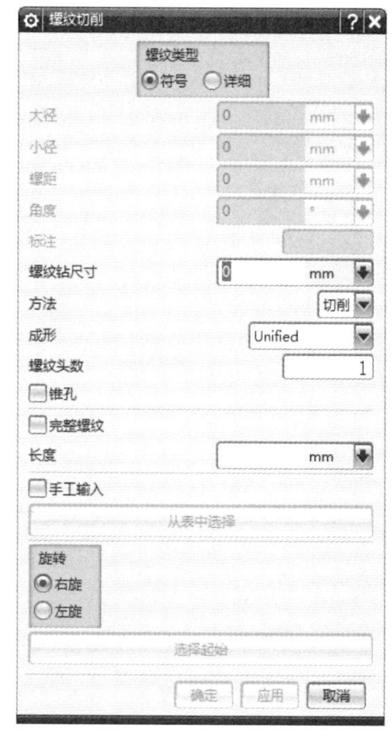

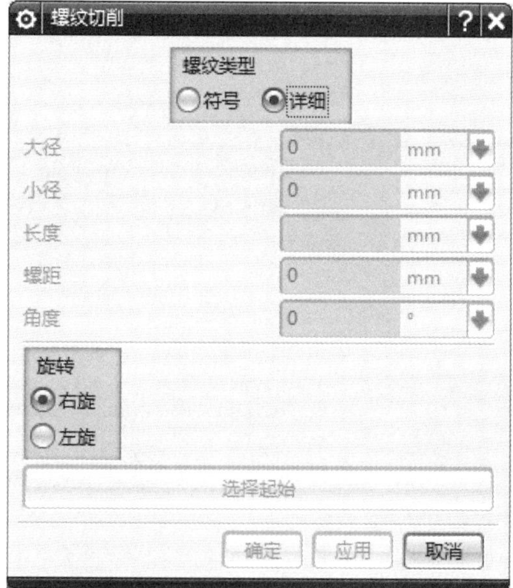

图 6-28

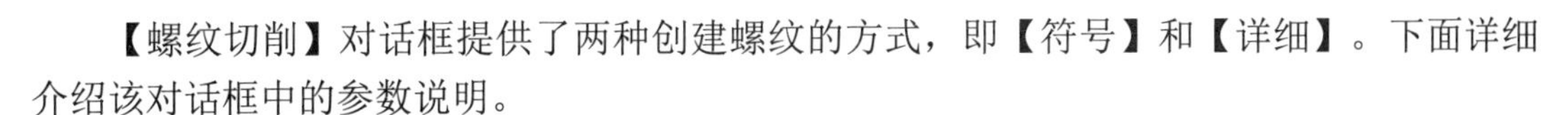

【螺纹切削】对话框提供了两种创建螺纹的方式，即【符号】和【详细】。下面详细介绍该对话框中的参数说明。

(1) 符号。利用该方式创建的螺纹，其螺纹只用虚线表示，而不是显示螺纹实体。

(2) 详细。利用该方式创建的螺纹，其螺纹以实体表示。

(3) 大径。用于设置螺纹的最大直径。

(4) 小径。用于设置螺纹的最小直径。

(5) 螺距。用于设置螺距的数值。

(6) 角度。用于设置螺纹的牙型角，默认情况下为标准值 60°。

(7) 标注。系统根据选定的螺纹参考面自动定制一个标准螺纹编号。

(8) 螺纹钻尺寸。用于设置螺纹轴的尺寸。

(9) 方法。用于指定螺纹的加工方式。【方法】下拉列表中提供了 4 种加工方法：【切削】、【轧制】、【研磨】和【铣削】，如图 6-29 所示。

图 6-29

(10) 螺纹头数。设置螺纹的数目。

(11) 锥孔。勾选该复选框，则创建拔模螺纹。

(12) 完整螺纹。勾选该复选框，则在整个圆柱上创建螺纹，螺纹随圆柱面的改变而改变。

(13) 长度。用于设置螺纹的长度。

(14) 手工输入。勾选该复选框，【螺纹切削】对话框上部各个参数将被激活，可以通过键盘输入螺纹的基本参数。

(15) 从表中选择。单击该按钮，弹出螺纹列表框，提示用户从弹出的螺纹列表中选择合适的螺纹规格。

(16) 旋转。用于设置螺纹的旋向，左旋或者右旋。

在【螺纹切削】对话框中定义螺纹的类型，然后定义螺纹的放置位置和螺纹参数，最后单击【确定】按钮，即可完成螺纹特征的创建，效果如图 6-30 所示。

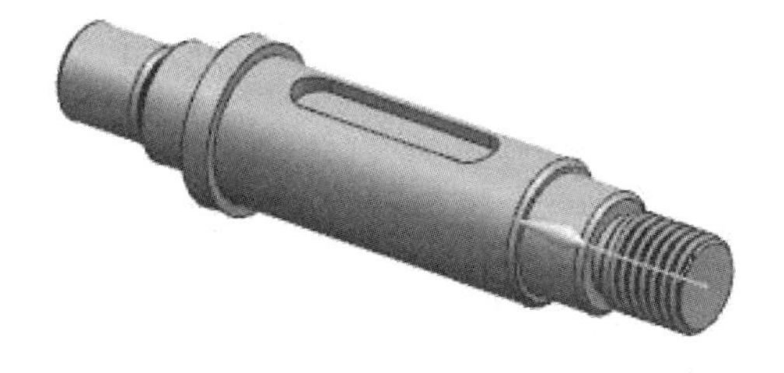

图 6-30

智慧锦囊

详细螺纹每次只能创建一个，符号螺纹则可以创建多组，而且创建时需要的时间较少。

考考您

请您根据本小节学到的知识进行边倒圆和抽壳操作，测试一下您的学习效果。

6.2 关联复制

模型的关联复制主要包括阵列特征、抽取几何特征和镜像特征等，这几种方式都是对已有的模型特征进行操作，可以创建与已有模型特征相关联的目标特征，从而减少很多重复的操作。本节将详细介绍关联复制的相关知识及操作方法。

↑扫码看视频

6.2.1 阵列特征

阵列特征操作是对模型特征的关联复制，类似于副本。阵列特征功能可以定义线性阵列、圆形阵列、多边形阵列、螺旋式阵列、沿曲线阵列、常规阵列和参考阵列等。

下面以创建线性阵列为例，来详细介绍创建阵列特征的操作方法。线性阵列功能可以使一个或者多个所选的模型特征生成实例的线性阵列。

素材保存路径：配套素材\第 6 章

素材文件名称：xianxing.prt、xianxingzhenlie.prt

第 1 步 打开素材文件“xianxing.prt”，可以看到已经创建好的特征素材，如图 6-31 所示。

第 2 步 选择【菜单】→【插入】→【关联复制】→【阵列特征】菜单项，如图 6-32 所示，弹出【阵列特征】对话框。

第 3 步 定义关联复制的对象。**1.** 在【阵列定义】选项组的【布局】下拉列表框中选择【线性】选项，**2.** 在图形区选择孔特征为要复制的特征，如图 6-33 所示。

第 4 步 定义方向 1 阵列参数。**1.** 在【方向 1】选项组中设置 XC 轴为第 1 阵列方向，**2.** 在【间距】下拉列表框中选择【数量和间隔】选项，**3.** 在【数量】文本框中输入阵列数量，**4.** 在【节距】文本框中输入阵列节距数值，如图 6-34 所示。

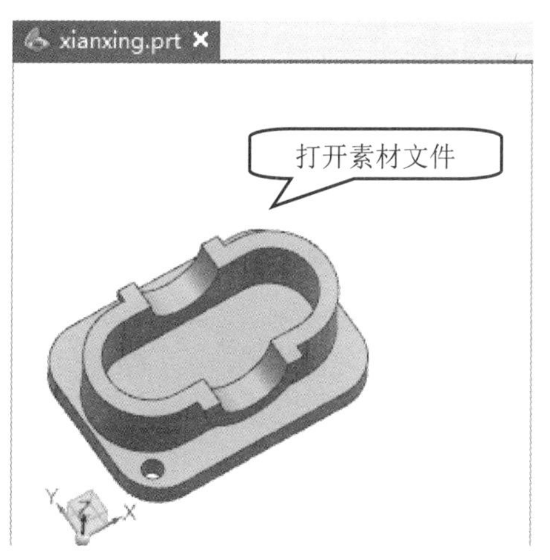

图 6-31

图 6-32

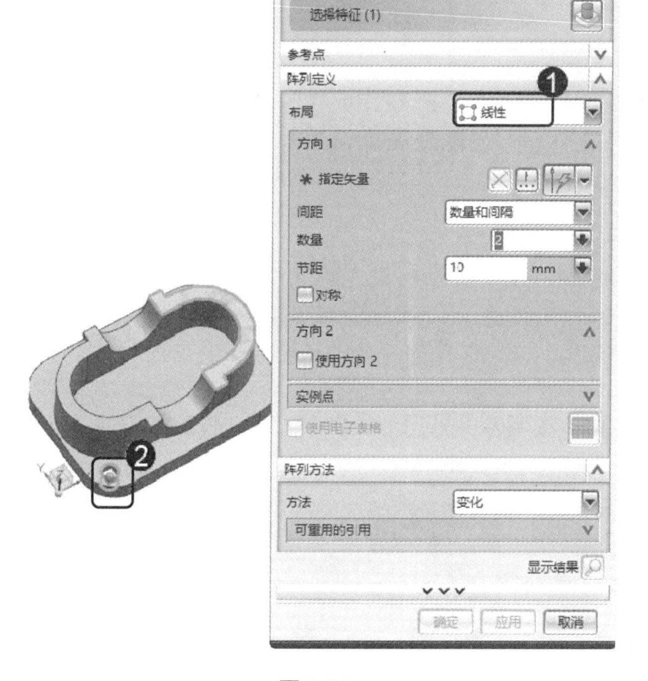

图 6-33

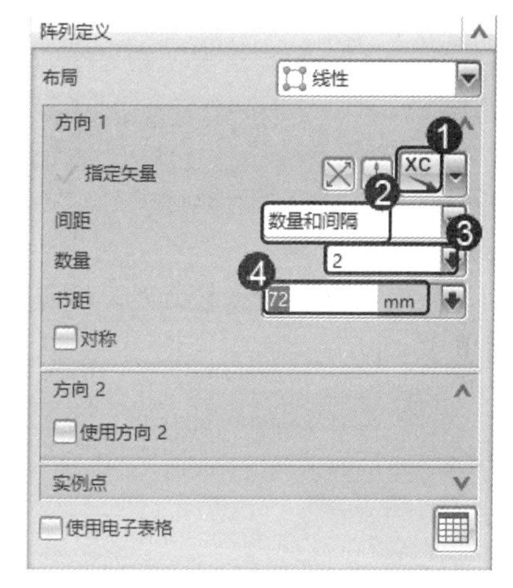

图 6-34

第 5 步 定义方向 2 阵列参数。**1.** 在【方向 2】选项组中勾选【使用方向 2】复选框，**2.** 设置 YC 轴为第 2 阵列方向，**3.** 在【间距】下拉列表框中选择【数量和间隔】选项，**4.** 在【数量】文本框中输入阵列数量，**5.** 在【节距】文本框中输入阵列节距数值，**6.** 单击【确定】按钮，如图 6-35 所示。

第 6 步 通过以上步骤即可完成线性阵列的创建，效果如图 6-36 所示。

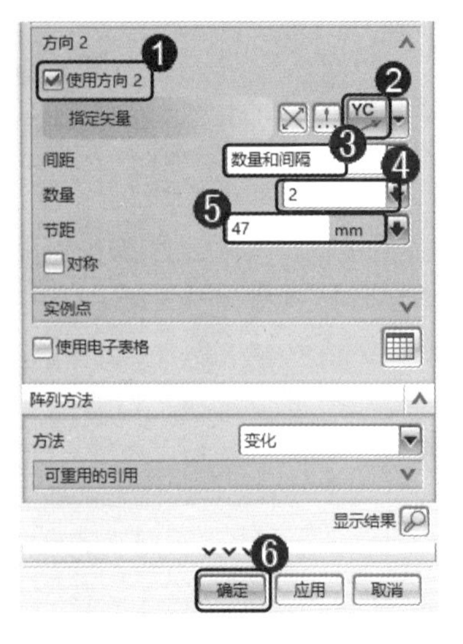

图 6-35

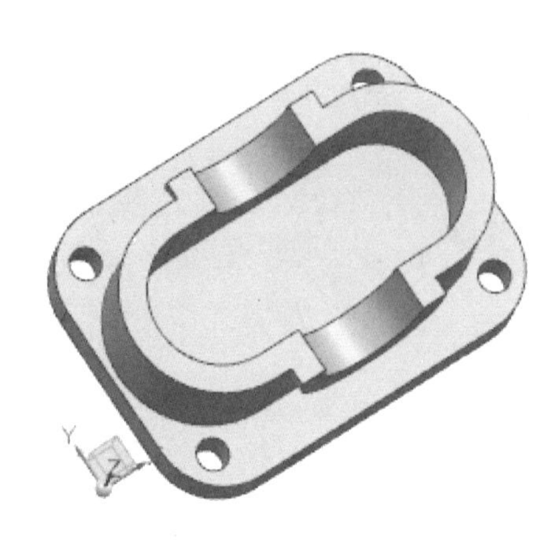

图 6-36

6.2.2 抽取几何特征

抽取几何特征是用来创建所选特征的关联副本。在零件设计中，经常会用到抽取模型特征的功能，它可以充分地利用已有的模型，大大地提高工作效率，下面以抽取面特征为例，详细介绍使用抽取几何特征功能的操作方法。

素材保存路径：配套素材\第 6 章

素材文件名称：chouqu.prt、chouqujihe.prt

第 1 步 打开素材文件“chouqu.prt”，此时可以看到已经创建好的特征素材，如图 6-37 所示。

第 2 步 选择【菜单】→【插入】→【关联复制】→【抽取几何特征】菜单项，如图 6-38 所示。

图 6-37

图 6-38

第 3 步 弹出【抽取几何特征】对话框，在【类型】下拉列表框中选择【面】选项，如图 6-39 所示。

第 4 步 定义抽取对象。选择图 6-40 所示的实体表面为抽取对象。

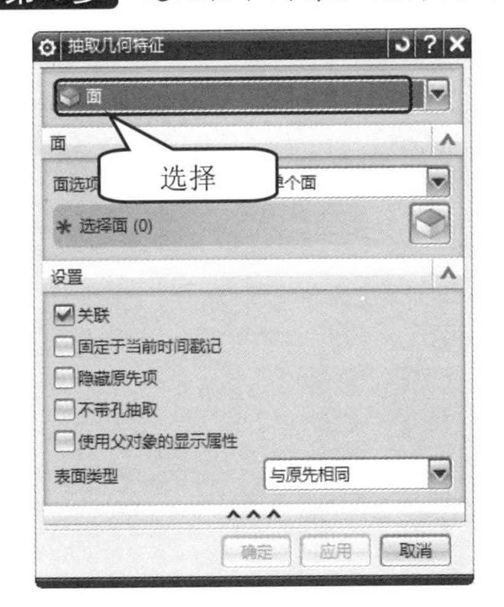

图 6-39

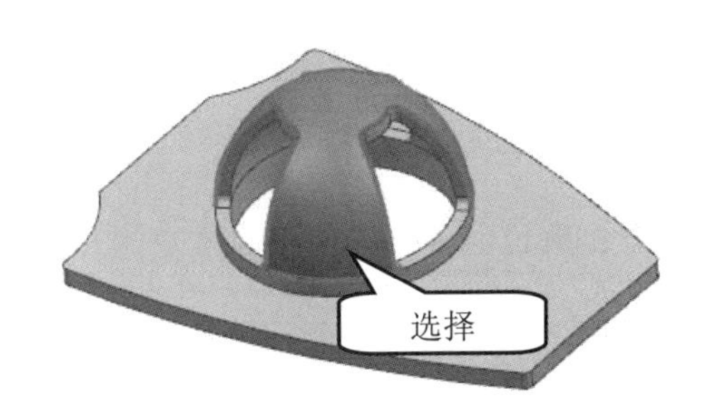

图 6-40

第 5 步 在【抽取几何特征】对话框中，**1.** 勾选【隐藏原先项】复选框，**2.** 单击【确定】按钮，如图 6-41 所示。

第 6 步 通过以上步骤即可完成抽取面操作，效果如图 6-42 所示。

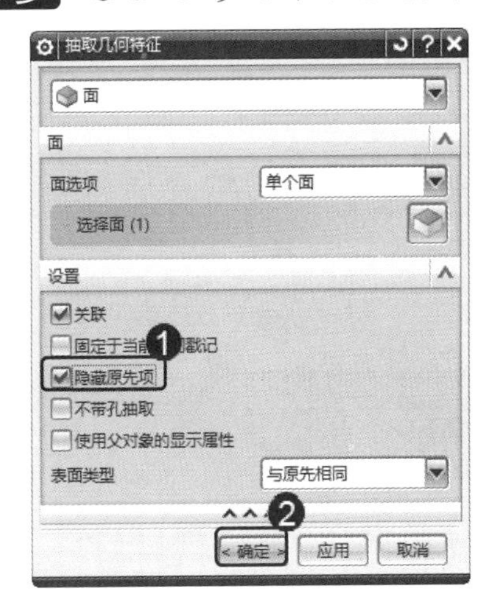

图 6-41

图 6-42

6.2.3　镜像特征

镜像特征功能可以将所选的特征相对于一个平面或基准平面(称为镜像中心平面)进行镜像，从而得到所选特征的一个副本。下面详细介绍创建镜像特征的操作方法。

素材保存路径：配套素材\第 6 章
素材文件名称：jingxiang.prt、jingxiangtezheng.prt

第 1 步 打开素材文件“jingxiang.prt”，此时可以看到已经创建好的特征素材，如图 6-43 所示。

第 2 步 选择【菜单】→【插入】→【关联复制】→【镜像特征】菜单项，如图 6-44 所示。

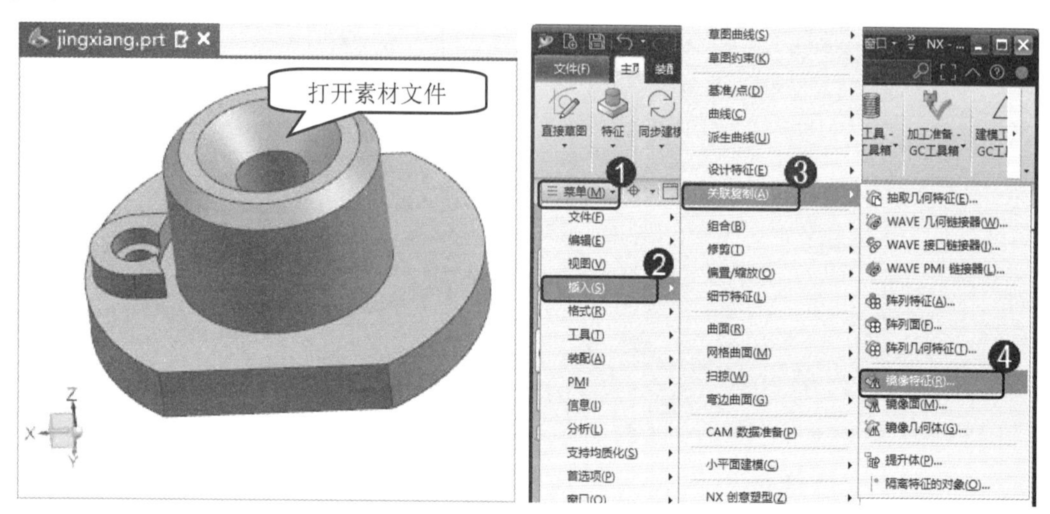

图 6-43　　　　图 6-44

第 3 步 弹出【镜像特征】对话框，在图形区中选择图 6-45 所示的特征组作为要镜像的特征。

第 4 步 在【部件导航器】窗口中，*1.* 右击【基准坐标系】选项，*2.* 在弹出的快捷菜单中选择【显示】菜单项，如图 6-46 所示。

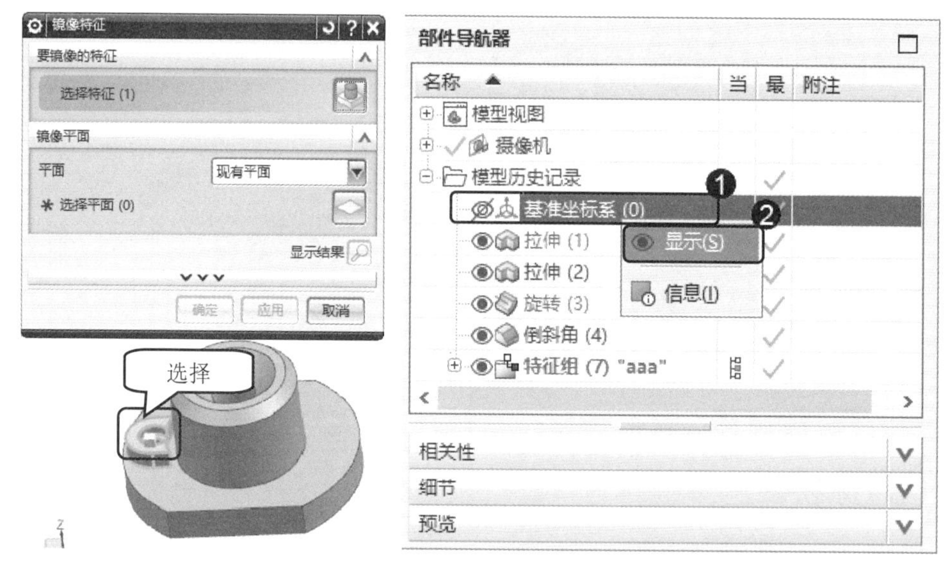

图 6-45　　　　图 6-46

第 5 步 定义镜像基准面。*1.* 选取 YZ 基准平面为镜像平面，*2.* 单击【确定】按钮，如图 6-47 所示。

第 6 步 通过以上步骤即可完成镜像特征的创建，效果如图 6-48 所示。

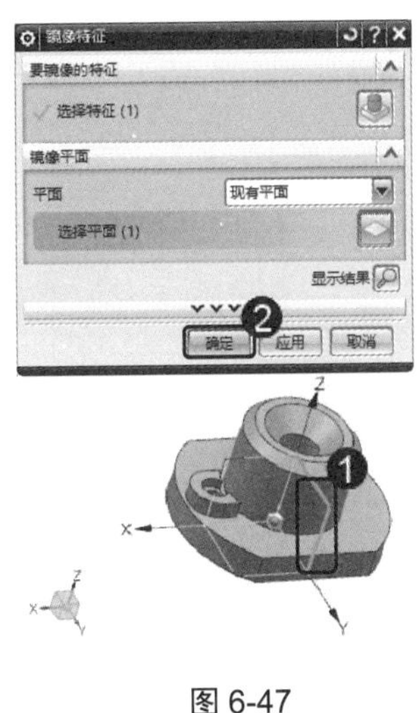

图 6-47

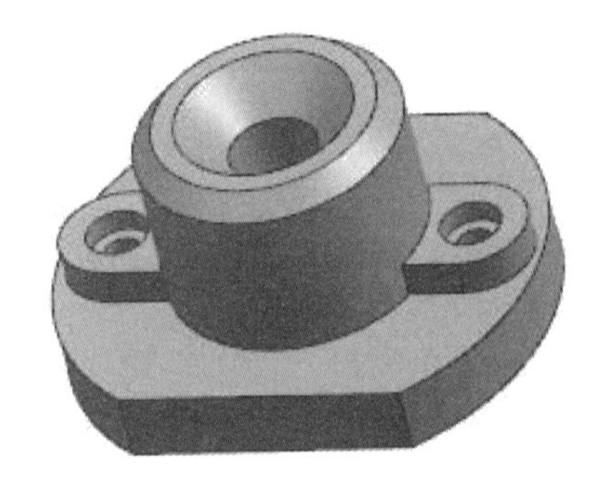

图 6-48

6.3　特征的编辑与操作

编辑特征是指为了在特征建立之后能快速对其进行修改而采用的操作命令。本节将详细介绍特征的编辑与操作的相关知识及方法。

↑扫码看视频

编辑特征的方法有很多种，它随着特征种类的不同而不同，一般有以下几种方式。

(1) 单击目标体并右击，弹出图 6-49 所示的包含编辑特征命令的快捷菜单。

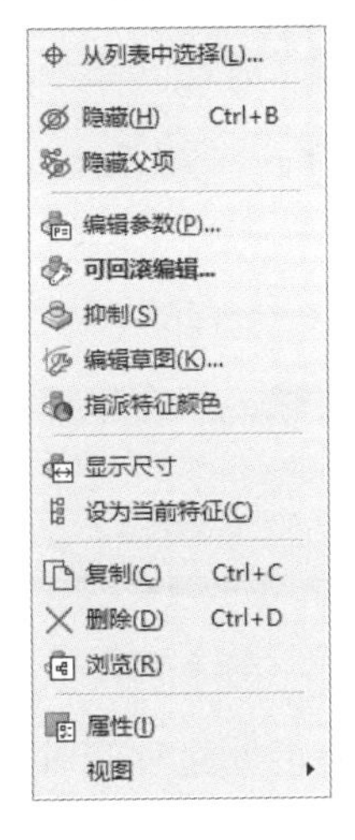

图 6-49

(2) 选择【菜单】→【编辑】→【特征】菜单项，即可弹出【特征】级联菜单，如图 6-50 所示。

(3) 在【编辑特征】工具条中进行选择，如图 6-51 所示。

图 6-50

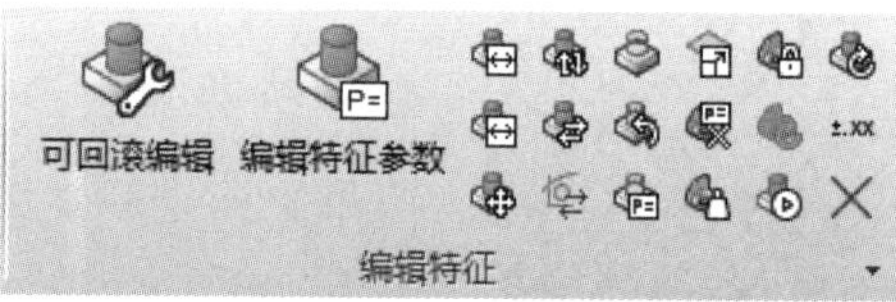

图 6-51

6.3.1 编辑参数

编辑特征参数是修改已存在的特征参数，它的操作方法很多，最简单的是直接双击目标体，或单击【编辑特征】工具条中的【编辑特征参数】按钮，或选择【菜单】→【编辑】→【特征】→【编辑参数】菜单项，弹出【编辑参数】对话框，如图 6-52 所示。

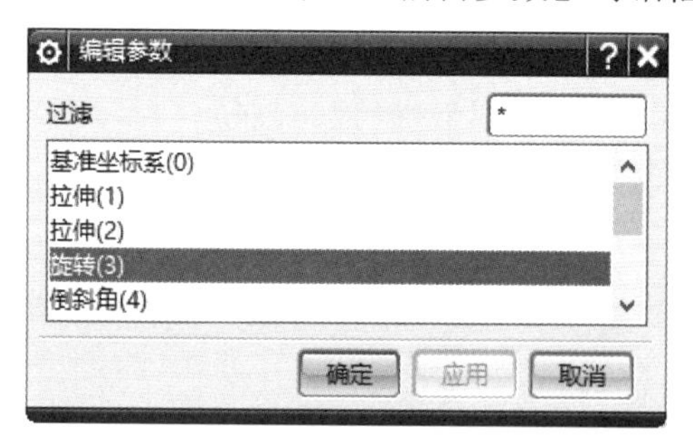

图 6-52

有许多特征参数的编辑对话框同特征创建时的对话框一样，这样就可以直接修改参数，如长方体、孔、边倒圆、面倒圆等。

当模型中有多个特征时，就需要选择要编辑的特征，然后选择【菜单】→【格式】→【组】→【特征分组】菜单项，弹出图 6-53 所示的【特征组】对话框，可以对部件特征进行分组。

图 6-53

修改特征尺寸时，还可以选择【菜单】→【编辑】→【特征】→【特征尺寸】菜单项，或者单击【编辑特征】工具条中的【特征尺寸】按钮，弹出【特征尺寸】对话框，如图 6-54 所示。选择要进行参数编辑的特征，然后在对话框中对所选择的特征尺寸进行数值的更改。

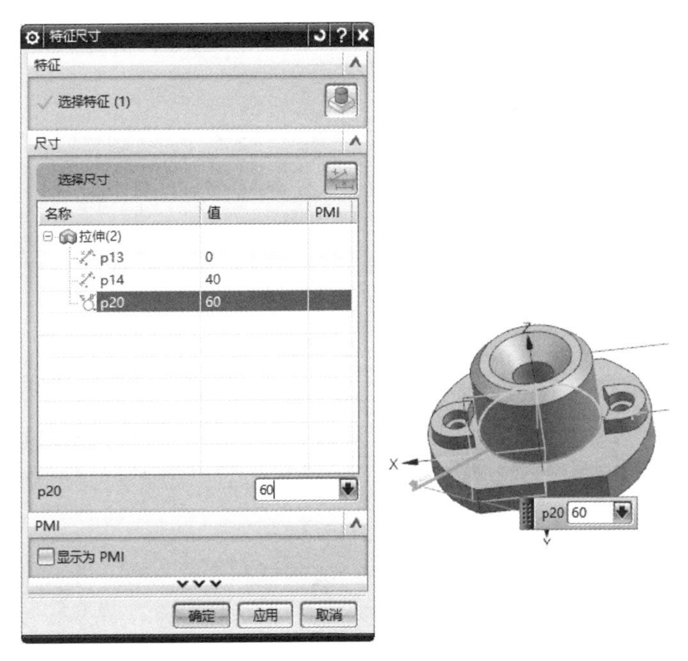

图 6-54

6.3.2 编辑位置

编辑位置操作是指对特征的定位尺寸进行编辑。在【编辑特征】工具条中单击【编辑位置】按钮，或者选择【菜单】→【编辑】→【特征】→【编辑位置】菜单项，弹出图 6-55 所示的【编辑位置】对话框。然后选择要编辑位置的目标特征体，就可以在弹出的【定位】对话框中对特征增加定位约束和定位尺寸。

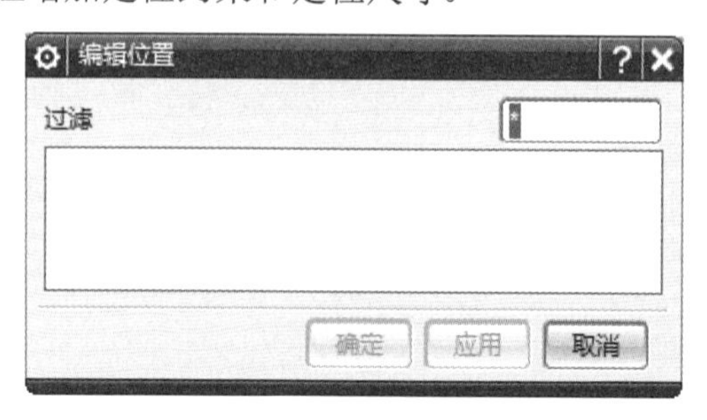

图 6-55

6.3.3 特征移动

移动特征操作是指移动特征到特定的位置。在【编辑特征】工具条中单击【移动特征】按钮，或选择【菜单】→【编辑】→【特征】→【移动】菜单项，弹出【移动特征】对话框，选择坐标系，如图 6-56 所示。然后选择移动特征操作的目标特征体，进行定位，如图 6-57 所示。

图 6-56

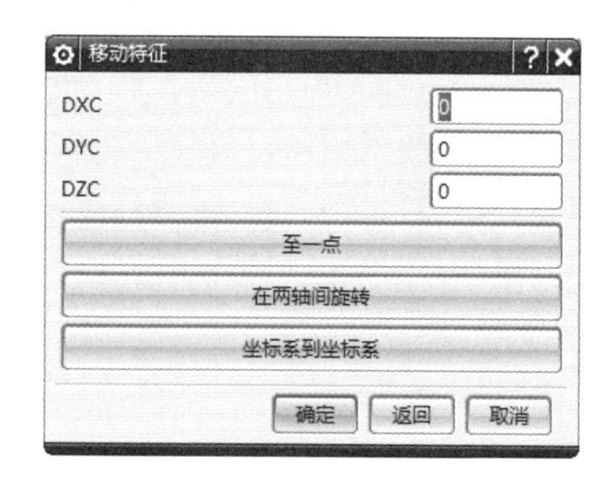

图 6-57

进行定位的【移动特征】对话框包含 3 个文本框和 3 个按钮，其中 3 个文本框是移动距离增量：DXC、DYC 和 DZC，分别表示 X、Y、Z 方向移动的距离，3 个按钮分别如下。

(1) 至一点。该选项指定特征移动到一点。

(2) 在两轴间旋转。该选项指定特征在两轴间进行旋转。

(3) 坐标系到坐标系。该选项把特征从一个坐标系移动到另一个坐标系。

6.3.4　特征重排序

在特征建模中，添加特征具有一定的顺序，特征重排序是指改变目标体特征的顺序。在【编辑特征】工具条中单击【特征重排序】按钮，或选择【菜单】→【编辑】→【特征】→【重排序】菜单项，即可弹出【特征重排序】对话框，如图 6-58 所示。

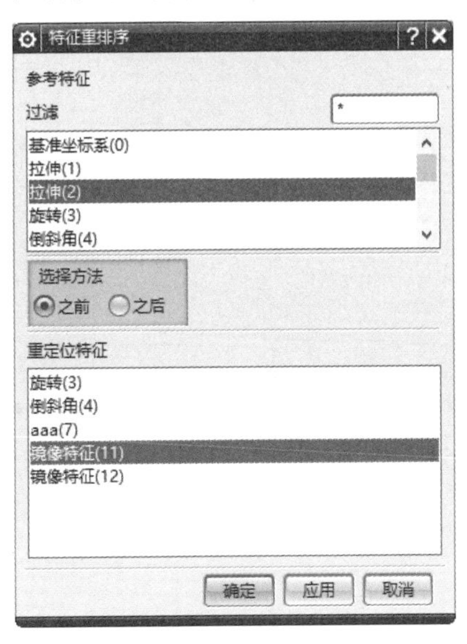

图 6-58

【特征重排序】对话框中包括 3 个部分，【参考特征】选项组、【选择方法】选项组和【重定位特征】列表框。【参考特征】选项组显示所有的特征，在此可以选择重排序的特征。【选择方法】有两种：【之前】和【之后】。【重定位特征】列表框显示已选择的要重新排序的特征。

智慧锦囊

对具有关联性的特征重排序以后，其关联特征也将被重新排序。

6.3.5　特征的抑制与取消抑制

特征抑制与取消是一对对立的特征编辑操作。在建模中不需要改变的一些特征可以运用特征抑制命令将其隐去，这样在命令操作时更新速度会加快，而【取消抑制特征】操作则是解除特征抑制。在【编辑特征】工具条中单击【抑制特征】按钮/【取消抑制特征】按钮，或者选择【菜单】→【编辑】→【特征】→【抑制】菜单项/【取消抑制】菜单项，弹出图 6-59 所示的【抑制特征】对话框，或者图 6-60 所示的【取消抑制特征】对话框。

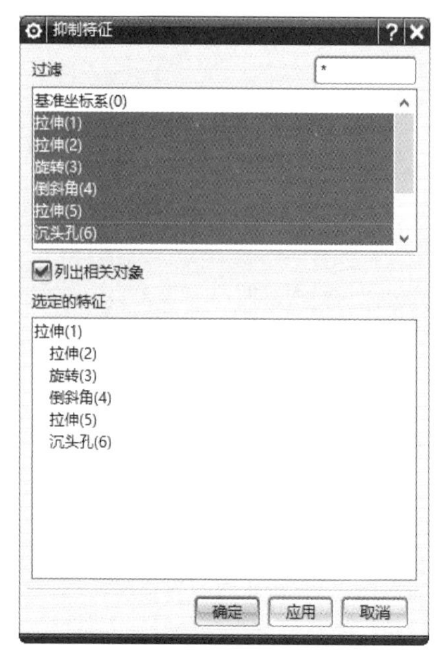

图 6-59

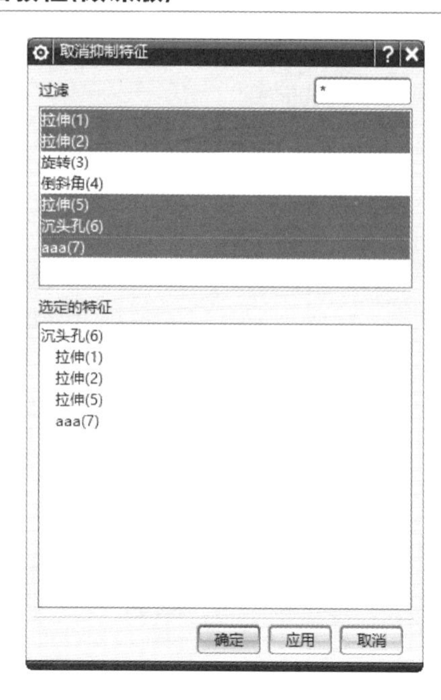

图 6-60

6.3.6 移除参数

移除参数是指允许从一个或多个实体和片体中删除所有参数。还可以从与特征相关联的曲线和点中删除参数，使其成为非关联。

选择【菜单】→【编辑】→【特征】→【移除参数】菜单项，或单击【编辑特征】工具条中的【移除参数】按钮，系统即可弹出【移除参数】对话框，如图 6-61 所示。

图 6-61

在【移除参数】对话框中选择要移除参数的对象，然后单击【确定】按钮，系统会弹出【移除参数】提示对话框，单击【是】按钮，如图 6-62 所示，即可完成移除对象参数的操作。

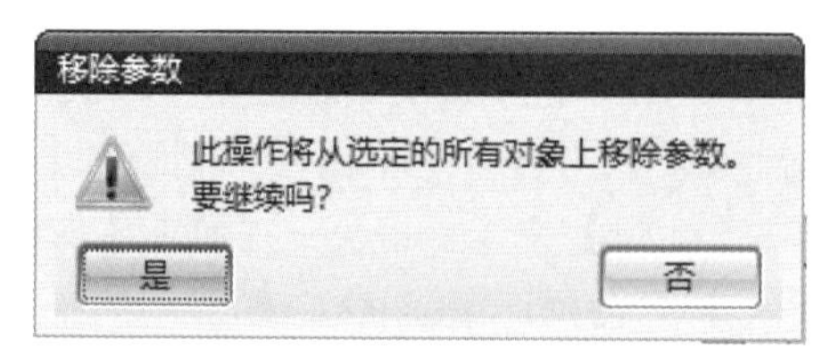

图 6-62

一般情况下，用户需要传送自己的文件，但又不希望别人看到自己的建模过程的具体参数，就可以使用该方法去掉参数。

6.3.7　编辑实体密度

编辑实体密度功能可以改变一个或多个已有实体的密度或密度单位，让系统重新计算新单位的当前密度值，如果需要也可以改变密度值。

选择【菜单】→【编辑】→【特征】→【实体密度】菜单项，或单击【编辑特征】工具条中的【编辑实体密度】按钮，系统即可弹出【指派实体密度】对话框，如图 6-63 所示。

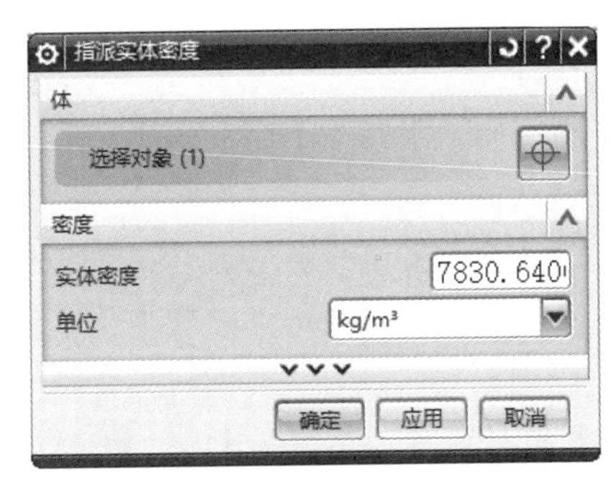

图 6-63

6.4　实践案例与上机指导

通过本章的学习，读者基本可以掌握特征操作的基本知识以及一些常见的操作方法，下面通过练习操作，以达到巩固学习、拓展提高的目的。

↑扫码看视频

6.4.1　创建圆形阵列实例

圆形阵列功能可以将一个或者多个所选的模型特征生成圆周阵列。下面以一个实例来详细介绍创建圆形阵列的操作方法。

素材保存路径：配套素材\第 6 章

素材文件名称：yuanxing.prt、yuanxingzhenlie.prt

第 1 步 打开素材文件“yuanxing.prt”，已有一个创建好的特征素材，如图 6-64 所示。

第 2 步 选择【菜单】→【插入】→【关联复制】→【阵列特征】菜单项，如图 6-65 所示。

图 6-64

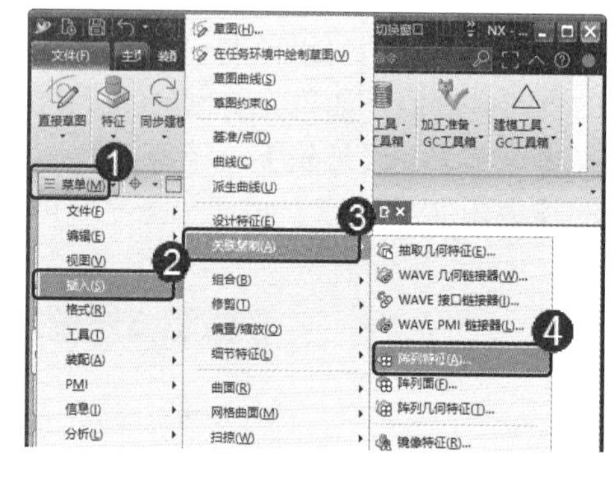

图 6-65

第 3 步 在【部件导航器】窗口的特征树中选取【特征组(14)“aaa”】选项为要阵列的特征，如图 6-66 所示。

第 4 步 在弹出的【阵列特征】对话框中，*1.* 在【布局】下拉列表框中选择【圆形】选项，*2.* 在【旋转轴】区域的【指定矢量】右侧，选择 ZC 为旋转轴，*3.* 选择图 6-67 所示的边线圆心为指定点。

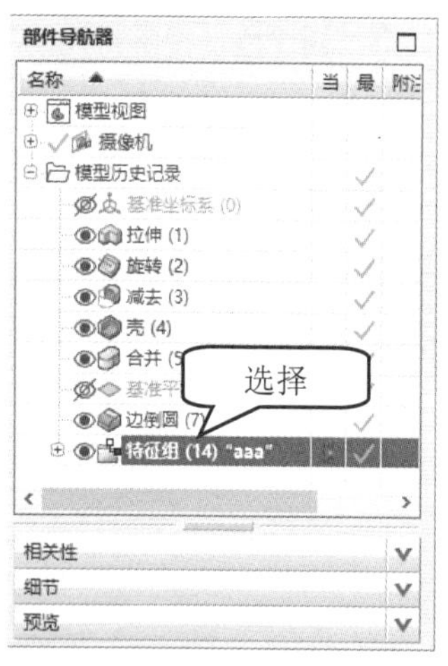

图 6-66

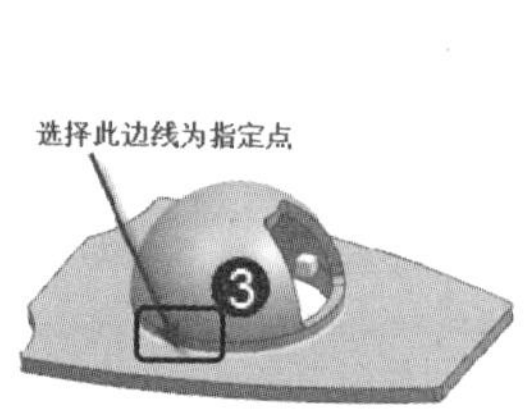

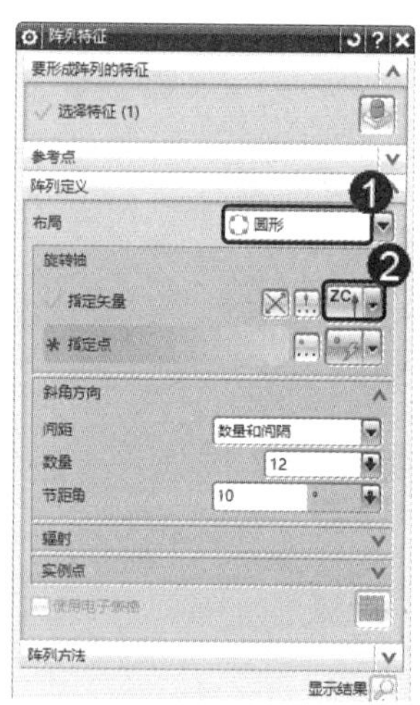

图 6-67

第 5 步 定义阵列参数。*1.* 在【斜角方向】选项组的【间距】下拉列表框中选择【数量和跨距】选项，*2.* 在【数量】文本框中输入阵列数量，*3.* 在【跨角】文本框中输入阵列角度，*4.* 单击【确定】按钮，如图 6-68 所示。

第 6 步 通过以上步骤即可完成圆形阵列的创建，效果如图 6-69 所示。

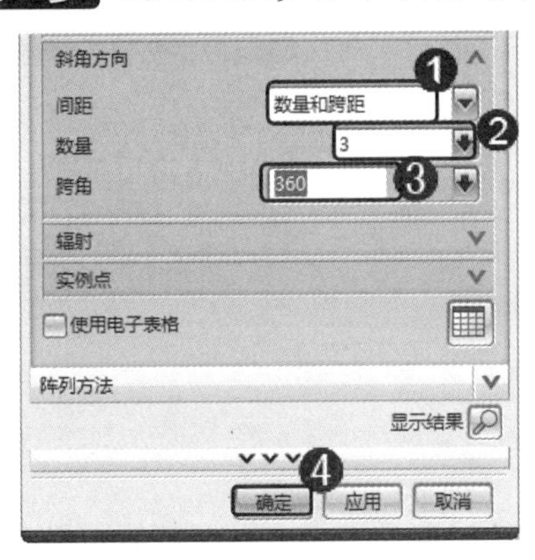

图 6-68

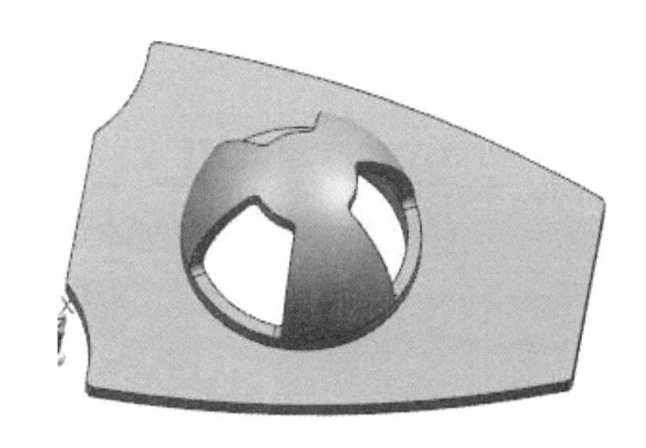

图 6-69

6.4.2　阵列几何特征实例

用户可以通过使用【阵列几何特征】命令创建对象的副本，可以复制的对象包括几何体、面、边、曲线、点、基准平面和基准轴等。可以在线性、圆形和不规则图样中以及沿相切连续截面创建副本。通过该功能可以轻松地复制几何体和基准，并保持引用与其原始体之间的关联性。本例详细介绍创建阵列几何特征的操作方法。

素材保存路径：配套素材\第 6 章
素材文件名称：jihetezheng.prt、zhenliejihetezheng.prt

第 1 步 打开素材文件“jihetezheng.prt”，已有一个创建好的特征，如图 6-70 所示。

第 2 步 选择【菜单】→【插入】→【关联复制】→【阵列几何特征】菜单项，如图 6-71 所示。

图 6-70

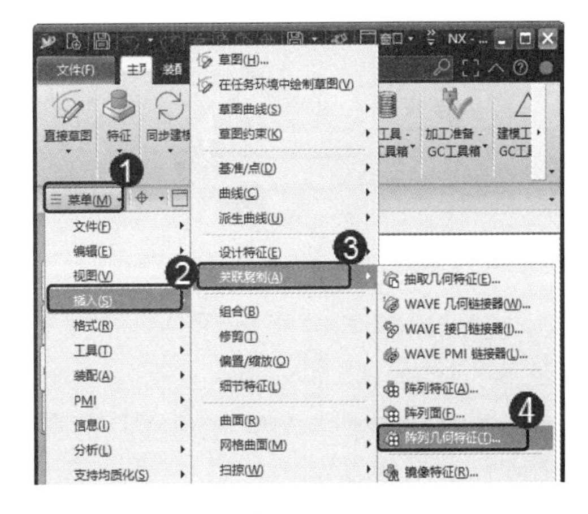

图 6-71

第 3 步 系统弹出【阵列几何特征】对话框，选择图 6-72 所示的实体为准备引用的几何体。

第 4 步 *1.* 在【布局】下拉列表框中选择【圆形】选项，*2.* 在【旋转轴】区域中的

【指定矢量】右侧，选择 ZC 为旋转轴，**3.** 选择图 6-73 所示的边线圆心为指定点。

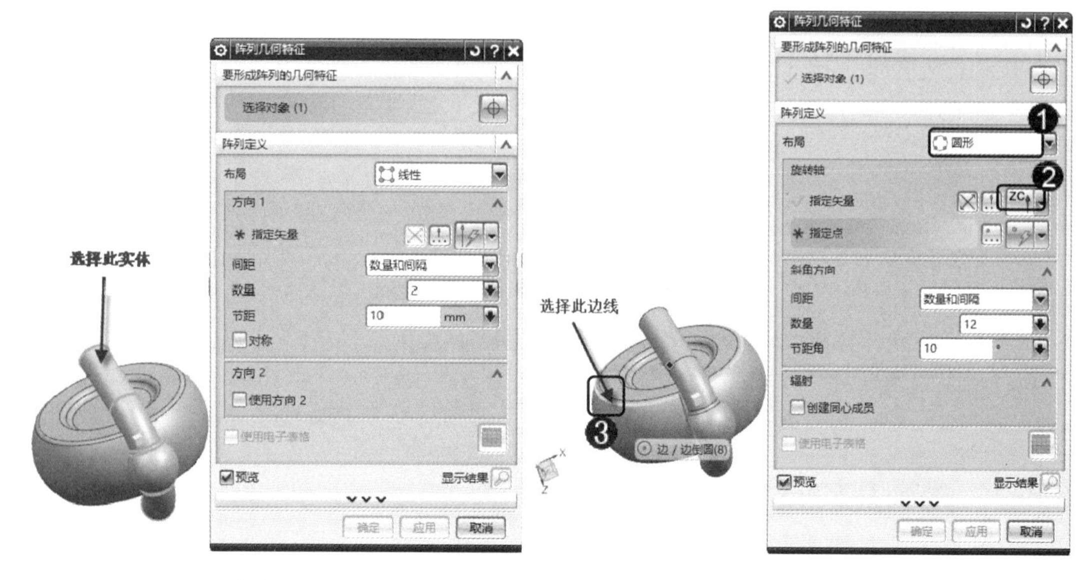

图 6-72　　　　图 6-73

第 5 步 定义阵列几何特征参数。**1.** 在【斜角方向】选项组的【间距】下拉列表框中选择【数量和间隔】选项，**2.** 在【数量】文本框中输入阵列数量，**3.** 在【节距角】文本框中输入阵列角度，**4.** 单击【确定】按钮，如图 6-74 所示。

第 6 步 通过以上步骤即可完成阵列几何特征的操作，效果如图 6-75 所示。

图 6-74　　　　图 6-75

6.4.3　测量距离

下面以一个模型测量面到面的距离为例，来详细介绍测量距离的操作方法。

素材保存路径：配套素材\第 6 章
素材文件名称：juli.prt

第 1 步 打开素材文件“juli.prt”，选择【菜单】→【分析】→【测量距离(即将失效)】菜单项(可以在【命令查找器】中搜索到)，如图 6-76 所示。

第 2 步 弹出【测量距离】对话框，在【类型】下拉列表框中选择【距离】选项，如图 6-77 所示。

图 6-76

图 6-77

第 3 步 定义测量几何对象。首先选择模型表面 1，然后选择模型表面 2，如图 6-78 所示。

第 4 步 这样即可测量面到面的距离，测量结果如图 6-79 所示。

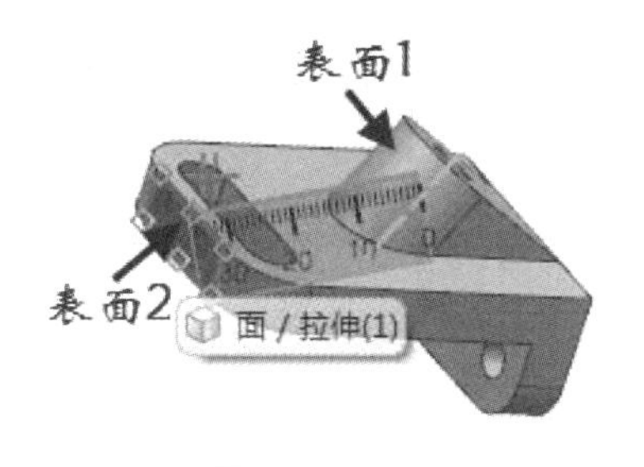

图 6-78

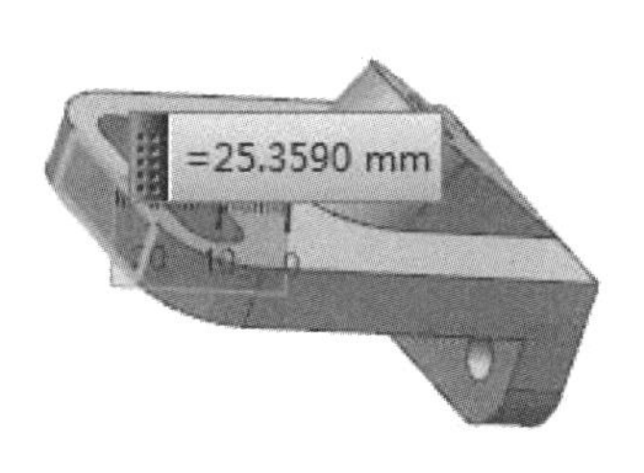

图 6-79

6.5 思考与练习

通过本章的学习，读者基本可以掌握特征操作的基本知识以及一些常见的操作方法，下面通过练习几道习题，以达到巩固与提高的目的。

一、填空题

1. ________是指通过定义要求的倒角尺寸斜切实体的边缘。

2. __________是指使选择的边缘按指定的半径进行倒圆。

3. ________操作是指对目标体的表面或边缘按指定的拔模方向拔一定大小的锥度。

4. UG NX 中提供了在旋转面上创建螺纹特征的功能，可以在________的内表面或外表面创建螺纹特征。

5. ________操作是对模型特征的关联复制，类似于副本。

6. ____________是用来创建所选特征的关联副本。

7. 在特征建模中，特征添加具有一定的顺序，__________是指改变目标体特征的顺序。

8. __________是指允许从一个或多个实体和片体中删除所有参数。还可以从与特征相关联的曲线和点删除参数，使其成为非相关联。

二、判断题

1. 抽壳是在选择的两个面的相交处建立圆角。 (   )

2. 面倒圆是指对一个实体以一定的厚度进行去除操作，生成薄壁体或绕实体建立壳体。完成的壳体的各个部分壁厚，可以是相同的，也可以是不同的。 (   )

3. 拔模角有正负之分，正的拔模角使得拔模体朝拔模矢量中心靠拢，负的拔模角使得拔模体朝拔模矢量中心背离。 (   )

4. 阵列特征功能可以定义线性阵列、圆形阵列、多边形阵列、螺旋式阵列、沿曲线阵列、常规阵列和参考阵列等。 (   )

5. 阵列特征功能可以将所选的特征相对于一个平面或基准平面(称为镜像中心平面)进行镜像，从而得到所选特征的一个副本。 (   )

6. 特征抑制与取消是一对对立的特征编辑操作。在建模中不需要改变的一些特征可以运用特征抑制命令将其隐去，这样在命令操作时会使速度加快，而【取消抑制特征】操作则是将抑制的特征解除。 (   )

7. 编辑实体密度功能可以改变一个或多个已有实体的密度或密度单位，让系统重新计算新单位的当前密度值，但不可以改变密度值。 (   )

三、思考题

1. 如何创建阵列特征?

2. 如何抽取几何特征?

第 7 章

曲面设计

本章要点

- 曲面造型
- 操作曲面
- 编辑曲面

本章主要内容

本章主要介绍了曲面造型方面的知识与技巧，同时讲解了如何操作曲面，在本章的最后还针对实际的工作需求，讲解了编辑曲面的方法。通过本章的学习，读者可以掌握曲面设计基础操作方面的知识，为深入学习 UG NX 中文版知识奠定基础。

7.1 曲 面 造 型

曲面是一种泛称，片体和实体的自由表面都可以称为曲面。其中片体是由一个或多个表面组成的厚度为 0 的几何体。在 UG NX 中，很多实际产品的复杂形状的构建都需要采用曲面造型来完成。本节将详细介绍曲面造型的相关知识及操作方法。

↑ 扫码看视频

7.1.1 点构造曲面

1. 通过选定的点

使用【通过点】对话框可以创建通过所有选定点的曲面。选择【菜单】→【插入】→【曲面】→【通过点】菜单项，系统即可弹出【通过点】对话框，如图 7-1 所示。

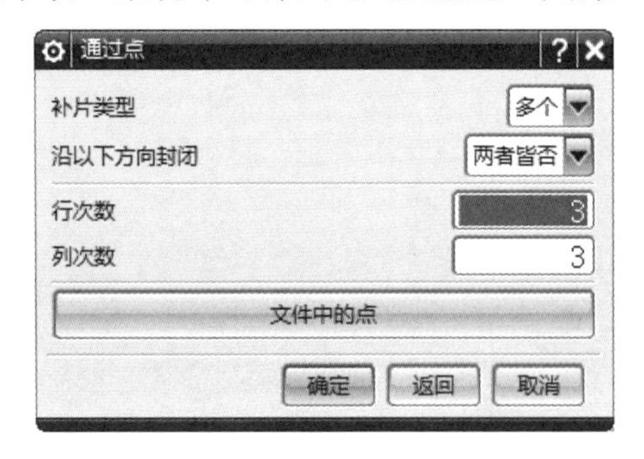

图 7-1

下面详细介绍【通过点】对话框中的主要选项的功能。

1) 补片类型

【补片类型】下拉列表框中包含【多个】和【单侧】两个类型选项，如图 7-2 所示。

图 7-2

(1) 多个。表示曲面由多个补片构成。此时用户可以在【行次数】和【列次数】文本框中输入曲面在行和列两个方向的阶次，阶次越低，补片越多，修改曲面时控制器局部曲率的自由度越大；反之，将会减少补片的数量，修改曲面时容易保持其光顺性。

(2) 单侧。表示曲面由一个补片构成，由系统根据行列的点数，取可能的最高阶次。

2)　沿以下方向封闭

当【补片类型】为【多个】时，该下拉列表框被激活，用于控制曲面沿一个或两个方向是否封闭。该下拉列表框有 4 个选项，如图 7-3 所示。

①　两者皆否。曲面沿行和列方向都不封闭。

②　行。曲面沿行方向封闭。

③　列。曲面沿列方向封闭。

④　两者皆是。曲面沿行和列方向都封闭。

2. 通过极点

选择【菜单】→【插入】→【曲面】→【从极点】菜单项，系统即可弹出【从极点】对话框，如图 7-4 所示。

图 7-3

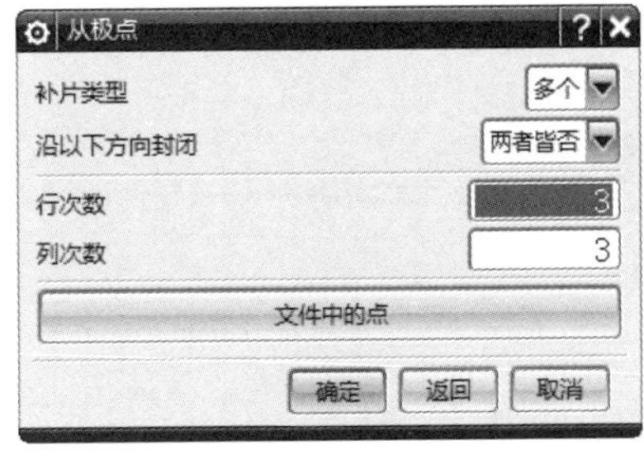

图 7-4

该对话框用于通过设定曲面的极点来创建曲面，其中各项的用法和【通过点】对话框相同，这里就不再赘述。

7.1.2　直纹

直纹曲面是在直纹形状为线性过渡的两个截面之间创建体。选择【菜单】→【插入】→【网格曲面】→【直纹】菜单项，系统即可弹出【直纹】对话框，如图 7-5 所示。

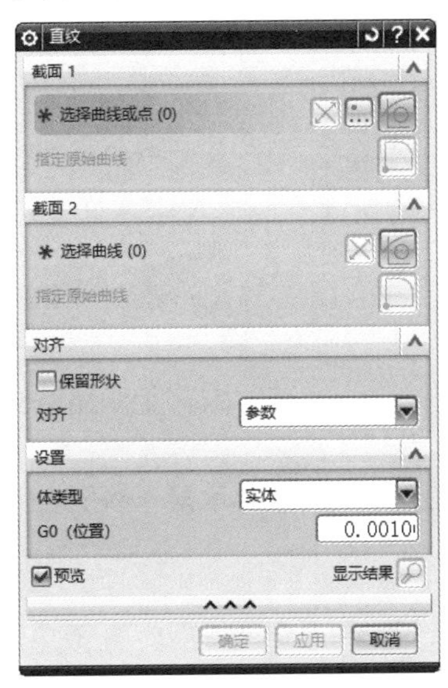

图 7-5

在【直纹】对话框中，先选择第一个截面，接着选择第二个截面，然后选择对齐方法，单击【确定】按钮即可创建直纹面，如图 7-6 所示。

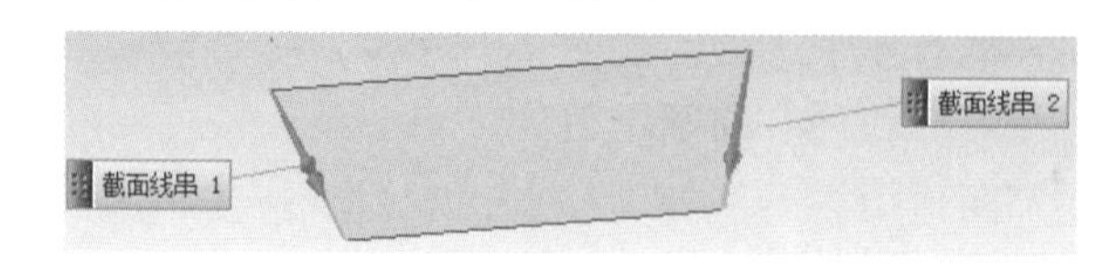

图 7-6

下面详细介绍【直纹】对话框中的主要选项说明。

1. 截面 1

选择第一组截面曲线。

2. 截面 2

选择第二组截面曲线。

3. 对齐

(1) 保留形状。不勾选此复选框，光顺截面线串中的任何尖角时使用较小的曲率半径。

(2) 【对齐】下拉列表框中包含 7 个选项，分别为【参数】、【弧长】、【根据点】、【距离】、【角度】、【脊线】和【可扩展】，如图 7-7 所示。

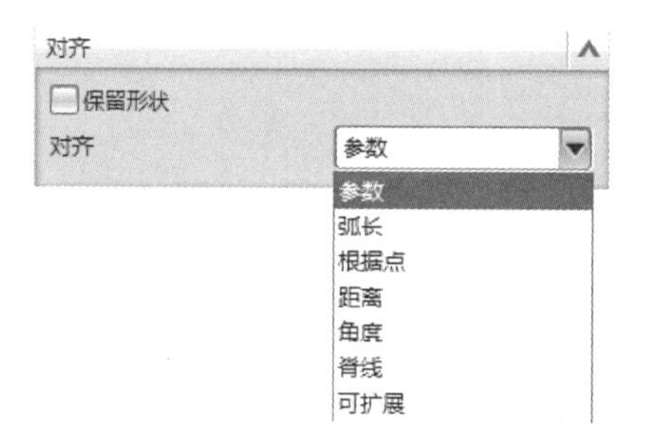

图 7-7

① 参数。按等参数间隔沿截面对齐等参数曲线。
② 弧长。按等弧长间隔沿截面对齐等参数曲线。
③ 距离。按指定方向的等距离沿每个截面对齐等参数曲线。
④ 角度。按相等角度绕指定的轴线对齐等参数曲线。
⑤ 脊线。按选定截面与垂直于选定脊线的平面的交线来对齐等参数曲线。
⑥ 可扩展。沿可扩展曲面的画线对齐等参数曲线。

4. 设置

体类型：用于为直纹特征指定片体实体。

7.1.3 通过曲线组

通过曲线组是通过同一方向上的一组曲线轮廓线生成一个体，这些曲线轮廓称为截面线串，用户选择截面线串定义体的行。截面线串可以由单个对象或多个对象组成，每个对象可以是曲线、实边或实面等。

选择【菜单】→【插入】→【网格曲面】→【通过曲线组】菜单项，或者在【曲面】工具条中单击【通过曲线组】按钮，系统即可弹出图 7-8 所示的【通过曲线组】对话框。

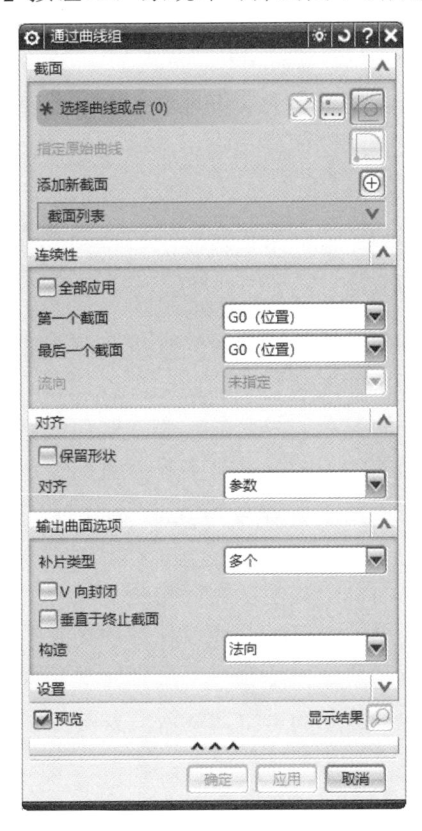

图 7-8

在【通过曲线组】对话框中选择曲线并单击鼠标中键以选择第一个截面，再选择其他曲线并添加为新截面，单击【确定】按钮即可完成曲面创建，如图 7-9 所示。

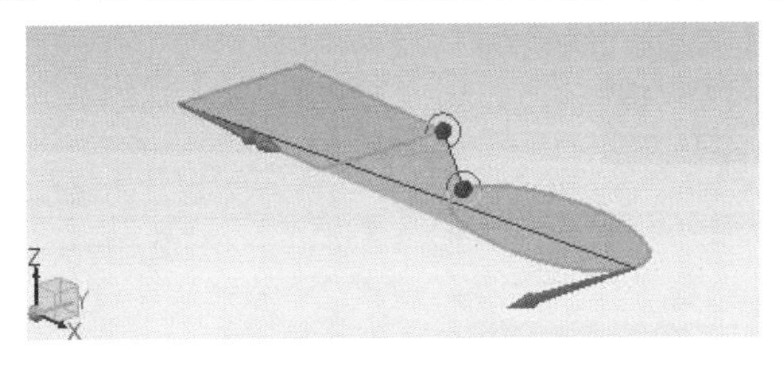

图 7-9

下面详细介绍【通过曲线组】对话框中主要选项的功能。

1. 截面

(1) 选择曲线或点。选取截面线串时，一定要注意选取次序，而且每选取一条截面线串，都要单击鼠标中键一次，直到所选取线串出现在截面线串列表框中为止，也可对该列表框中的所选截面线串进行删除、上移、下移等操作，以改变选取次序。

(2) 指定原始曲线。用于更改闭环中的原始曲线。

(3) 截面列表。向模型中添加截面时，列出这些截面集。

2. 连续性

(1) 全部应用。将为一个截面选定的连续性约束施加于第一个和最后一个截面。

(2) 第一个截面。用于选择约束面并指定所选截面的连续性。

(3) 最后一个截面。指定连续性。

(4) 流向。使用约束曲面的模型。指定与约束曲面相关的流动方向。

3. 对齐

该选项组通过定义 NX 沿截面隔开新曲面的等参数曲线的方式，可以控制特征的形状。其下拉列表框中包括 7 个选项，如图 7-10 所示。

(1) 参数。沿截面以相等的参数间隔来隔开等参数曲线连接点。

(2) 弧长。沿截面以相等的弧长间隔来分割等参数曲线连接点。

(3) 根据点。按截面间的指定点对齐等参数曲线。用户可以添加、删除和移动点来优化曲面形状。

(4) 距离。在指定方向上沿每个截面以相等的距离隔开点。

(5) 角度。在指定的轴线周围沿每条曲线以相等的角度隔开点。

(6) 脊线。将点放置在所选截面与垂直于所选脊线的平面的相交处。

(7) 根据段。按相等间隔沿截面的每个曲线段对齐等参数曲线。

4. 输出曲面选项

(1) 补片类型。用于指定 V 方向的补片是单个还是多个。

(2) V 向封闭。沿 V 方向封闭第一个与最后一个截面之间的特征。

(3) 垂直于终止截面。使输出曲面垂直于两个终止截面。

(4) 构造。用于指定创建曲面的构建方法，其中包括 3 个选项，如图 7-11 所示。

① 法向。使用标准步骤创建曲线网格曲面。

② 样条点。使用输入曲线的点及这些点处的相切值来创建体。

③ 简单。创建尽可能简单的曲线网格曲面。

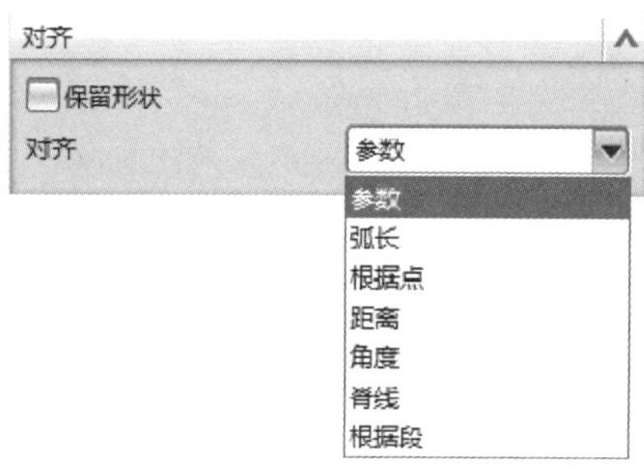

图 7-10

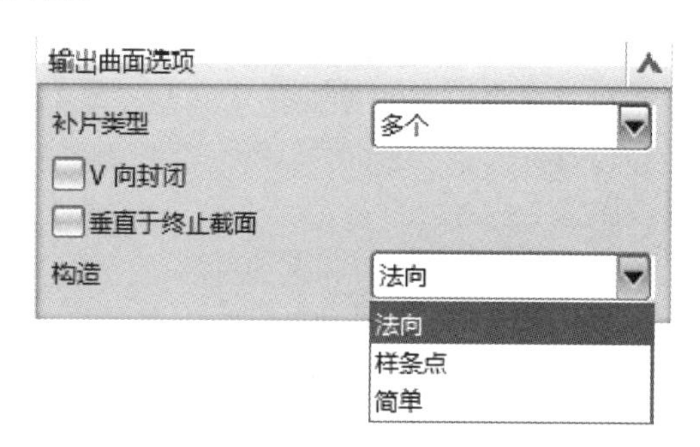

图 7-11

知识精讲

截面线串的箭头方向对生成曲面的形状将产生非常重要的影响。一般来说，选择的几条截面曲线应该保证箭头方向基本一致，否则将生成扭曲的曲面或者根本无法生成曲面。当截面线串的箭头方向基本一致时，生成的曲面则十分光滑规则，不会发生扭曲。

7.1.4　通过曲线网格

通过曲线网格创建曲面的方法是依据用户选择的两组截面线串来生成片体或者实体。这两组截面线串中有一组大致方向相同的截面线串称为主线串，另一组与主线串大致垂直的截面线串称为交叉线串。因此用户在选择截面线串时应该将方向相同的截面线串作为一组，这样两组截面线串就可以形成网格的形状。

选择【菜单】→【插入】→【网格曲面】→【通过曲线网格】菜单项，或者在【曲面】工具条中单击【通过曲线网格】按钮，系统即可弹出图 7-12 所示的【通过曲线网格】对话框。

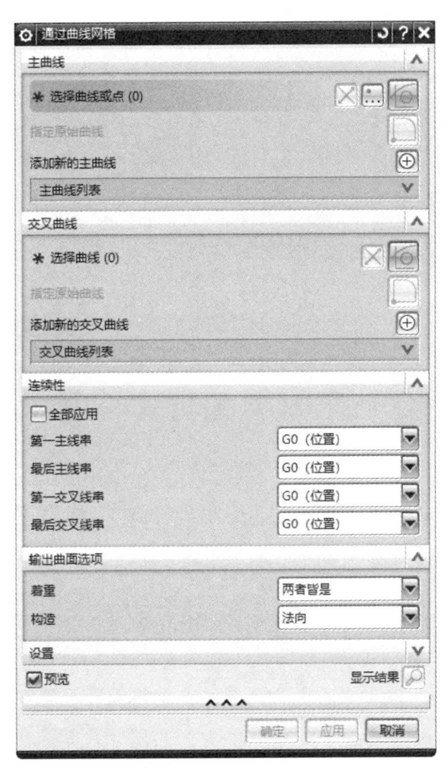

图 7-12

在绘图区先选择第一个主集的曲线，接着选择第二个主集的曲线，单击鼠标中键两次以完成对主曲线的选择；然后选择交叉曲线集，并在选择每个集之后单击鼠标中键，最后单击【确定】按钮即可完成创建网格曲面，如图 7-13 所示。

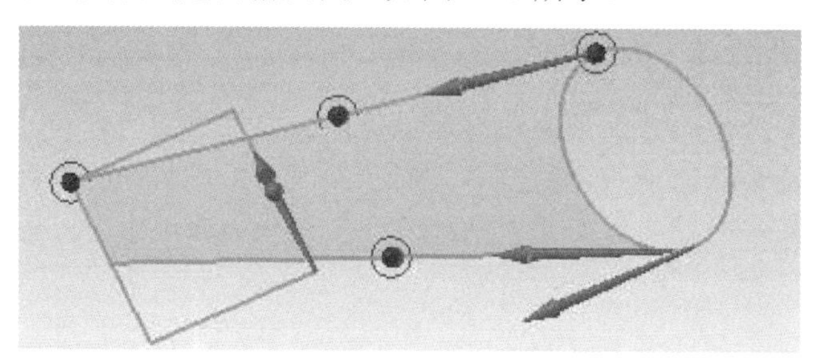

图 7-13

下面详细介绍【通过曲线网格】对话框中的选项。

1. 主曲线

用于选择包含曲线、边或点的主截面集。

2. 交叉曲线

选择包含曲线或边的横截面集。

3. 连续性

用于在第一主截面和最后主截面，以及第一横截面与最后横截面处选择约束面，并指定其连续性。

(1) 全部应用。将相同的连续性设置应用于第一个及最后一个截面。

(2) 第一主线串。用于为第一个与最后一个主截面及横截面设置连续性约束，以控制与输入曲线有关的曲面的精度。

(3) 最后主线串。让用户约束该实体使得它和一个或多个选定的面或片体在最后一条主线串处相切或曲率连续。

(4) 第一交叉线串。让用户约束该实体使得它和一个或多个选定的面或片体在第一交叉线串处相切或曲率连续。

(5) 最后交叉线串。让用户约束该实体使得它和一个或多个选定的面或片体在最后一交叉线串处相切或曲率连续。

4. 输出曲面选项

(1) 着重。让用户决定哪一组控制线串对曲线网格体的形状最有影响。其中有 3 个选项，分别为【两者皆是】、【主线串】和【交叉线串】，如图 7-14 所示。

图 7-14

① 两者皆是。主线串和交叉线串(即横向线串)有同样效果。

② 主线串。主线串更有影响。

③ 交叉线串。交叉线串更有影响。

(2) 构造。其中有 3 个选项，分别为【法向】、【样条点】和【简单】，如图 7-15 所示。

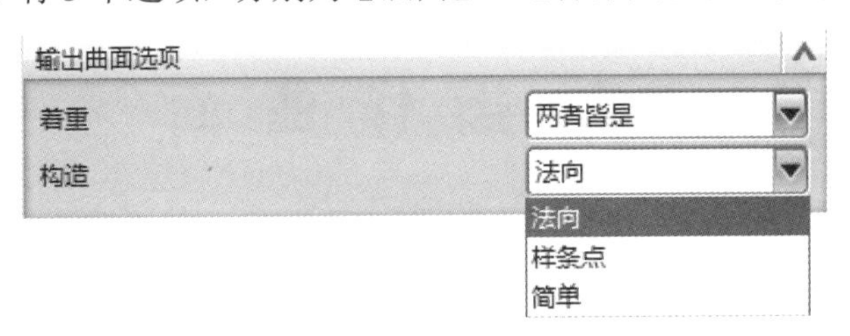

图 7-15

① 法向。使用标准过程建立曲线网格曲面。

② 样条点。让用户通过输入曲线使用点和这些点处的斜率值来生成体。对于此选项，选择的曲线必须是有相同数目定义点的单根 B 曲线，这些曲线通过它们的定义点临时地重新参数化(保留所有用户定义的斜率值)，然后这些临时的曲线用于生成体，这有助于用更少的补片生成更简单的体。

③ 简单。建立尽可能简单的曲线网格曲面。

5. 重新构建

该选项可以通过重新定义曲线或交叉曲线的阶次和节点数来帮助用户构建光滑曲线。仅当【构造】选项为【法向】时，该选项可用。其下拉列表框中包括 3 个选项，如图 7-16 所示。

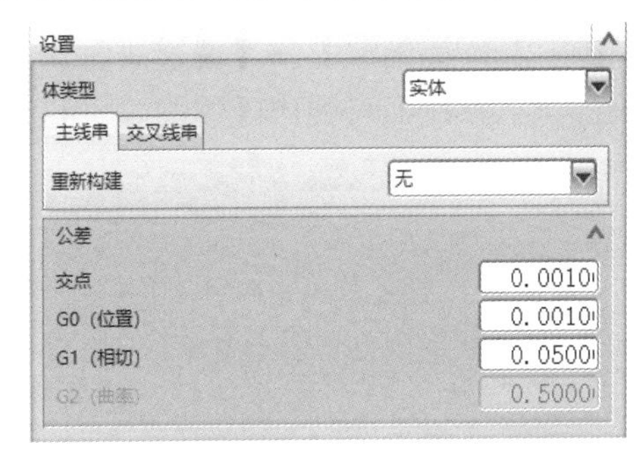

图 7-16

(1) 无。不需要重构主曲线或交叉曲线。

(2) 次数和公差。该选项通过手动选取主曲线或交叉曲线来替换原来的曲线，并为生成的曲面指定 U/V 向阶次。节点数可依据 G0、G1、G2 的公差值按需求插入。

(3) 自动拟合。该选项通过指定最小阶次和分段数来重构曲线，系统会自动尝试利用最小阶次来重构曲线，如果达不到要求，则会再利用分段数来重构曲面。

6. G0(位置)/G1(相切)/G2(曲率)

该数值用来限制生成的曲面与初始曲线间的公差。G0 默认值为位置公差，G1 默认值为相切公差，G2 默认值为曲率公差。

请您根据本小节介绍的知识，创建直纹面，测试一下您的学习效果。

7.2 操作曲面

在用户创建一个曲面后，还需要对其进行相关的操作，使用这些操作功能是曲面造型后期修整的常用技术。本节将详细介绍操作曲面的相关知识。

↑ 扫码看视频

7.2.1 偏置曲面

【偏置曲面】命令创建曲面的操作方法是用户指定某个曲面作为基面，然后指定偏置的距离，系统将沿着基面的法线方向偏置基面。偏置的距离可以是固定的数值，也可以是一个变化的数值。偏置的方向可以是基面的正法线方向，也可以是基面的负法线方向。用户还可以设置公差来控制偏置曲面和基面的相似程度。

选择【菜单】→【插入】→【偏置/缩放】→【偏置曲面】菜单项，或是单击【特征】工具条中的【偏置曲面】按钮，系统即可弹出【偏置曲面】对话框，如图 7-17 所示。

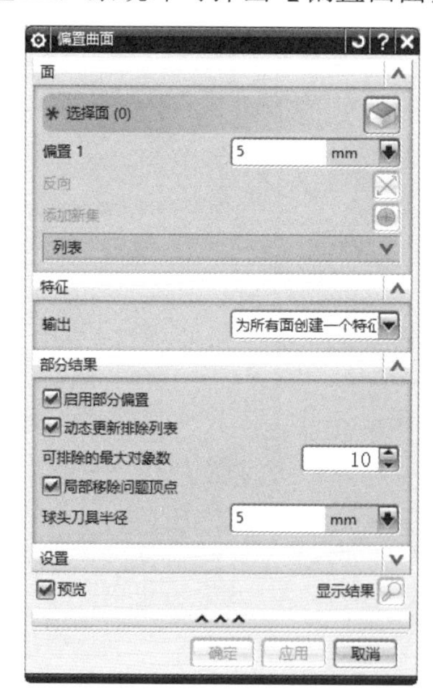

图 7-17

在【偏置曲面】对话框中，先选择要偏置的面，然后在【偏置 1】文本框中输入偏置值，单击【确定】按钮即可创建偏置曲面，如图 7-18 所示。

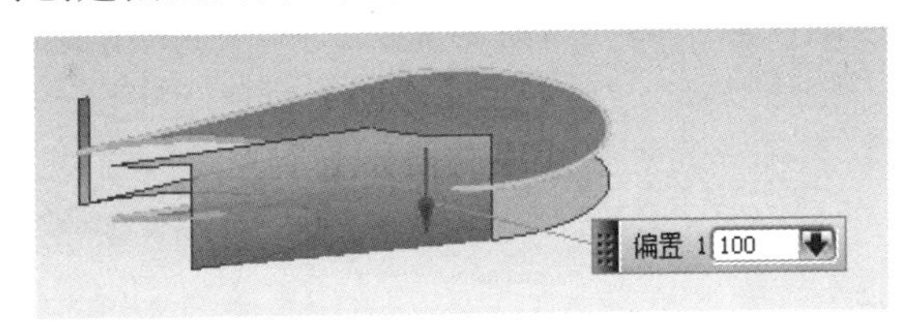

图 7-18

下面详细介绍【偏置曲面】对话框中主要选项的功能。

1. 面

选择要偏置的面。

2. 输出

确定输出特征的数量。【输出】下拉列表框中有两个选项，如图 7-19 所示。

图 7-19

(1) 为每个面创建一个特征。为每个选定的面创建偏置曲面的特征。
(2) 为所有面创建一个特征。为所有选定并相连的面创建单个偏置曲面特征。

3. 部分结果

(1) 启用部分偏置。无法从指定的几何体获取完整结果，提供部分偏置结果。
(2) 动态更新排除列表。在偏置操作期间检测到问题对象会自动将其添加到排除列表中。
(3) 可排除的最大对象数。在获取部分结果时控制要排除的问题对象的最大数量。
(4) 局部移除问题顶点。使用具有球形工具半径中指定半径的工具球头，头部件中减去问题顶点。
(5) 球头刀具半径。控制用于切除问题顶点的球头的大小。

4. 相切边

【相切边】下拉列表框包括【不添加支撑面】和【在相切边添加支撑面】两个选项，如图 7-20 所示。

图 7-20

【在相切边添加支撑面】是指添加垂直于偏置面的一个面，位置是偏置距离为零的面与偏置距离大于零的面之间的一条相切边。

7.2.2 大致偏置

大致偏置让用户使用大的偏置距离从一组面或片体生成一个没有自相交、尖锐边界或拐角的偏置片体。让用户从一系列面或片体上生成一个大的粗略偏置，用于当【偏置面】和【偏置曲面】功能不能实现时。选择【菜单】→【插入】→【偏置/缩放】→【大致偏置(原有)】菜单项(可以在【命令查找器】中找到该命令)，系统即可弹出【大致偏置】对话框，如图 7-21 所示。

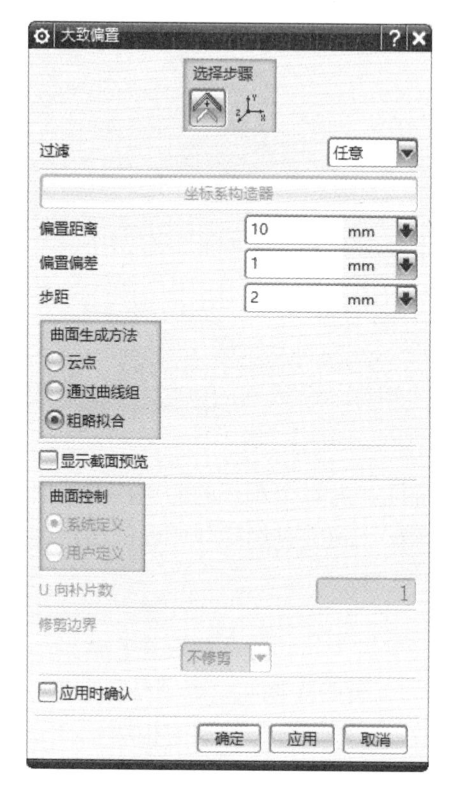

图 7-21

在【大致偏置】对话框中，首先选择要偏置的面或片体，再通过坐标系构造器指定一个坐标系，然后设置其他参数，单击【确定】按钮即可完成大致偏置曲面的操作，如图 7-22 所示。

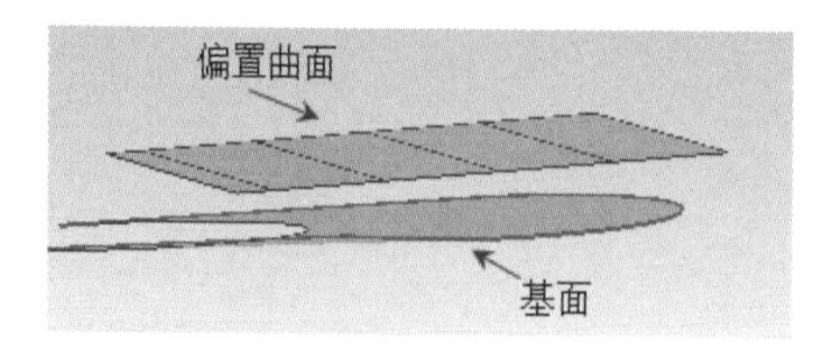

图 7-22

下面详细介绍【大致偏置】对话框中主要选项的功能。

1. 选择步骤

【选择步骤】选项包括两个按钮，分别为【偏置面/片体】按钮和【偏置坐标系】按钮，下面分别予以详细介绍。

(1) 【偏置面/片体】按钮。选择要偏置的面或片体。如果选择多个面，则不会使它们相互重叠，相邻面之间的缝隙应该在指定的建模距离公差范围内。但是此功能不检查重叠或缝隙，如果遇到了，则会忽略缝隙，如果存在重叠，则会偏置顶面。

(2) 【偏置坐标系】按钮。为偏置选择或建立一个坐标系，其中 Z 方向指明偏置方向，X 方向指明步进或截取方向，Y 方向指明步距方向。默认的坐标系为当前的工作坐标系。

2. 坐标系构造器

通过使用标准的坐标系对话框为偏置选择或构造一个坐标系。

3. 偏置距离

指定偏置的距离。此字段值和【偏置偏差】中指定的值一同起作用。如果希望偏置背离指定的偏置方向，则可以为偏置距离输入一个负值。

4. 偏置偏差

指定偏置点偏差，用户输入的值表示允许的偏置距离范围，该值和【偏置距离】值一同起作用。例如，如果偏置距离是 10 且偏差是 1，则允许的偏置距离为 9～11。通常偏差值应该远大于建模距离公差。

5. 步距

指定步进距离。

6. 曲面生成方法

指定系统建立粗略偏置曲面时使用的方法。

(1) 云点。系统使用与【由点云构面】选项中相同的方法建立曲面。选择此方法则启用【曲面控制】选项，它让用户指定曲面的片数。

(2) 通过曲线组。系统使用与【通过曲线】选项中相同的方法建立曲面。

(3) 粗略拟合。当其他方法生成曲面无效时(如有自相交面或者低质量)，系统利用该选项创建一低精度曲面。

7. 曲面控制

让用户决定使用多少补片来建立片体。此选项只用于【云点】曲面生成方法。

(1) 系统定义。建立新的片体时系统自动添加计算数目的 U 向补片来给出最佳结果。

(2) 用户定义。启用【U 向补片数】字段，该字段让用户指定在建立片体时，允许使用多少 U 向补片。该值必须至少为 1。

8. 修剪边界

【修剪边界】下拉列表框中有 3 个选项，分别为【不修剪】、【修剪】和【边界曲线】，如图 7-23 所示。

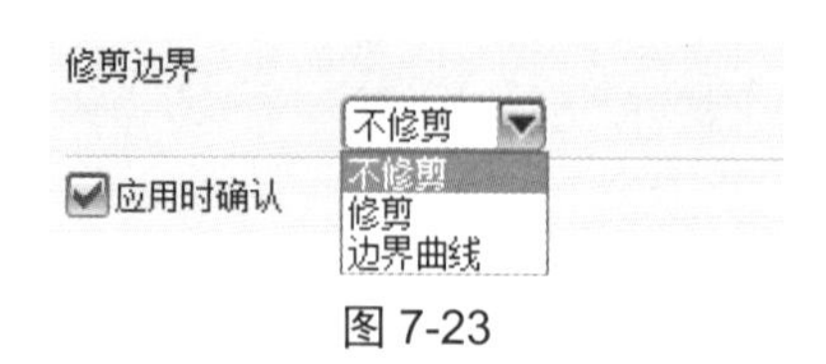

图 7-23

(1) 不修剪。片体以近似矩形图案生成，并且不修剪。

(2) 修剪。片体根据偏置中使用的曲面边界修剪。

(3) 边界曲线。片体不被修剪，但是片体上会生成一条曲线，它对应于在使用【修剪】选项时发生修剪的边界。

7.2.3 缝合

【缝合】命令可以将两个或多个片体连接成单个片体。如果选择的片体包围一定的体积，则乘积一个实体。选择【菜单】→【插入】→【组合】→【缝合】菜单项，系统即可弹出【缝合】对话框，如图 7-24 所示。

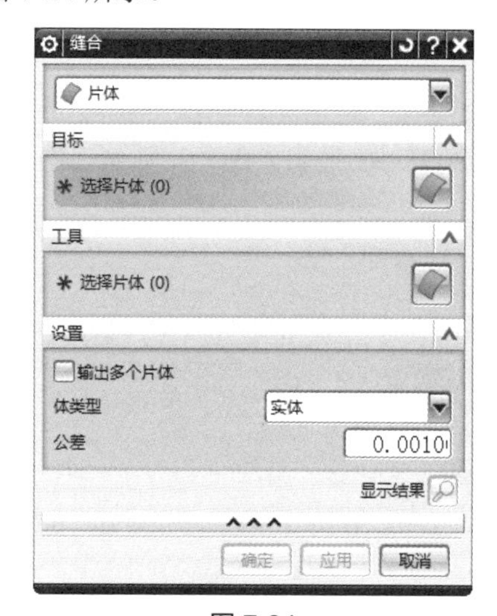

图 7-24

在【缝合】对话框中，选择一个片体或实体为目标体，然后选择一个或多个要缝合到目标的片体或实体，最后单击【确定】按钮即可缝合曲面，如图 7-25 所示。

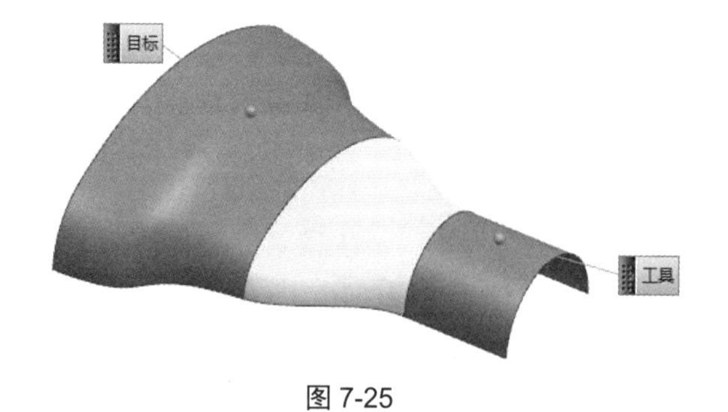

图 7-25

下面详细介绍【缝合】对话框中的主要选项。

1. 类型

缝合类型分为【片体】和【实体】两种类型，如图 7-26 所示。

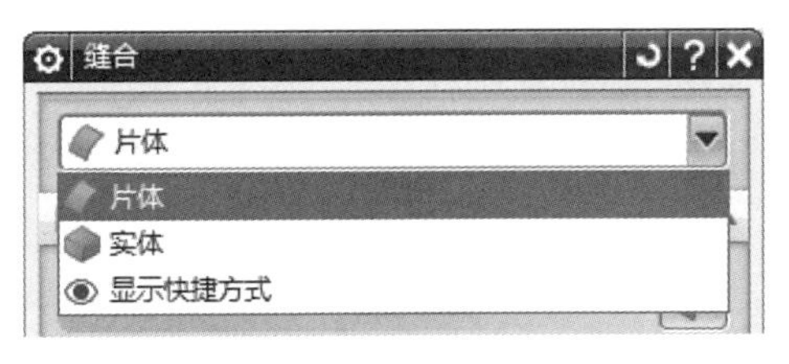

图 7-26

(1) 片体。选择曲面作为缝合对象。

(2) 实体。选择实体作为缝合对象。

2. 目标

(1) 选择片体。当类型为片体时目标为选择片体，用来选择目标片体，但只能选择一个片体作为目标片体。

(2) 选择面。当类型为实体时目标为选择面，用来选择目标实体面。

3. 工具

(1) 选择片体。当类型为片体时工具为选择片体，用来选择工具片体，但可以选择多个片体作为工具片体。

(2) 选择面。当类型为实体时工具为选择面，用来选择工具实体面。

4. 设置

(1) 输出多个片体。勾选此复选框，缝合的片体为封闭时，缝合后生成的是片体；不勾选此复选框，缝合后生成的是实体。

(2) 公差。用来设置缝合公差。

7.2.4　修剪片体

修剪片体创建曲面的方法是指用户指定修剪边界和投影方向后，系统把修剪边界按照投影方向投影到目标面上，裁剪目标面得到新曲面。修剪边界可以是实体面、实体边缘，也可以是曲线，还可以是基准面。投影方向可以是面的法向，也可以是基准轴，还可以是坐标轴，如 XC 和 ZC 等。

选择【菜单】→【插入】→【修剪】→【修剪片体】菜单项，系统即可弹出图 7-27 所示的【修剪片体】对话框。

在【修剪片体】对话框中，先选择一个要修剪的片体，单击鼠标中键，然后选择要修剪的片体上的曲线为边界，设置其他相关参数，最后单击【确定】按钮即可修剪片体，如图 7-28 所示。

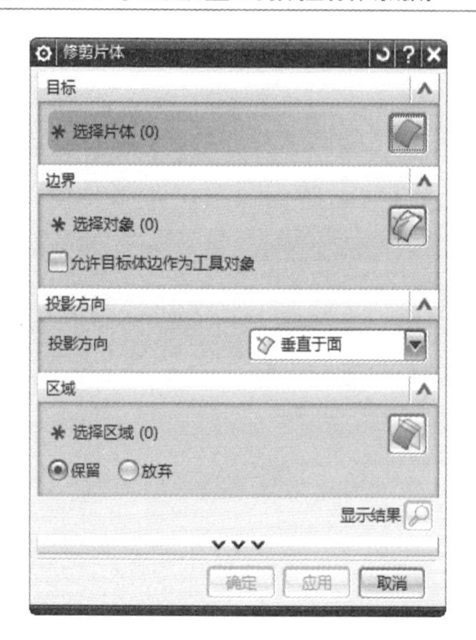

图 7-27

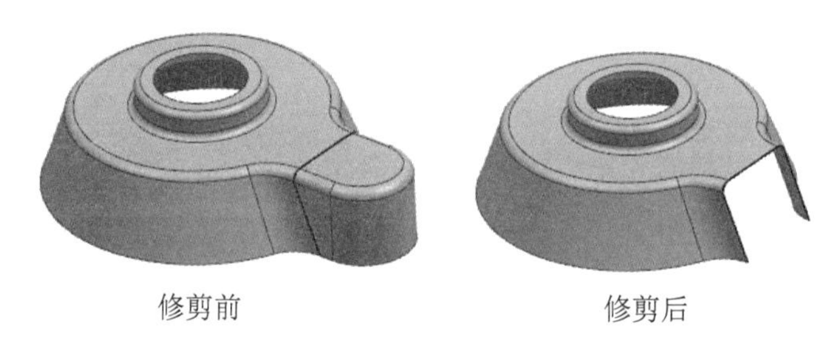

修剪前　　　　修剪后

图 7-28

下面详细介绍【修剪片体】对话框中的主要选项。

1. 投影方向

【投影方向】下拉列表框是定义要做标记的曲面的投影方向，包含【垂直于面】、【垂直于曲线平面】和【沿矢量】3 个选项，如图 7-29 所示。

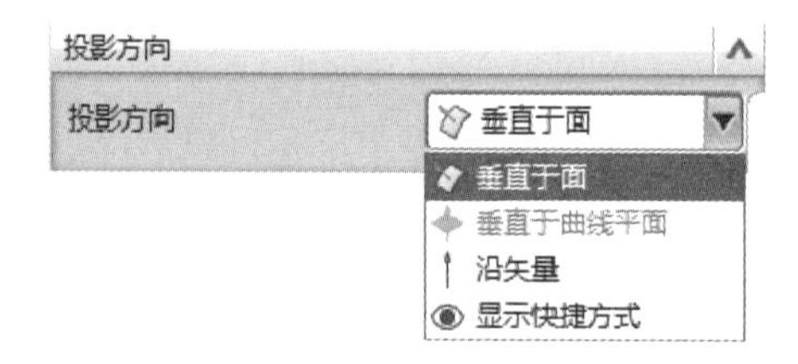

图 7-29

(1) 垂直于面。定义修剪边界投影方向是选定边界面的垂直投影。
(2) 垂直于曲线平面。定义修剪边界投影方向是选定边界曲面的垂直投影。
(3) 沿矢量。定义修剪边界投影方向是用户指定方向投影。

2. 区域

【区域】选项组用于定义所选的区域是被保留还是被舍弃。

(1) 保留。定义修剪曲面是选定的区域保留。

(2) 放弃。定义修剪曲面是选定的区域舍弃。

7.2.5　片体到实体助理

该功能可以将几组未缝合的片体生成实体，方法是将缝合一组片体的过程自动化(缝合)，然后加厚结果(加厚)。如果指定的片体造成这个过程失败，那么将自动完成对它们的分析，以找出问题的根源，有时此过程将得出简单推导出的补救措施，但是有时必须重建曲面。选择【菜单】→【插入】→【偏置/缩放】→【片体到实体助理(原有)】菜单项(可以在【命令查找器】中找到该命令)，系统即可弹出【片体到实体助理】对话框，如图 7-30 所示。

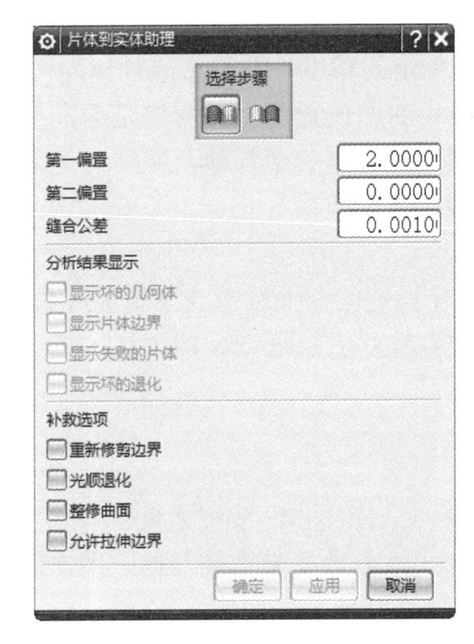

图 7-30

在【片体到实体助理】对话框中选择一个片体，输入【第一偏置】、【第二偏置】的值，并输入【缝合公差】，然后单击【应用】按钮，系统会执行曲面的有效性检查。若发现任何问题，在【分析结果显示】和【补救选项】选项组勾选适用于实际情况的复选框并解决问题。将所有调整操作后，单击【确定】按钮即可创建实体。下面详细介绍【片体到实体助理】对话框中的选项。

1. 选择步骤

(1) 【目标片体】按钮。选择需要被操作的目标片体。

(2) 【工具片体】按钮。选择一个或多个要缝合到目标中的工具片体。该选项是可选的，如果用户未选择任何工具片体，那么就不会在菜单栏中选择缝合操作，而只在菜单栏中选择加厚操作。

2. 第一偏置/第二偏置

该操作与加厚中的选项相同。

3. 缝合公差

为了使缝合操作成功，设置被缝合到一起的边之间的最大距离。

4. 分析结果显示

该选项最初是关闭的，当尝试生成一个实体，但是却产生故障时，该选项将变得敏感，其中每一个分析结果项只有在显示相应的数据时才可用。打开其中的可用选项，图形窗口中将高亮显示相应的拓扑。

(1) 显示坏的几何体。如果系统在目标片体或任何工具片体上发现无效的几何体，则该选项将处于可用状态，打开此选项将高亮显示坏的几何体。

(2) 显示片体边界。如果得到“无法在菜单栏中选择加厚操作”信息，且该选项处于可用状态，打开此选项，可以查看当前在图形窗口中定义的边界。造成加厚操作失败的原因之一是输入的几何体不满足指定的精度，从而造成片体的边界不符合系统的需要。

(3) 显示失败的片体。阻止曲面偏置的常见问题是面向偏置方向具有一个小面积的意外封闭曲率区域，系统将尝试一次加厚一个片体，并将高亮显示任何偏置失败的片体。另外，如果可以加厚缝合的片体，但是结果却是一个无效实体，那么将高亮显示引起无效几何体的片体。

(4) 显示坏的退化。用退化构建的曲面经常会发生偏置失败(在任何方向上)，这是曲率问题造成的，即聚集在一起的参数行太接近曲面的极点。该选项可以检测这些点的位置并高亮显示它们。

5. 补救选项

(1) 重新修剪边界。由于 CAD/CAM 系统之间的拓扑表示存在差异，因此通常以 Parasolid 不便于查找模型的形式修剪数据来转换数据。用户可以使用这种补救方法来更正其中的一些问题，而不用更改底层几何体的位置。

(2) 光顺退化。在通过【显示坏的退化】选项找到的退化上进行这种补救操作，并使它们变得光顺。

(3) 整修曲面。这种补救将减少用于代表曲面的数据量，而不会影响位置上的数据，从而生成更小、更快及更可靠的模型。

(4) 允许拉伸边界。这种补救尝试从拉伸的实体复制工作方法，并使用“抽壳”而不是“片体加厚”作为生成薄壁实体的方法，从而避免了一些由缝合片体的边界造成的问题。只有当能够确定合适的拉伸方向时，才能使用此选项。

考考您

请您根据本小节介绍的知识，进行修剪片体的操作，测试一下您的学习效果。

7.3 编辑曲面

在 UG NX 中，完成曲面的常见操作后，一般还需要对其进行相关的编辑，本节将详细介绍曲面编辑的相关知识及操作方法。

↑ 扫码看视频

7.3.1 X 型

X 型是通过动态地控制极点的方式来编辑面或曲线。下面详细介绍如何使用 X 型功能来编辑曲面。

第 1 步 绘制一个曲面，如图 7-31 所示，选择【菜单】→【编辑】→【曲面】→【X 型】菜单项，系统会弹出图 7-32 所示的【X 型】对话框。

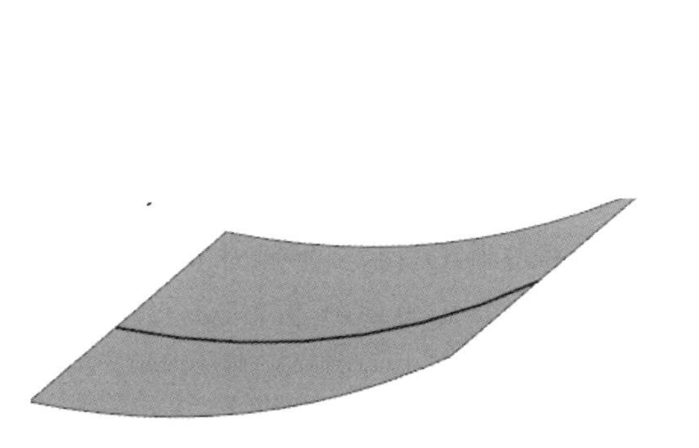

图 7-31

图 7-32

第 2 步 单击选中原始曲面，曲面弹出网格状的选择点，如图 7-33 所示。选择需要被移动的点，直接拖动点或者在微定位栏中设置移动距离，单击【确定】按钮，即可完成使用 X 型功能编辑曲面的操作，如图 7-34 所示。

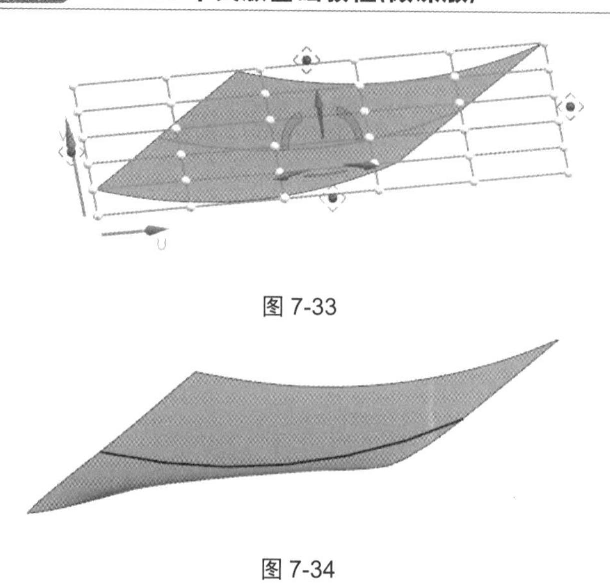

图 7-33

图 7-34

7.3.2 I 型

I 型是通过控制曲面内部的 UV 参数线来修改面。它可以对 B 曲面和非 B 曲面进行操作，还可以对已修剪的面进行操作。下面详细介绍使用 I 型功能编辑曲面的操作方法。

第 1 步 绘制一个曲面，如图 7-35 所示，选择【菜单】→【编辑】→【曲面】→【I 型】菜单项，系统会弹出图 7-36 所示的【I 型】对话框。

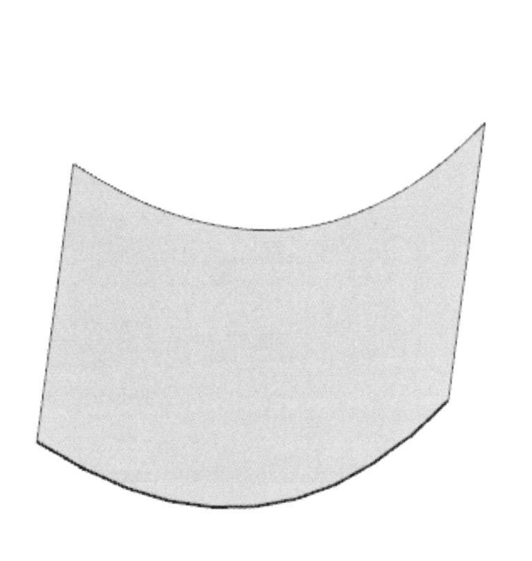

图 7-35

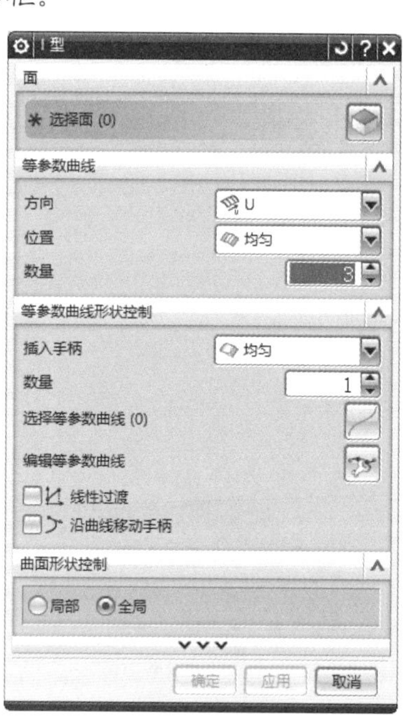

图 7-36

第 2 步 单击选中原始曲面，曲面会弹出图 7-37 所示的 U 方向等参数曲线，选择 U 方向等参数曲线，拖动其控制点编辑曲面，单击【确定】按钮，即可完成使用 I 型功能编辑曲面的操作，如图 7-38 所示。

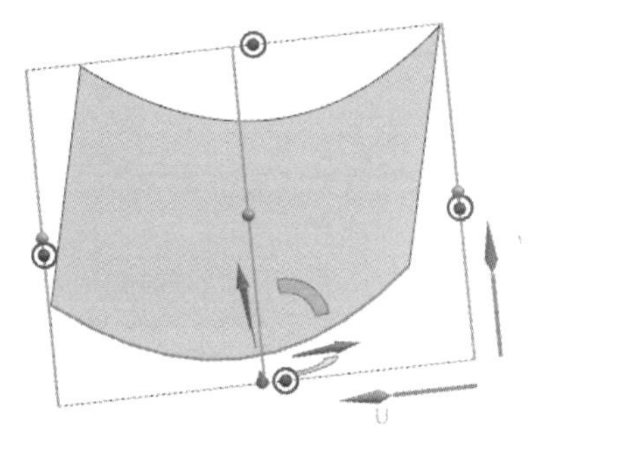

图 7-37

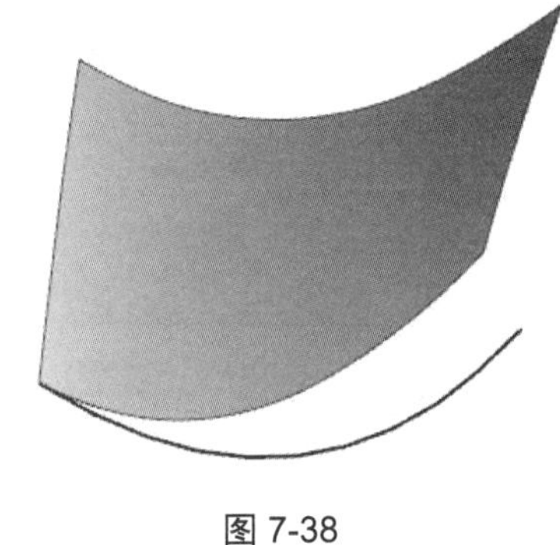

图 7-38

7.3.3　更改边

更改边功能主要用来修改曲面边缘、匹配曲线或匹配体等，即可令曲面的边缘与要匹配的曲线重合，或者使曲面的边缘延伸至一实体上进行匹配等。下面详细介绍使用更改边功能来编辑曲面的操作方法。

第 1 步 绘制一个曲面，如图 7-39 所示。

第 2 步 选择【菜单】→【编辑】→【曲面】→【更改边】菜单项，系统会弹出图 7-40 所示的【更改边】对话框。

图 7-39　　图 7-40

第 3 步 选中【编辑原片体】单选按钮，然后单击曲面，将其选择为要修改的片体，弹出图 7-41 所示的【更改边】对话框。选择要编辑的 B 曲面边，如图 7-42 所示。

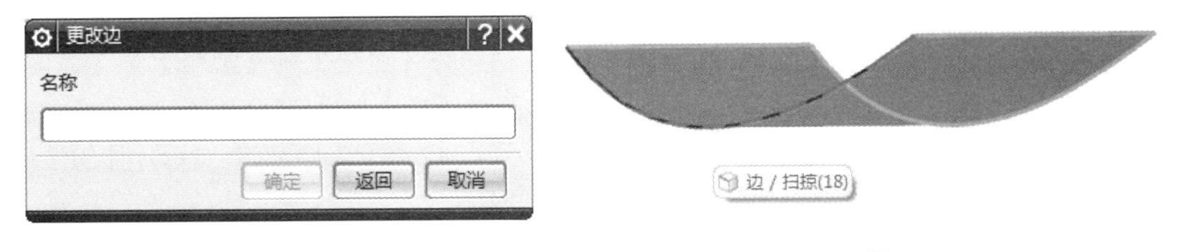

图 7-41　　图 7-42

第 4 步 弹出图 7-43 所示的【更改边】对话框，单击【仅边】按钮，即可弹出图 7-44 所示的【更改边】对话框。

第 5 步 单击【匹配到平面】按钮，即可弹出图 7-45 所示的【平面】对话框。

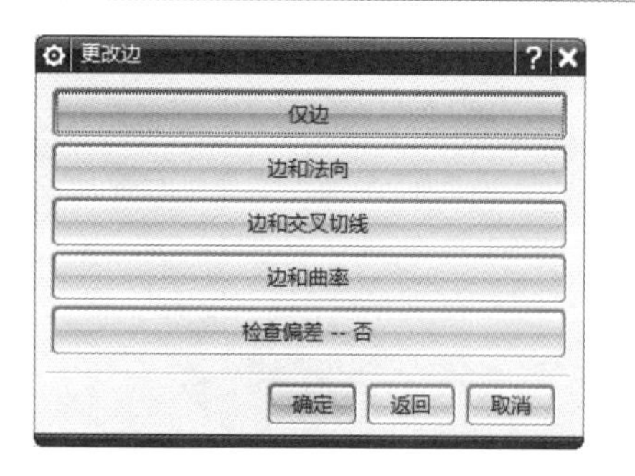

图 7-43

匹配到曲线
匹配到边
匹配到体
匹配到平面
确定
返回
取消

图 7-44

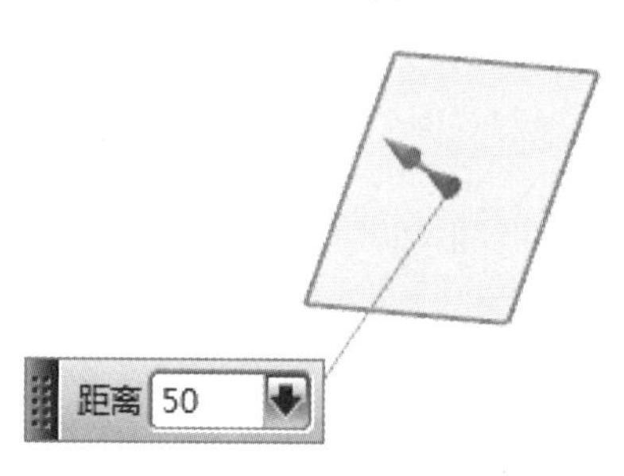

图 7-45

第 6 步 在【类型】下拉列表框中选择【XC-YC 平面】选项，在【距离】文本框中输入 50，单击【确定】按钮，即可完成更改边的操作，效果如图 7-46 所示。

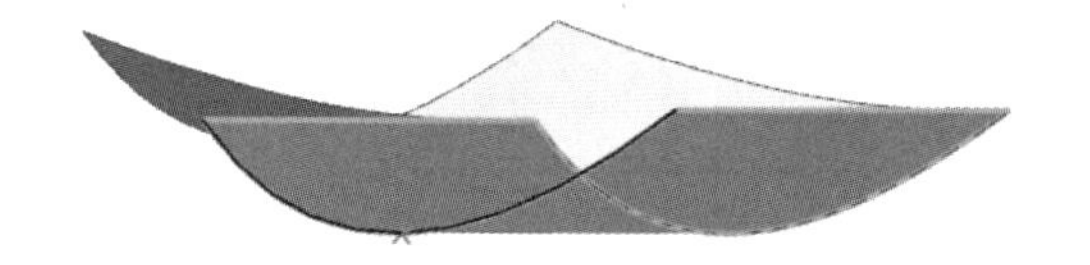

图 7-46

7.3.4 法向反向

【法向反向】命令用于创建曲面的反方向特征。选择【菜单】→【编辑】→【曲面】→【法向反向】菜单项，系统即可弹出【法向反向】对话框，如图 7-47 所示。

选择一个或多个要反向的片体，然后单击【显示法向】按钮即可重新显示片体的法向，如图 7-48 所示。

图 7-47

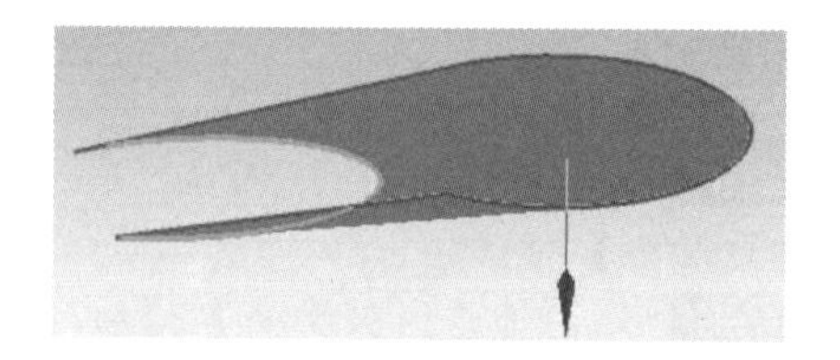

图 7-48

知识精讲

使用法向反向功能创建曲面的反法向特征、改变曲面的法线方向、改变法线方向，可以解决因表面法线方向不一致造成的表面着色问题和使用曲面修剪操作时因表面法线方向不一致而引起的更新故障。

7.3.5　光顺极点

光顺极点是通过计算选定相对于周围曲面的合适分布来修改极点分布。选择【菜单】→【编辑】→【曲面】→【光顺极点】菜单项，弹出【光顺极点】对话框，如图 7-49 所示。

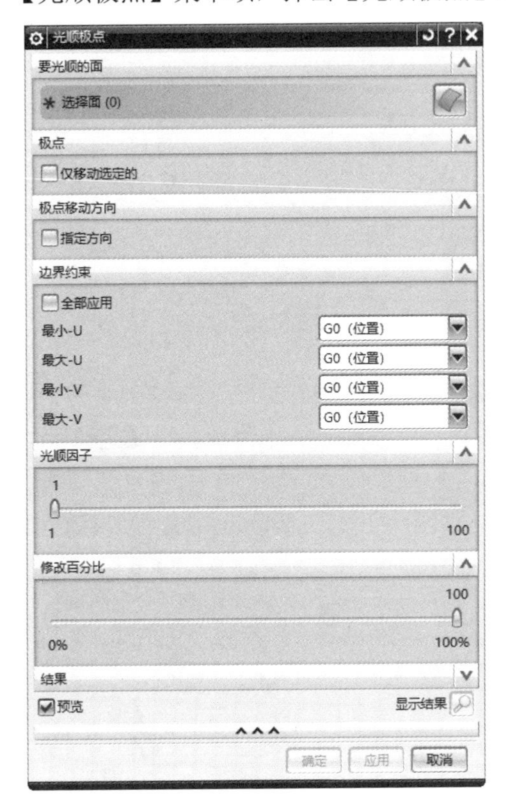

图 7-49

在绘图区中选择一个未修剪的单个面或片体的曲面，然后勾选【仅移动选定的】复选框，指定要移动的极点，拖动【光顺因子】和【修改百分比】滑块，调整曲面的光顺度，如图 7-50 所示。

下面详细介绍【光顺极点】对话框中主要选项的功能。

(1)　要光顺的面。选择需要光顺极点的面。

(2)　仅移动选定的。显示并指定用于曲面光顺的极点。

(3)　指定方向。指定极点移动方向。

图 7-50

(4) 边界约束。【边界约束】选项组中包括【全部应用】复选框和【最小-U】/【最大-U】/【最小-V】/【最大-V】选项。

① 全部应用。将指定边界约束分配给要修改的曲面的所有 4 条边界边。

② 最小-U/最大-U/最小-V/最大-V。为要修改的曲面的四条边界指定 U 向和 V 向上的边界约束。

(5) 光顺因子。拖动滑块来指定连续光顺步骤的数目。

(6) 修改百分比。拖动滑块控制应用于曲面或选定极点的光顺百分比。

7.3.6 变换曲面

利用变换曲面功能，可以动态缩放、旋转或平移曲面。下面详细介绍如何使用曲面变换功能来编辑曲面。

素材保存路径：配套素材\第 7 章

素材文件名称：qumian.prt、bianhuanqumian.prt

第 1 步 打开素材文件“qumian.prt”，已有一个创建好的特征素材，如图 7-51 所示。

第 2 步 选择【菜单】→【编辑】→【曲面】→【变换(原有)】菜单项(可以在【命令查找器】中搜索到该命令)，如图 7-52 所示。

图 7-51

图 7-52

第 3 步 弹出【变换曲面】对话框，1. 选中【编辑原片体】单选按钮，2. 在图形区选择要编辑的曲面，3. 单击【确定】按钮，如图 7-53 所示。

第 4 步 弹出【点】对话框，1. 设置变换中心点为(0,0,0)，2. 单击【确定】按钮，如图 7-54 所示。

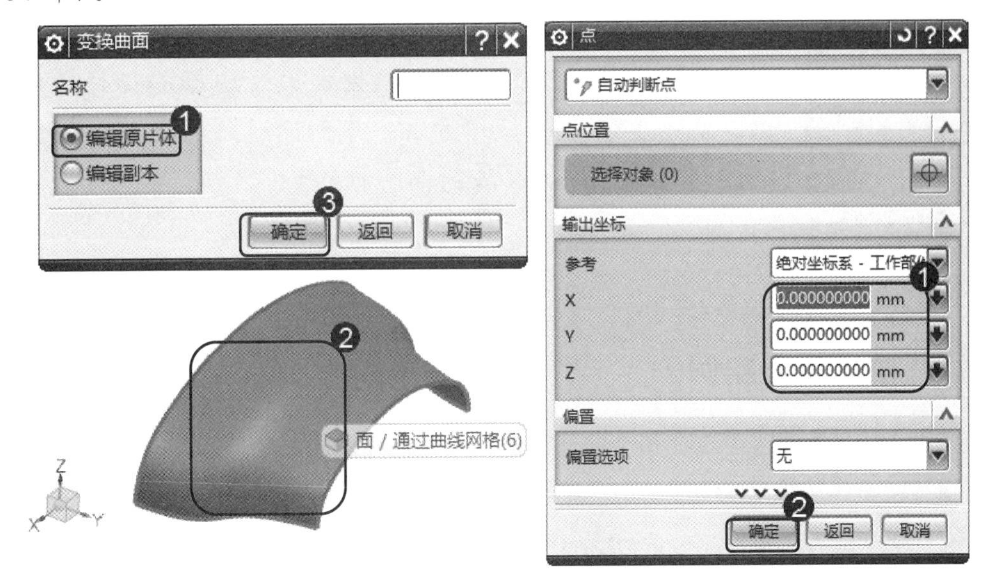

图 7-53　　　　图 7-54

第 5 步 弹出【变换曲面】对话框，1. 在【选择控件】选项组中选中【缩放】单选按钮，2. 通过拖动滑块设置 XC 轴、YC 轴和 ZC 轴参数数值，3. 单击【确定】按钮，如图 7-55 所示。

第 6 步 通过以上步骤即可完成变换曲面的操作，效果如图 7-56 所示。

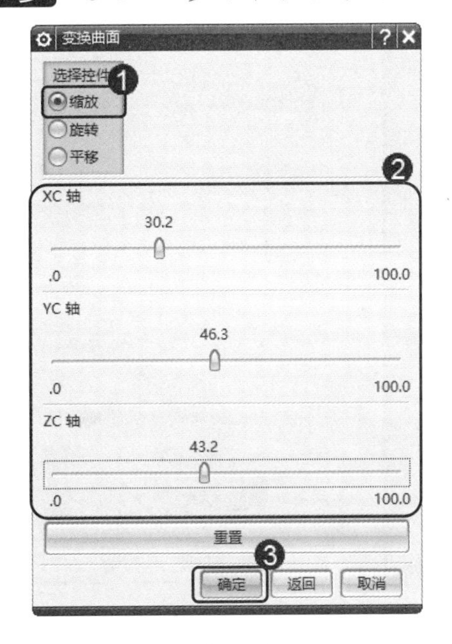

图 7-55

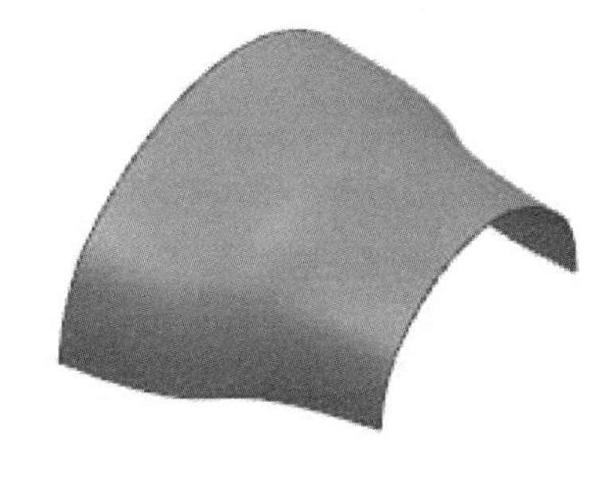

图 7-56

7.4 实践案例与上机指导

通过本章的学习，读者基本可以掌握曲面设计的基本知识以及一些常见的操作方法，下面通过练习操作一些案例，以达到巩固学习、拓展提高的目的。

↑扫码看视频

7.4.1 桥接曲面实例

使用【桥接】命令可以在两个曲面间建立一张过渡曲面，且可以在桥接和定义面之间指定相切连续性或曲率连续性。本例详细介绍桥接曲面的操作方法。

素材保存路径：配套素材\第 7 章

素材文件名称：qiaojie.prt、qiaojiequmian.prt

第 1 步 打开素材文件“qiaojie.prt”，选择【菜单】→【插入】→【细节特征】→【桥接】菜单项，如图 7-57 所示。

第 2 步 系统即可弹出【桥接曲面】对话框，分别选取两曲面相邻近的两条边作为边 1 和边 2，如图 7-58 所示。

图 7-57

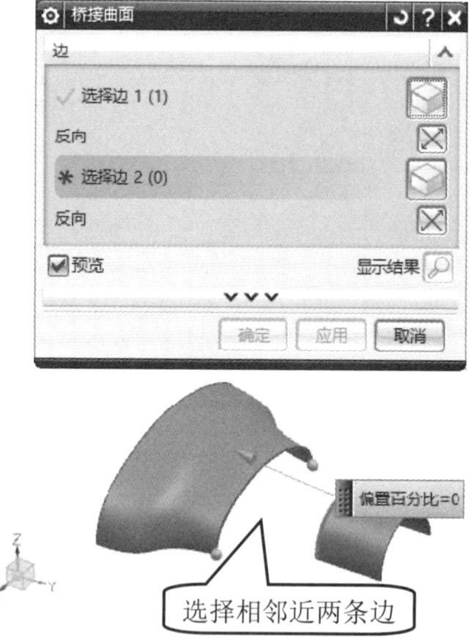

图 7-58

第 3 步 定义相切约束。在【桥接曲面】对话框的【连续性】选项组的【边 1】和【边 2】下拉列表框中选择【G1(相切)】选项，如图 7-59 所示。

第 4 步 单击【确定】按钮，即可完成桥接曲面的创建，效果如图 7-60 所示。

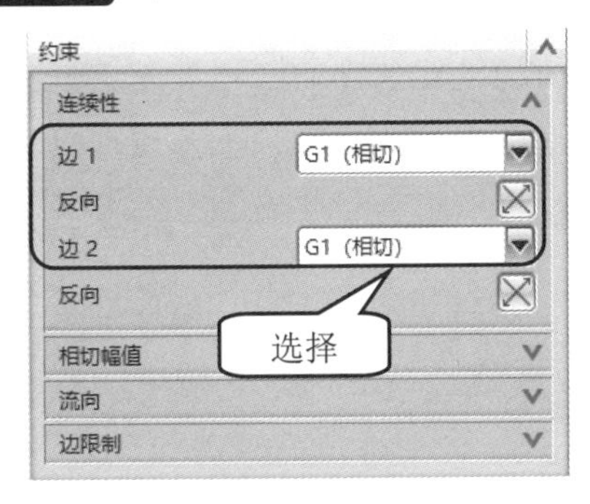

图 7-59

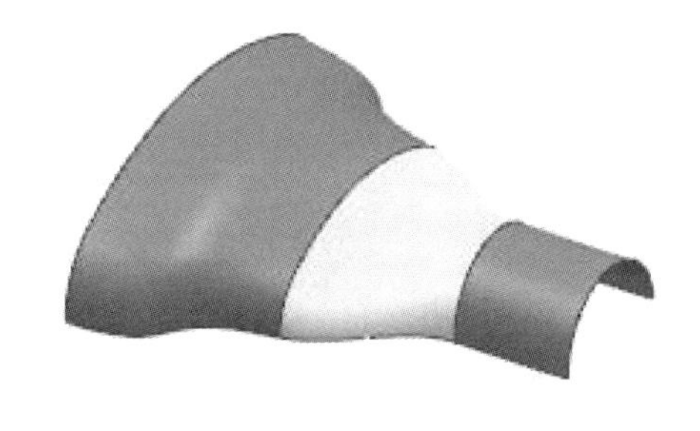

图 7-60

7.4.2　分割表面实例

分割表面就是用多个分割对象，如曲线、边缘、面、基准平面或实体，对现有体的一个面或多个面进行分割。在这个操作过程中，要分割的面和分割对象是关联的，即如果任一输入对象被更改，那么结果也会随之更新。下面详细介绍分割表面的操作方法。

素材保存路径：配套素材\第 7 章

素材文件名称：fenge.prt、fengebiaomian.prt

第 1 步 打开素材文件“fenge.prt”，选择【菜单】→【插入】→【修剪】→【分割面】菜单项，如图 7-61 所示。

第 2 步 系统即可弹出【分割面】对话框，选择如图 7-62 所示的曲面作为分割的曲面，单击鼠标中键确认。

图 7-61

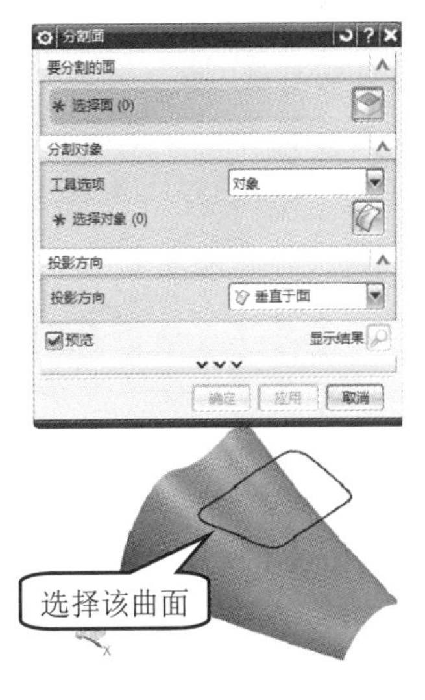

图 7-62

第 3 步 定义分割对象。在图形区中选择图 7-63 所示的曲线串作为分割对象。

第 4 步 1. 在【投影方向】选项组的【投影方向】下拉列表框中选择【沿矢量】选项，2. 选中 ZC 按钮并单击【反向】按钮，如图 7-64 所示。

图 7-63

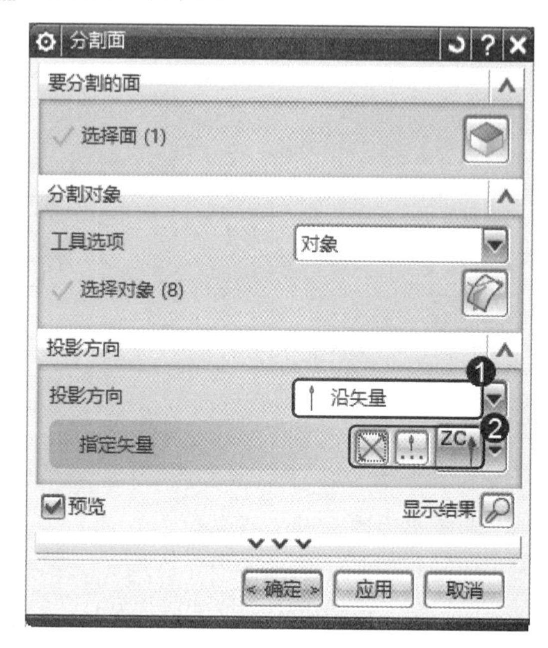

图 7-64

第 5 步 此时会生成图 7-65 所示的曲面分割预览。

第 6 步 单击【分割面】对话框中的【确定】按钮即可完成曲面的分割操作，效果如图 7-66 所示。

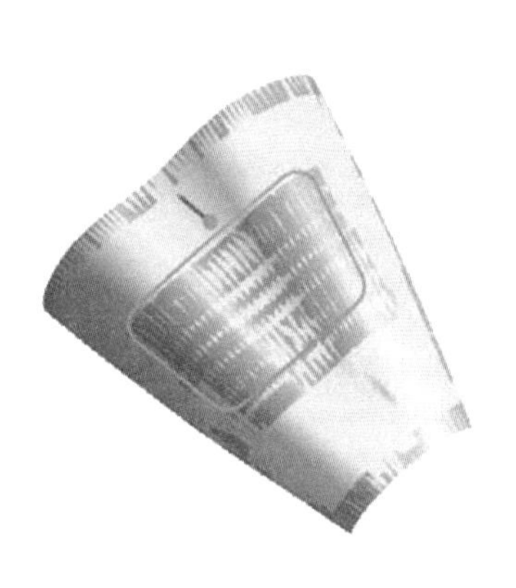

图 7-65

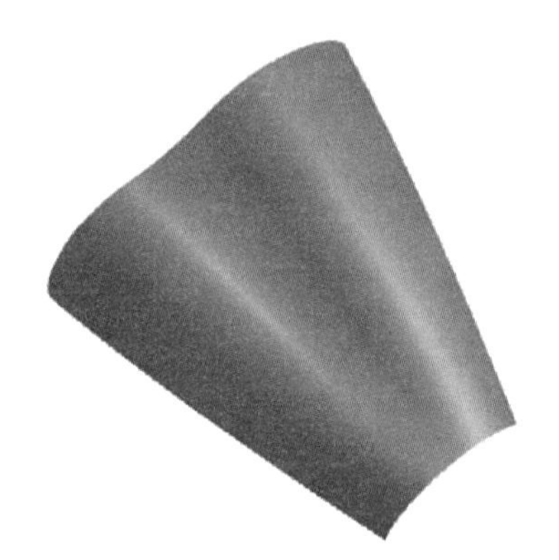

图 7-66

7.4.3 曲面加厚实例

使用曲面加厚命令可以将一个或多个相连的面或片体偏置为实体。加厚是通过将选定面沿着其法向进行偏置然后创建侧壁而生成的。下面详细介绍曲面加厚的操作方法。

素材保存路径：配套素材\第 7 章

素材文件名称：jiahou.prt、qumianjiahou.prt

第 1 步 打开素材文件“jiahou.prt”，可以看到已经创建一个拉伸特征，如图 7-67 所示。

第 2 步 选择【菜单】→【插入】→【偏置/缩放】→【加厚】菜单项，如图 7-68 所示。

图 7-67

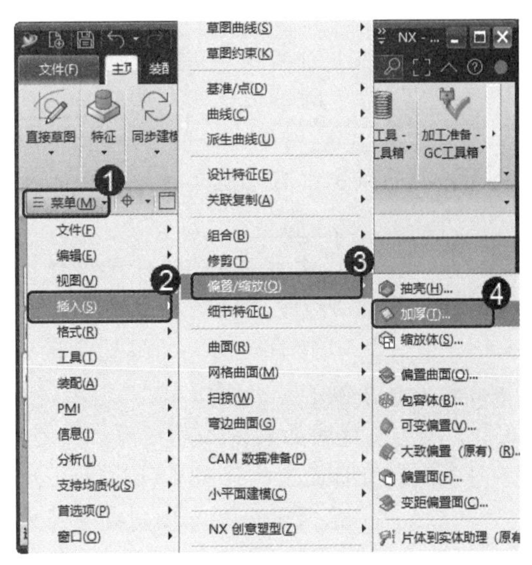

图 7-68

第 3 步 弹出【加厚】对话框，*1.* 选择准备加厚的目标面，*2.* 分别设置【偏置 1】和【偏置 2】中的厚度值，*3.* 单击【确定】按钮，如图 7-69 所示。

第 4 步 通过上述操作即可完成曲面加厚的操作，效果如图 7-70 所示。

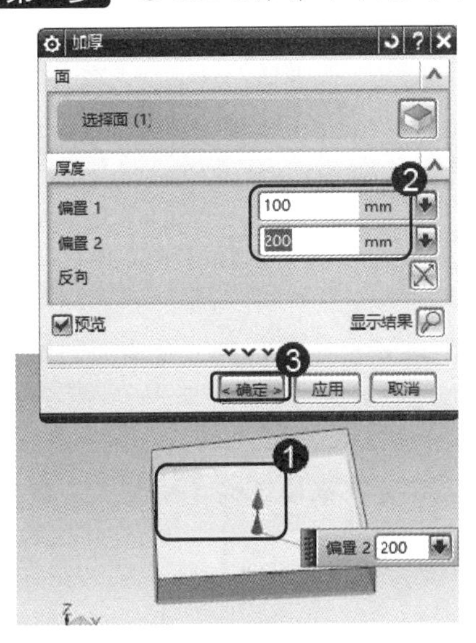

图 7-69

图 7-70

7.5 思考与练习

通过本章的学习，读者基本可以掌握曲面设计的基本知识以及一些常见的操作方法，下面通过练习几道习题，以达到巩固与提高的目的。

一、填空题

1. 使用__________对话框，可以创建通过所有选定点的曲面。

2. ____________是在直纹形状为线性过渡的两个截面之间创建体。

3. ____________创建曲面的方法是依据用户选择的两组截面线串来生成片体或者实体。这两组截面线串中有一组大致方向相同的截面线串称为主线串，另一组与主线串大致垂直的截面线串称为_________。

4. ________创建曲面的操作方法是用户指定某个曲面作为基面，然后指定偏置距离后，系统将沿着基面的法线方向偏置基面的方法。

5. __________让用户使用大的偏置距离从一组面或片体生成一个没有自相交、尖锐边界或拐角的偏置片体。

6. _______创建曲面的方法是指用户指定修剪边界和投影方向后，系统把修剪边界按照投影方向投影到目标面上，修剪目标面得到新曲面的方法。

7. __________是通过动态地控制极点的方式来编辑面或曲线。

8. ______是通过控制曲面内部的 UV 参数线来修改面。它可以对 B 曲面和非 B 曲面进行操作，还可以对已修剪的面进行操作。

二、判断题

1. 通过曲线组是让用户通过同一方向上的一组曲面轮廓线生成一个体。这些曲面轮廓称为截面线串，用户选择截面线串定义体的行。截面线串可以由单个对象或多个对象组成，每个对象可以是曲线、实边或实面。 (　　)

2. 偏置的距离可以是固定的数值，也可以是一个变化的数值。偏置的方向可以是基面的正法线方向，不可以是基面的负法线方向。用户还可以设置公差来控制偏置曲面和基面的相似程度。 (　　)

3. 【缝合】命令可以将两个或多个片体连接成单个片体。如果选择的片体包围一定的体积，则叠加一个实体。 (　　)

4. 更改边功能主要用来修改曲面边缘、匹配曲线或匹配体等，即可令曲面的边缘与要匹配的曲线重合，或者使曲面的边缘延伸至一实体上进行匹配等。 (　　)

5. 法向反向命令用于创建曲面的反方向特征。 (　　)

6. 光顺极点是通过计算选定相对于周围曲面的合适分布来修改极点分布。 (　　)

三、思考题

1. 如何缝合曲面？

2. 如何使用曲面变换功能来编辑曲面？

第 8 章

装配建模

本章要点

- 装配概述
- 装配导航器介绍
- 自底向上装配
- 编辑组件
- 爆炸图
- 简化装配

本章主要内容

本章主要介绍了装配概述、装配导航器、自底向上装配和编辑组件方面的知识与技巧，同时讲解了爆炸图的相关知识，在本章的最后还针对实际的工作需求，讲解了简化装配的相关操作方法。通过本章的学习，读者可以掌握装配建模基础操作方面的知识，为深入学习 UG NX 中文版知识奠定基础。

8.1 装配概述

装配设计的过程就是把零件组装成部件或产品模型，通过配对条件在各部件之间建立约束关系、确定其位置关系、建立各部件之间链接关系的过程。本节将详细介绍有关装配设计的一些基本知识。

↑ 扫码看视频

8.1.1 基本概念和术语

在 UG NX 中，装配建模不仅能够使零部件快速组合，而且可以在装配中参考其他部件进行部件的相关联设计，并可以对装配模型进行间隙分析、重量管理等操作。装配模型生成后，可建立爆炸视图，并可以将其引入到装配工程图中去。同时，在装配工程图中可自动生成装配明细表，并能够对轴测图进行局部的剖切。

在装配中建立部件间的链接关系，就是通过配对条件在部件间建立约束关系，来确定部件在产品中的位置。在装配中，部件的几何体被装配引用，而不是复制到装配图中，不管如何对部件进行编辑以及在何处编辑，整个装配部件间都保持着关联性。下面将详细介绍装配设计中常用的术语。

1. 装配

装配即建立部件之间的链接功能，由装配部件和子装配组成。

2. 装配部件

装配部件由零件和子装配构成，在 UG NX 系统中，可以向任何一个部件文件中添加部件来构成装配。所以说其中任何一个部件文件都可以作为一个装配的部件，也就是说零件和部件在这个意义上说是相同的。

3. 子装配

子装配是在高一级装配中被用作组件的装配，其也拥有自己的组件。子装配是一个相对概念，任何一个装配可在更高级的装配中作为子装配。

4. 组件对象

组件对象是从装配部件链接到部件主模型的指针实体，一个组件对象记录的信息包括部件的名称、层、颜色、线型、线宽、引用集、配对条件等，在装配中每一个组件对应一个特定的几何特征。

5. 组件部件

组件部件也就是装配中组件对象所指的部件文件。组件部件可以是单个部件(即零件)，也可以是子装配。需要注意的是，组件部件是装配体引用，而不是复制到装配体中的。

6. 单个零件

即装配外存在的零件几何模型，它可以添加到一个装配中去，但它本身不能含有下级组件。

7. 主模型

主模型是供 UG NX 各功能模块共同引用的部件模型。同一主模型可以被装配、工程图、数控加工、CAE 分析等多个模块引用。当主模型改变时，其他模块如装配、工程图、数控加工、CAE 分析等会随之产生相应的改变。

8. 自顶向下装配

在装配级中创建与其他部件相关的部件模型，是在装配部件的顶级向下生成子装配和部件(即零件)的装配方法。

9. 自底向上装配

首先创建部件几何模型，再组合成子装配，最后生成装配部件的装配方法。

10. 混合装配

将自顶向下装配和自底向上装配结合在一起的装配方法。例如，首先创建几个主要部件模型，再将其装配到一起，然后再装配设计其他部件，即为混合装配。

8.1.2　进入装配环境

装配设计是在装配模块里完成的，如果准备进行装配设计首先需要进入装配环境。选择【菜单】→【文件】→【新建】菜单项，在弹出的【新建】对话框中选择【装配】模板，单击【确定】按钮，如图 8-1 所示。

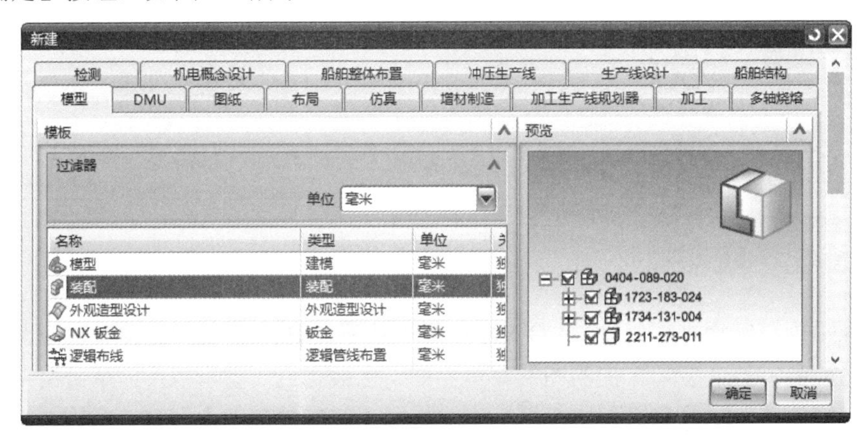

图 8-1

弹出【添加组件】对话框，单击【打开】按钮，打开装配零件后即可进入装配环境，如图 8-2 所示。

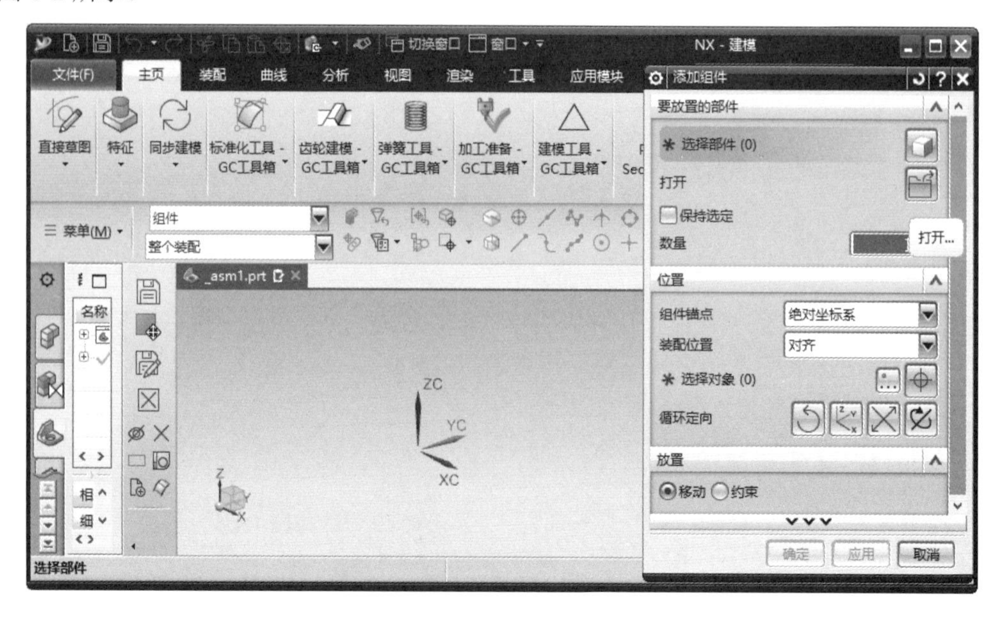

图 8-2

考考您

请您根据本小节学到的知识进行进入装配环境的操作，测试一下您的学习效果。

8.2 装配导航器介绍

用户可以使用装配导航器选择组件进行各种操作，以及执行装配管理功能，如更改工作部件、更改显示部件、隐藏和不隐藏组件等。本节将详细介绍装配导航器的一些相关知识。

↑ 扫码看视频

8.2.1 装配导航器概述

为了便于用户管理装配组件，UG NX 提供了装配导航器功能。装配导航器也叫装配导航工具，它提供了一个装配结构的图形显示界面，也被称为“树形表”。单击用户界面【资源】工具条中的【装配导航器】按钮，将会显示【装配导航器】窗口，如图 8-3 所示，用户只有掌握了装配导航器才能灵活地运用装配的功能。

图 8-3

下面详细介绍【装配导航器】窗口中的功能。

1. 节点显示

采用树形结构显示，非常清楚地表达了各个组件之间的装配关系。

2. 装配导航器图标

装配结构树中用不同的图标来表示装配中子装配和组件的不同。同时，各零部件不同的装载状态也用不同的图标表示。

(1) 。表示装配或子装配。

① 如果图标是黄色，则此装配在工作部件内。

② 如果是黑色实线图标，则此装配不在工作部件内。

③ 如果是灰色虚线图标，则此装配已被关闭。

(2) 。表示装配结构树组件。

① 如果图标是黄色，则此组件在工作部件内。

② 如果是黑色实线图标，则此组件不在工作部件内。

③ 如果是黑色虚线图标，则此组件已被关闭。

3. 检查盒

检查盒提供了快速确定部件工作状态的方法，允许用户用一个非常简单的方法装载并显示部件。部件工作状态用检查盒指示器表示。

① ☐。表示当前组件或子装配处于关闭状态。

② ☑。表示当前组件或子装配处于隐藏状态，此时检查框显示灰色。

③ ☑。表示当前组件或子装配处于显示状态，此时检查框显示红色。

4. 打开菜单选项

如果将光标移动到装配树的一个节点或选择若干个节点并右击，则弹出快捷菜单，其中提供了很多快捷命令，以方便用户操作，如图 8-4 所示。

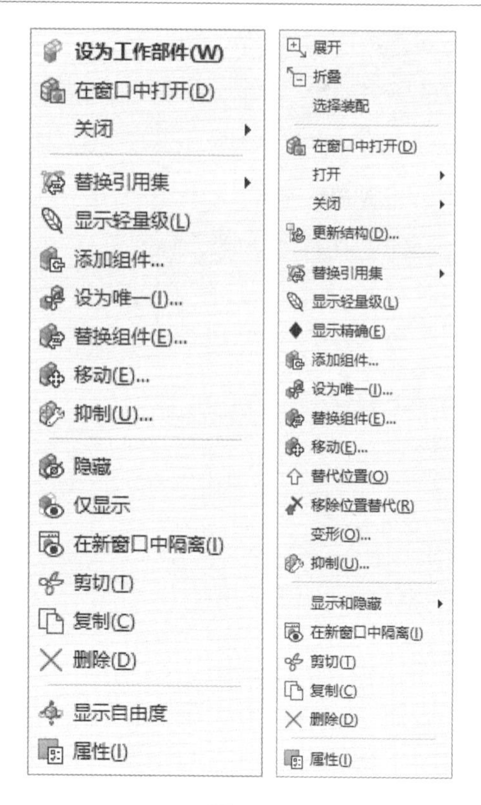

图 8-4

8.2.2　预览面板和相关性面板

在【装配导航器】窗口中单击【预览】标题栏，可以展开或者折叠面板。【预览】面板是装配导航器的一个扩展区域，显示装载或未装载的组件。此功能在处理大装配时，有助于用户根据需要打开组件，更好地掌握其装配性能，如图 8-5 所示。

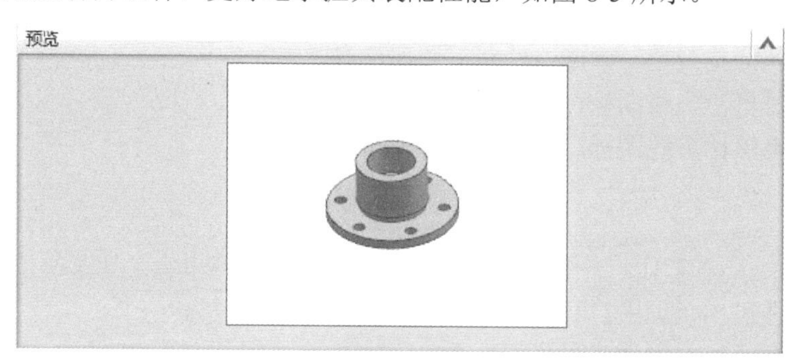

图 8-5

在【装配导航器】窗口中单击【相关性】标题栏，可以展开或者折叠面板。【相关性】面板是装配导航器和部件导航器的一个特殊扩展，允许查看部件或装配内选择对象的相关性，包括配对约束和 WAVE 相关性等，可以用它来分析修改计划对部件或装配的潜在影响，如图 8-6 所示。

图 8-6

8.3　自底向上装配

自底向上装配设计方法是先创建装配体的零部件，然后把它们以组件的形式添加到装配文件中来。这种装配设计方法先创建最下层的子装配件，再把各子装配件或部件装配成更高级的装配部件，直到完成装配任务为止。本节将详细介绍自底向上装配的相关知识及方法。

↑ 扫码看视频

8.3.1　添加已存在组件

自底向上装配设计方法最初的执行操作是从组件添加开始的，即在已存在的零部件中选择要装配的零部件作为组件添加到装配文件中。

首先新建一个装配部件文件，选择下拉菜单栏【文件】→【新建】菜单项，弹出【新建】对话框，选择【装配】模板，单击【确定】按钮，这时即可进入装配界面，并出现【装配】工具条。单击【添加】按钮，弹出【添加组件】对话框，如图 8-7 所示，这样就进入添加组件的操作过程中。

下面详细介绍【添加组件】对话框中相关选项的功能。

(1)　选择部件。选择要装配的部件文件。

(2)　已加载的部件。在该列表框中显示已打开的部件文件，若要添加的部件文件已存在该列表框中，可以直接选择该部件文件。

(3)　打开。单击该按钮，即可弹出图 8-8 所示的【部件名】对话框，从中选择要添加的部件文件*.prt，单击 OK 按钮，返回到图 8-7 所示的【添加组件】对话框。

(4)　装配位置。用于指定组件在装配中的位置。其下拉列表框中提供了【对齐】、【绝对坐标系-工作部件】、【绝对坐标系-显示部件】和【工作坐标系】4 种装配位置，如图 8-9 所示。

(5)　保持选定。勾选该复选框，维护部件的选择，这样就可以在下一个添加操作中快速添加相同的部分。

图 8-7

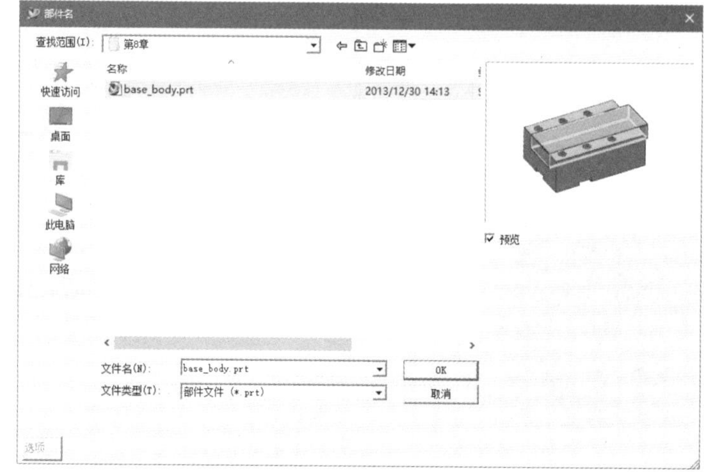

图 8-8

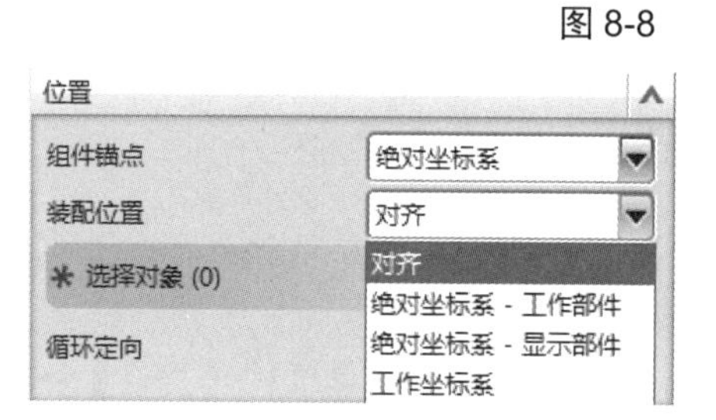

图 8-9

(6) 引用集。用于改变引用集。默认引用集是模型，表示只包含整个实体的引用集。用户可以通过该下拉列表框选择所需的引用集。引用集的详细概念将在 8.4 节介绍。

(7) 图层选项。用于设置添加组件到装配组件中的哪一层。该下拉列表框中提供了【工作的】、【原始的】、【按指定的】3 个选项，如图 8-10 所示。

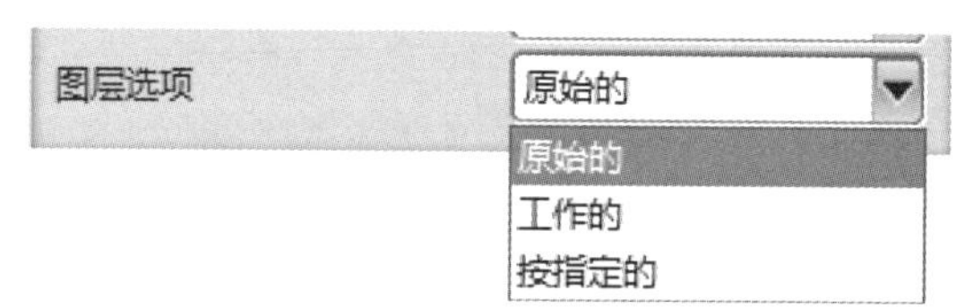

图 8-10

① 原始的。添加的组件放置在该部件创建时所在的图层中。

② 工作的。添加的组件放置在装配组件的工作层中。

③ 按指定的。添加的组件放置在另行指定的图层中。

8.3.2　组件定位

选择【菜单】→【装配】→【组件位置】→【装配约束】菜单项，或者单击【装配】工具条中的【装配约束】按钮，即可弹出【装配约束】对话框，如图 8-11 所示。

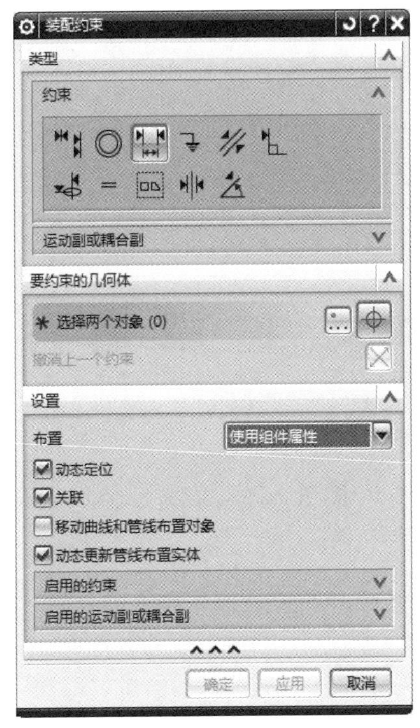

图 8-11

该对话框用于通过配对约束确定组件在装配中的相对位置，下面详细介绍对话框中主要选项的功能。

(1)　接触对齐。用于约束两个对象，使其彼此接触或对齐。

(2)　同心。用于将相配组件中的一个对象定位到基础组件中的一个对象的中心上，其中一个对象必须是圆柱或轴对称实体。

(3)　距离。用于指定两个相配对象间的最小三维距离。距离可以是正值，也可以是负值，正负号确定相配对象在目标对象的哪一边。

(4)　固定。用于将对象固定在其当前位置。

(5)　平行。用于约束两个对象的方向矢量彼此平行。

(6)　垂直。用于约束两个对象的方向矢量彼此垂直。

(7)　对齐/锁定。用于对齐不同对象中的两个轴，同时防止绕公共轴旋转。通常，当需要将螺栓完全约束在孔中时，这将作为约束条件之一。

(8)　适合窗口。用于约束半径相同的两个对象，例如圆边或椭圆边、圆柱面或球面等。如果半径不相等，则该约束无效。

(9)　胶合。用于将对象约束到一起以使它们作为刚体移动。

(10) 中心。用于约束两个对象的中心对齐。

① 1 对 2。用于将相配组件中的一个对象定位到基础组件中的两个对象的对称中心上。

② 2 对 1。用于将相配组件中的两个对象定位到基础组件中的一个对象上，并与其对称。

(11) 角度。用于在两个对象之间定义角度尺寸，约束相配组件到正确的方位上。角度约束可以在两个具有方向矢量的对象间产生，角度是两个方向矢量间的夹角。这种约束允许配对不同类型的对象。

智慧锦囊

相配组件是指需要添加约束进行定位的组件，基础组件是指位置固定的组件。

8.4 编 辑 组 件

为了优化装配体组件，待组件添加到装配以后，可以使用引用集功能，还可对其进行移动、替换等操作。本节将详细介绍编辑装配体的相关知识及操作方法。

↑ 扫码看视频

8.4.1 引用集

在装配中，各部件含有草图、基准平面及其他辅助图形对象，如果在装配中列出所有对象不但容易混淆图形，而且还会占用大量的内存，不利于装配工作的进行。通过【引用集】命令能够限制加载装配图中装配部件不必要的信息量。

引用集是用户在零部件中定义的部分几何对象，它代表相应的零部件参与装配。引用集可以包含下列数据对象：零部件名称、原点、方向、几何体、坐标系、基准轴、基准平面和属性等。创建完引用集后，就可以将其单独装配到部件中。一个零部件可以有多个引用集。

选择【菜单】→【格式】→【引用集】菜单项，系统即可弹出【引用集】对话框，如图 8-12 所示。在该对话框中，用户可以对引用集进行创建、删除、更名、编辑属性、查看信息等操作。

(1) 添加新的引用集。用于创建引用集。组件和子装配都可以创建引用集，组件的引用集既可以在组件中建立，也可以在装配中建立。不过，组件要在装配中创建引用集，必须使其成为工作部件。单击该按钮，可以直接添加引用集。

(2) 移除。用于删除组件或子装配中已创建的引用集。在【引用集】对话框中选中需要删除的引用集后，单击该按钮，即可删除所选引用集。

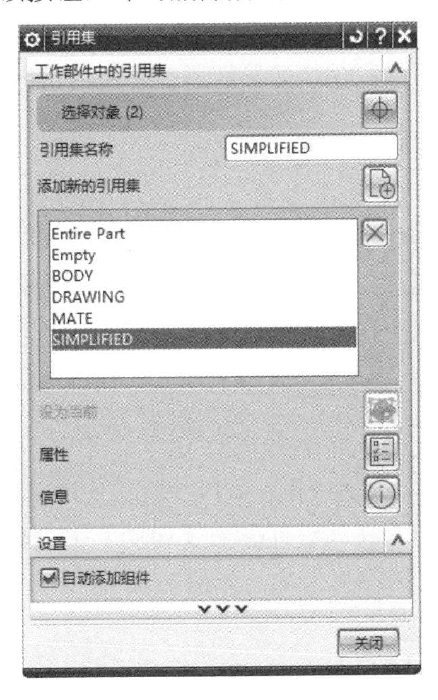

图 8-12

(3) 属性。用于编辑所选引用集的属性。单击该按钮，即可弹出图 8-13 所示的【引用集属性】对话框，从中可以编辑属性的名称和属性值。

(4) 信息。单击该按钮，即可打开图 8-14 所示的【信息】窗口，从中可以查看当前组件中已存在的引用集的相关信息。

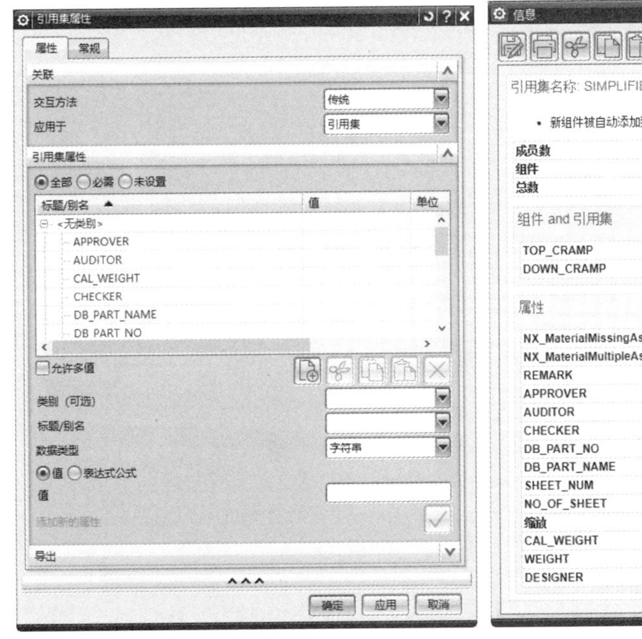

图 8-13

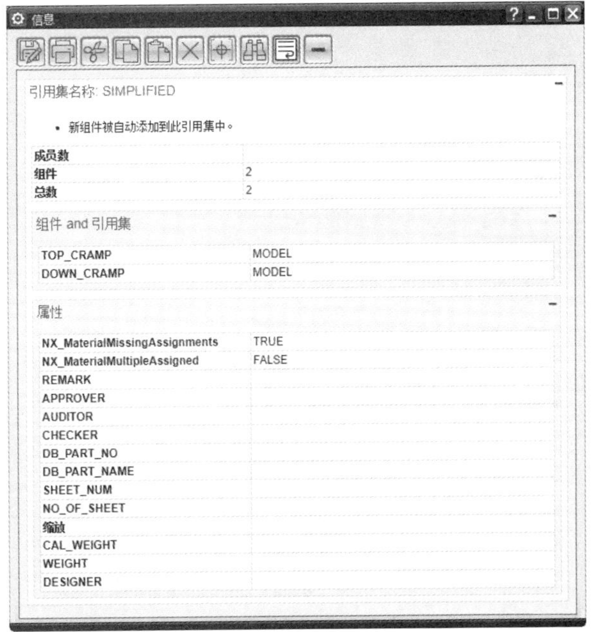

图 8-14

(5) 设为当前的 。用于将所选引用集设置为当前引用集。

在正确地创建引用集并保存后，当该零件加入装配时，【引用集】子菜单中就会出现该引用集。加入零件后，还可以通过装配导航器在定义的不同引用集之间切换。

8.4.2 移动组件

移动组件操作用于移动装配中组件的位置。在【装配】工具条中单击【移动组件】按钮 ，或者选择【菜单】→【装配】→【组件位置】→【移动组件】菜单项，系统即可弹出【移动组件】对话框，如图 8-15 所示。下面详细介绍该对话框中主要选项的功能。

1. 运动

(1) 动态。通过直接输入选择来移动组件。

(2) 根据约束。通过约束来移动组件。

(3) 距离。通过定义距离来移动组件。当【运动】下拉列表框选择【距离】选项时，该选项被激活，在其中可以设置距离大小，如图 8-16 所示。

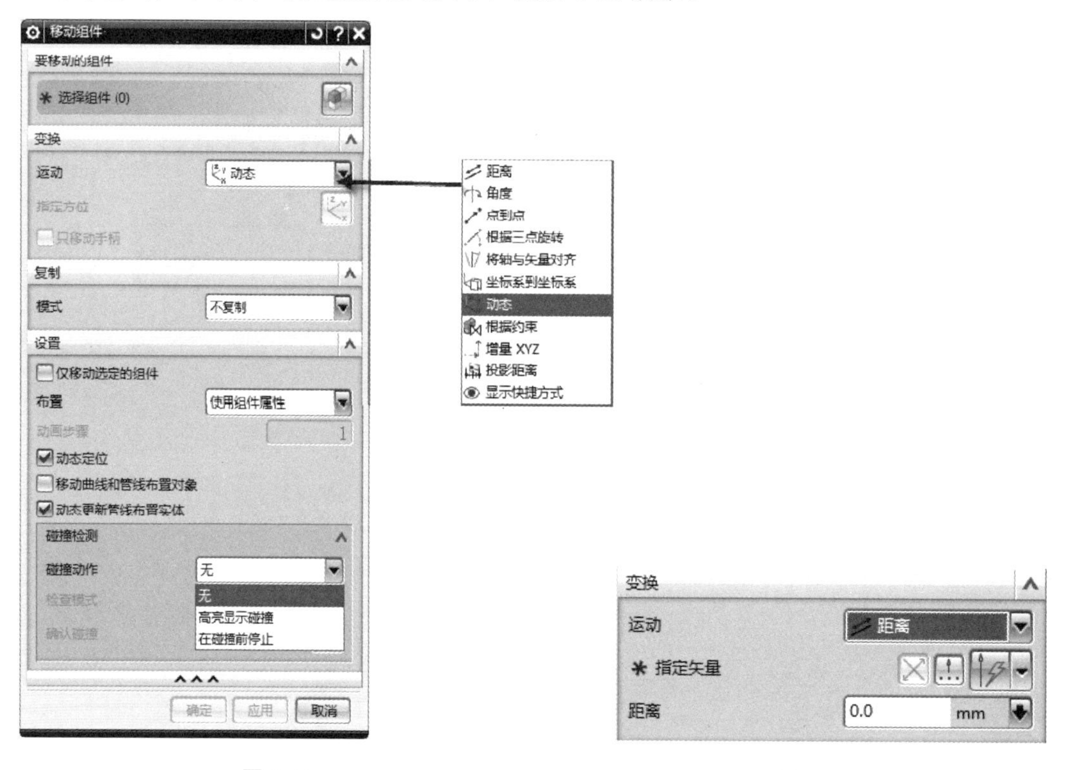

图 8-15　　图 8-16

(4) 点到点。通过定义两点来选择部件。

(5) 增量 XYZ。通过沿矢量方向来移动组件。

(6) 角度。通过一条轴线来旋转组件。

(7) 根据三点旋转。利用所选择的三个点来旋转组件。

(8) 坐标系到坐标系。通过设定坐标系来重新定位组件。

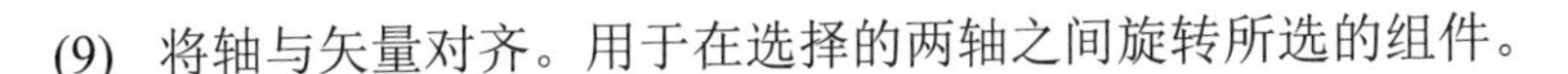

(9) 将轴与矢量对齐。用于在选择的两轴之间旋转所选的组件。

2. 要移动的组件

当在【运动】下拉列表框中选择【动态】选项时，允许选择要移动的一个或多个组件。

当在【运动】下拉列表框中选择【根据约束】选项时，除了选择受新约束影响的组件外，还允许选择要移动的其他组件。

3. 指定方位

(1) 指定方位按钮。该按钮仅在【运动】设置为【动态】时才出现。指定方位允许通过在图形窗口中输入 X、Y 和 Z 值来定位选定的组件，或者也可以拖动手柄将组件拖动到位。

(2) 只移动手柄。允许重定位拖动手柄而不移动组件。

4. 设置

(1) 仅移动选定的组件。仅移动选择的组件。如果勾选了【移动选定的组件】复选框，则不会移动未选定的组件，即使它们约束到正移动的组件也是如此。

(2) 动画步骤。在使用动态输入框或【点】对话框时，控制图形窗口中组件移动的显示。如果将【动画步骤】设置为 1，在动态输入框或【点】对话框中输入新位置时，组件将在一步内跳至新位置。如果动画步骤是一个较大的数字，则可看到组件在 20 步内移到新位置。

(3) 碰撞检测。是设置内的一个子组，有以下 3 个选项。

① 无。忽略碰撞。如果用户不需要使用动态检查则选择此选项。

② 高亮显示碰撞。高亮显示碰撞的区域。此时用户可以继续移动组件。

③ 在碰撞前停止。在发生碰撞前立即停止运动。

(4) 检查模式。指定在移动组件时，是否检查小平面/实体或快速小平面对象的间隙。

(5) 确认碰撞。允许在完成检查后认可碰撞，随后可以继续移动组件。

智慧锦囊

选择要定位的组件，然后指定参考点、参考轴和目标轴的方向，单击【确定】按钮即可完成移动组件的操作。

8.4.3　替换组件

替换组件是指用一个组件替换已经添加到装配中的另一个组件。在【装配】工具条中单击【替换组件】按钮，或者选择【菜单】→【装配】→【组件】→【替换组件】菜单项，系统即可弹出【替换组件】对话框，如图 8-17 所示。

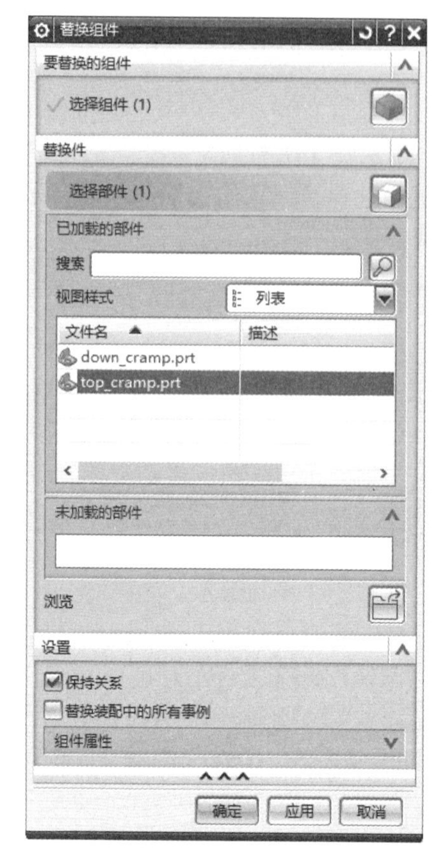

图 8-17

在【替换组件】对话框中选择一个或多个要替换的组件，然后选择要替换的部件，单击【确定】按钮即可完成替换组件。下面详细介绍【替换组件】对话框中主要选项的功能。

1. 要替换的组件

选择一个或多个要替换的组件。

2. 替换件

(1) 选择部件。在图形窗口、已加载列表或未加载列表中选择替换组件。
(2) 已加载的部件。在列表中显示所有加载的组件。
(3) 未加载的部件。显示候选替换部件列表。
(4) 浏览按钮。浏览到包含部件的目录。

3. 设置

(1) 保持关系。指定在替换组件后是否尝试维持关系。
(2) 替换装配中的所有事例。在替换组件时是否替换所有事例。
(3) 组件属性。允许指定替换部件的名称、引用集和图层属性。

8.5 爆　炸　图

完成装配操作后，用户可以创建爆炸图来表达装配部件内部各组件之间的相互关系。爆炸图是在装配环境下把组成装配的组件拆分开来，更好地表达整个装配的组成状况，便于观察每个组件的一种方法。本节将详细介绍爆炸图的相关知识及操作方法。

↑ 扫码看视频

8.5.1 【爆炸图】工具条介绍

在【装配】功能选项卡中单击【爆炸图】下拉按钮，系统即可打开【爆炸图】工具条，如图8-18所示。利用该工具条，用户可以方便地创建、编辑爆炸，便于在爆炸图与无爆炸图之间切换。

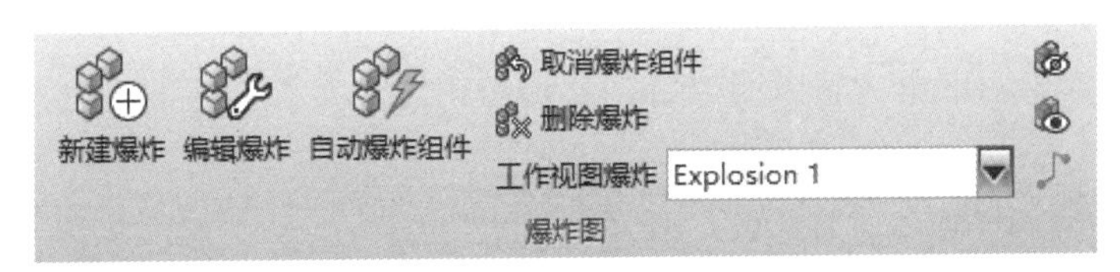

图8-18

下面详细介绍【爆炸图】工具条中的各选项功能。

(1) 新建爆炸。该按钮用于创建爆炸图。如果当前显示的不是一个爆炸图，单击该按钮，系统会弹出【新建爆炸】对话框，从而用来创建一个爆炸图；如果当前显示的是一个爆炸图，单击此按钮，即可弹出【创建爆炸图】对话框，会询问是否将当前爆炸图复制到新的爆炸图里。

(2) 编辑爆炸。该按钮用于编辑爆炸中组件的位置。单击此按钮，系统会弹出【编辑爆炸】对话框，用户可以指定组件，然后自由移动该组件，或者设定移动的方式和距离。

(3) 自动爆炸组件。该按钮用于自动爆炸组件。利用此按钮可以指定一个或多个组件，使其按照设定的距离自动爆炸。

(4) 取消爆炸组件。该按钮用于不爆炸组件。此命令和自动爆炸组件刚好相反，操作也基本相同，只是不需要指定数值。

(5) 删除爆炸。该按钮用于删除爆炸图。单击该按钮，系统会列出当前装配体的所有爆炸图，选择需要删除的爆炸图后单击【确定】按钮，即可删除。

(6) 工作视图爆炸下拉按钮。该下拉列表显示了爆炸图名称，可以在其中选择某个名称。用户利用此下拉列表，可以方便地在各爆炸图以及无爆炸图状态之间切换。

(7) 隐藏视图中的组件。该按钮用于隐藏组件。单击此按钮，系统会弹出【类选择】

对话框，选择需要隐藏的组件并执行后，该组件被隐藏。

(8) 显示视图中的组件。该按钮用于显示组件，此命令与隐藏组件刚好相反。如果图中有被隐藏的组件，单击此按钮后，系统会显示所有隐藏的组件，用户选择后，单击【确定】按钮即可恢复组件显示。

(9) 追踪线。该按钮用于创建跟踪线，可以使组件沿着设定的引导线爆炸。

8.5.2 创建爆炸图

爆炸图是一个已经命名的视图，一个模型中可以有多个爆炸图。使用【新建爆炸图】命令可以创建新的爆炸图，组件将在其中以可见方式重定位，生成爆炸图。在【爆炸图】工具条中单击【新建爆炸】按钮，或者选择【菜单】→【装配】→【爆炸图】→【新建爆炸】菜单项，系统即可弹出【新建爆炸】对话框，如图 8-19 所示。

图 8-19

在【新建爆炸】对话框中输入新名称，然后单击【确定】按钮即可创建新的爆炸图。

8.5.3 删除爆炸图

爆炸图创建完成后，选择【菜单】→【装配】→【爆炸图】→【删除爆炸】菜单项，系统即可弹出【爆炸图】对话框，如图 8-20 所示。

选择准备删除的爆炸图，单击【确定】按钮，即可删除爆炸图。如果所要删除的爆炸图正在当前视图中显示，系统会弹出图 8-21 所示的【删除爆炸】对话框，提示爆炸图不能删除。

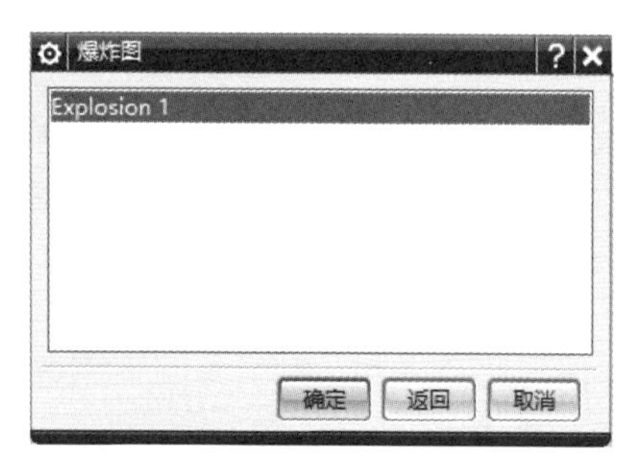

图 8-20

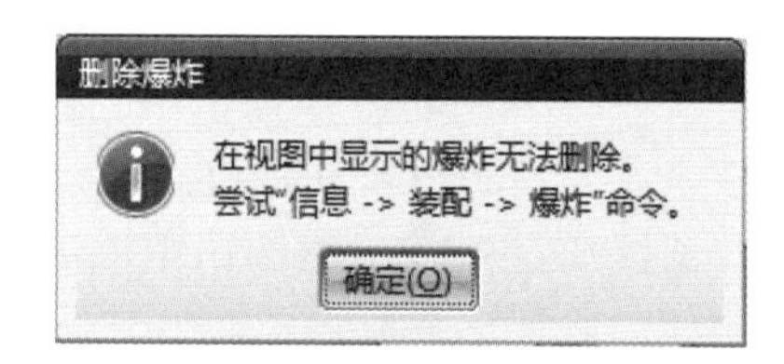

图 8-21

8.5.4 编辑爆炸图

【编辑爆炸】命令用于重新定位爆炸图中选定的一个或多个组件。在【爆炸图】工具条中单击【编辑爆炸】按钮，或者选择【菜单】→【装配】→【爆炸图】→【编辑爆炸】

菜单项，系统即可弹出【编辑爆炸】对话框，如图 8-22 所示。

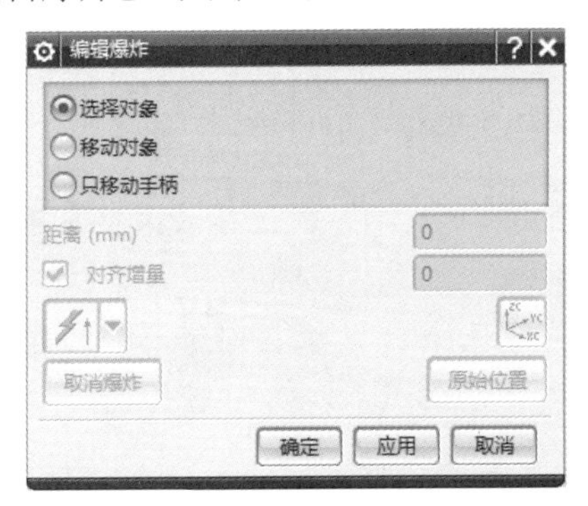

图 8-22

在【编辑爆炸】对话框中选择需要编辑的组件，然后选择需要编辑的方式，再选择点选择类型，最后单击【确定】按钮即可编辑爆炸图。

下面详细介绍【编辑爆炸】对话框中主要选项的功能。

(1) 选择对象。选择要爆炸的组件。

(2) 移动对象。用于移动选定的组件。

(3) 对齐手柄至 WCS 。选中【移动对象】单选按钮后，该按钮会被激活，手柄被移动到 WCS 位置。

(4) 只移动手柄。用于移动拖动手柄而不移动任何其他对象。

(5) 距离。设置距离以重新定位所选组件。

(6) 对齐增量。勾选此复选框，可以在拖动手柄时根据移动的距离或旋转的角度设置捕捉增量。

(7) 取消爆炸。将选定的组件移回其未爆炸的位置。

(8) 原始位置。将所选组件移回它在装配中的原始位置。

8.6 简化装配

对于比较复杂的装配体，可以使用简化装配功能将其简化。装配体被简化后，实体内部的细节被删除，只保留复杂的外部特征。当装配体只需要精确的外部表示时，可以将装配体进行简化，简化后可以减少所需的数据，从而缩短加载和刷新装配体的时间。本节将详细介绍简化装配的相关知识。

↑ 扫码看视频

8.6.1 简化装配操作

简化装配主要就是区分装配体内部细节和外部细节，然后省略掉内部细节的过程。在这个过程中，装配体被合并成一个实体，下面详细介绍简化装配的操作方法。

素材保存路径：配套素材\第 8 章
素材文件名称：jianhua_asm.prt、jianhuazhuangpei_asm.prt

第 1 步 打开素材“jianhua_asm.prt”，选择【菜单】→【装配】→【高级】→【简化装配】菜单项，如图 8-23 所示。

第 2 步 弹出【简化装配】对话框，进入简化装配向导，单击【下一步】按钮，如图 8-24 所示。

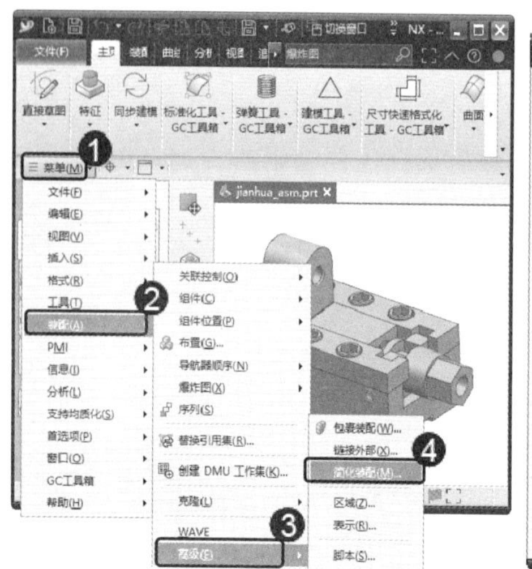

图 8-23

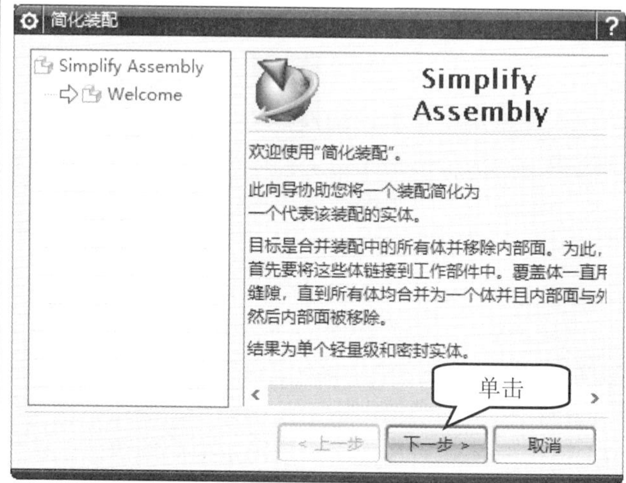

图 8-24

第 3 步 进入下一界面，左侧显示操作步骤，右侧有三个单选按钮和两个复选框，供用户设置简化项目。*1.* 选择装配体中的所有组件，*2.* 单击【下一步】按钮，如图 8-25 所示。

第 4 步 进入下一界面，单击右侧的【全部合并】按钮，如图 8-26 所示。

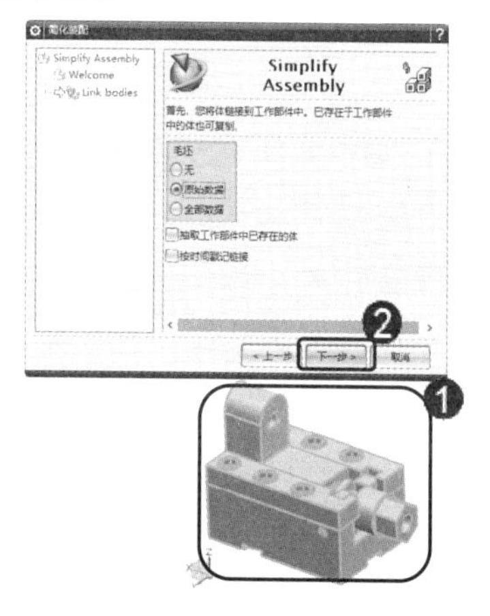

图 8-25

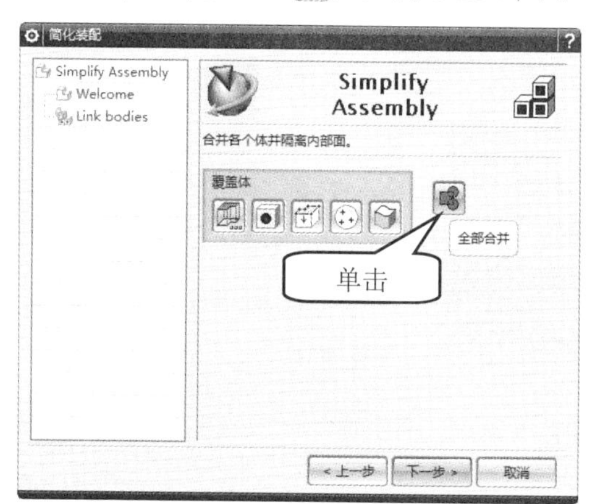

图 8-26

第 5 步 进入下一界面，选择图 8-27 所示的组件(图中高亮显示部分，共 9 个)。

第 6 步 选取完成后，单击【简化装配】对话框中的【下一步】按钮，如图 8-28 所示。

图 8-27

图 8-28

第 7 步 所选取的组件被合并在一起，此时可以看到选取组件之间的交线消失了，如图 8-29 所示。

第 8 步 单击【简化装配】对话框中的【下一步】按钮，如图 8-30 所示。

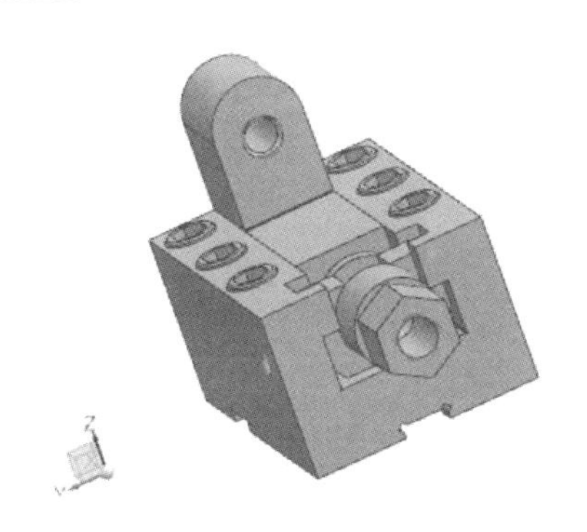

图 8-29

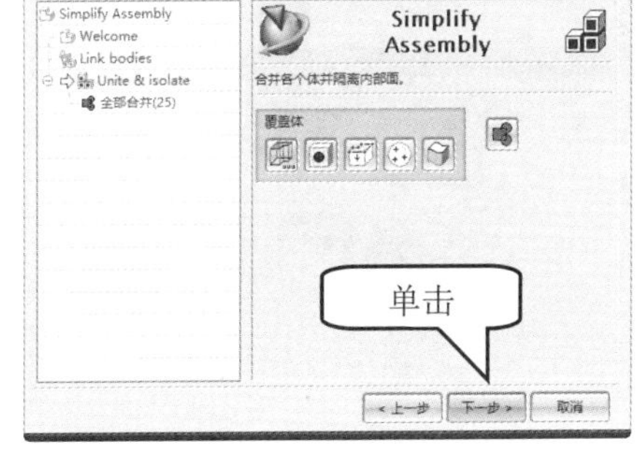

图 8-30

第 9 步 选取图 8-31 所示的外部面。

第 10 步 单击【简化装配】对话框中的【下一步】按钮，如图 8-32 所示。

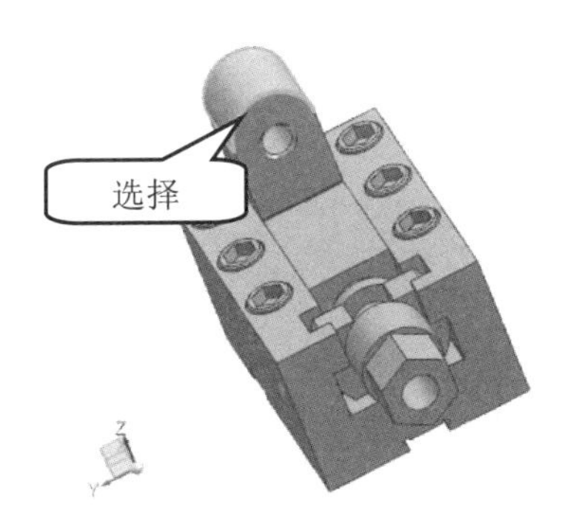

图 8-31

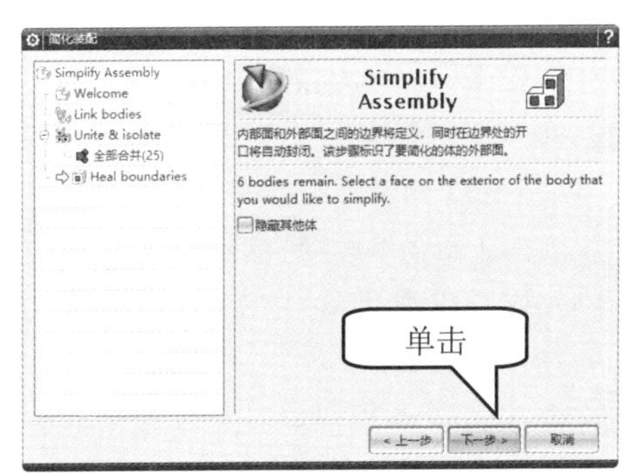

图 8-32

第 11 步 选取图 8-33 所示的箭头所指向的边缘(通过选择一边缘将内部细节与外部细节隔离开)。

第 12 步 单击【简化装配】对话框中的【下一步】按钮，如图 8-34 所示。

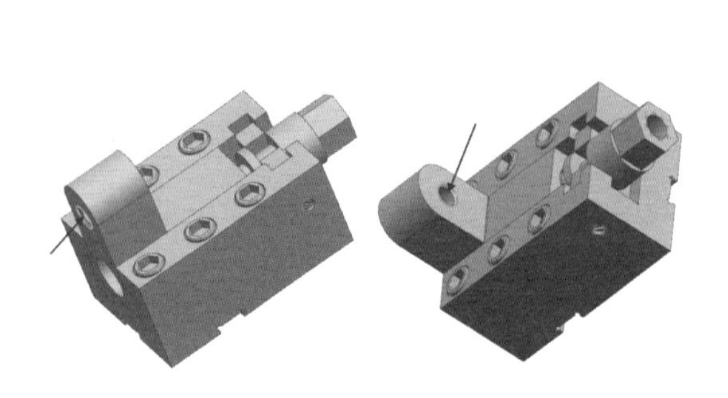

图 8-33

图 8-34

第 13 步 进入下一界面，1. 选中【裂缝检查】单选按钮，2. 单击【下一步】按钮，如图 8-35 所示。

第 14 步 选择要删除的内部细节。选择图 8-36 所示的箭头所指的螺纹孔的内表面和两个倒角面。

图 8-35

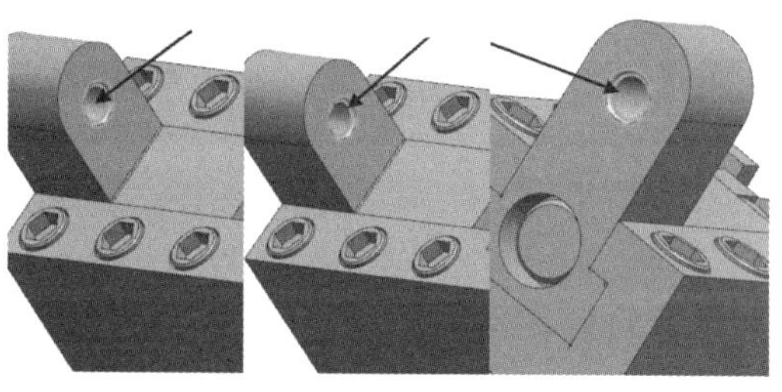

图 8-36

第 15 步 单击【简化装配】对话框中的【下一步】按钮，如图 8-37 所示。

第 16 步 进入下一界面，1. 选中【内部面】单选按钮，查看隔离情况，2. 单击【下一步】按钮，如图 8-38 所示。

第 17 步 进入下一界面，单击【下一步】按钮，如图 8-39 所示。

第 18 步 此时可以看到选择的内部形状自动简化掉了，孔特征已被移除，如图 8-40 所示。

第 19 步 进入最后一个界面，单击【完成】按钮，即可完成简化装配操作，如图 8-41 所示。

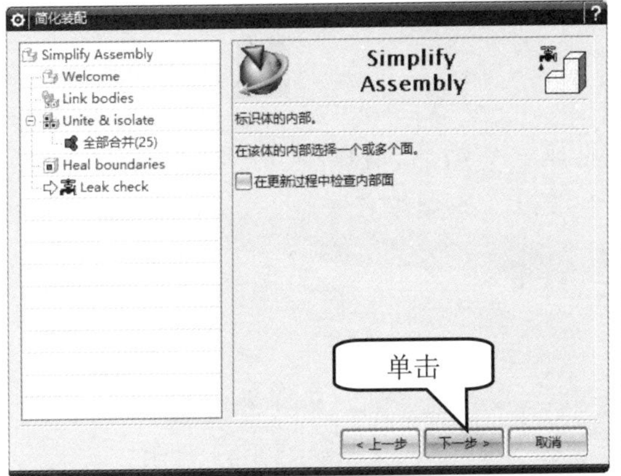

图 8-37

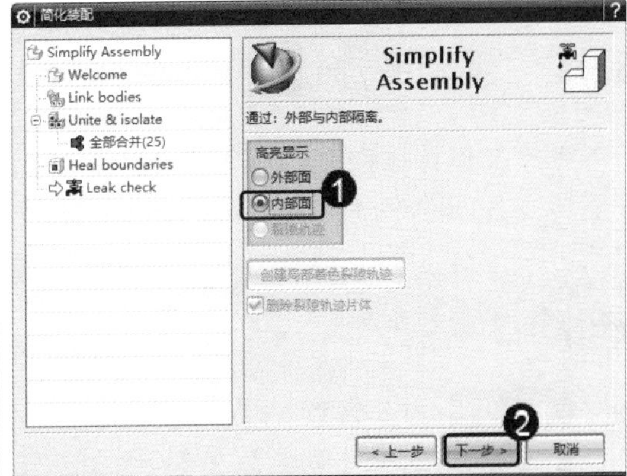

图 8-38

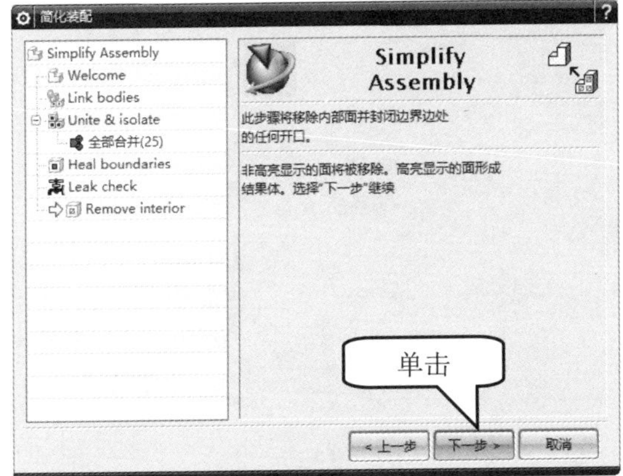

图 8-39

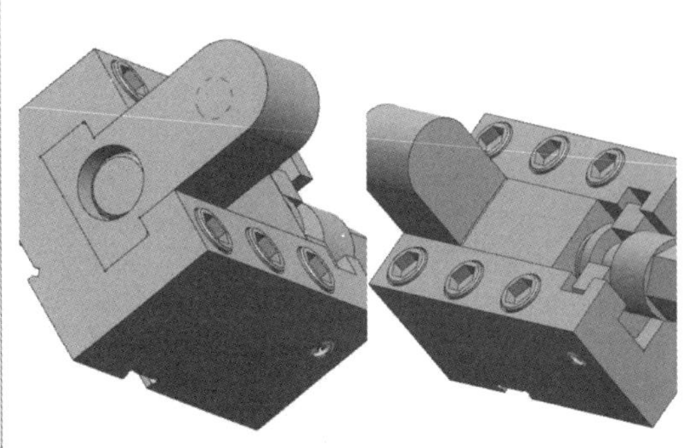

图 8-40

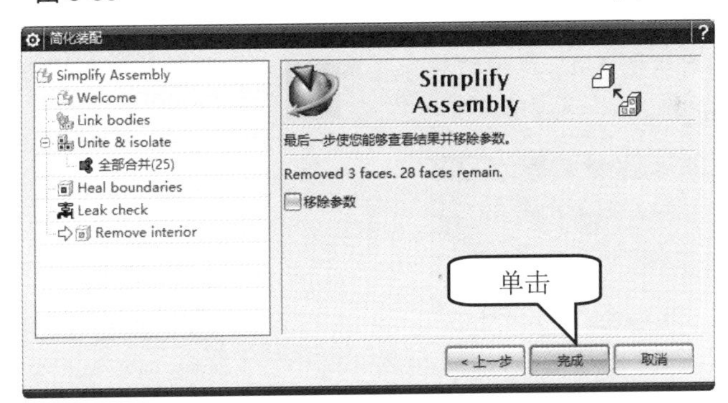

图 8-41

智慧锦囊

内部细节与外部细节是根据需要确定的，不是由对象在集合体中的位置确定的。

8.6.2 装配干涉检查

在产品设计过程中，当产品中的各个零部件组装完成后，设计人员往往比较关心产品中各零部件间的干涉问题，下面详细介绍装配干涉检查的操作方法。

素材保存路径：配套素材\第 8 章
素材文件名称：ganshe.prt

第 1 步 打开素材“ganshe.prt”，可以看到一个装配模型，如图 8-42 所示。
第 2 步 选择【菜单】→【分析】→【简单干涉】菜单项，如图 8-43 所示。

图 8-42

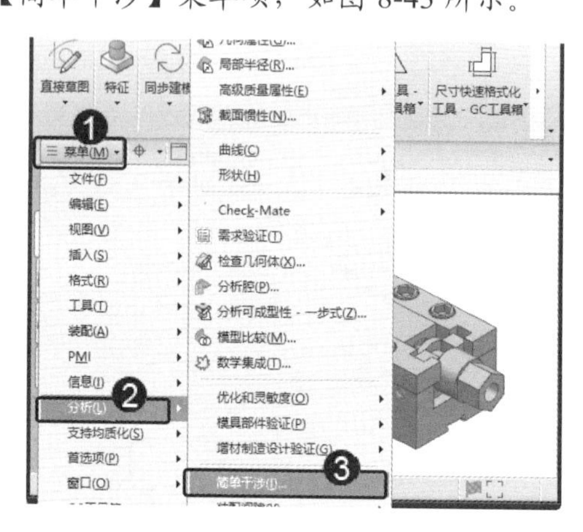

图 8-43

第 3 步 系统会弹出【简单干涉】对话框，在【干涉检查结果】选项组的【结果对象】下拉列表框中选择【干涉体】选项，如图 8-44 所示。
第 4 步 依次选取图 8-45 所示的对象 1 和对象 2，选取完成后单击【简单干涉】对话框中的【应用】按钮。

图 8-44

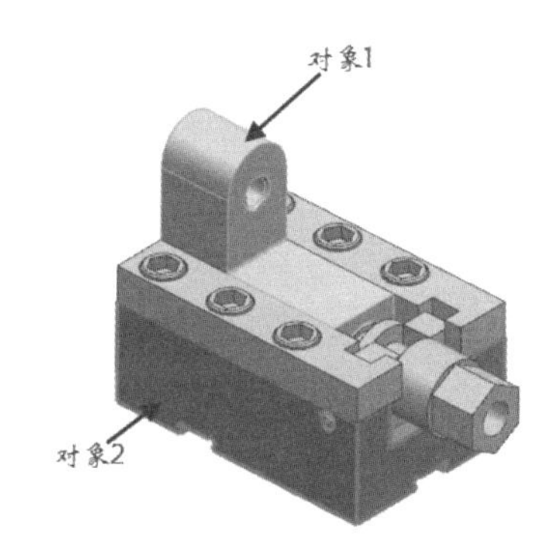

图 8-45

第 5 步 弹出【简单干涉】提示对话框，提示“仅面或边干涉”信息，单击【确定】按钮，完成创建干涉体的简单干涉检查，如图 8-46 所示。
第 6 步 返回到【简单干涉】主对话框中，*1.* 在【干涉检查结果】选项组的【结果对象】下拉列表框中选择【高亮显示的面对】选项，**2.** 在【要高亮显示的面】下拉列表框中选择【仅第一对】选项，如图 8-47 所示。

图 8-46

图 8-47

第 7 步 依次选择图 8-48 所示的对象 1 和对象 2。

第 8 步 在【视图组】工具条中，**1.** 单击【带边着色】右侧的下拉按钮，**2.** 在弹出的快捷菜单中选择【静态线框】菜单项，如图 8-49 所示。

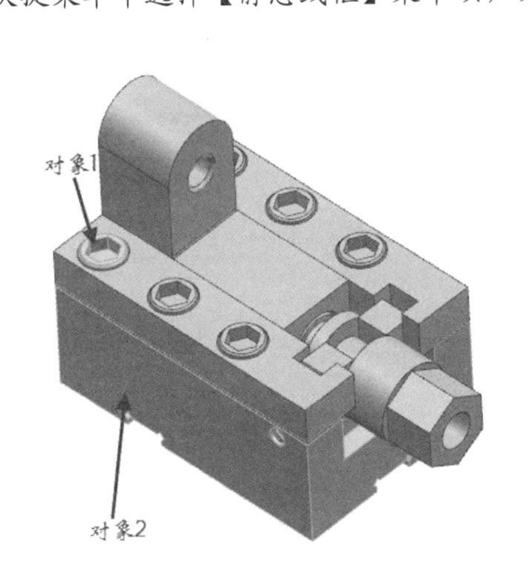

图 8-48

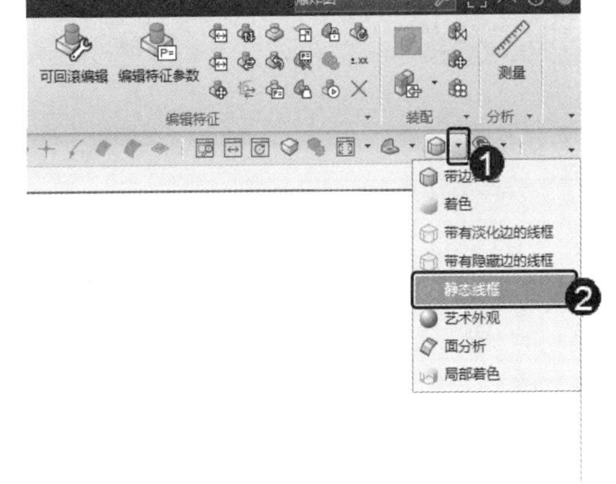

图 8-49

第 9 步 模型中将显示图 8-50 所示的干涉平面。

第 10 步 在【简单干涉】对话框中，**1.** 在【要高亮显示的面】下拉列表框中选择【在所有对之间循环】选项，**2.** 系统将显示【显示下一对】按钮，单击该按钮，模型中将依次显示所有干涉平面，**3.** 单击【取消】按钮，即可完成高亮显示面简单干涉的检查操作，如图 8-51 所示。

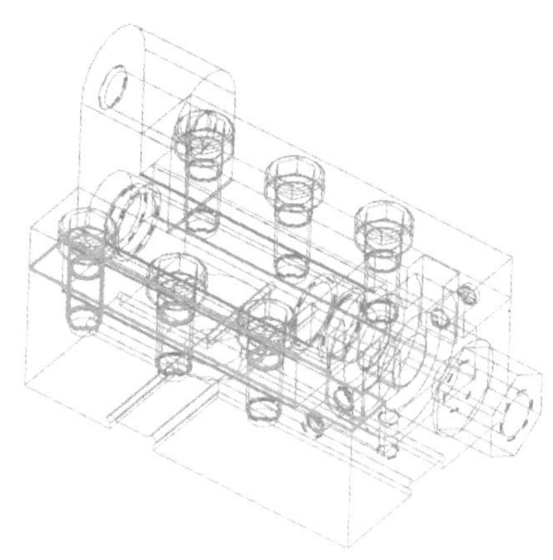

图 8-50

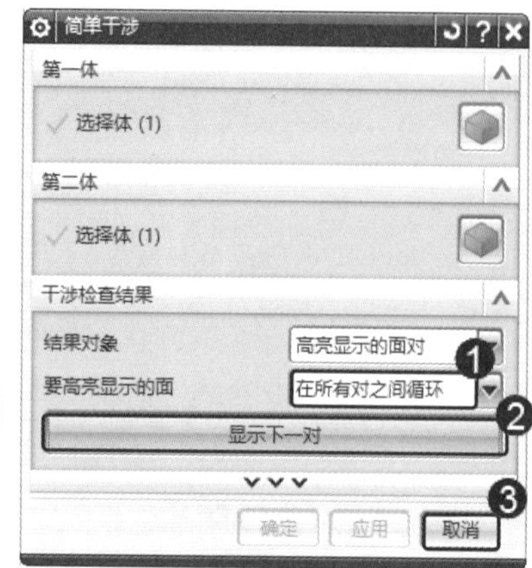

图 8-51

8.7 实践案例与上机指导

通过本章的学习，读者基本可以掌握装配建模的基本知识以及一些常见的操作方法，下面通过练习操作，以达到巩固学习、拓展提高的目的。

↑扫码看视频

8.7.1 自动爆炸

自动爆炸只需要用户输入很少的内容，就能快速生成爆炸图，图 8-52 所示为自动爆炸前和自动爆炸后。

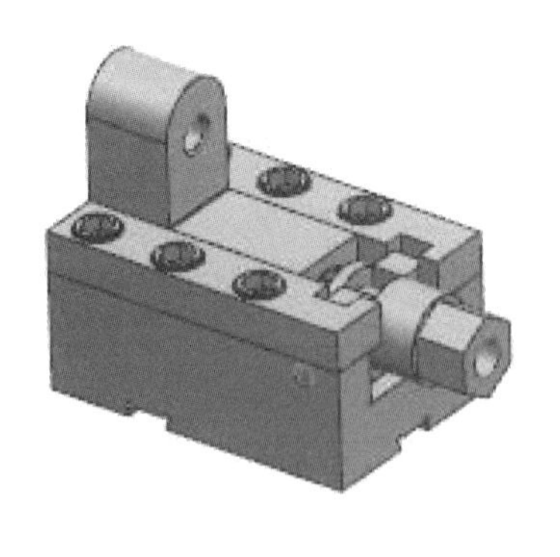

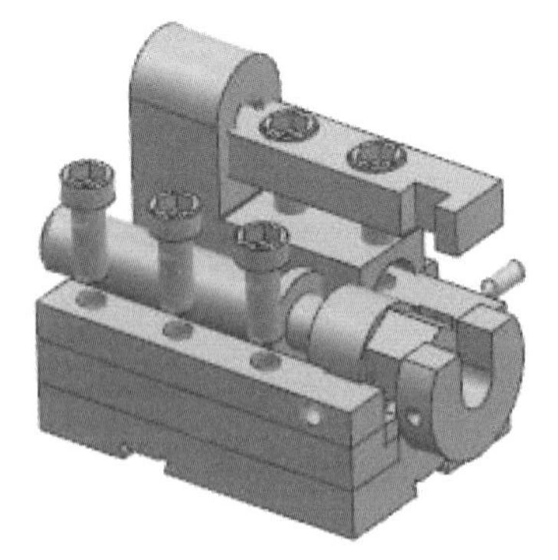

图 8-52

素材保存路径：配套素材\第 8 章
素材文件名称：baozha.prt、zidongbaozha.prt

第 1 步 打开素材文件“baozha.prt”，选择【菜单】→【装配】→【爆炸图】→【新建爆炸】菜单项，如图 8-53 所示。

第 2 步 弹出【新建爆炸】对话框，1. 在【名称】文本框中输入爆炸的名称，2. 单击【确定】按钮，如图 8-54 所示。

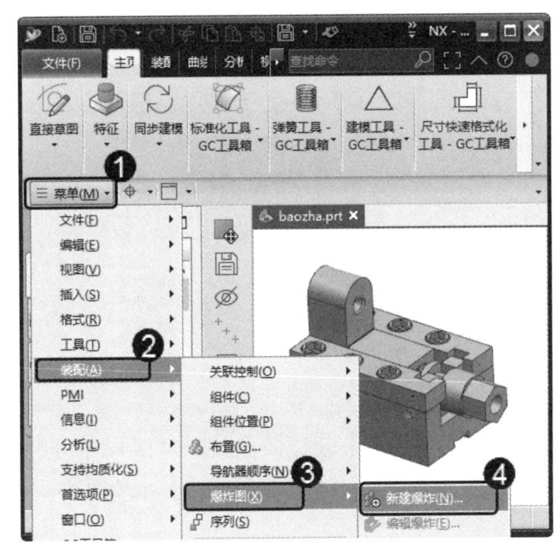

图 8-53

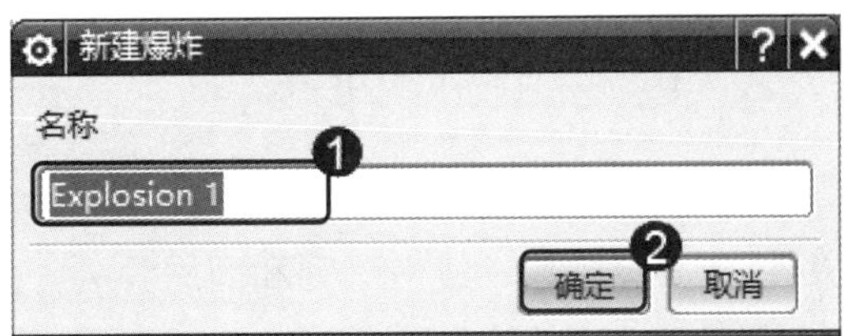

图 8-54

第 3 步 进入爆炸视图，选择【菜单】→【装配】→【爆炸图】→【自动爆炸组件】菜单项，如图 8-55 所示。

第 4 步 弹出【类选择】对话框，1. 在图形区中选择图中的所有组件，2. 单击【确定】按钮，如图 8-56 所示。

图 8-55

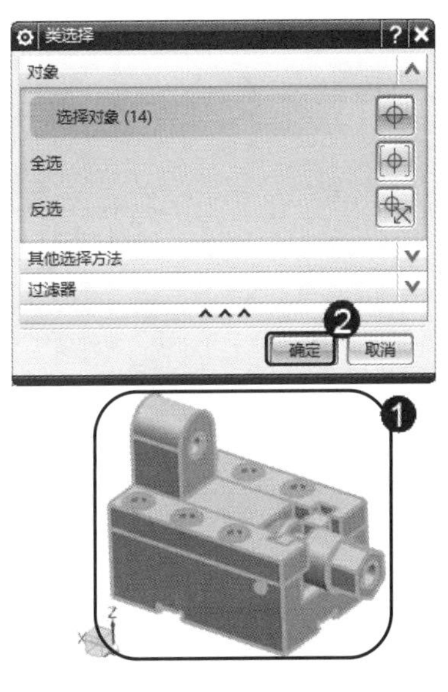

图 8-56

第 5 步 弹出【自动爆炸组件】对话框，1. 在【距离】文本框中输入数值 20，2. 单击【确定】按钮，如图 8-57 所示。

第 6 步 系统会立即生成该组件的爆炸图，效果如图 8-58 所示。

图 8-57

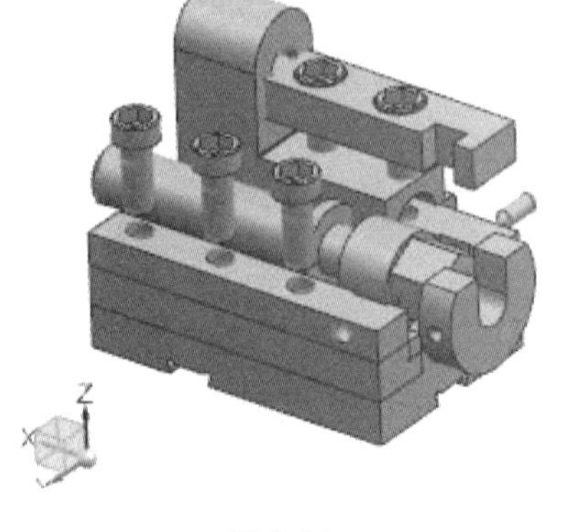

图 8-58

8.7.2 创建组件阵列

与零件模型中的特征阵列一样，在装配体中也可以对部件进行阵列。部件阵列的类型主要包括参照阵列、线性阵列和圆周阵列，本例以线性阵列为例来详细介绍创建组件阵列的操作方法。

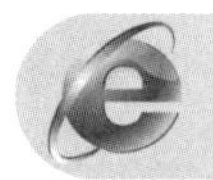

素材保存路径：配套素材\第 8 章

素材文件名称：zhenlie.prt、zujianzhenlie.prt

第 1 步 打开素材文件“zhenlie.prt”，可以看到已经有一个创建好的特征素材，如图 8-59 所示。

第 2 步 选择【菜单】→【装配】→【组件】→【阵列组件】菜单项，如图 8-60 所示。

图 8-59

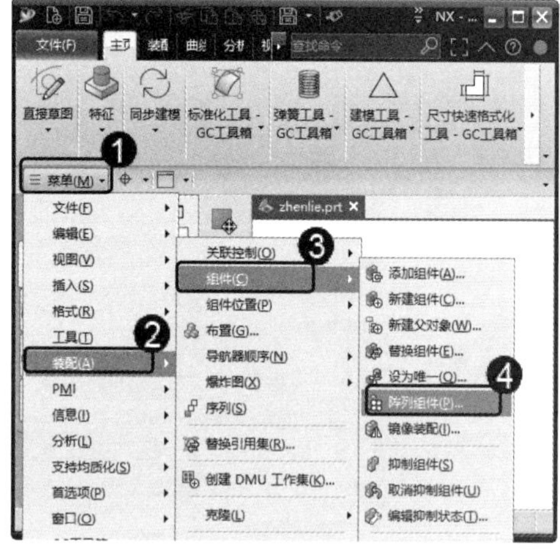

图 8-60

第 3 步 选择要阵列的部件。在图形区中选择部件 1 为要阵列的部件，如图 8-61 所示。

第 4 步 在【阵列组件】对话框中，**1.** 在【布局】下拉列表框中选择【线性】选项，**2.** 在【方向 1】选项组中确认【指定矢量】处于激活状态，如图 8-62 所示。

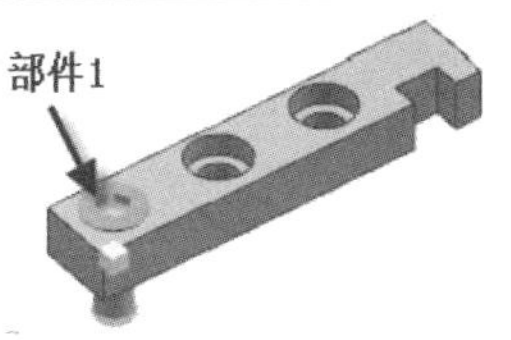

图 8-61

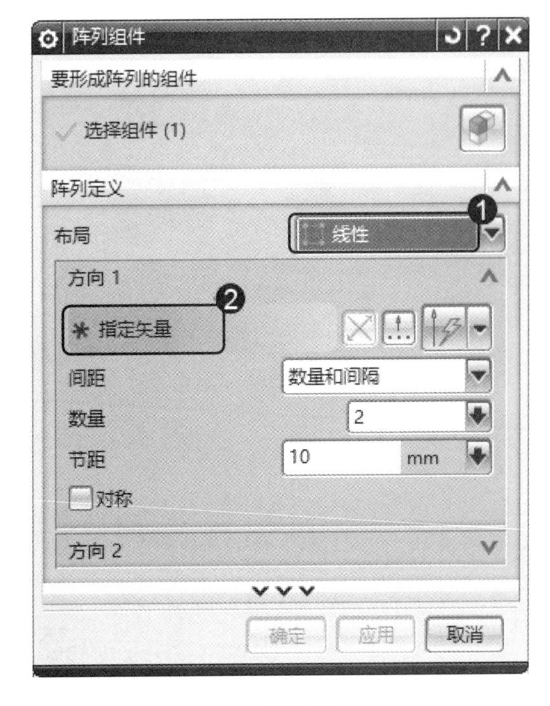

图 8-62

第 5 步 选择图 8-63 所示的部件 2 的边。

第 6 步 在【阵列组件】对话框中，**1.** 在【方向 1】选项组的【间距】下拉列表框中选择【数量和间隔】选项，**2.** 在【数量】文本框中输入数值 3，**3.** 在【节距】文本框中输入数值-25，**4.** 单击【确定】按钮，如图 8-64 所示。

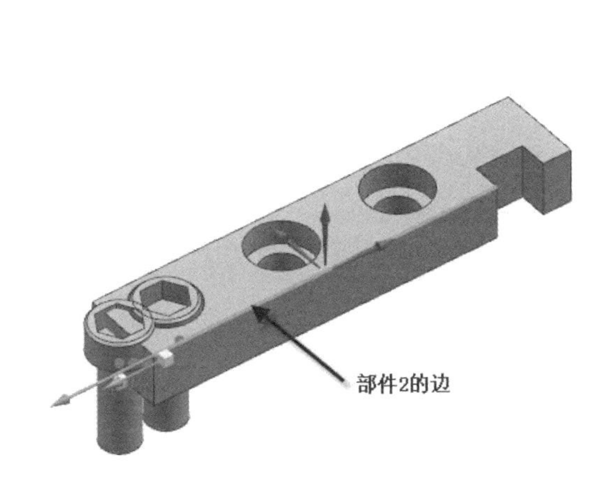

图 8-63

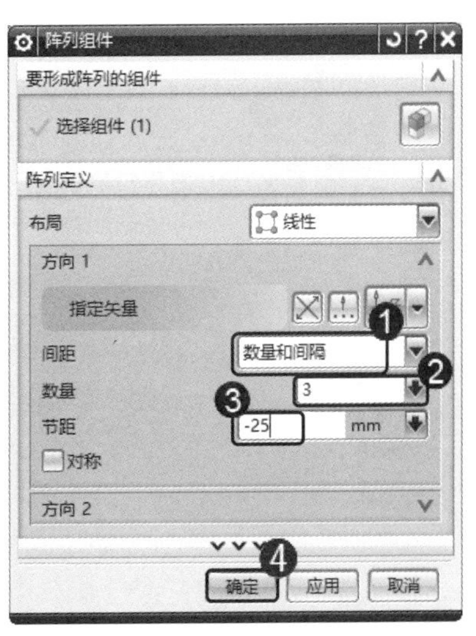

图 8-64

第 7 步 通过以上步骤即可完成部件的阵列操作，效果如图 8-65 所示。

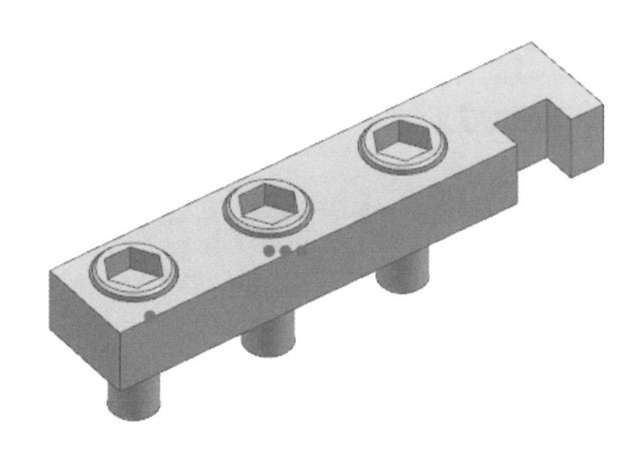

图 8-65

8.7.3 隐藏爆炸图

如果想要做好的爆炸图不显示出来，那么可以对其进行隐藏爆炸图的操作，本例详细介绍其操作方法。

素材保存路径：配套素材\第 8 章

素材文件名称：baozhatu.prt、yincangbaozhatu.prt

第 1 步 打开素材文件“baozhatu.prt”，可以看到有一个创建好的爆炸图组件素材文件，如图 8-66 所示。

第 2 步 选择【菜单】→【装配】→【爆炸图】→【隐藏爆炸】菜单项，如图 8-67 所示。

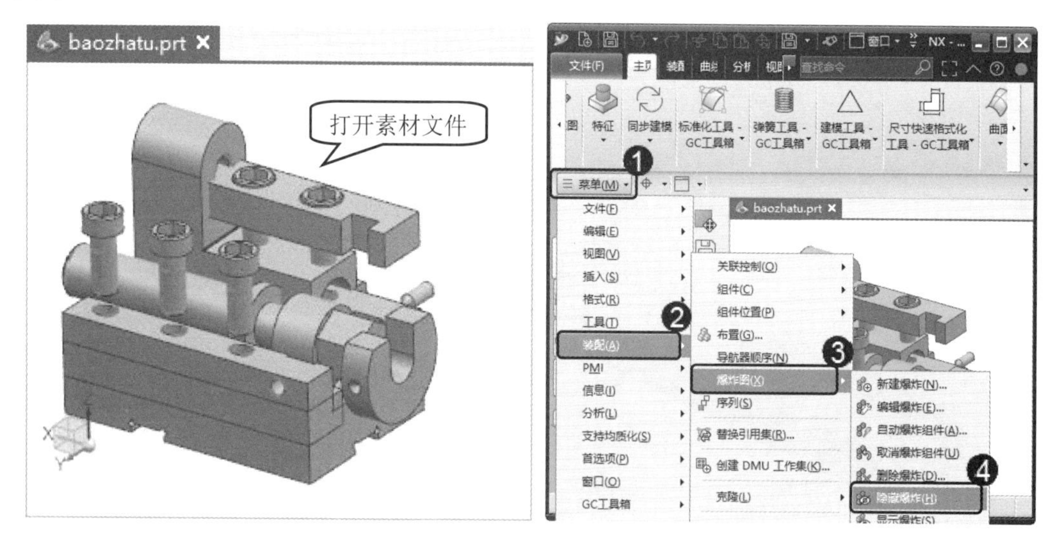

图 8-66　　图 8-67

第 3 步 通过上述操作即可完成隐藏爆炸图的操作，效果如图 8-68 所示。

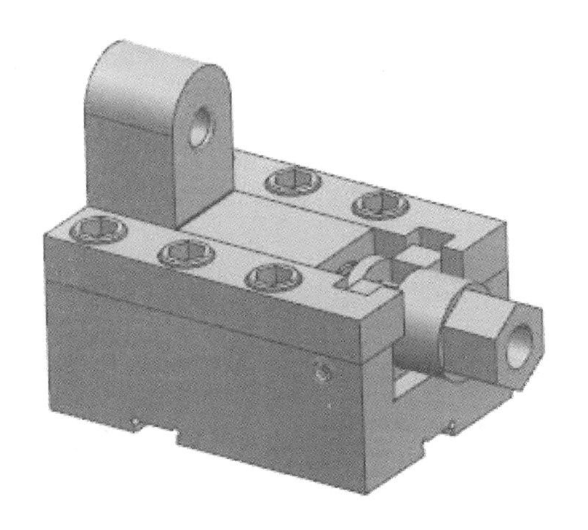

图 8-68

8.7.4　取消爆炸图

取消爆炸图操作是恢复组件的装配位置，本例详细介绍取消爆炸图的操作方法。

素材保存路径：配套素材\第 8 章
素材文件名称：baozhatu.prt、quxiaobaozhatu.prt

第 1 步 打开素材文件“baozhatu.prt”，可以看到一个爆炸图组件，如图 8-69 所示。

第 2 步 选择【菜单】→【装配】→【爆炸图】→【取消爆炸组件】菜单项，如图 8-70 所示。

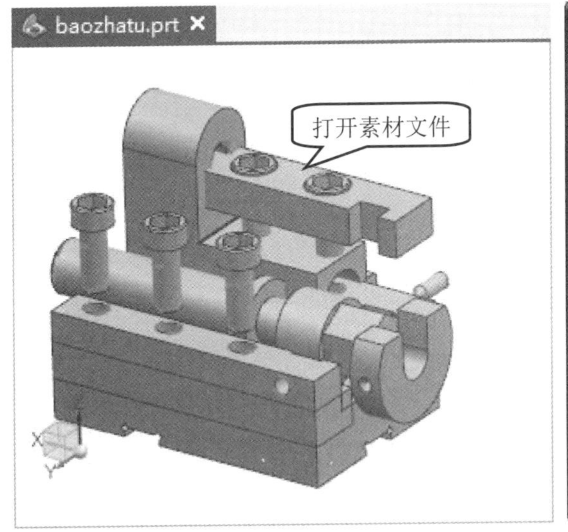

图 8-69

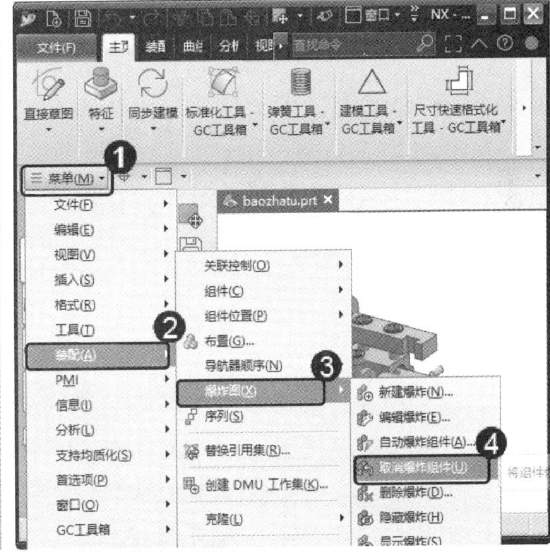

图 8-70

第 3 步 弹出【类选择】对话框，*1.* 选择要恢复的组件，*2.* 单击【确定】按钮，如图 8-71 所示。

第 4 步 通过上述操作即可完成取消爆炸图的操作，效果如图 8-72 所示。

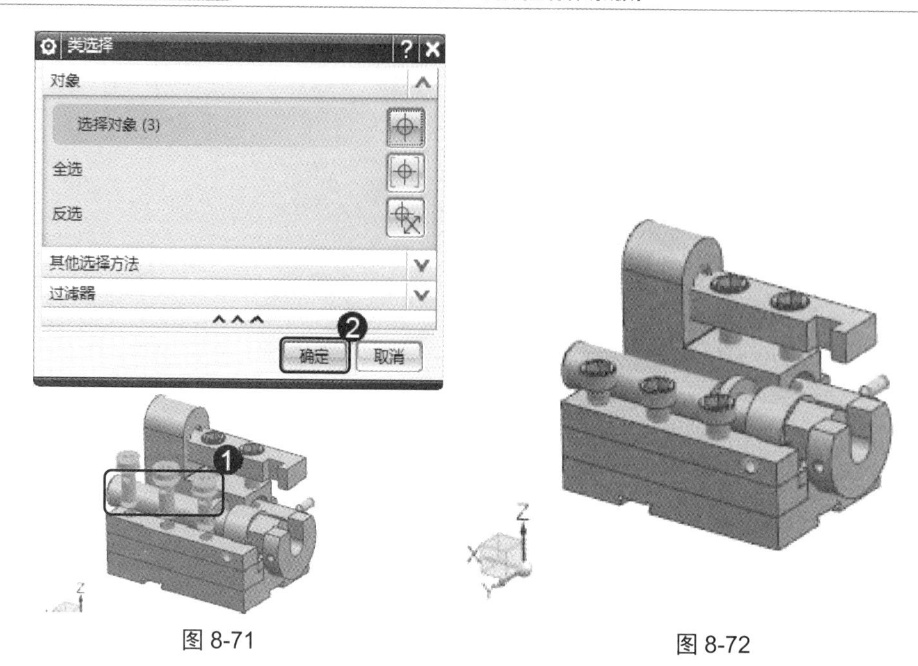

图 8-71　　　　图 8-72

8.8　思考与练习

通过本章的学习，读者基本可以掌握装配建模的基本知识以及一些常见的操作方法，下面通过练习几道习题，以达到巩固与提高的目的。

一、填空题

1. ____________装配设计方法最初的执行操作是从组件添加开始的，即在已存在的零部件中选择要装配的零部件作为组件添加到装配文件中。

2. 爆炸图是一个已经_____的视图，一个模型中可以有多个爆炸图。使用【新建爆炸】命令可以创建新的爆炸图，组件将在其中以________方式重定位，生成爆炸图。

二、判断题

1. 装配设计是在装配模块里完成的，如果准备进行装配设计首先需要进入装配环境。（　）

2. 在装配中，各部件含有草图、基准平面及其他辅助图形对象，如果在装配中列出所有对象不但容易混淆图形，而且还会占用大量的内存，不利于装配工作的进行。通过【引用集】命令能够限制加载于装配图中的装配部件的不必要的信息量。（　）

3. 创建完引用集后，就可以将其单独装配到部件中。一个零部件可以有 1 个引用集。（　）

三、思考题

1. 如何进入装配环境？

2. 如何创建爆炸图？

新起点 电脑教程

第 9 章

NX 钣金设计

本章要点

- NX 钣金概述
- 基础钣金特征
- 钣金的折弯与展开
- 冲压特征
- 钣金拐角处理

本章主要内容

本章主要介绍了 NX 钣金概述、基础钣金特征、钣金的折弯与展开方面的知识与技巧，同时讲解了冲压特征的相关知识及操作方法，在本章的最后还针对实际的工作需求，讲解了钣金拐角处理的方法。通过本章的学习，读者可以掌握 NX 钣金设计基础操作方面的知识，为深入学习 UG NX 中文版知识奠定基础。

9.1 NX 钣金概述

钣金一般是指将一些金属薄板通过手工或模具冲压使其产生塑性变形，形成所希望的形状和尺寸，并可以进一步通过焊接或少量的机械加工形成更复杂的零件。本节将详细介绍钣金特征设计相关的基础知识及操作方法。

↑ 扫码看视频

9.1.1 钣金件设计概述

钣金件是通过钣金加工得到的，钣金件的建模设计通常称为钣金设计。UG NX 提供了钣金建模的操作命令和设计模块，下面将详细介绍钣金的基本概念、设计方法、操作流程等。

1. 钣金的基本概念

钣金是针对金属薄板(通常在 6mm 以下)的一种综合冷加工工艺，包括剪、冲/切/复合、折、焊接、铆接、拼接、成型(如汽车车身)等，其显著的特征就是同一零件厚度一致。

钣金的基本设备包括剪板机(Shear Machine)、数控冲床(CNC Punching Machine)/激光、等离子、水射流切割机(Laser,Plasma, Waterjet Cutting Machine)/复合机(Combination Machine)、折弯机(Bending Machine)以及各种辅助设备，如开卷机、校平机、去毛刺机、点焊机等。

通常，钣金工厂最重要的三个步骤是剪、冲/切、折。

现代钣金工艺包括：灯丝电源绕组、激光切割、重型加工、金属黏结、金属拉拔、等离子切割、精密焊接、辊轧成型、金属板材弯曲成型、模锻、水喷射切割、精密焊接等。

目前的 3D 软件中，SolidWorks、UG NX、Creo、SolidEdge、TopSolid 等都有钣金件一项，主要是通过对 3D 图形的编辑而得到钣金件加工所需的数据(如展开图、折弯线等)以及为数控冲床/激光、等离子、水射流切割机/复合机以及数控折弯机等提供数据。

2. 钣金设计和操作流程

UG NX 钣金设计的功能是通过钣金设计模块来实现的。将 UG NX 软件应用到钣金零件的设计中，可以加快钣金零件的设计进程，为工程师提供很大的方便，节约了大量的时间。

1) 钣金设计方法

在钣金设计模块中，钣金零件模型是基于实体和特征的方法进行定义的，通过特征技术，钣金工程师可以为钣金模型建立一个既具有钣金特征，又满足 CAD/CAM 系统要求的

钣金零件模型。

钣金设计具有以下特点。

(1) 钣金设计模型不仅提供钣金零件的完整信息模型，而且还可以较好地解决几何造型设计中存在的某些问题。

(2) 钣金设计模块提供了许多钣金特征命令，可以快速进行钣金操作，如弯边、钣金孔、筋、钣金桥接等。

(3) 在钣金设计中，可以进行平面展开操作。

(4) 在钣金设计过程中，允许同时对钣金件进行建模和设计操作。

2) 钣金操作流程

在钣金模块中，钣金设计的操作流程如下。

(1) 设置钣金参数。设置钣金参数是指设定钣金参数的预设值，包括全局参数、定义标准和检查特征标准等。

(2) 绘制钣金基体草图。钣金基体草图可以通过草图命令进行绘制，也可以利用现有的草图曲线。

(3) 创建钣金基体。在钣金模块中，钣金基体可以是基体，也可以是轮廓弯边和放样弯边。

(4) 添加钣金特征。在钣金基体上添加钣金特征，在【NX 钣金】工具条中选择各类钣金命令，如弯边、折弯等。

(5) 创建其他钣金特征。根据需要进行取消折弯、添加钣金孔、裁剪钣金等操作。

(6) 进行重新折弯操作完成钣金件设计。

图 9-1 所示为钣金设计的操作流程。

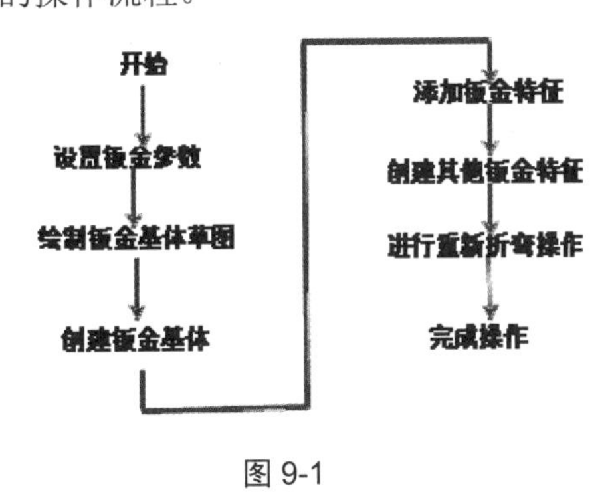

图 9-1

9.1.2　进入钣金环境

UG NX 1892 钣金模块提供了一个直接进行钣金零件设计的操作环境。选择【文件】→【新建】菜单项，弹出图 9-2 所示的【新建】对话框，在【模型】选项卡的【模板】选项组中选择【NX 钣金】选项，然后输入文件名和路径，单击【确定】按钮，即可进入钣金环境。

进入钣金环境后，【主页】功能选项卡中同时也出现了钣金模块的相关命令按钮，如图 9-3 所示。

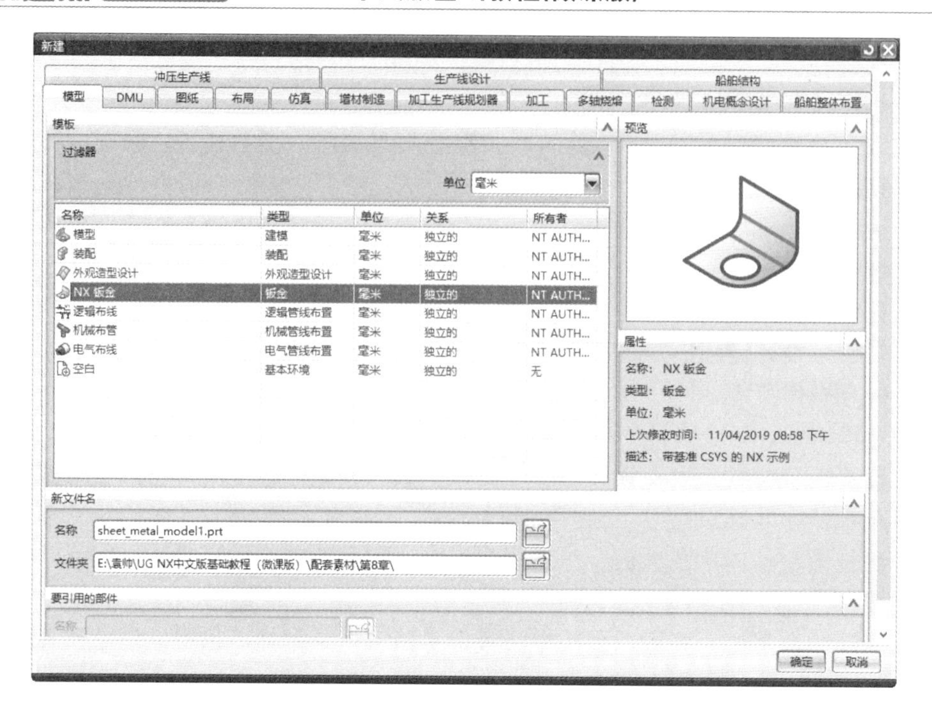

图 9-2

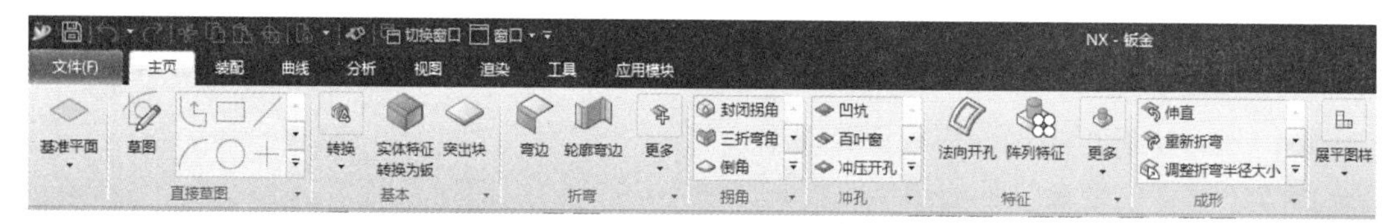

图 9-3

选择【菜单】→【首选项】→【钣金】菜单项，即可弹出图 9-4 所示的【钣金首选项】对话框。

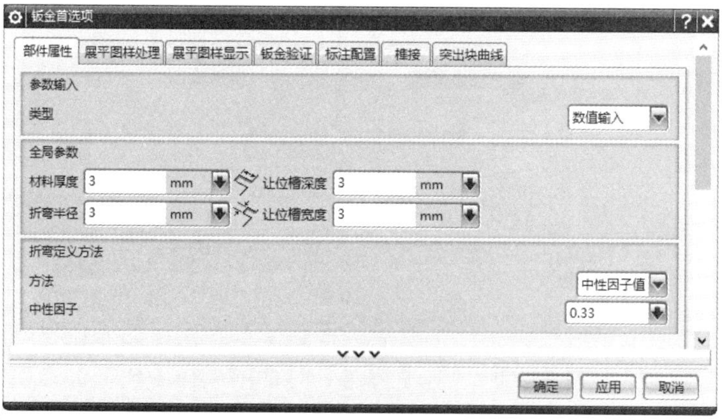

图 9-4

从中可以对部件属性、展平图样处理、展平图样显示、钣金验证和标注配置等参数进行设置。下面详细介绍 NX【钣金首选项】对话框中主要选项的功能。

1. 部件属性

(1) 类型。该下拉列表框用于确定钣金折弯的定义方式，包含数值输入、材料选择和刀具 ID 选择，如图 9-5 所示。

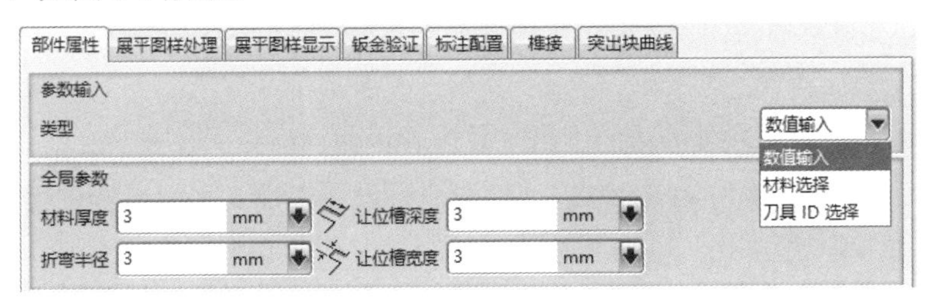

图 9-5

(2) 材料厚度。钣金零件默认厚度。

(3) 折弯半径。折弯默认半径(基于折弯时发生断裂的最小极限来定义)，可以根据所选材料的类型来更改折弯半径。

(4) 让位槽深度/让位槽宽度。可以在文本框中输入数值以定义钣金件默认的让位槽深度和宽度值。

(5) 折弯定义方法。该区域用于设置折弯定义方法，【方法】下拉列表框中包含中性因子值、公式和折弯表选项，如图 9-6 所示。

图 9-6

2. 展平图样处理

切换到【展平图样处理】选项卡，可以设置平面展开图处理参数，如图 9-7 所示。

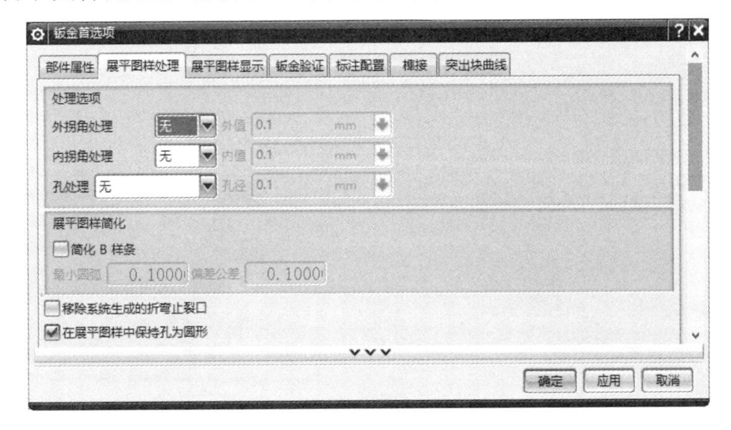

图 9-7

(1) 拐角处理选项。对平面展开图处理的内拐角和外拐角进行倒角和倒圆。在后面的文本框中输入倒角的边长或倒圆的半径。

(2) 孔处理选项。用于设置钣金展开后孔的处理方式。

(3) 展平图样简化。对圆柱表面或者折弯线上具有裁剪特征的钣金零件进行平面展开时，生成 B 样条曲线，该选项可以将 B 样条曲线转化为简单直线和圆弧。用户可以定义最小圆弧和偏差的公差值。

(4) 移除系统生成的折弯止裂口。当创建没有止裂口的封闭拐角时，系统会在 3D 模型上生成一个非常小的折弯止裂口，勾选该复选框，设置在定义平面展开图实体时，是否移除系统生成的折弯止裂口。

(5) 在展平图样中保持孔为圆形。勾选该复选框，设置在平面展开图中保持折弯曲面上的孔为圆形。

3. 展平图样显示

切换到【展平图样显示】选项卡后，可以设置平面展开图显示参数，如图 9-8 所示，包括各种曲线的显示颜色、线性、线宽和标注等。

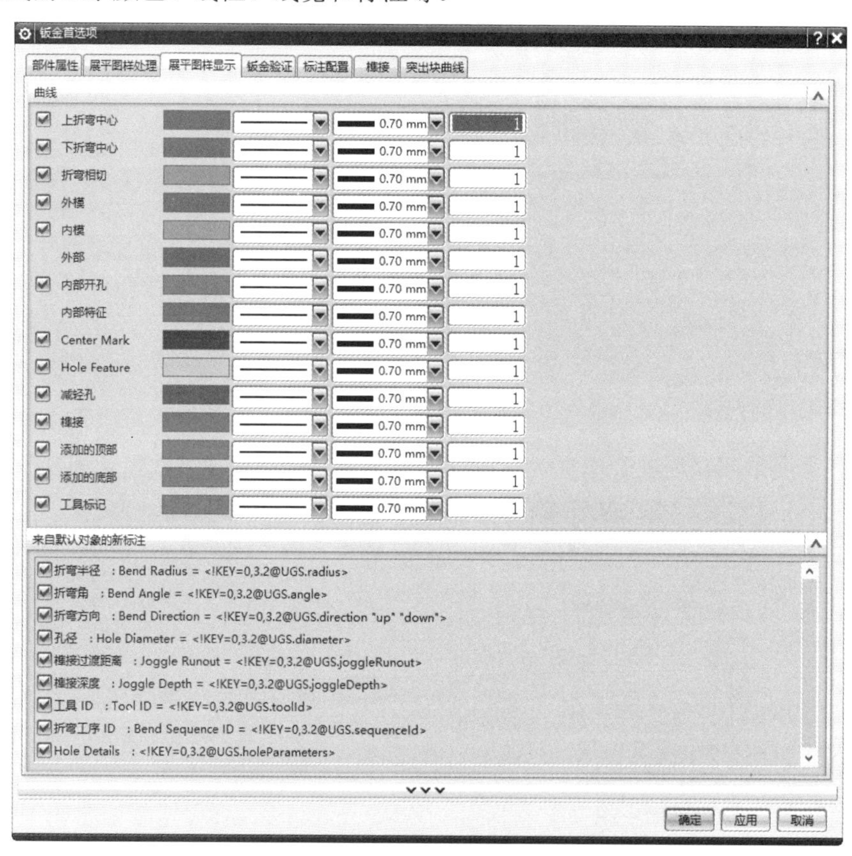

图 9-8

4. 钣金验证

切换到【钣金验证】选项卡，可以设置钣金件验证的参数，如图 9-9 所示。

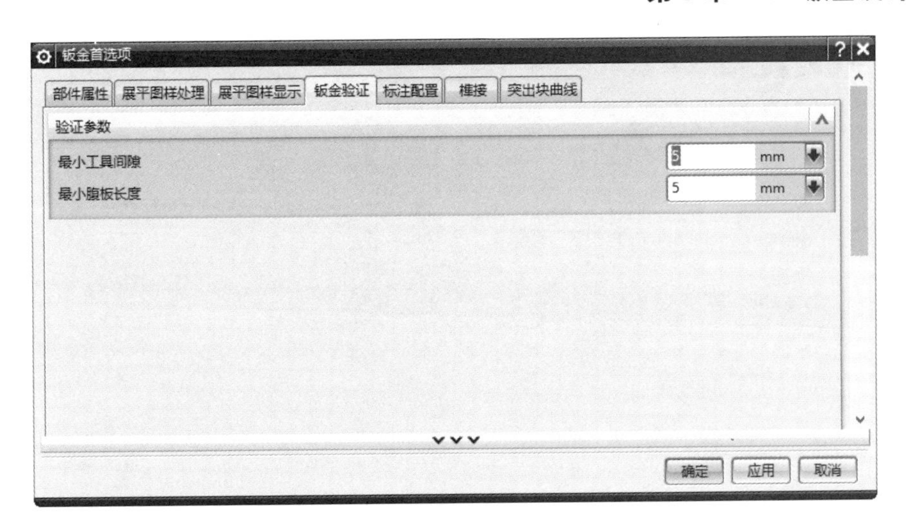

图 9-9

5. 标注配置

切换到【标注配置】选项卡，可以设置部件中当前标注的类型以及方位，如图 9-10 所示。

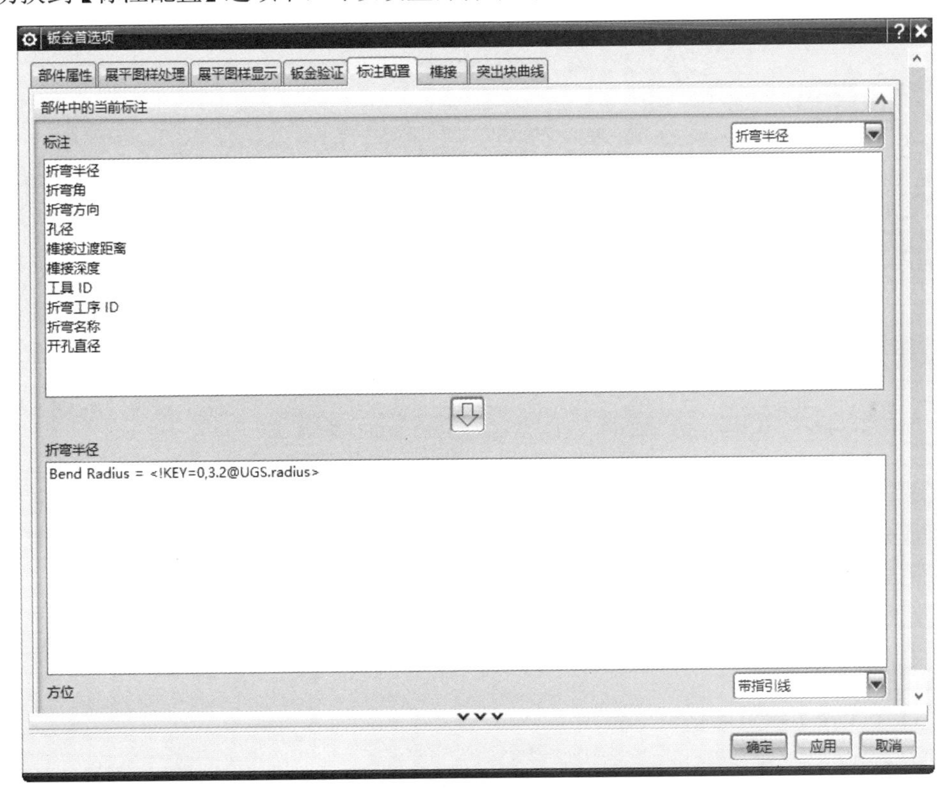

图 9-10

6. 榫接

切换到【榫接】选项卡，可以设置榫接属性参数和榫接补偿参数，如图 9-11 所示。

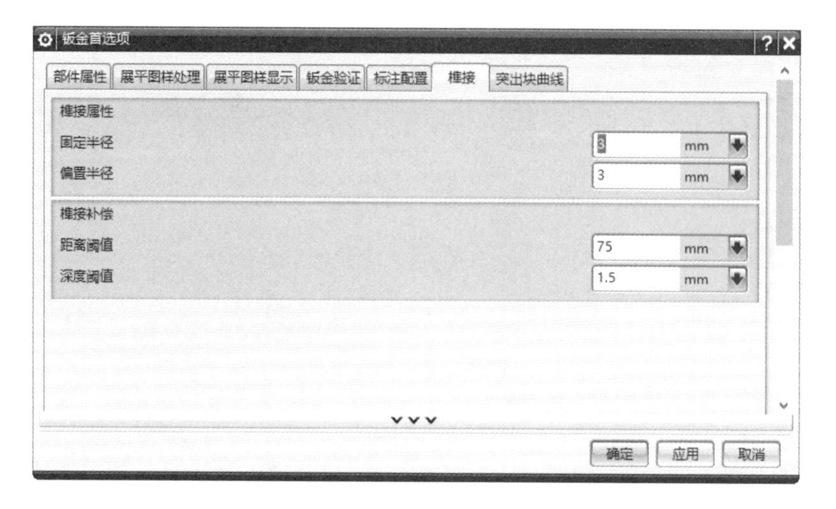

图 9-11

9.2 基础钣金特征

进入钣金环境后，用户就可以创建基础的钣金特征了。基础钣金特征主要包括突出块、弯边、轮廓弯边、放样弯边等。本节详细介绍基础钣金特征的相关知识及操作方法。

↑ 扫码看视频

9.2.1 突出块特征

钣金基体特征可以通过【突出块】命令创建，它是一个钣金零件的基础，其他的钣金特征(如冲孔、成形、折弯等)都要在这个基础上构建。使用【突出块】命令可以构造一个基体特征或者在一个平的面上添加材料。

下面将分别详细介绍打开【突出块】对话框的方法以及【突出块】对话框的主要选项及其含义，如基体的截面和厚度等。

1. 打开【突出块】对话框的方法

进入【NX 钣金】设计模块，然后在【NX 钣金】工具条中单击【突出块】按钮或者选择【菜单】→【插入】→【突出块】菜单项，弹出图 9-12 所示的【突出块】对话框，此时系统提示用户“选择要草绘的平面，或选择截面几何图形”。

图 9-12

2. 基体参数

【突出块】对话框中主要包括【类型】、【截面线】、【厚度】和【预览】选项组，下面将分别予以详细介绍。

1)　类型

在【类型】下拉列表框中选择【基本】选项时，指定创建基本类型的基体。当模型中没有基体特征时，系统默认选择【基本】选项。

2)　截面线

【截面线】选项组中包括两个按钮，分别是【绘制截面】按钮和【曲线】按钮，这两个按钮的功能如下。

(1)　绘制截面。当用户界面中没有基体截面时，可以单击【绘制截面】按钮，进入草图环境绘制一个封闭的曲线作为基体截面。

(2)　曲线。当用户界面中已经存在基体截面时，可以直接单击【曲线】按钮，选择曲线作为基体截面。

3)　厚度

【厚度】选项组中包括【厚度】文本框和【反向】按钮，其中【厚度】文本框用来设置基体的厚度数值，而【反向】按钮用来设置基体的拉伸方向或者材料的增加方向。

(1)　基体的数值。可以直接在【厚度】文本框内输入基体的厚度值。

(2)　基体的厚度方向。在绘图区选择截面曲线后，系统将显示一个箭头，代表厚度的拉伸方向，如果此时的拉伸方向不能满足设计要求，可以单击【反向】按钮，将拉伸方向变为相反的方向。

4)　预览

指定基体截面、设置基体的厚度数值及其方向后，如果需要观察基体是否满足设计要求，可以在生成基体之前，单击【预览】选项组中的【显示结果】按钮，绘图区将显示基体的真实效果。

打开【突出块】对话框后，选择已经绘制好的草图，或者单击【绘制截面】按钮，进入草图环境绘制草图截面，如图 9-13 所示。单击【确定】按钮，即可完成特征的创建，如图 9-14 所示。

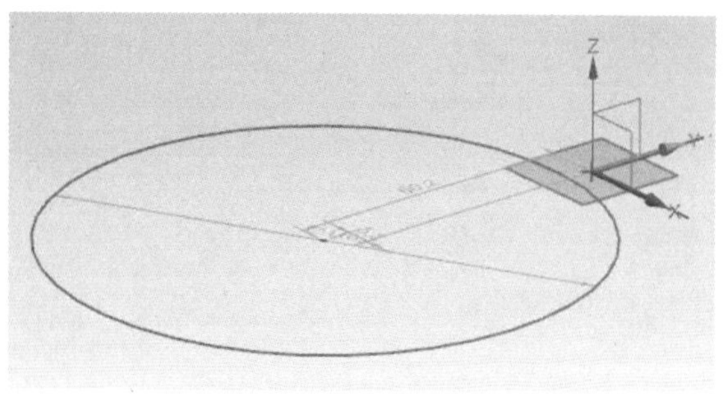

图 9-13

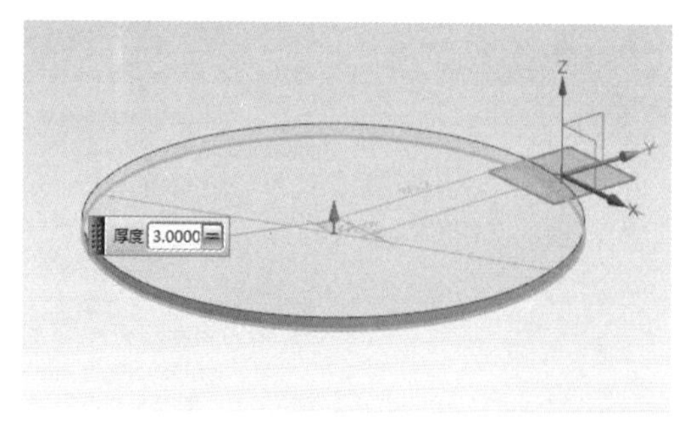

图 9-14

9.2.2　弯边特征

弯边是钣金中最常见的一种特征，它是在指定放置平面、设置弯边参数(如宽度、长度、折弯半径等)、设置止裂口和指定内嵌方式后进行的一个钣金操作。

进入【NX 钣金】设计模块后，在【NX 钣金】工具条中单击【弯边】按钮或者选择【菜单】→【插入】→【折弯】→【弯边】菜单项，即可弹出图 9-15 所示的【弯边】对话框。

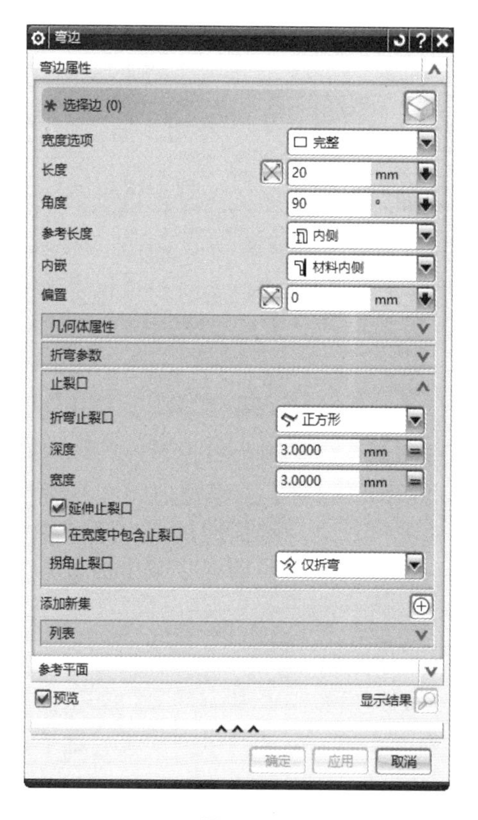

图 9-15

在【弯边】对话框中选择要创建弯边特征的边，接着选择【宽度选项】，并输入参数(可以采用默认的折弯参数，也可以修改折弯参数)，编辑并修改弯边草图轮廓，然后选择【折

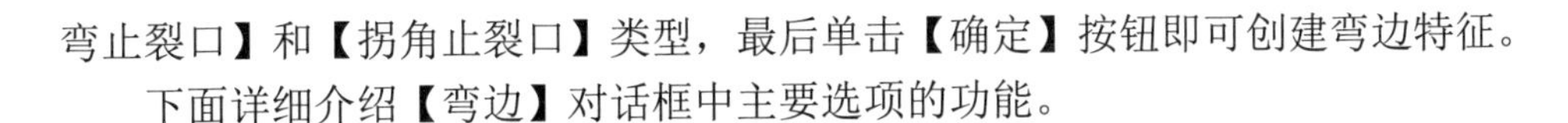

弯止裂口】和【拐角止裂口】类型，最后单击【确定】按钮即可创建弯边特征。

下面详细介绍【弯边】对话框中主要选项的功能。

1. 选择边

选择一条直线边为弯边创建边。

2. 宽度选项

用来定义弯边宽度的测量方式。【宽度选项】下拉列表框中包括【完整】、【在中心】、【在端点】、【从端点】和【从两端】5 种方式，如图 9-16 所示。

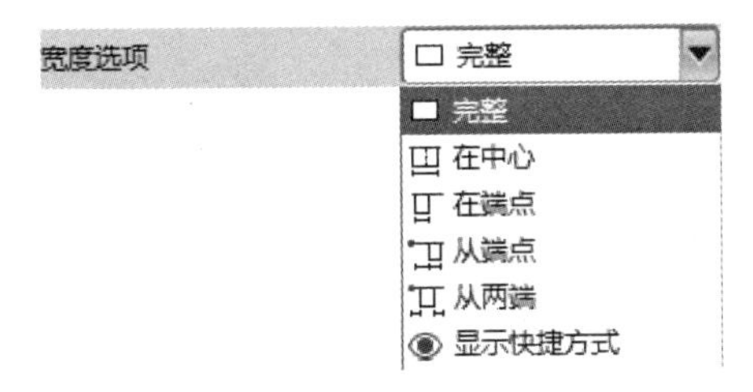

图 9-16

(1) 完整。选择的整条边都进行弯边，如图 9-17 所示。
(2) 在中心。在选择的边线的中心按一定距离弯边，如图 9-18 所示。
(3) 在端点。从所选端点开始创建弯边特征，如图 9-19 所示。
(4) 从端点。从选择的边上一点开始，进行指定距离弯边，如图 9-20 所示。
(5) 从两端。从选择的边线两端开始，分别设置弯边的距离，如图 9-21 所示。

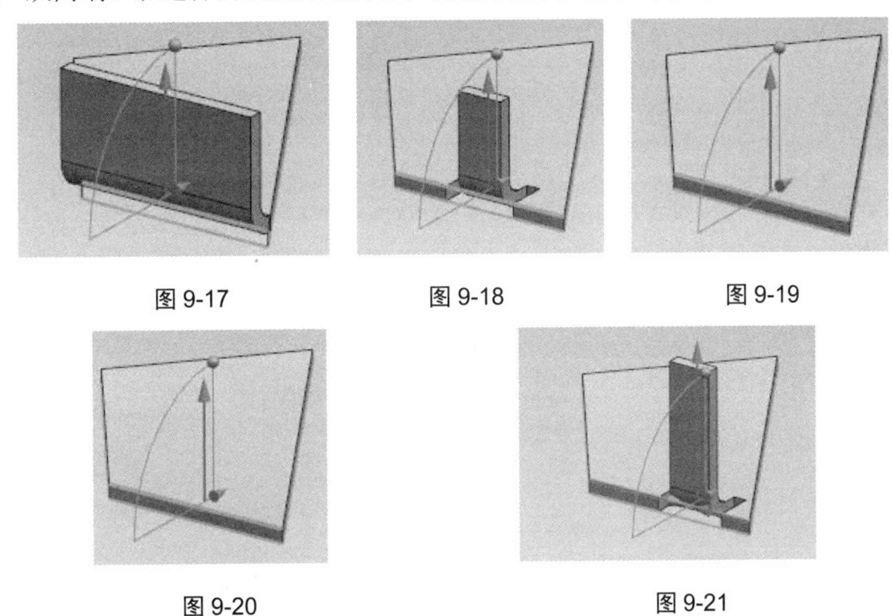

图 9-17　　图 9-18　　图 9-19

图 9-20　　图 9-21

3. 弯边属性区域其他选项

(1) 长度。文本框中输入的值是指定弯边的长度，如图 9-22 所示。

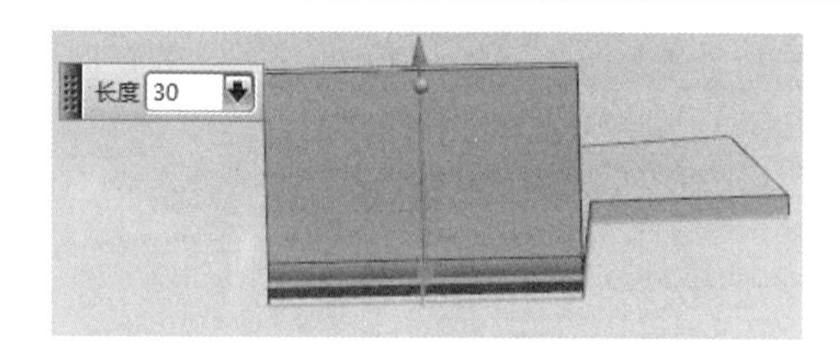

图 9-22

(2) 角度。文本框中输入的值是指定弯边的折弯角度，该值是与原钣金所成角度的补角，如图 9-23 所示。

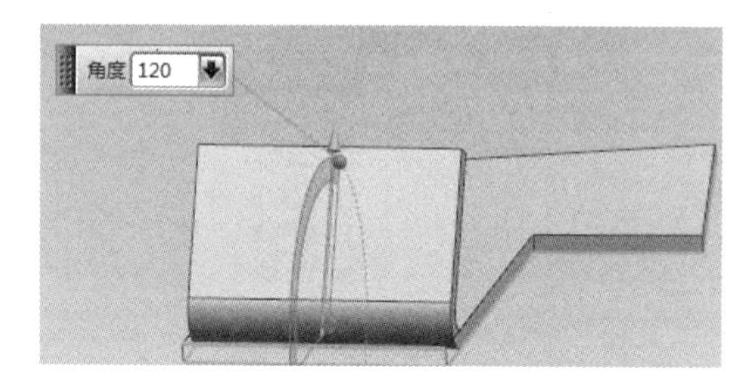

图 9-23

(3) 参考长度。其下拉列表中包括【内侧】、【外侧】和【腹板】选项，如图 9-24 所示。

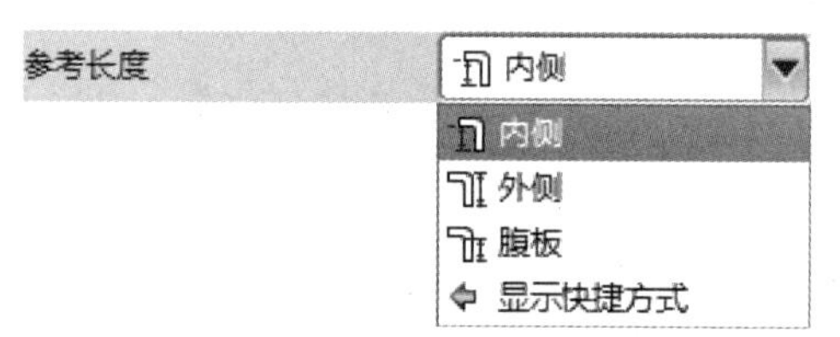

图 9-24

① 内侧。选择该选项，输入的弯边长度值从弯边的内部开始计算。

② 外侧。选择该选项，输入的弯边长度值从弯边的外部开始计算。

③ 腹板。选择该选项，输入的弯边长度值从弯边圆角后开始计算。

(4) 内嵌。其下拉列表框中包括材料内侧、材料外侧和折弯外侧等选项，如图 9-25 所示。

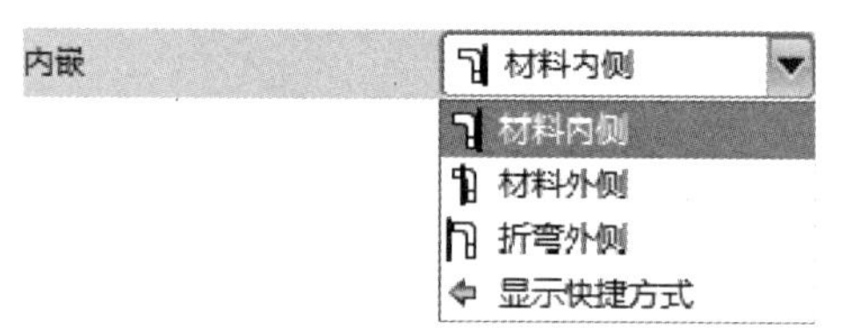

图 9-25

① 材料内侧。选择该选项，弯边的外侧面与附着边平齐。

② 材料外侧。选择该选项，弯边的内侧面与附着边平齐。

③ 折弯外侧。选择该选项，折弯特征直接创建在基础特征上而不改变基础特征尺寸。

(5) 偏置。该文本框中的输入值是指定弯边以附着边为基准向一侧偏置一定值。

4. 折弯参数

【折弯参数】选项组包括【折弯半径】文本框和【中性因子】文本框。

(1) 折弯半径。该文本框中输入的值指定折弯半径。

(2) 中性因子。该文本框中输入的值指定中性因子。

5. 止裂口

(1) 折弯止裂口。用来定义是否折弯止裂口到零件的边。折弯止裂口类型包括正方形和圆形两种，如图 9-26 所示。

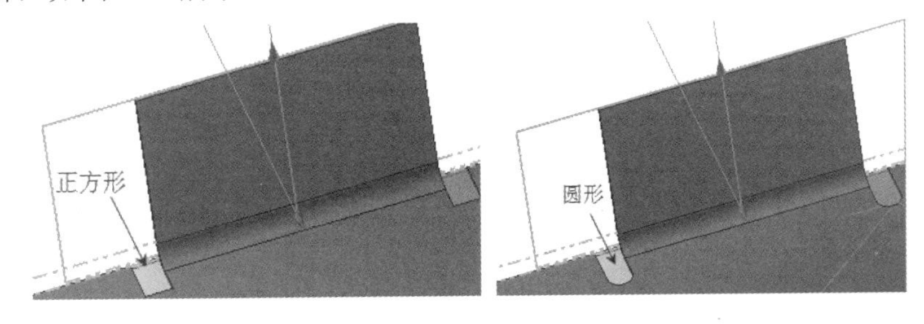

图 9-26

(2) 延伸止裂口。该复选框定义折弯止裂口是否延伸到零件的边。

(3) 拐角止裂口。该下拉列表框定义要创建的弯边特征所邻接的特征是否采用拐角止裂口，其下拉列表框中包括 3 个选项，分别为【仅折弯】、【折弯/面】和【折弯/面链】等，如图 9-27 所示。

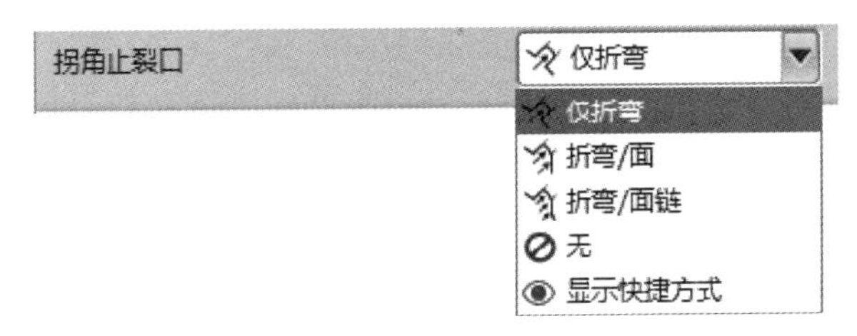

图 9-27

① 仅折弯。指仅对邻接特征的折弯部分应用拐角止裂口。

② 折弯/面。指对邻接特征的折弯部分和平板部分应用拐角止裂口。

③ 折弯/面链。指对邻接特征的所有折弯部分和平板部分应用拐角止裂口。

9.2.3　轮廓弯边特征

【NX 钣金】模块中的轮廓弯边特征是以扫掠的方式创建钣金壁。可以使用【轮廓弯边】命令创建新零件的基本特征或者在现有的钣金零件上添加轮廓弯边特征。可以创建任意角度的多个折弯特征。

进入【NX 钣金】设计模块后，在【NX 钣金】工具条中单击【轮廓弯边】按钮或者选择【菜单】→【插入】→【折弯】→【轮廓弯边】菜单项，即可弹出图 9-28 所示的【轮廓弯边】对话框。

图 9-28

在【轮廓弯边】对话框中，先选择现有草图或者草图截面，然后指定【宽度】选项，并输入参数值；指定止裂口和拐角止裂口类型；设置斜接角和封闭角；最后单击【确定】按钮即可完成创建轮廓弯边的操作，如图 9-29 所示。

下面详细介绍【轮廓弯边】对话框中主要选项的功能。

1. 类型

【轮廓弯边】对话框的【类型】下拉列表框中有两个选项，分别是【基本】和【次要】，如图 9-30 所示。

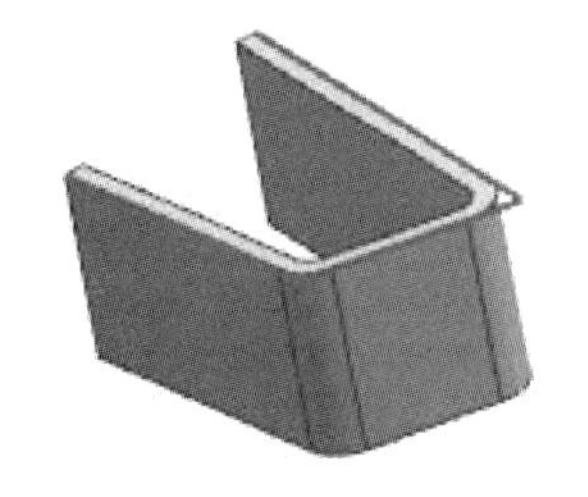

图 9-29

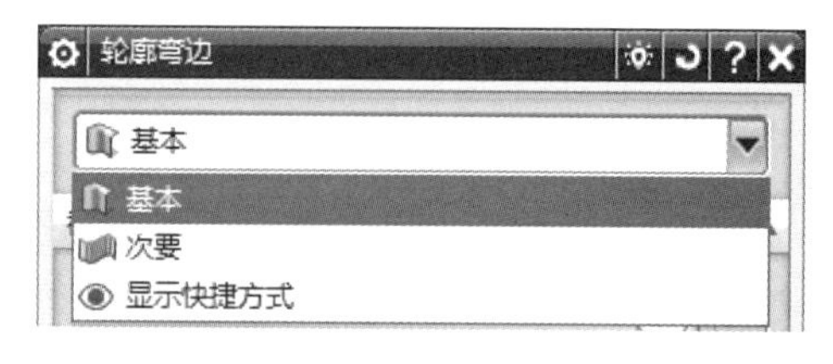

图 9-30

(1) 基本。在【类型】下拉列表框中选择【基本】类型时，指定创建基本类型的弯边。

(2) 次要。在【类型】下拉列表框中选择【次要】类型时，指定创建次要类型的弯边。当模型中已经存在弯边特征时，系统默认选择【次要】类型。

2. 宽度

【宽度】下拉列表框如图 9-31 所示，共有 2 个选项，分别为【有限】和【对称】。

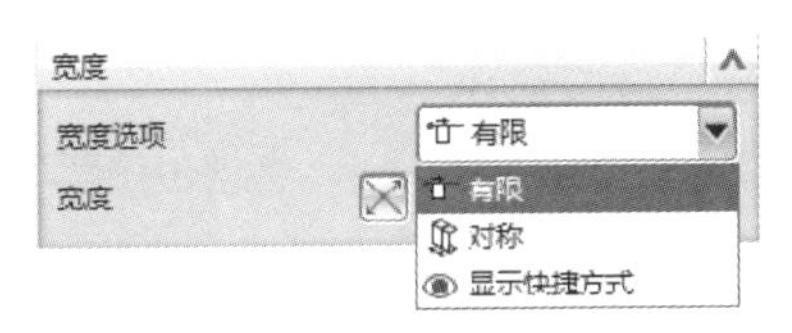

图 9-31

(1) 有限。表示弯边有距离限制。
(2) 对称。表示弯边沿界面曲线双向拉伸。

3. 厚度、折弯参数和止裂口

这三种参数的设置和钣金折弯设置类似，这里就不再赘述了。

4. 斜接

可以设置轮廓弯边端(包括开始端和结束端)选项的斜接选项和参数。
(1) 斜接角。设置轮廓弯边开始端和结束端的斜接角度。
(2) 使用法向开孔法进行斜接。定义是否采用法向切槽方式斜接。

9.2.4 放样弯边特征

放样弯边是以两条开放的截面线串来形成钣金特征，它可以在两组不相似的形状和曲线之间光滑过渡连接。

进入【NX 钣金】设计模块后，在【NX 钣金】工具条中单击【放样弯边】按钮或者选择【菜单】→【插入】→【折弯】→【放样弯边】菜单项，即可弹出图 9-32 所示的【放样弯边】对话框。

图 9-32

在【放样弯边】对话框中定义起始截面和终止截面，分别选择图 9-33 所示曲线 1 和曲线 2，然后定义厚度、折弯等参数，最后单击【确定】按钮即可完成放样弯边的创建，如图 9-34 所示。

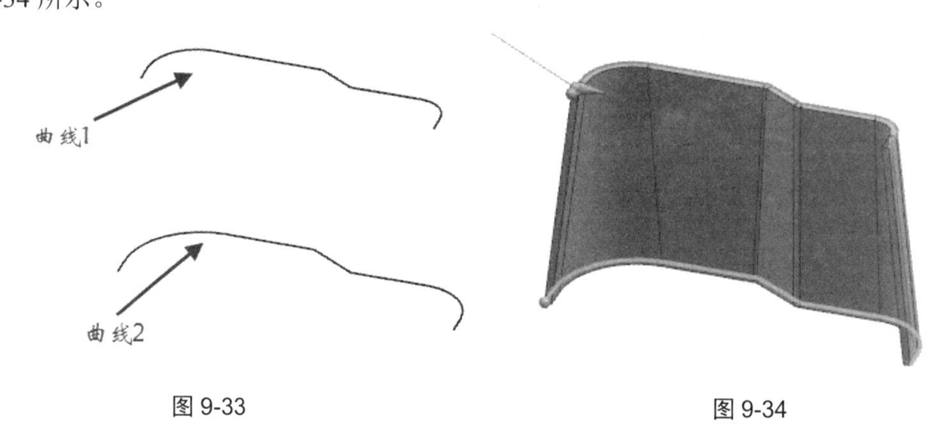

图 9-33　　图 9-34

下面详细介绍【放样弯边】对话框中主要选项的功能。

1. 类型

在图 9-32 所示的【放样弯边】对话框的【类型】下拉列表框中各选项功能说明如下。

(1) 基本。用于创建基础放样弯边钣金壁。

(2) 次要。该选项是在已有的钣金壁的边缘创建弯边钣金壁，其壁厚与基础钣金壁相同，只有在部件中已存在基础钣金壁特征时，此选项才被激活。

2. 起始截面

该选项组用于指定现有截面或者新绘制的截面作为放样弯边的起始轮廓，并指定起始轮廓的顶点。

3. 终止截面

该选项组用于指定现有截面或者新绘制的截面作为放样弯边的终止轮廓，并指定终止轮廓的顶点。

4. 折弯段

勾选【使用多段折弯】复选框，可以设置折弯段的数目为 1～24。

5. 折弯参数和止裂口

在前面已经介绍，这里就不再赘述了。

考考您

请您根据本小节介绍的知识，创建弯边特征和轮廓弯边特征，测试一下您的学习效果。

9.3　钣金的折弯与展开

钣金的折弯与展开主要包括折弯、二次折弯、伸直、重新折弯和展平实体等。本节将详细介绍钣金的折弯与展开的相关知识及操作方法。

↑ 扫码看视频

9.3.1　折弯

折弯是将钣金的平面区域沿指定的直线弯曲某个角度。

进入【NX 钣金】设计模块后，在【NX 钣金】工具条中单击【折弯】按钮或者选择【菜单】→【插入】→【折弯】→【折弯】菜单项，系统即可弹出图 9-35 所示的【折弯】对话框。

在【折弯】对话框中单击【绘制截面】按钮，绘制折弯线，调整折弯侧与固定侧，定义折弯属性，最后单击【确定】按钮即可完成创建折弯特征的操作，如图 9-36 所示。

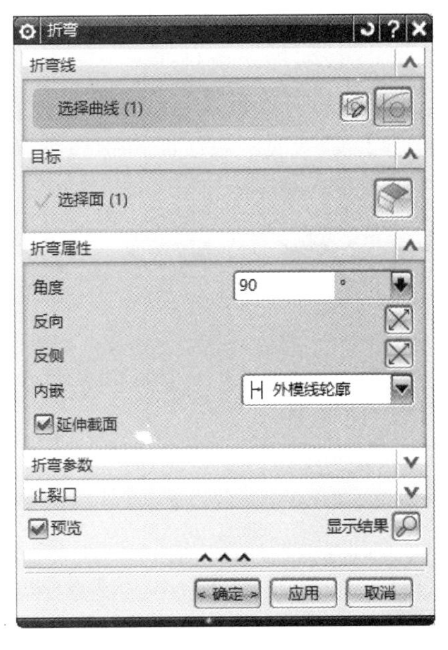

图 9-35

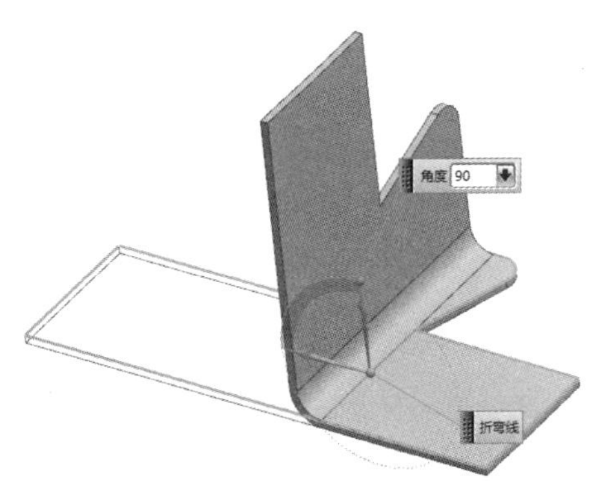

图 9-36

下面详细介绍【折弯】对话框中主要选项的功能。

(1)　角度。设置折弯角度值。

(2)　反向。单击【反向】按钮，可以改变折弯的方向。

(3) 反侧。单击【反侧】按钮，可以改变要折弯部分的方向。

(4) 延伸截面。勾选该复选框，将弯边轮廓延伸到零件边缘的相交处；取消勾选，创建弯边特征时不延伸。

(5) 内嵌。【内嵌】下拉列表框中包括【外模线轮廓】、【折弯中心线轮廓】、【内模线轮廓】、【材料内侧】和【材料外侧】，如图 9-37 所示。

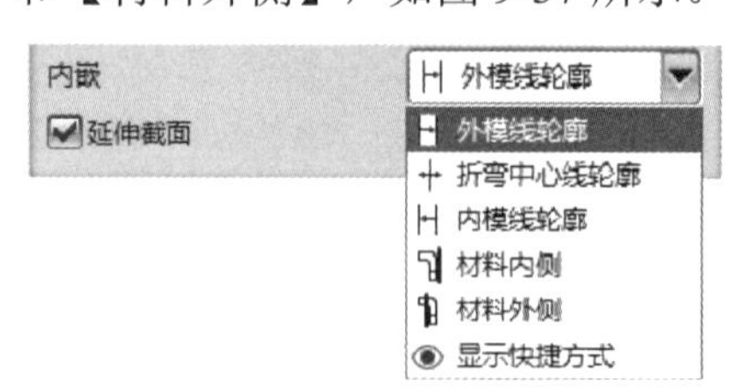

图 9-37

① 外模线轮廓。选择该选项，在展开状态时，折弯线位于折弯半径的第一相切边缘。

② 折弯中心线轮廓。选择该选项，在展开状态时，折弯线位于折弯半径的中心。

③ 内模线轮廓。选择该选项，在展开状态时，折弯线位于折弯半径的第二相切边缘。

④ 材料内侧。选择该选项，在成形状态下，折弯线位于折弯区域的外侧平面。

⑤ 材料外侧。选择该选项，在成形状态下，折弯线位于折弯区域的内侧平面。

9.3.2 二次折弯

二次折弯特征是在钣金的平面上创建两个 90° 的折弯特征，并且在折弯特征上添加材料。二次折弯特征功能的折弯线位于放置平面上，并且必须是一条直线。

进入【NX 钣金】设计模块后，在【NX 钣金】工具条中单击【二次折弯】按钮，或者选择【菜单】→【插入】→【折弯】→【二次折弯】菜单项，系统即可弹出图 9-38 所示的【二次折弯】对话框。

图 9-38

在【二次折弯】对话框中单击【绘制截面】按钮，绘制折弯线，调整折弯侧与固定侧，定义二次折弯属性和折弯参数等，最后单击【确定】按钮即可完成创建二次折弯特征的操作，如图 9-39 所示。

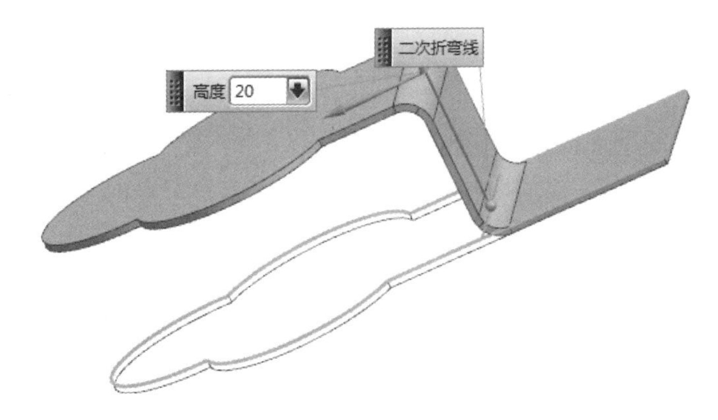

图 9-39

下面详细介绍【二次折弯】对话框中【二次折弯属性】选项组各选项的功能。

(1)　高度。设置二次折弯的高度值。

(2)　反向。单击【反向】按钮，可以改变折弯的方向。

(3)　反侧。单击【反侧】按钮，可以改变要折弯部分的方向。

(4)　参考高度。该下拉列表框中包括【外侧】、【内侧】选项，如图 9-40 所示。

图 9-40

①　内侧。选择该选项，二次折弯的高度距离从钣金上表面开始计算，延伸至总高，再根据材料厚度来偏置距离。

②　外侧。选择该选项，二次折弯的高度距离从钣金底面开始计算，延伸至总高，再根据材料厚度来偏置距离。

(5)　内嵌。该下拉列表框中包括【折弯外侧】、【材料内侧】和【材料外侧】等，如图 9-41 所示。

图 9-41

①　材料内侧。选择该选项，使二次折弯特征的外侧面与折弯线平齐。

②　材料外侧。选择该选项，使二次折弯特征的内侧面与折弯线平齐。

③ 折弯外侧。选择该选项，将折弯特征直接加在父特征面上，并且使二次折弯特征和父特征的平面相切。

9.3.3 伸直

在钣金设计中，如果需要在钣金件的折弯区域创建裁剪或孔等特征，首先用【伸直】命令可以取消折弯钣金件的折弯特征，然后就可以在展平的折弯区域创建裁剪或孔等特征。

进入【NX 钣金】设计模块后，在【NX 钣金】工具条中单击【伸直】按钮，或者选择【菜单】→【插入】→【成形】→【伸直】菜单项，系统即可弹出图 9-42 所示的【伸直】对话框。

图 9-42

在【伸直】对话框中选择固定面，然后选择折弯特征，最后单击【确定】按钮即可完成伸直的操作，如图 9-43 所示。

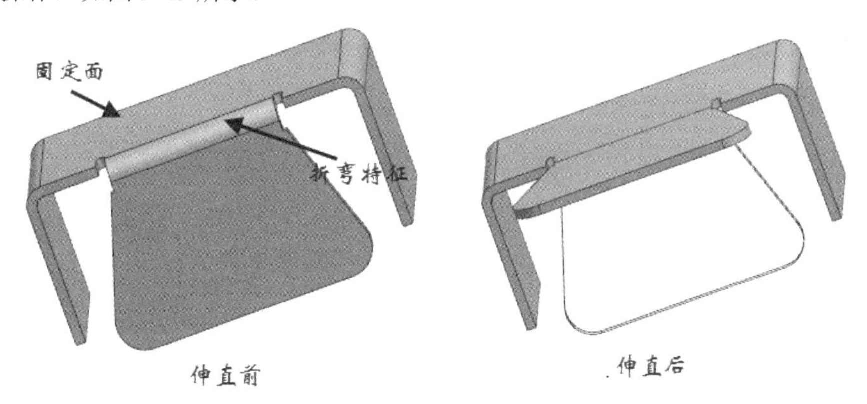

图 9-43

下面详细介绍【伸直】对话框中主要选项的功能。

1. 固定面或边

用来指定选取钣金件的一条边或一个平面作为固定位置来创建展开特征。

2. 折弯

可以选取将要执行伸直操作的折弯区域(折弯面)。当选取折弯面后，折弯区域在视图中将高亮显示，可以选取一个或多个折弯区域圆柱面(选择钣金件的内侧和外侧均可)。

9.3.4　重新折弯

可以将伸直后的钣金壁部分或全部重新折弯回来，这就是钣金的重新折弯。进入【NX 钣金】设计模块后，在【NX 钣金】工具条中单击【重新折弯】按钮，或者选择【菜单】→【插入】→【成形】→【重新折弯】菜单项，系统即可弹出图 9-44 所示的【重新折弯】对话框。

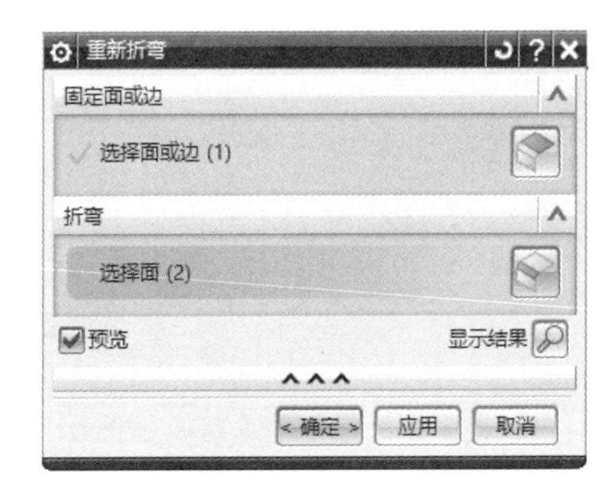

图 9-44

在【重新折弯】对话框中选择固定面，然后选择折弯特征，最后单击【确定】按钮即可完成重新折弯的操作，如图 9-45 所示。

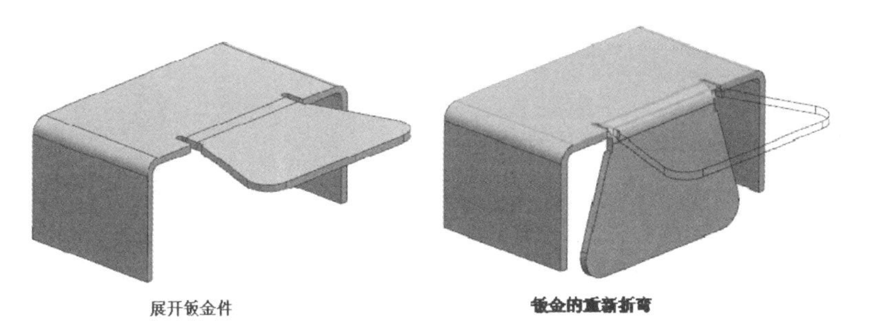

图 9-45

下面详细介绍【重新折弯】对话框中主要选项的功能。

1. 固定面或边

用来定义执行重新折弯操作时保持固定不动的面或边。

2. 折弯

在【重新折弯】对话框中为默认选项，用来选择重新折弯操作的折弯面。可以选择一个或多个取消折弯特征，当选择取消折弯的面后，该特征在视图中将高亮显示。

9.3.5 展平实体

在钣金零件的设计过程中，将成形的钣金零件展平为二维的平面薄板是非常重要的步骤，使用【展平实体】命令可以在同一钣金零件中创建平面展开图。展平实体特征版本与成形特征版本相关联。当采用【展平实体】命令展开钣金零件时，将展开实体特征作为引用集在【部件导航器】窗口中显示。

进入【NX 钣金】设计模块后，在【NX 钣金】工具条中单击【展平实体】按钮，或者选择【菜单】→【插入】→【展平图样】→【展平实体】菜单项，系统即可弹出图 9-46 所示的【展平实体】对话框。

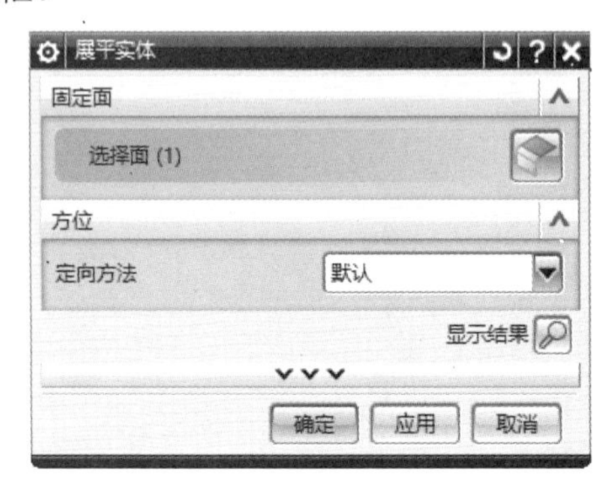

图 9-46

在【展平实体】对话框中定义固定面，选择一种定位方法，然后单击【确定】按钮即可完成展平实体的操作，如图 9-47 所示。

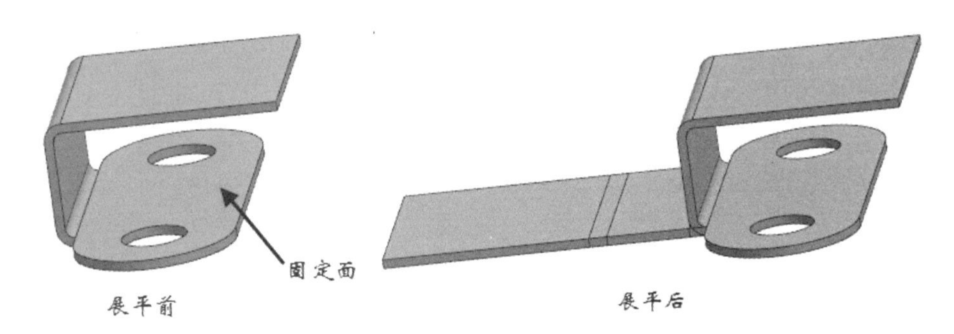

图 9-47

下面详细介绍【展平实体】对话框中部分选项的功能。

(1) 选择面。【固定面】选项组的【选择面】默认激活，用于选择钣金零件的平表面作为平板实体的固定面。在选定固定面后系统将以该平面为固定面将钣金零件展开。

(2) 选择边。【方位】选项组的【参考边】在选择固定面后被激活，选择实体边缘作为平板实体参考轴(X 轴)的方向及原点，并在视图区中显示参考轴方向。在选定参考轴后系统将以该参考轴和已选择的固定面为基准将钣金零件展开，形成平面薄板。

知识精讲

当采用【展平实体】命令展开钣金零件时，将展平实体特征作为引用集在【部件导航器】窗口中显示。如果钣金零件包含变形特征，这些特征将保持原有的状态，如果钣金模型更改，平面展开图也自动更新并包含了新的特征。

9.4 冲压特征

冲压特征主要有凹坑、百叶窗、冲压开孔、筋和实体冲压等，本节将详细介绍冲压特征的相关知识及操作方法。

↑ 扫码看视频

9.4.1 凹坑

凹坑是指用一组连续的曲线作为成形面的轮廓线，沿着钣金零件体表面的法向成形，同时在轮廓线上建立成形钣金部件的过程。在【NX 钣金】工具条中单击【凹坑】按钮或者选择【菜单】→【插入】→【冲孔】→【凹坑】菜单项，弹出图 9-48 所示的【凹坑】对话框。

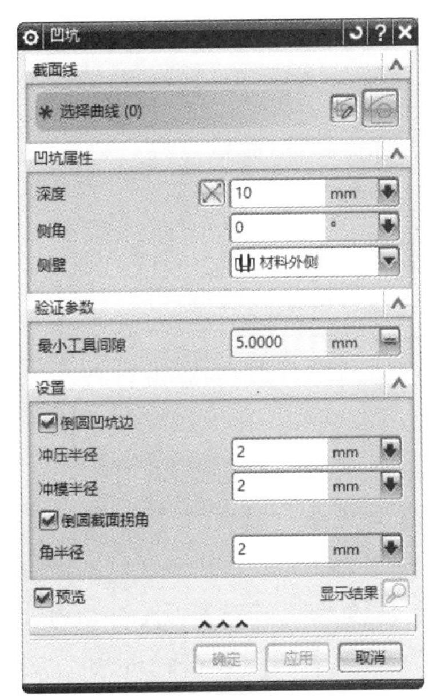

图 9-48

绘制凹坑截面或者选择已有的截面为凹坑截面，然后设置凹坑属性参数，设置倒圆参数等，最后单击【确定】按钮即可创建凹坑特征。

下面详细介绍【凹坑】对话框中主要选项的功能。

1. 截面线

选择现有草图或者新建草图为凹坑截面。

2. 凹坑属性

(1) 深度。指定凹坑的延伸范围。

(2) 反向☒。改变凹坑方向。

(3) 侧角。输入凹坑锥角。

(4) 侧壁。包括材料内侧和材料外侧两个选项，如图 9-49 所示。

① 材料内侧。指凹坑特征的侧壁建造在轮廓面的内侧。

② 材料外侧。指凹坑特征的侧壁建造在轮廓面的外侧。

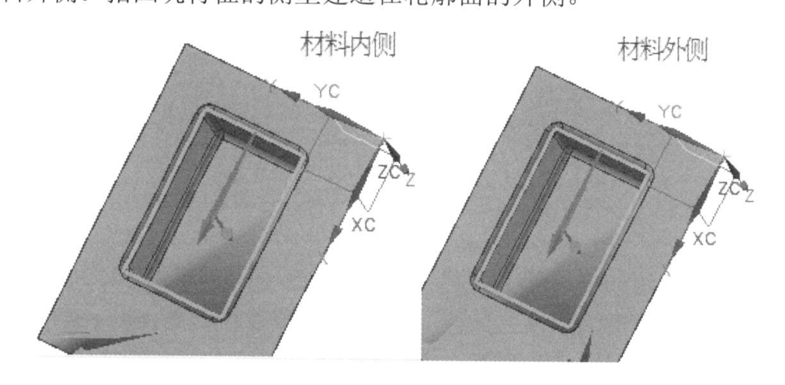

图 9-49

3. 设置

(1) 倒圆凹坑边。勾选此复选框，设置凹模和凸模半径值。

(2) 冲压半径。指定凹坑底部的半径值。

(3) 冲模半径。指定凹坑基础部分的半径值。

(4) 倒圆截面拐角。勾选此复选框，设置拐角半径值。

(5) 角半径。指定棱角侧面的圆形拐角半径值。

9.4.2 百叶窗

百叶窗功能提供了在钣金零件平面上创建通风窗的功能。在【NX 钣金】工具条中单击【百叶窗】按钮或者选择【菜单】→【插入】→【冲孔】→【百叶窗】菜单项，弹出图 9-50 所示的【百叶窗】对话框。

选择现有截面或者新建草图截面为百叶窗平面，然后在对话框中设置百叶窗的【深度】、【宽度】以及形状等参数，最后单击【确定】按钮即可完成创建百叶窗特征的操作，效果如图 9-51 所示。

图 9-50

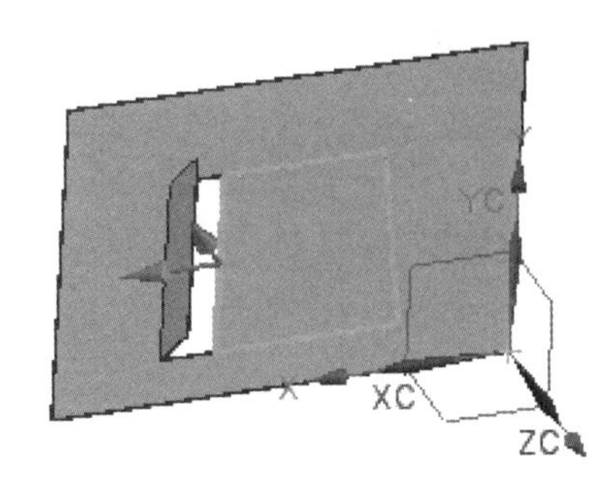

图 9-51

下面详细介绍【百叶窗】对话框中主要选项的功能。

1. 切割线

(1) 选择曲线。用来指定使用已有的单一直线作为百叶窗特征的轮廓线来创建百叶窗特征。

(2) 绘制草图。选择零件平面作为参考平面绘制直线草图作为百叶窗特征的轮廓线来创建切开端百叶窗特征。

2. 百叶窗属性

(1) 深度。百叶窗特征最外侧点距钣金零件表面(百叶窗特征一侧)的距离。

(2) 宽度。百叶窗特征在钣金零件表面投影轮廓的宽度。

(3) 百叶窗形状。其下拉列表框包括【冲裁的】和【成形的】两种类型选项，如图 9-52 所示。

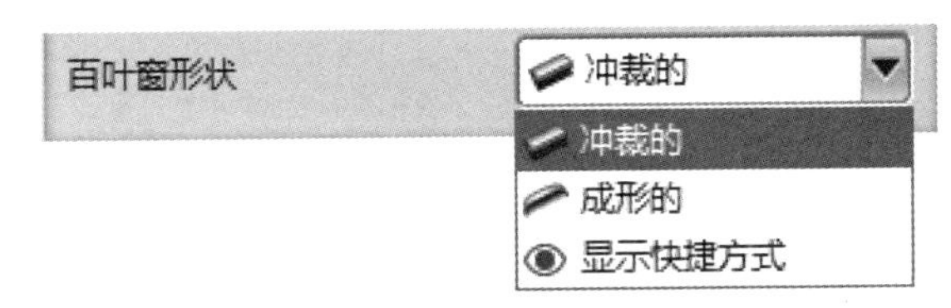

图 9-52

① 冲裁的。在结束端形成一个方形开口形状。

② 成形的。在结束端形成一个圆形封闭的形状。

3. 圆角百叶窗边

勾选此复选框，此时【冲模半径】文本框有效，可以根据需求设置冲模半径。

9.4.3 冲压开孔

冲压开孔是指用一组连续的曲线作为裁剪的轮廓线，沿着钣金零件体表面的法向进行裁剪，同时在轮廓线上建立弯边的过程。在【NX 钣金】工具条中单击【冲压开孔】按钮或者选择【菜单】→【插入】→【冲孔】→【冲压开孔】菜单项，系统即可弹出图 9-53 所示的【冲压开孔】对话框。

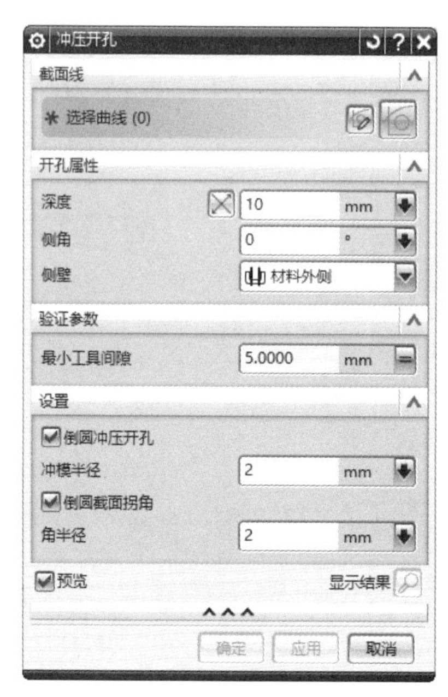

图 9-53

选择现有草图或新建草图作为开孔表面，然后在【开孔属性】选项组设置【深度】、【侧角】以及【侧壁】等参数；在【设置】选项组设置【冲模半径】和【角半径】参数或者采用默认值。最后单击【确定】按钮即可完成创建冲压开孔特征的操作，效果如图 9-54 所示。

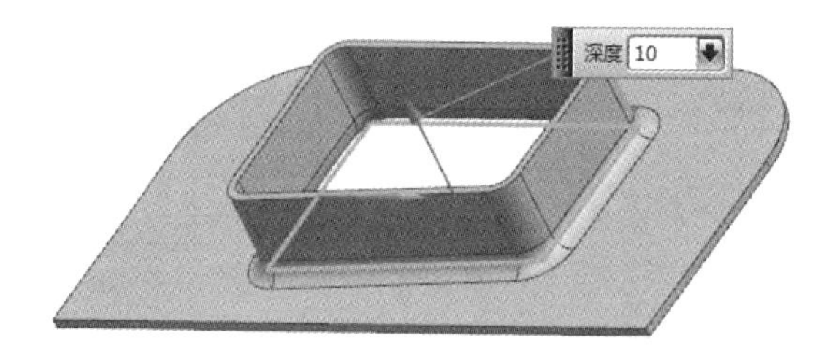

图 9-54

下面详细介绍【冲压开孔】对话框中主要选项的功能。

1. 截面线

选择现有曲线为截面，或者绘制截面。

2. 开孔属性

(1) 深度。指钣金零件放置面到弯边底部的距离。

(2) 反向☒。单击此按钮，更改切除基础部分的方向。

(3) 侧角。指弯边在钣金零件放置面法向倾斜的角度。

(4) 侧壁。其下拉列表框包括两个选项，分别为【材料外侧】和【材料内侧】，如图 9-55 所示。

① 材料外侧。指冲压除料特征所生成的弯边位于轮廓线外部。

② 材料内侧。指冲压除料特征所生成的弯边位于轮廓线内部。

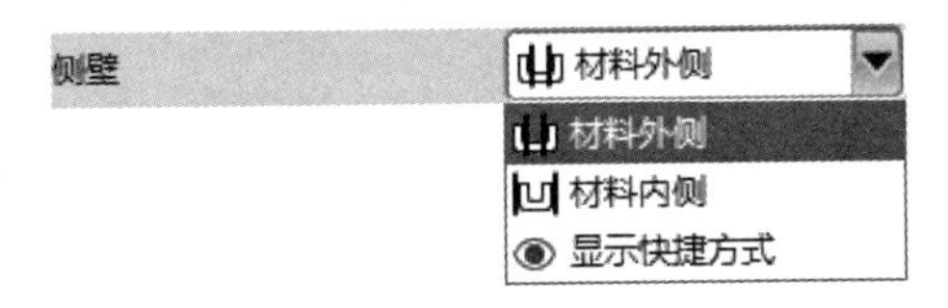

图 9-55

3. 设置

(1) 倒圆冲压开孔。勾选此复选框，设置凹模半径值。

(2) 冲模半径。指钣金零件放置面转向折弯部分内侧圆柱面的半径大小。

(3) 倒圆截面拐角。勾选此复选框，设置拐角半径值。

(4) 角半径。指折弯部分内侧圆柱面的半径大小。

智慧锦囊

冲压开孔成形面的截面线可以是封闭的，也可以是开放的。

9.4.4　筋

筋功能是在钣金零件表面的引导线上添加加强筋。在【NX 钣金】工具条中单击【筋】按钮或者选择【菜单】→【插入】→【冲孔】→【筋】菜单项，弹出图 9-56 所示的【筋】对话框。

选择现有截面或者新建草图截面，然后在【筋属性】选项组选择横截面的形状，并设置筋的各个参数，最后单击【确定】按钮即可创建筋特征。

【筋】对话框中【横截面】下拉列表框中包括【圆形】、【U 形】的和【V 形】三种类型，对话框如图 9-56～图 9-58 所示，下面将分别予以详细介绍。

1. 圆形

创建圆形筋的效果如图 9-59 所示。

(1) 深度。指圆的筋的底面和圆弧顶部之间的高度差值。

(2) 半径。指圆的筋的截面圆弧半径。

(3) 冲模半径。指圆的筋的侧面或端盖与底面倒角半径。

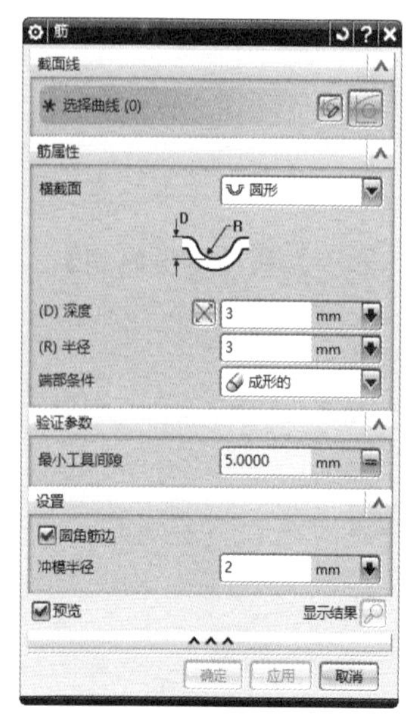

图 9-56

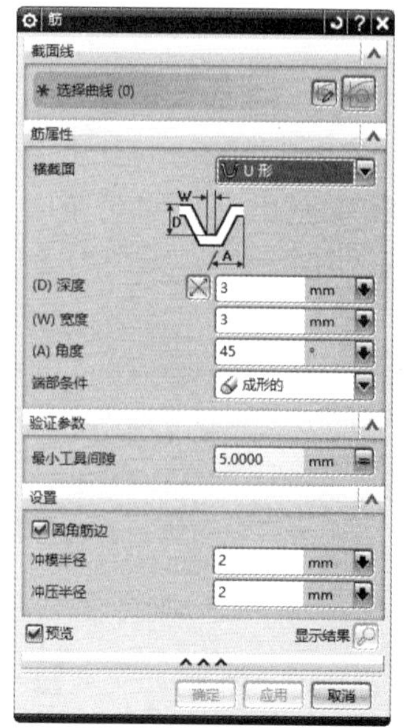

图 9-57

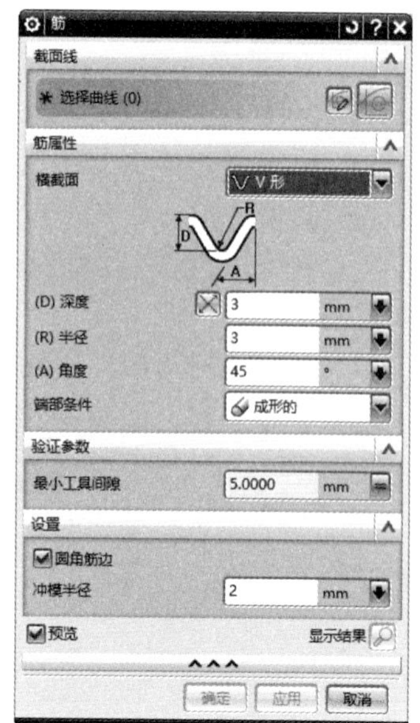

图 9-58

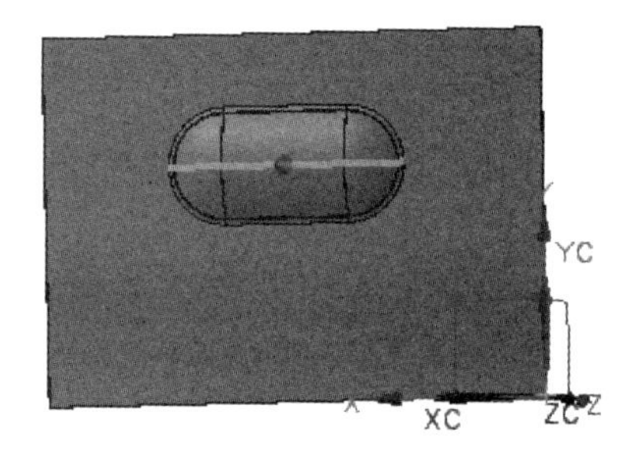

图 9-59

2. U 形

创建 U 形筋的效果如图 9-60 所示。

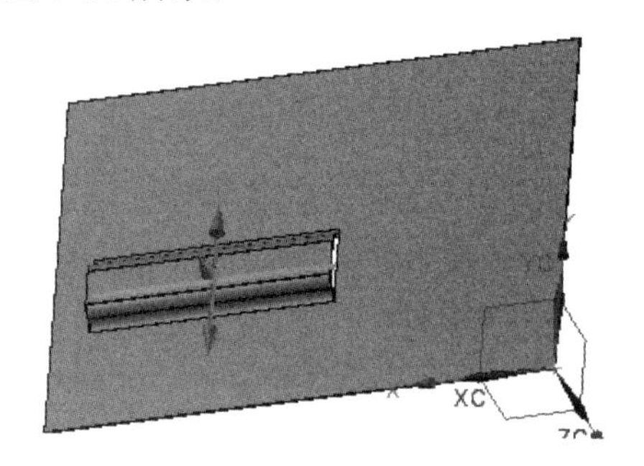

图 9-60

(1) 深度。指 U 形筋的底面和顶面之间的高度插值。

(2) 宽度。指 U 形筋顶面的宽度。

(3) 角度。指 U 形筋的底面法向和侧面或者端盖之间的夹角。

(4) 冲模半径。指 U 形筋的顶面和侧面或者端盖倒角的半径。

(5)　冲压半径。指 U 形筋的底面和侧面或者端盖倒角的半径。

3. V 形

创建 V 形筋的效果如图 9-61 所示。

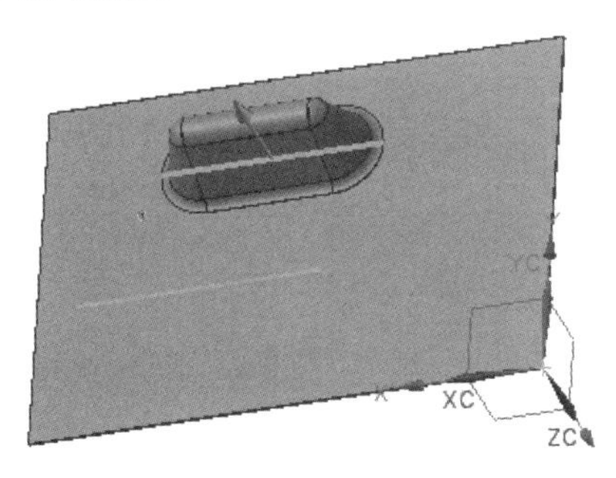

图 9-61

(1)　深度。指 V 形筋的底面和顶面之间的高度差值。
(2)　角度。指 V 形筋的底面法向和侧面或者端盖之间的夹角。
(3)　半径。指 V 形筋的两个侧面或者两个端盖之间的倒角半径。
(4)　冲模半径。指 V 形筋的底面和侧面或者端盖的倒角半径。

9.4.5　实体冲压

使用【实体冲压】命令将冲压工具添加到金属板上，形成工具的形状特征。在【NX 钣金】工具条中单击【实体冲压】按钮或者选择【菜单】→【插入】→【冲孔】→【实体冲压】菜单项，弹出图 9-62 所示的【实体冲压】对话框。

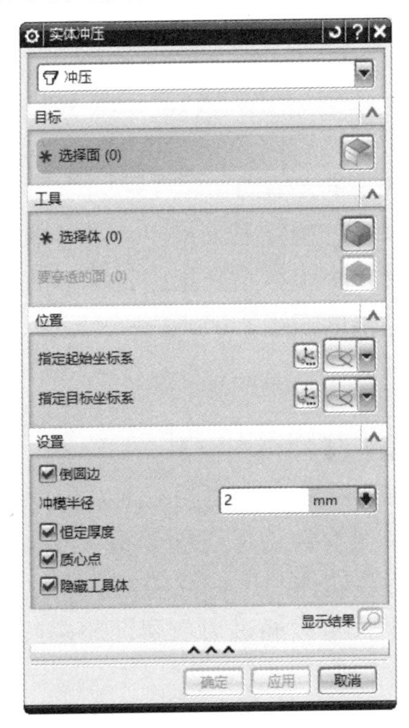

图 9-62

在【实体冲压】对话框的【类型】下拉列表框中选择冲压类型，然后在绘图区选择目标面、工具体以及坐标系，设置实体冲压属性，最后单击【确定】按钮即可创建实体冲压特征。

下面详细介绍【实体冲压】对话框中主要选项的功能。

1. 类型

在【实体冲压】对话框中包括冲压和冲模两种类型，如图 9-63 所示。

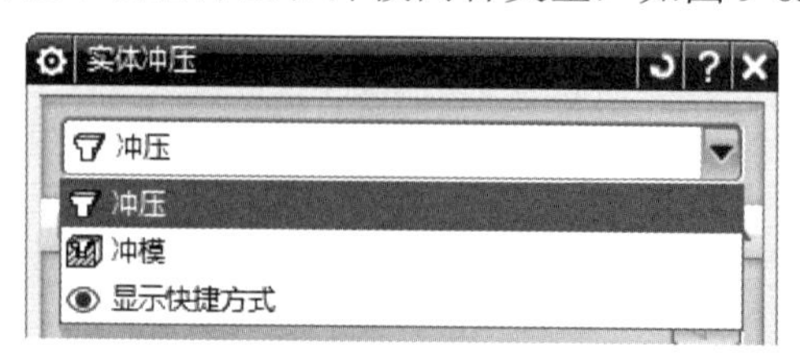

图 9-63

(1) 冲压。用工具体冲压形成凸起的形状，如图 9-64 所示。

(2) 冲模。用工具体冲模形成凹的形状，如图 9-65 所示。

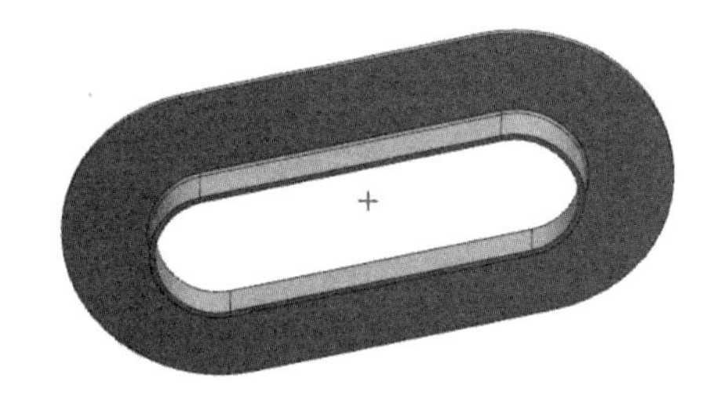

图 9-64

图 9-65

2. 目标、工具、位置

(1) 目标面。指定冲压的目标面。

(2) 工具体。指定要冲压成形的工具体。

(3) 指定起始坐标系。选择一个坐标系来指定工具体的位置。

(4) 指定目标坐标系。选择一个坐标系来指定目标体的位置。

(5) 要穿透的面。指定要穿透的面。

3. 设置

(1) 倒圆边。勾选此复选框，【冲模半径】会被激活，可以对凹模半径的大小进行编辑。当对内半径进行编辑时，外半径的大小也相应地发生变化。

(2) 恒定厚度。如果工具体具有锐边，在创建钣金实体冲压特征时需要设置该选项。如果不勾选该复选框，创建的钣金实体冲压特征仍然包含锐边。

(3) 质心点。勾选该复选框，可以通过对放置面轮廓线的二维自动产生一个刀具中心位置创建冲压特征。

(4) 隐藏工具体。勾选此复选框，冲压后隐藏工具体。

知识精讲

由于使用实体冲压时，工具体大多在【NX 钣金】以外的环境中创建，所以在创建钣金冲压时需要从当前钣金模型转换至其他设计环境中。实体冲压特征【冲模】类型的工具体必须为中空的，否则不能进行冲压。

考考您

请您根据本小节介绍的知识，创建百叶窗特征和冲压开孔特征，测试一下您的学习效果。

9.5　钣金拐角处理

在钣金零件的设计过程中，拐角的处理也十分重要，如封闭拐角、倒角和倒斜角等。本小节将对钣金拐角部分的处理方法以及相关知识进行详细讲解。

↑ 扫码看视频

9.5.1　封闭拐角

封闭拐角是指在钣金件基础面与其两相邻的两个具有相同参数的弯曲面在基础面同侧所形成的拐角处，创建一定形状拐角的过程。在【NX 钣金】工具条中单击【封闭拐角】按钮或者选择【菜单】→【插入】→【拐角】→【封闭拐角】菜单项，弹出图 9-66 所示的【封闭拐角】对话框。

在【封闭拐角】对话框的【类型】下拉列表框中选择封闭拐角类型，然后选择相邻的两个折弯面，在拐角属性中设置拐角形状，并设置重叠格式，最后单击【确定】按钮即可创建封闭拐角。下面详细介绍【封闭拐角】对话框中主要选项的功能。

1. 处理

【处理】下拉列表框中包括【打开】、【封闭】、【圆形开孔】、【U 形开孔】、【V 形开孔】和【矩形开孔】6 种类型，如图 9-67 所示。

这 6 种封闭拐角类型示意如图 9-68 所示。

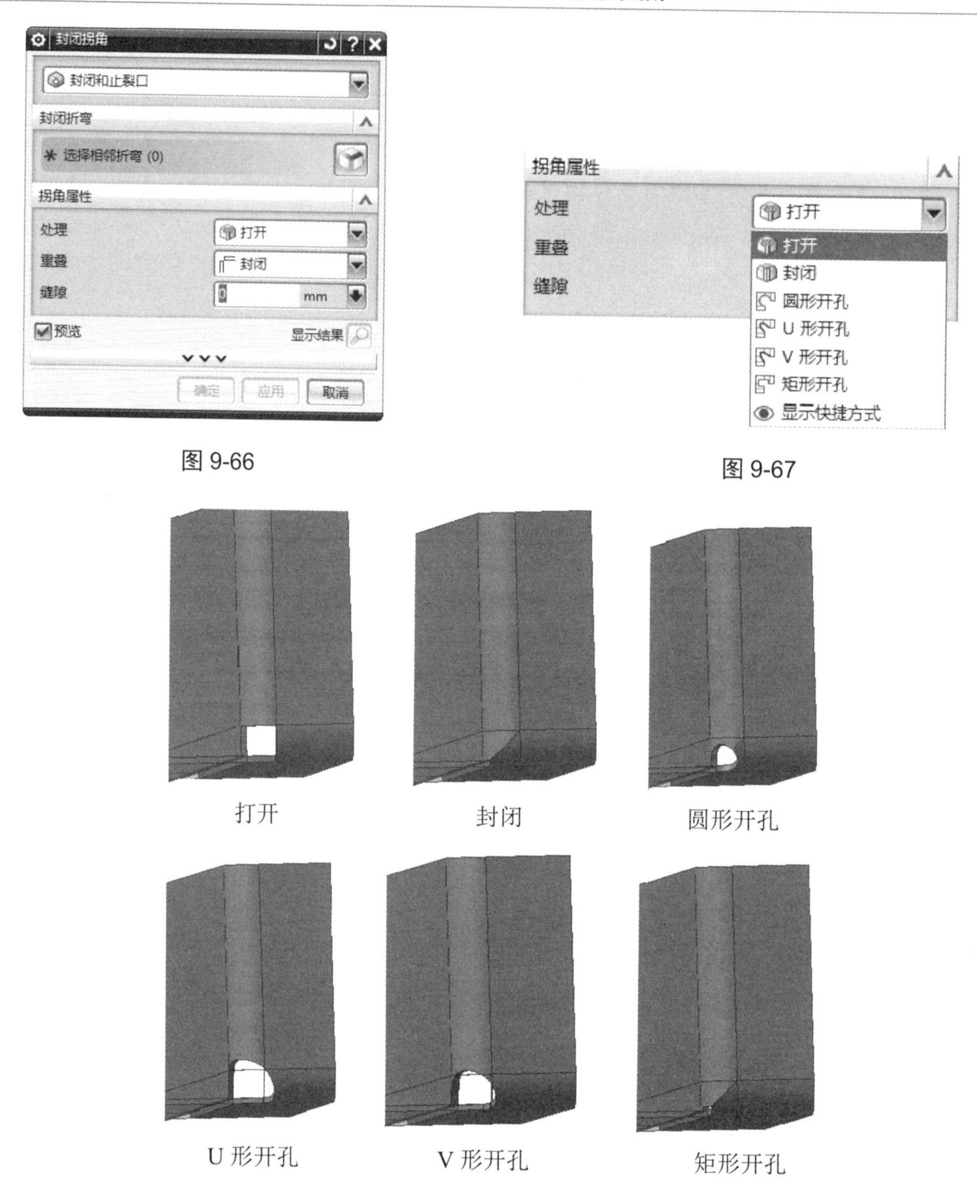

图 9-66

图 9-67

图 9-68

2. 类型

用于定义封闭拐角的类型，包括【封闭和止裂口】、【止裂口】两个选项，如图 9-69 所示。

(1) 封闭和止裂口。选择该选项时，在创建止裂口的同时还对钣金壁进行延伸。

(2) 止裂口。选择该选项时，只创建止裂口。

3. 封闭折弯

用于选取要封闭的折弯。

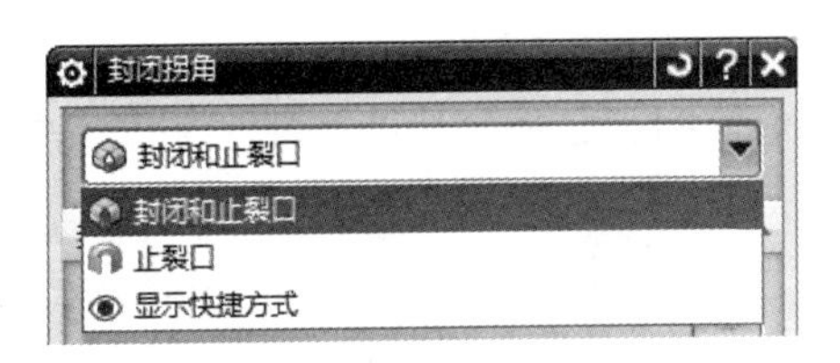

图 9-69

4. 重叠

重叠有【封闭】和【重叠的】两种方式，示意如图 9-70 所示。

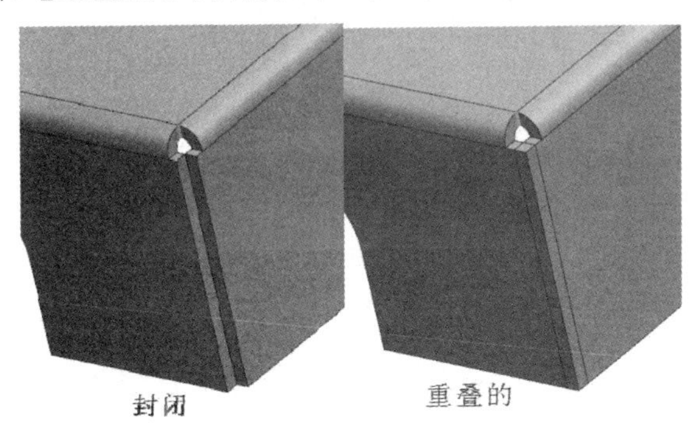

图 9-70

(1) 封闭。指对应弯边的内侧边重合。
(2) 重叠的。指一条弯边叠加在另一条弯边的上面。

5. 缝隙

指两弯边封闭或者重叠时铰链之间的最小距离。

9.5.2 倒角

倒角就是对钣金件进行圆角或者倒角处理。在【NX 钣金】工具条中单击【倒角】按钮 ，或者选择【菜单】→【插入】→【拐角】→【倒角】菜单项，系统即可弹出图 9-71 所示的【倒角】对话框。

图 9-71

选择要倒角的面，然后在对话框中设置倒角为【圆角】或【倒斜角】，并输入半径或距离值，最后单击【确定】按钮即可完成倒角的创建，如图 9-72 所示。

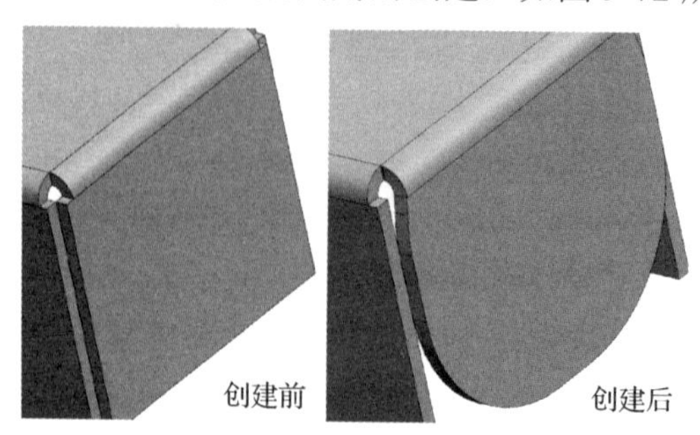

图 9-72

下面详细介绍【倒角】对话框中主要选项的功能。

(1) 方法。有【圆角】和【倒斜角】两种选项，如图 9-73 所示。

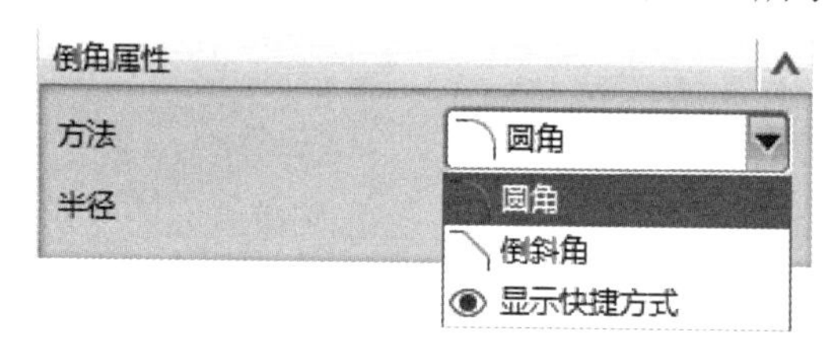

图 9-73

(2) 半径/距离。指倒圆的外半径或者倒角的偏置尺寸。

知识精讲

用户可以选择一个单独的边缘或整个面来创建倒角特征。如果面上没有尖锐边，则该面不可以选。当用户在一条边缘上创建了一个【倒斜角】特征后，则该边缘在以后的倒角中不会被排除在选择范围之外，建议用户在整个钣金设计的最后阶段完成所有的倒角。

9.5.3 倒斜角

倒斜角是在钣金特征的棱边处形成一个直边的倒角。与【倒角】命令中的【倒斜角】类型不同的是，它可以灵活地定义相关参数，从而制作非 45° 的倒角。该命令对钣金件的所有边缘进行倒斜角操作。

在【NX 钣金】工具条中单击【倒斜角】按钮，或者选择【菜单】→【插入】→【拐角】→【倒斜角】菜单项，系统即可弹出图 9-74 所示的【倒斜角】对话框。

选择模型边线为倒斜角参照，然后在对话框中定义偏置类型及设置相关参数，最后单击【确定】按钮即可完成倒斜角的创建，如图 9-75 所示。

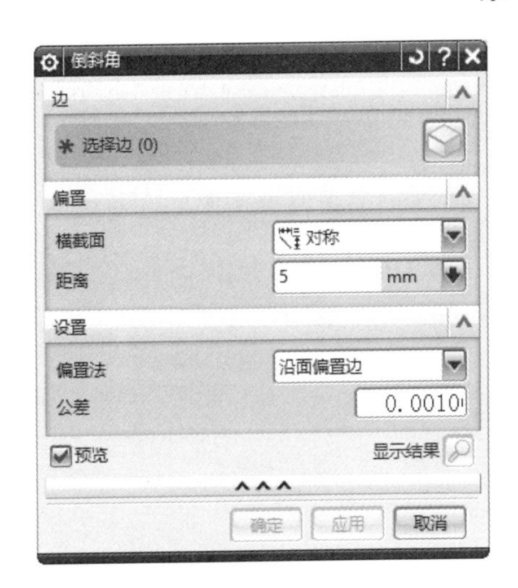

图 9-74

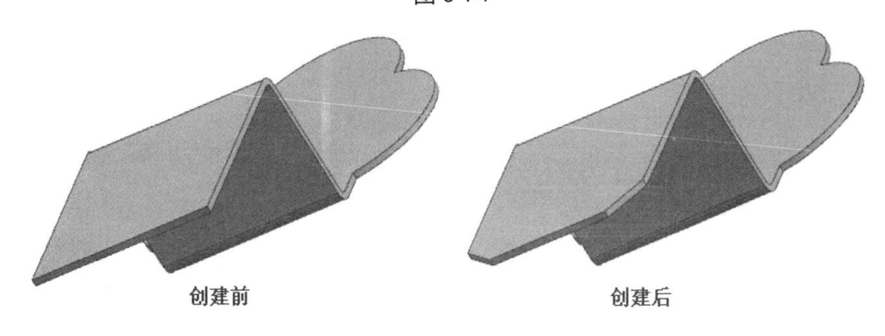

图 9-75

下面详细介绍【倒斜角】对话框中主要选项的功能。

1.【偏置】选项组

用于定义倒斜角的类型及基本参数。该区域内的【横截面】下拉列表框中包含【对称】、【非对称】、【偏置和角度】3 个选项，如图 9-76 所示。

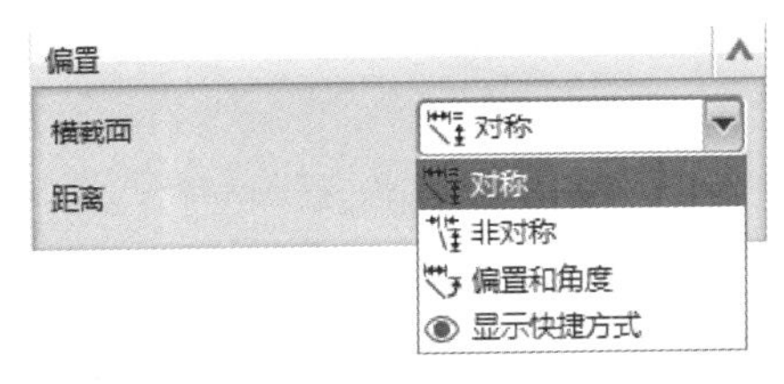

图 9-76

(1) 对称。当选择该选项时，倒角时沿两个表面的偏置值是相同的。

(2) 非对称。当选择该选项时，倒角时的切除方向延伸用于修剪原始曲面的每个偏置，可在其下的【偏置 1】和【偏置 2】文本框中输入数值以定义不同方向上的偏置距离。它的偏置方式有两种，可以单击【反向】按钮来调整。

(3) 偏置和角度。当选择该选项时，倒角的偏置量是由一个偏置值和一个角度决定的，可在其下的【距离】和【角度】文本框中输入数值以定义偏置距离和角度。其偏置方式有两种，可单击【反向】按钮来调整。

2. 【设置】选项组

用于定义偏置的方式。该区域内的【偏置法】下拉列表框中包含【沿面偏置边】和【偏置面并修剪】两个选项，如图 9-77 所示。

图 9-77

(1) 沿面偏置边。仅为简单形状生成精确的倒斜角，从倒斜角的边开始，沿着面测量偏置值，这将定义新倒斜角面的边。

(2) 偏置面并修剪。如果被倒角的面很复杂，此选项可延伸用于修剪原始曲面的每个偏置曲面。

9.6 实践案例与上机指导

通过本章的学习，读者基本可以掌握 NX 钣金设计的基本知识以及一些常见的操作方法，下面通过练习操作，以达到巩固学习、拓展提高的目的。

↑扫码看视频

9.6.1 三折弯角实例

三折弯角是将相邻的两个折弯的平面区域延伸至相交，形成封闭或带有圆形切除的拐角，本例以一个实例来详细介绍创建三折弯角的操作方法。

素材保存路径：配套素材\第 9 章

素材文件名称：wanjiao.prt、sanzhewanjiao.prt

第 1 步 打开素材文件“wanjiao.prt”，选择【菜单】→【插入】→【拐角】→【三折弯角】菜单项，如图 9-78 所示。

第 2 步 弹出【三折弯角】对话框，选择【封闭折弯】类型为【选择相邻折弯】，如图 9-79 所示。

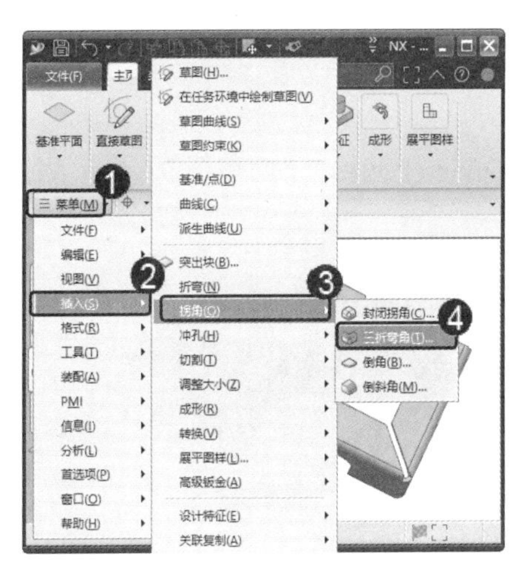

图 9-78

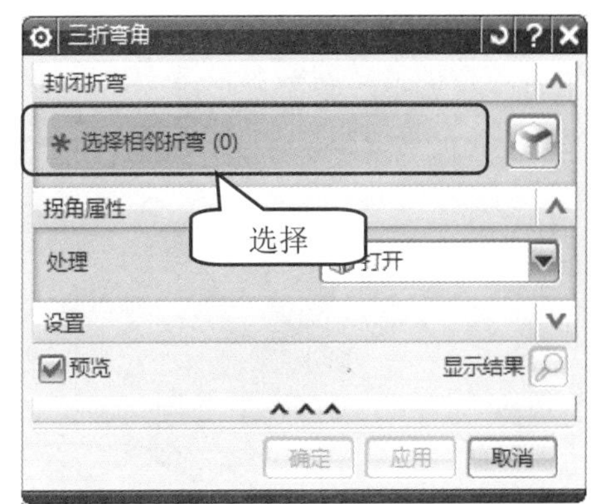

图 9-79

第 3 步 选择图 9-80 所示的相邻折弯特征为三折弯角参照。

第 4 步 在【三折弯角】对话框中，*1.* 在【处理】下拉列表框中选择【封闭】选项，*2.* 取消勾选【斜接角】复选框，*3.* 单击【确定】按钮，如图 9-81 所示。

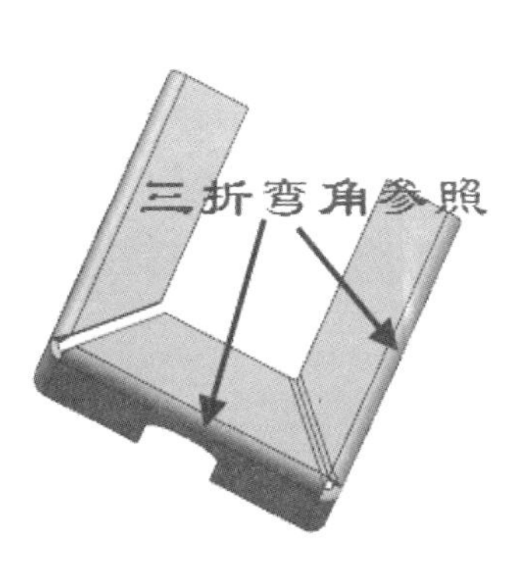

图 9-80

图 9-81

第 5 步 可以看到已经将所选择的两条相邻折弯特征完全封闭了，如图 9-82 所示。

第 6 步 使用相同的方法对左侧两条相邻的折弯特征进行操作，这样即可完成三折弯角的操作，如图 9-83 所示。

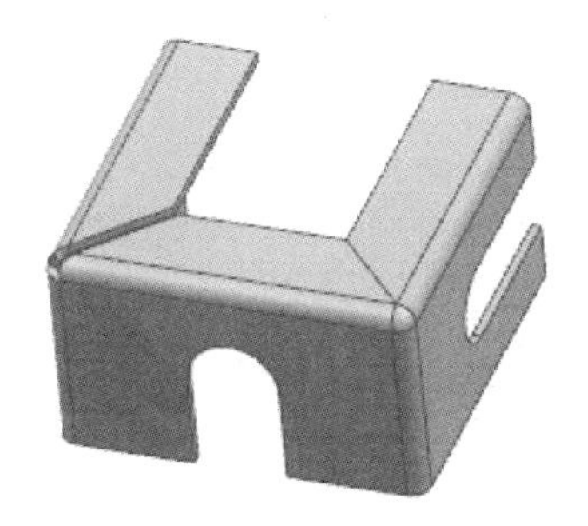

图 9-82

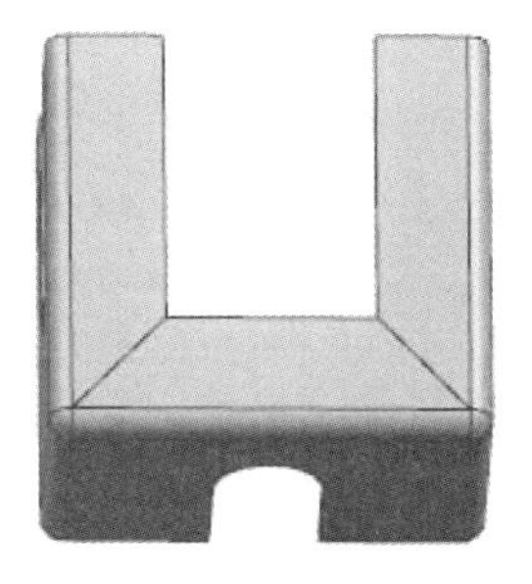

图 9-83

9.6.2 展平实体相关特征的验证

展平实体特征会随着钣金模型的更改而发生相应的变化，下面在图 9-84 所示的钣金模型上创建一个法向开孔特征来验证这一特征。

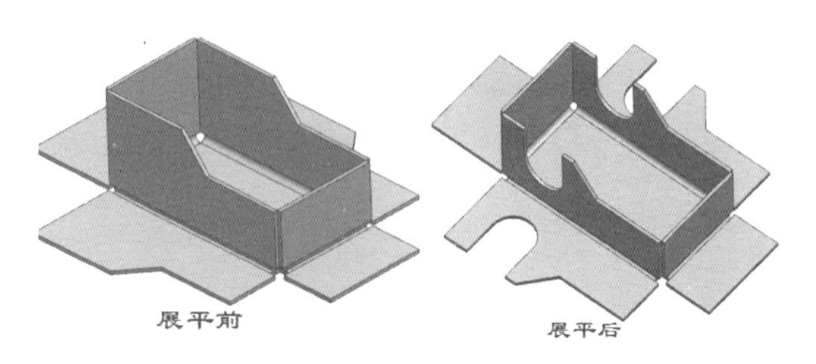

图 9-84

素材保存路径：配套素材\第 9 章
素材文件名称：zhanping.prt、zhanpingyanzheng.prt

第 1 步 打开素材文件“zhanping.prt”，可以看到一个已经展平的特征素材，如图 9-85 所示。

第 2 步 选择【菜单】→【插入】→【切割】→【法向开孔】菜单项，如图 9-86 所示。

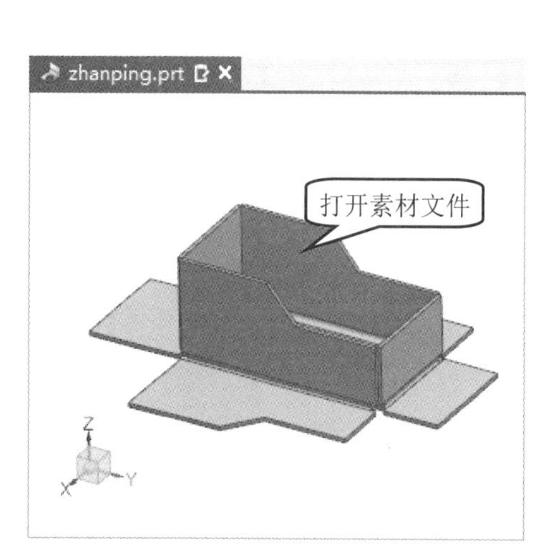

图 9-85

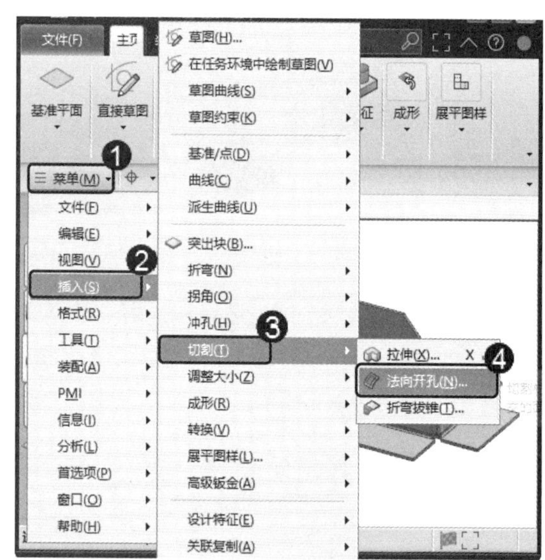

图 9-86

第 3 步 弹出【法向开孔】对话框，单击【绘制截面】按钮，如图 9-87 所示。

第 4 步 弹出【创建草图】对话框，*1.* 选择图 9-88 所示的模型表面为草图平面，*2.* 单击【确定】按钮。

图 9-87

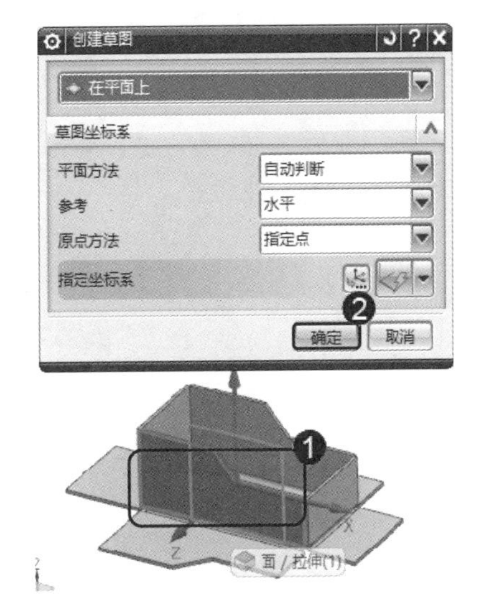

图 9-88

第 5 步 进入草绘界面，绘制图 9-89 所示的除料截面草图。

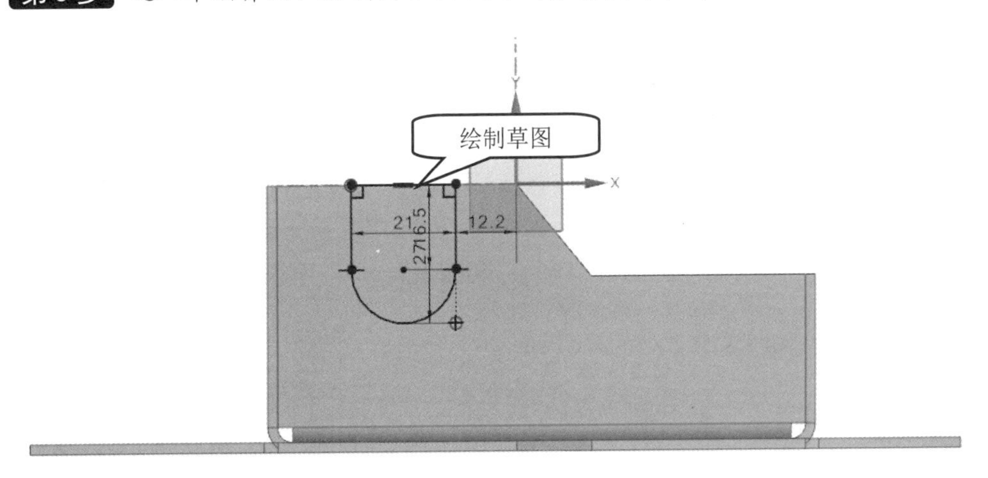

图 9-89

第 6 步 单击【完成】按钮，返回到【法向开孔】对话框中，**1.** 在【开孔属性】选项组的【切割方法】下拉列表框中选择【厚度】选项，**2.** 在【限制】下拉列表框中选择【贯通】选项，**3.** 单击【确定】按钮，如图 9-90 所示。

第 7 步 可以看到已经创建了法向开孔特征，这样即完成展平实体特征验证的操作，如图 9-91 所示。

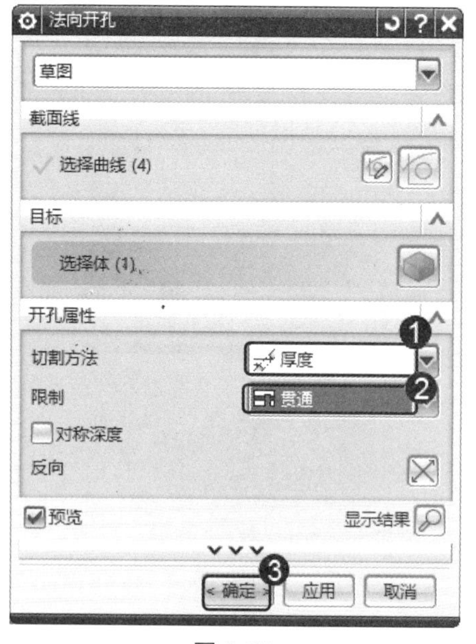

图 9-90

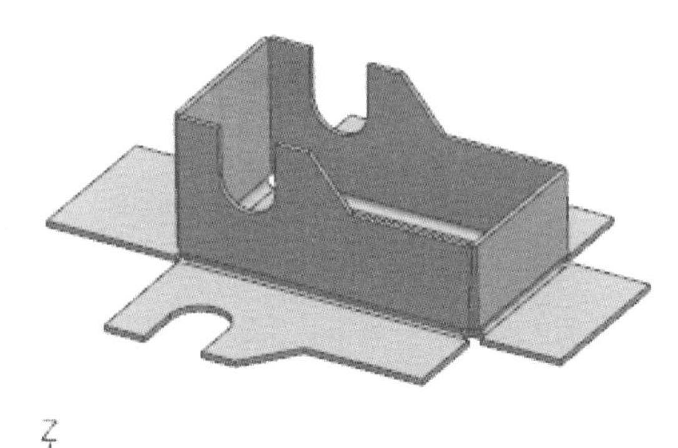

图 9-91

9.6.3 在钣金折弯处创建止裂口

在进行折弯时，由于折弯半径的关系，折弯面与固定面可能会产生互相干涉，用户可以通过创建止裂口来解决问题。本例详细介绍在钣金折弯处加止裂口的操作方法。

素材保存路径：配套素材\第 9 章

素材文件名称：banjinzhewan.prt、zhiliekou.prt

第 1 步 打开素材文件“banjinzhewan.prt”，可以看到一个钣金特征素材，如图 9-92 所示。

第 2 步 选择【菜单】→【插入】→【折弯】→【折弯】菜单项，如图 9-93 所示。

图 9-92

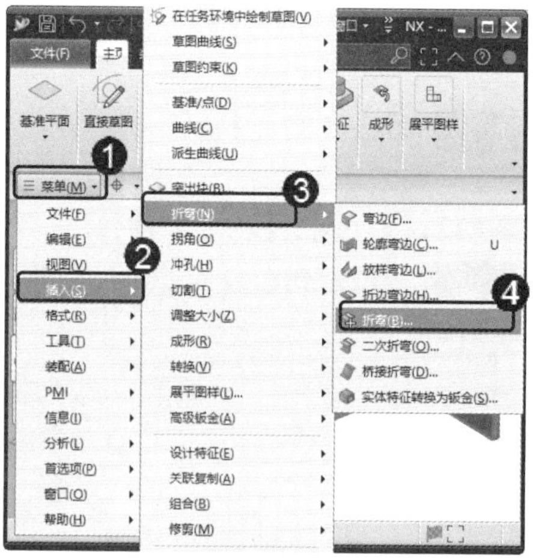

图 9-93

第 3 步 弹出【折弯】对话框，单击【绘制截面】按钮，如图 9-94 所示。

第 4 步 弹出【创建草图】对话框，**1.** 选择图 9-95 所示的模型表面为草图平面，**2.** 单击【确定】按钮。

图 9-94

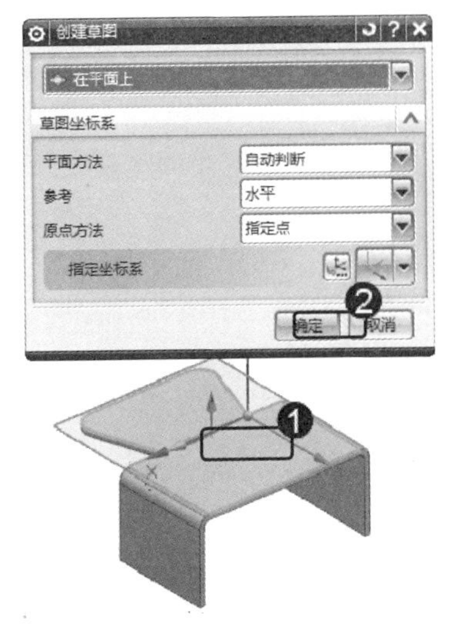

图 9-95

第 5 步 进入草绘界面，绘制图 9-96 所示的折弯线。

第 6 步 单击【完成】按钮，返回【折弯】对话框中，**1.** 单击【折弯属性】选项组中的【反向】按钮，调整折弯侧和折弯方向的箭头；**2.** 在【角度】文本框中输入数值 90，**3.** 在【内嵌】下拉列表框中选择【内模线轮廓】选项，**4.** 取消勾选【延伸截面】复选框，如图 9-97 所示。

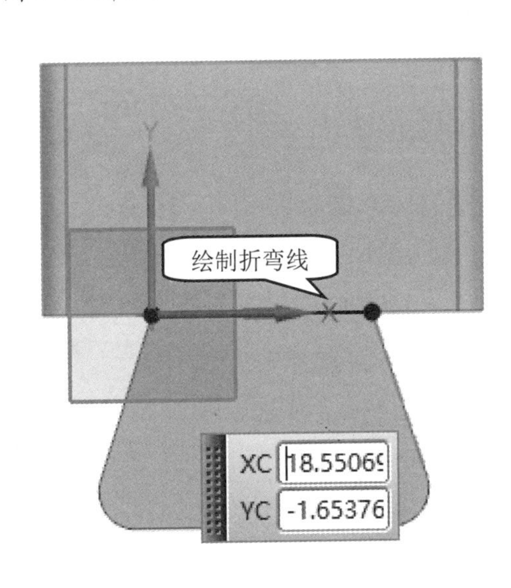

图 9-96

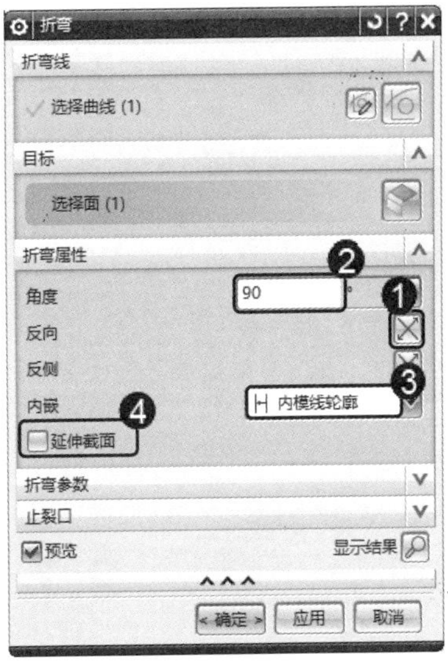

图 9-97

第 7 步 在【折弯】对话框中，**1.** 在【折弯参数】选项组中单击【折弯半径】文本框右侧的【启动公式编辑器】按钮，**2.** 在弹出的下拉列表中选择【使用局部值】选项，如图 9-98 所示。

第 8 步 在【折弯半径】文本框中输入数值 1，如图 9-99 所示。

图 9-98

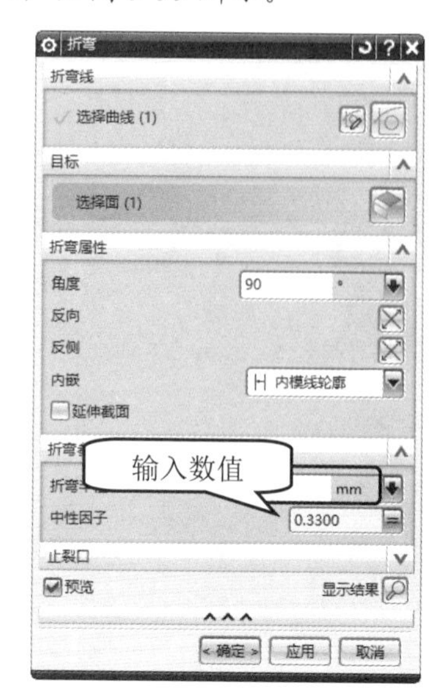

图 9-99

第 9 步 定义止裂口。1. 在【止裂口】选项组的【折弯止裂口】下拉列表框中选择【圆形】选项，2. 在【深度】、【宽度】文本框中输入数值，3. 单击【确定】按钮，如图 9-100 所示。

第 10 步 通过以上步骤即可完成在钣金折弯处创建止裂口的操作，如图 9-101 所示。

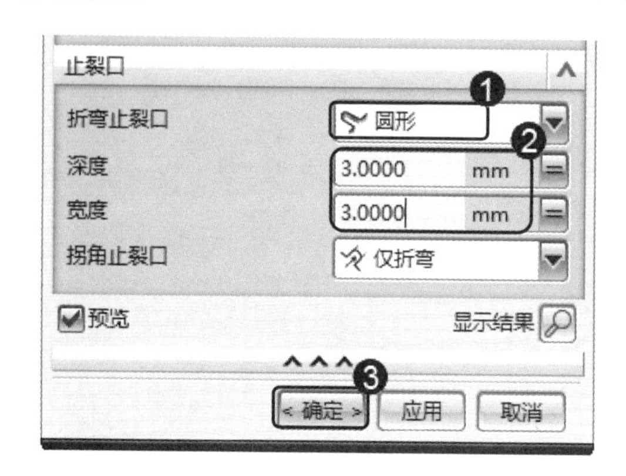

图 9-100

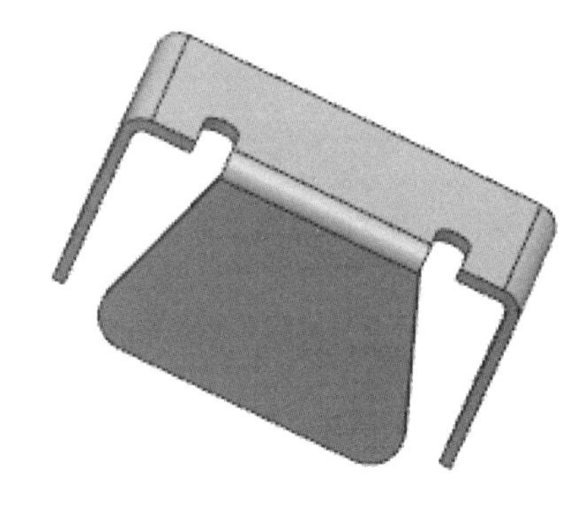

图 9-101

9.7 思考与练习

通过本章的学习，读者基本可以掌握 NX 钣金设计的基本知识以及一些常见的操作方法，下面通过练习几道习题，以达到巩固与提高的目的。

一、填空题

1. 钣金基体特征可以通过__________命令创建，它是一个钣金零件的基础，其他的钣金特征(如冲孔、成形、折弯等)都要在这个基础上构建。

2. ________是钣金中最常见的一种特征，它是在指定放置平面、设置弯边参数(如宽度、长度、折弯半径等)、设置止裂口和指定内嵌方式后进行的一个钣金操作。

3. __________是以两条开放的截面线串来形成钣金特征，它可以在两组不相似的形状和曲线之间光滑过渡连接。

4. ________是将钣金的平面区域沿指定的直线弯曲某个角度。

5. __________是指用一组连续的曲线作为成形面的轮廓线，沿着钣金零件体表面的法向成形，同时在轮廓线上建立成形钣金部件的过程。

二、判断题

1. NX 钣金模块中的轮廓弯边特征是以扫掠的方式创建钣金壁。可以使用【轮廓弯边】命令创建新零件的基本特征或者在现有的钣金零件上添加轮廓弯边特征。　(　　)

2. 二次折弯特征是在钣金的平面上创建两个 45° 的折弯特征，并且在折弯特征上添加材料。二次折弯特征功能的折弯线位于放置平面上，并且必须是一条直线。　(　　)

3. 在钣金设计中，如果需要在钣金件的折弯区域创建裁剪或孔等特征，首先用【伸直】命令取消折弯钣金件的折弯特征，然后在展平的折弯区域创建裁剪或孔等特征。　(　　)

三、思考题

1. 如何进入 NX 钣金环境？

2. 如何创建折弯特征？

新起点 电脑教程

第 10 章

工程图设计

本章要点

- 工程图概述
- 图纸管理
- 视图管理
- 视图编辑
- 图纸标注
- 打印工程图

本章主要内容

本章主要介绍了工程图概述、图纸管理、视图管理和视图编辑方面的知识与技巧，同时讲解了如何进行图纸标注的相关知识，在本章的最后还针对实际的工作需求，讲解了打印工程图的相关方法。通过本章的学习，读者可以掌握工程图设计基础操作方面的知识，为深入学习 UG NX 中文版知识奠定基础。

10.1 工程图概述

利用 UG 建模功能中创建的零件和装配模型，可以在 UG 制图功能中快速生成二维工程图，UG 制图功能模块建立的工程图是由投影三维实体模型得到的，因此，二维工程图与三维实体模型完全关联。模型的任何修改都会引起工程图的相应变化。本节将详细介绍工程图设计的一些基础概念。

↑ 扫码看视频

10.1.1 工程图类型

三维模型的结构是多种多样的，有些部件仅仅通过三维视图是不能完全表达清楚的，尤其对于内部结构复杂的零部件来说更是如此。为了更好地表达零部件的结构，国家标准里都有详细的规定表达方式，包括视图、剖视图、局部放大视图、剖面图和一些简化画法。UG 工程图可以用不同的方式进行分类，下面将详细介绍。

1. 以视图方向来分类

按视图方向可以将工程图分为基本视图、局部视图、斜视图和旋转视图等，下面将分别予以详细介绍。

1) 基本视图

国家标准规定正六面体的 6 个面为基本投影，按照第一角投影法，将零部件放置在其中，分别向 6 个投影面投影所获得的视图称为基本视图，包括主视图、俯视图、左视图、右视图、仰视图和后视图。

2) 局部视图

当某个零部件的局部结构需要进行表达，并且没有必要画出其完整基本视图时，可以将该视图局部向基本投影面投影而得到的即为局部视图，局部视图可以将零部件的某个细节部件详细地表达出来。

3) 斜视图

将零部件向不平行于基本投影面的平面投影，获得的视图即为斜视图，其适合于局部不能从单一方向表达清楚的零部件。

4) 旋转视图

如果零部件某个部分的结构倾斜于基本投影面，且具有旋转轴时，该部分沿着旋转轴旋转到平行于基本投影面后，投影所获得的视图即为旋转视图。

2. 以视图表达方式分类

按照视图表达方式来分类，工程图可以分为剖面图、局部放大图和简化画法。下面将分别予以详细介绍。

1)　剖面图

利用剖切面将零部件的某处切断，只画出它的断面形状，同时画出其剖面符号。

2)　局部放大图

局部放大图指将零部件的部分结构用大于原图所采用的比例而画出的图形，局部放大图可以画基本视图、剖视图和剖面图。

3)　简化画法

在国家标准里，专门对轮辐、肋部和薄壁规定了一些简化画法。

3. 以剖视图来分类

在视图中，所有的不可见结构都是用虚线来表达的，零件的结构越复杂，虚线就越多，同时也难以分辨清楚，此时就需要采用剖视图进行表达。如果用一个平面去剖切零部件，通过该零件的对称面，移开剖切面，把剩下的部件向正面投影面投影所获得的图形，称为剖视图，剖视图主要包括以下几种类型。

1)　全剖视图

利用剖切面完全剖开零部件所得到的剖视图。

2)　半剖视图

如果零部件具有对称平面，在垂直于对称平面的投影面上投影所得到的图形，以对称中心线为界线，一半画成剖视图，一半画成基本视图。

3)　局部剖视图

利用剖切面局部的剖开零部件所得到的剖视图。

其他剖视图均可看作这几种剖视图的变形或者特殊情况。

10.1.2　工程图的特点

【制图】模块提供了绘制工程图、管理工程图，以及与创建技术图整个过程相关的工具。因为从 UG 主界面进入【制图】模块的过程，是基于已创建的三维实体模型的，所以 UG 工程图具有以下几个显著的特征。

(1)　制图模块与设计模块是完全相关联的。

(2)　用造型来设计零部件，实现了设计思想的直观描述。

(3)　能够自动生成实体中隐藏线的显示。

(4)　可以直观地查看制图参数。

(5)　可以自动生成并对齐正交视图。

(6)　能够生成与父视图关联的实体剖视图。

(7)　具有装配树结构和并行工程。

(8)　图形和数据的绝对一致及工程数据的自动更新。

(9)　充分的设计柔性使概念设计成为可能。

10.1.3　进入工程图设计环境

在 UG 软件中，用户可以运用【制图】模块，在建模基础上生成平面工程图。由于建立的平面工程图是由三维实体模型投影得到的，因此，平面工程图与三维实体完全相关，实体模型的尺寸、形状，以及位置的任何改变都会引起平面工程图的相应更新，更新过程可由用户自己控制。下面详细介绍进入工程图设计环境的操作方法。

第 1 步 启动 UG NX 应用程序，在菜单栏中选择【文件】→【新建】菜单项，或者直接单击【标准】工具栏中的【新建】按钮，弹出图 10-1 所示的【新建】对话框。1. 切换到【图纸】选项卡，2. 在【模板】列表框中选择准备使用的模板，3. 输入新文件名称和路径，4. 单击【要创建图纸的部件】选项组中的【打开】按钮。

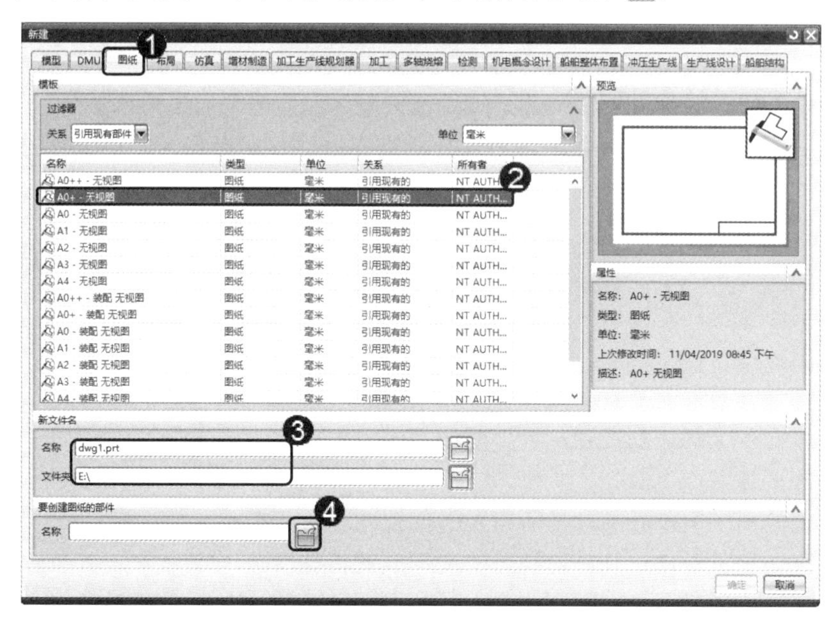

图 10-1

第 2 步 弹出【选择主模型部件】对话框，单击【打开】按钮，如图 10-2 所示。

图 10-2

第 3 步 弹出【部件名】对话框，1. 选择准备创建图纸的零件，2. 单击 OK 按钮，如图 10-3 所示。

第 4 步 依次返回到【选择主模型部件】对话框和【新建】对话框，连续单击【确定】按钮，如图 10-4 所示。

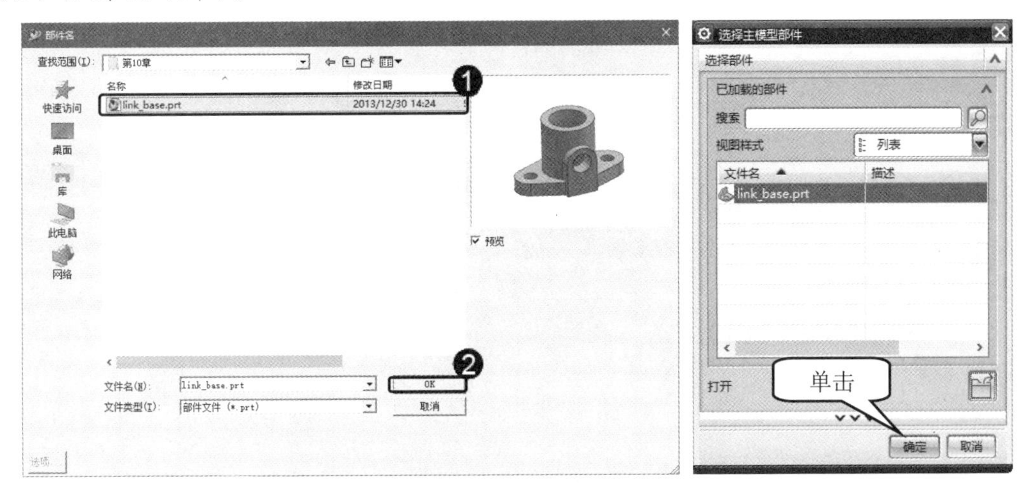

图 10-3　　　　图 10-4

第 5 步 这样即可进入工程图环境，界面如图 10-5 所示。

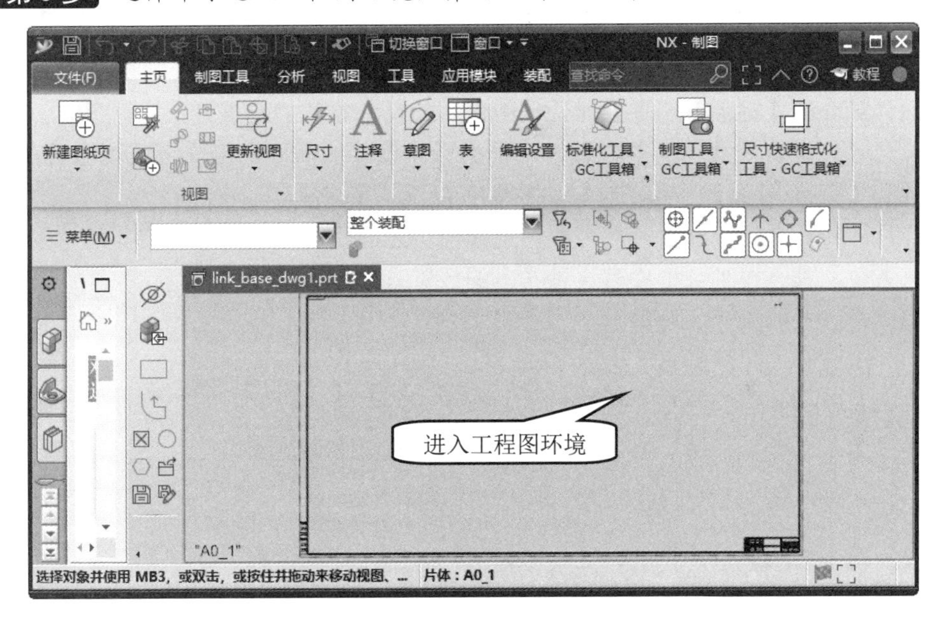

图 10-5

10.1.4　制图参数预设置

制图首选项的设置是对包括尺寸参数、文字参数、单位和视图参数等制图注释参数的预设置。选择【菜单】→【首选项】→【制图】菜单项，系统即可弹出图 10-6 所示的【制图首选项】对话框。

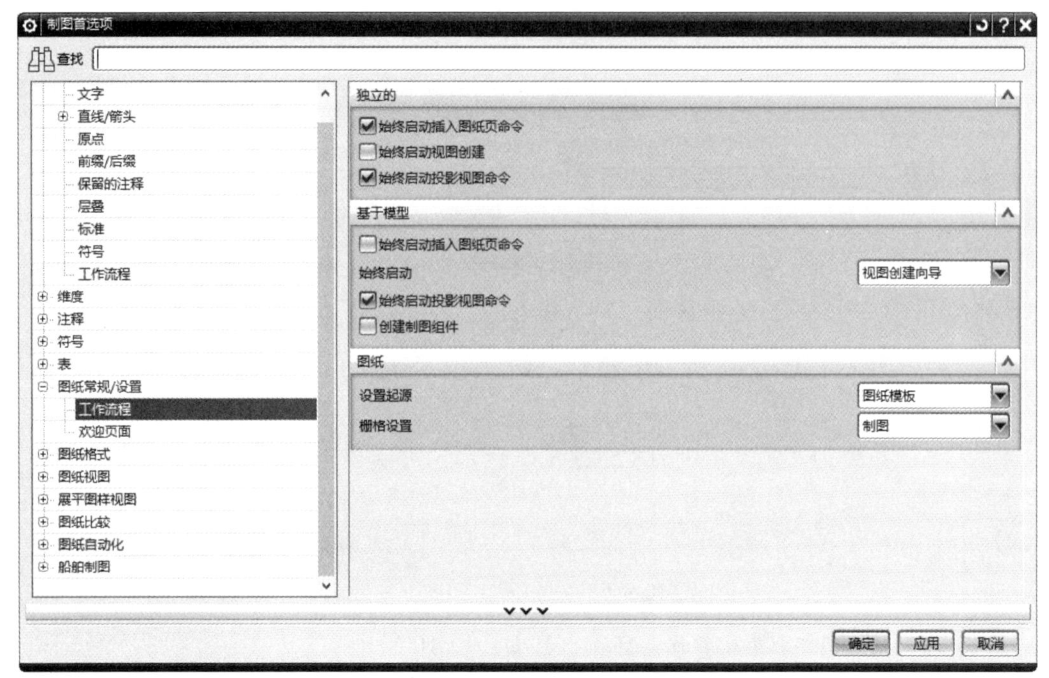

图 10-6

下面详细介绍【制图首选项】对话框中常用的几种参数的设置方法。

(1) 尺寸。设置尺寸相关的参数时，根据标注尺寸的需要，用户可以利用对话框中上部的尺寸和【直线/箭头】工具条进行。主要有以下几个选项。

① 尺寸线。根据标注尺寸的需要，选择箭头之间是否有线，或者修剪尺寸线。

② 方位。其下拉列表框中有 5 种文本的放置方式，如图 10-7 所示。

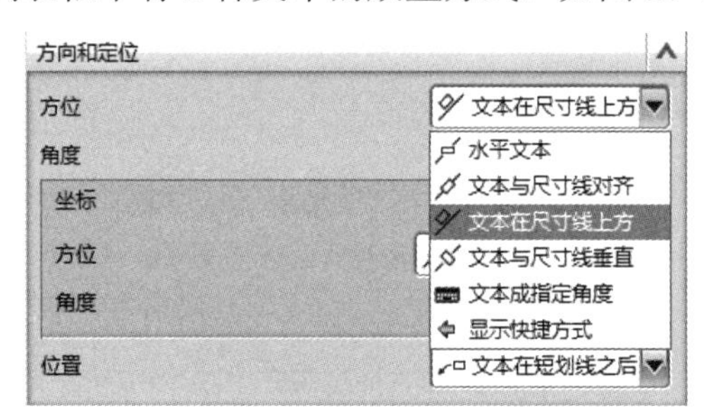

图 10-7

③ 公差。可以设置最高 6 位的精度和 10 种类型的公差。图 10-8 显示了可以设置的 12 种类型的公差的形式。

④ 倒斜角。系统提供了 4 种类型的倒斜角样式，可以设置分割线样式和间隔，也可以设置指引线的格式。

(2) 公共。展开【直线/箭头】节点，其包含的内容如图 10-9 所示。

① 箭头。该选项用于设置剖视图中截面线箭头的参数，用户可以改变箭头的大小和箭头的长度以及箭头的角度。

② 箭头线。该选项用于设置截面的延长线的参数，用户可以修改剖面延长线长度以及图形框之间的距离。

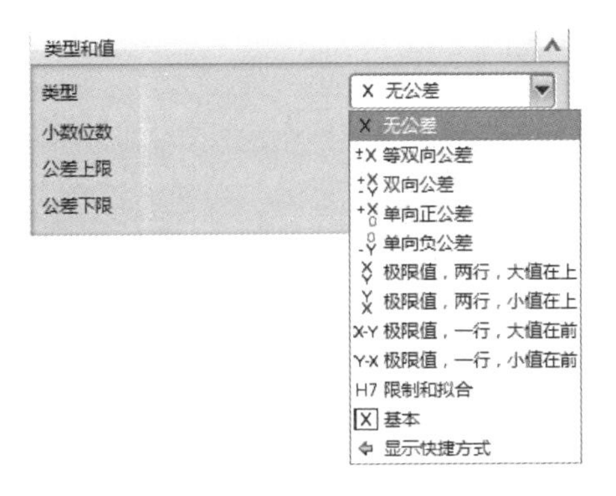

图 10-8

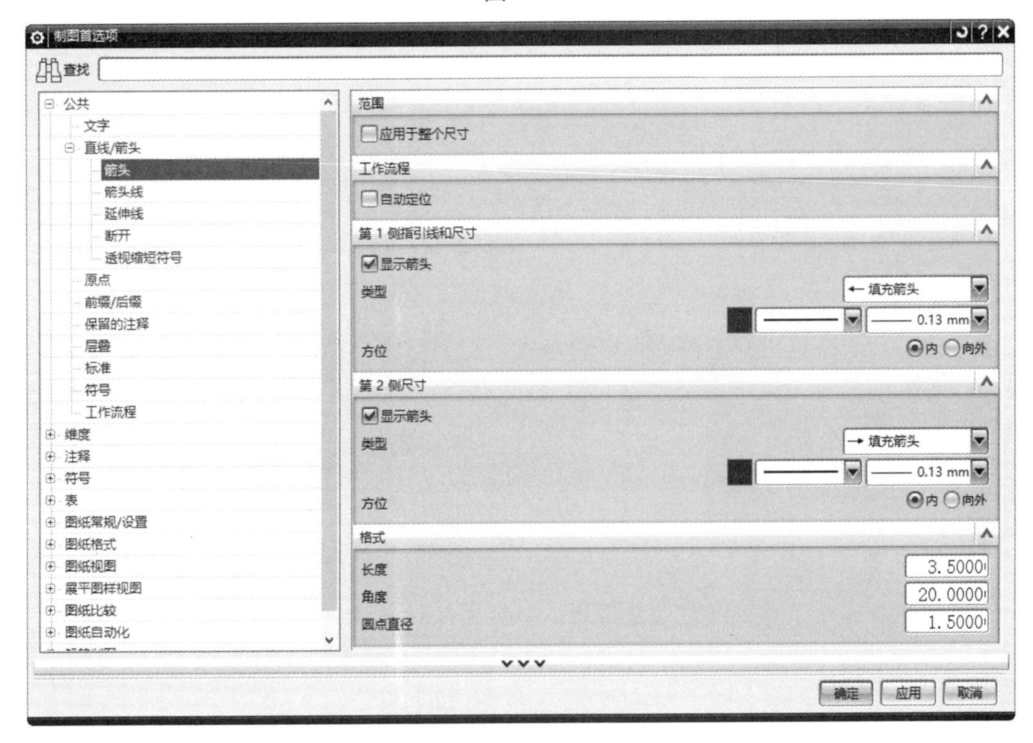

图 10-9

在设置箭头线参数时，用户可以根据要设置的尺寸和箭头的形式，在对话框中选择箭头的类型，并输入箭头的参数值。如果需要，还可以改变尺寸线和箭头的颜色。

(3) 文字。设置文字参数时，先选择文字对齐位置和文字对正方式，再选择要设置的【文字类型】参数，最后在【文本宽高比】、【标准字体间隙因子】、【符号宽高比】、【行间距因子】等文本框中输入数值，这时用户可以在预览窗口中看到文字的显示效果。

(4) 符号。【符号】参数选项可以设置符号的颜色、线型和线宽等参数。

(5) 注释。设置各种标注的颜色、线条和线宽等。

【注释】节点下的【剖面线/区域填充】选项用于设置各种填充线/剖面线样式和类型，并且可以设置角度和线型，如图 10-10 所示。

图 10-10

(6) 表。用于设置二维工程图表格的格式、文字标注等参数。

① 零件明显表。用于指定生成明细表时，默认的符号、标号顺序、排列顺序和更新控制等。

② 单元格。用来控制表格中每个单元格的格式、内容和边界线等。

考考您

请您根据本小节学到的方法练习进入工程图设计环境，测试一下您的学习效果。

10.2 图纸管理

在 UG NX 中，任何一个三维模型都可以通过不同的投影方法、不同的图样尺寸和不同的比例创建灵活多样的二维工程图，本节将详细介绍图纸的相关知识及操作方法。

↑ 扫码看视频

10.2.1　新建图纸

在 UG NX 中，设计师可以随时创建需要的工程图，并因此而大大提高了设计效率和设计精度。

进入工程图设计环境后，选择【菜单】→【插入】→【图纸页】菜单项，或者单击【图纸】工具栏中的【新建图纸页】按钮，系统即可弹出图 10-11 所示的【工作表】对话框，然后选择适当的模板，并进行一些设置，最后单击【确定】按钮即可完成新建工程图的操作。

下面详细介绍【工作表】对话框中的主要选项。

1. 大小

设置图纸大小有三种模式可供用户选择，分别是【使用模板】、【标准尺寸】和【定制尺寸】等。一般来说，通常会使用【标准尺寸】的方式来创建图纸，因此，下面主要介绍【标准尺寸】模式主要参数的功能。选中【标准尺寸】单选按钮，【工作表】对话框如图 10-12 所示，选中【定制尺寸】单选按钮，【工作表】对话框如图 10-13 所示。

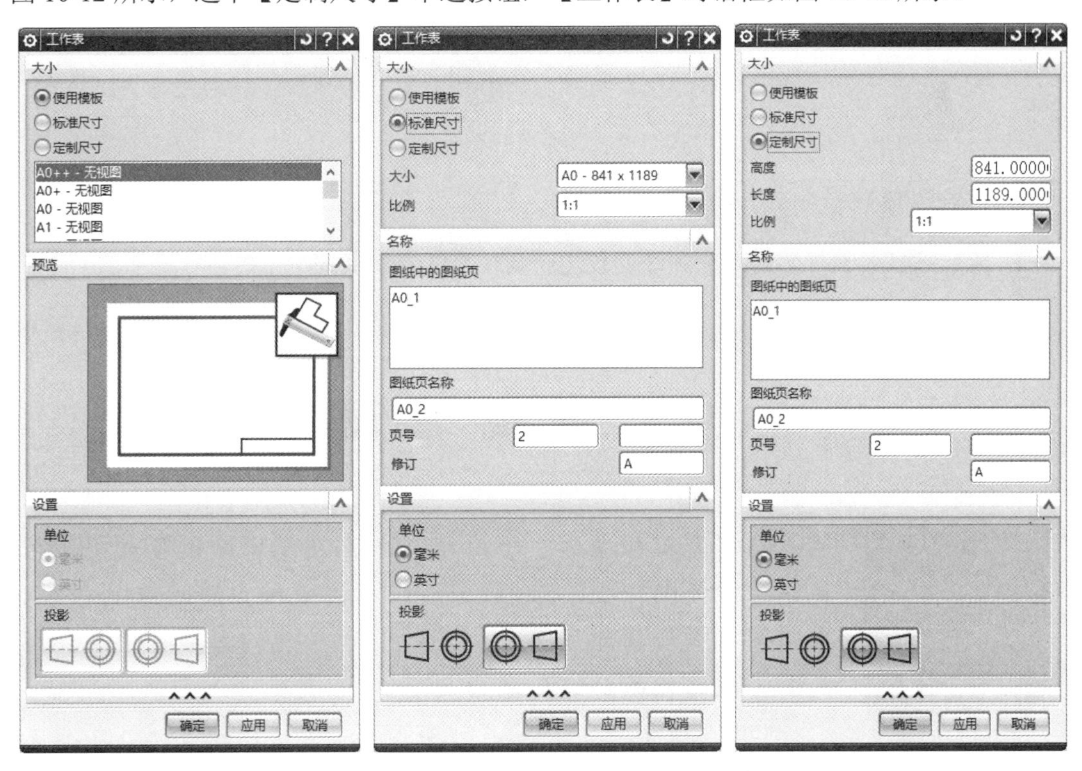

图 10-11　　　　图 10-12　　　　图 10-13

2. 名称

(1) 图纸中的图纸页。列出工作部件中所有的图纸页。

(2) 图纸页名称。设置默认的图纸页名称。

(3) 页号。图纸编号由初始页号、初始次级编号，以及可选的次级页号分隔符组成。

(4) 修订。用于简述新图纸页的唯一版次代字。

3. 设置

(1) 单位。主要用来设置图纸的尺寸单位，包括两个选项，分别为【毫米】和【英寸】，系统默认选择【毫米】为单位。

(2) 投影。投影方式包括【第一角投影】和【第三角投影】两种，系统默认的投影方式为【第三角投影】。

10.2.2 编辑图纸

在进行视图添加及编辑过程中，有时需要临时添加剖视图、技术要求等，那么新建过程中设置的工程图参数可能无法满足用户的要求(例如比例不适当)，这时就需要对已有的工程图进行修改编辑。

选择【菜单】→【编辑】→【图纸页】菜单项，弹出图 10-11 所示的【工作表】对话框，在对话框中修改已有工程图的名称、尺寸、比例和单位等参数。完成修改后，系统会按照新的设置对工程图进行更新。需要注意的是：在编辑工程图时，投影角度参数只能在没有产生投影视图的情况下进行修改，否则，需要删除所有的投影视图后执行投影视图的修改。

考考您

请您根据本小节学到的方法练习新建和编辑图纸，测试一下您的学习效果。

10.3 视 图 管 理

创建完工程图后，下面就应该在图纸上绘制各种视图来表达三维模型。生成各种投影是工程图最核心的问题，UG NX【制图】模块提供了各种视图的管理功能，本节将详细介绍视图管理的相关知识及方法。

↑ 扫码看视频

10.3.1 基本视图

使用【基本视图】命令可将保存在部件中的任何标准建模或定义视图添加到图纸中。选择【菜单】→【插入】→【视图】→【基本】菜单项，或者单击【图纸】工具条中的【基本视图】按钮，系统即可弹出【基本视图】对话框，如图 10-14 所示。

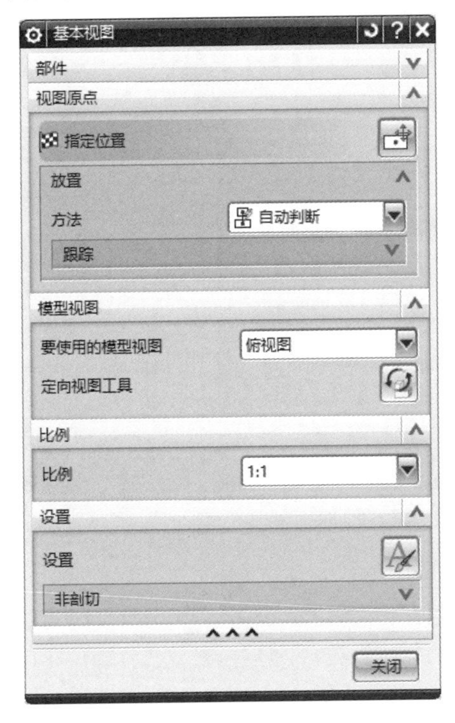

图 10-14

在图形窗口中将光标移动到所需的位置，然后单击放置视图，最后单击鼠标中键关闭【基本视图】对话框，即可创建基本视图，效果如图 10-15 所示。

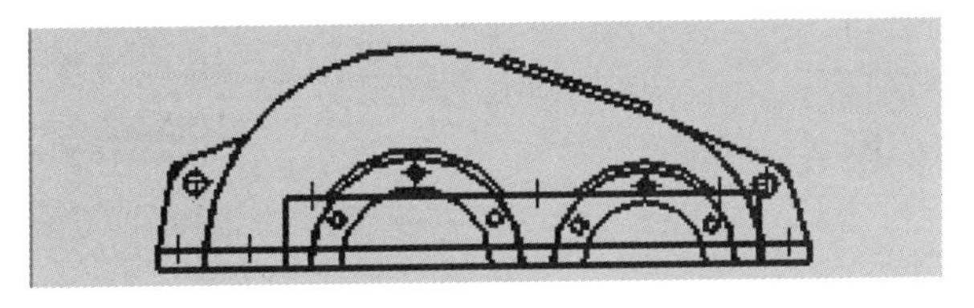

图 10-15

下面详细介绍【基本视图】对话框中主要选项的功能。

1. 部件

【部件】选项组中的详细内容如图 10-16 所示。

(1) 已加载的部件。显示所有已加载部件的名称。

(2) 最近访问的部件。选择一个部件，以便从该部件加载并添加视图。

(3) 打开。用于浏览和打开其他部件，并从这些部件添加视图。

2. 视图原点

(1) 指定位置。使用光标来指定一个平面位置。

(2) 放置。建立视图的位置。

(3) 方法。用于选择其中一个对齐视图的选项。

(4) 跟踪。开启 XC 和 YC 跟踪。

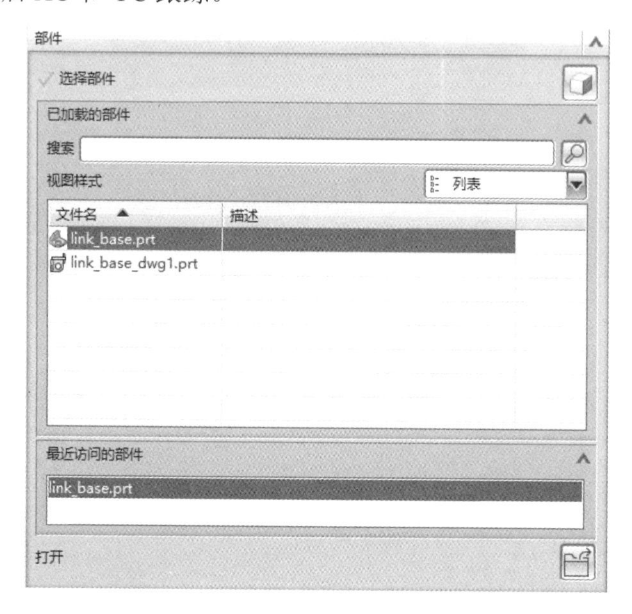

图 10-16

3. 模型视图

(1) 要使用的模型视图：用于选择一个要用作基本视图的模型视图，其下拉列表框中包括【俯视图】、【前视图】、【右视图】、【后视图】、【仰视图】、【左视图】、【正等测图】和【正三轴测图】等选项，如图 10-17 所示。

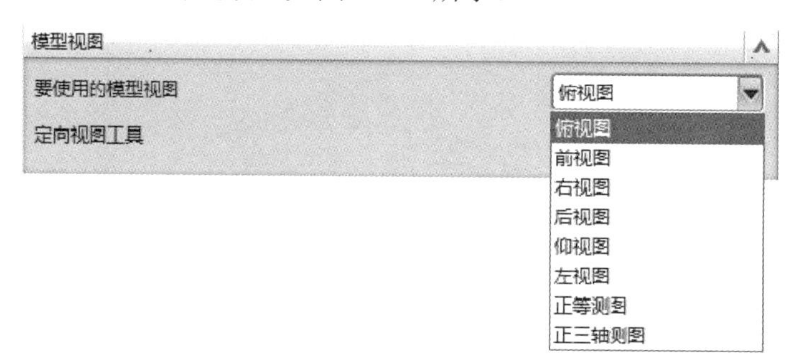

图 10-17

(2) 定向视图工具。单击此按钮，打开定向视图工具并且可用于定制基本视图的方位。

4. 比例

在向图纸页添加制图视图之前，为制图视图指定一个特定的比例。其【比例】下拉列表框如图 10-18 所示。

5. 设置

(1) 设置。打开【基本视图设置】对话框并且可用于设置视图的显示样式。

(2) 非剖切。用于装配图纸，指定一个或多个组件为未切削组件。

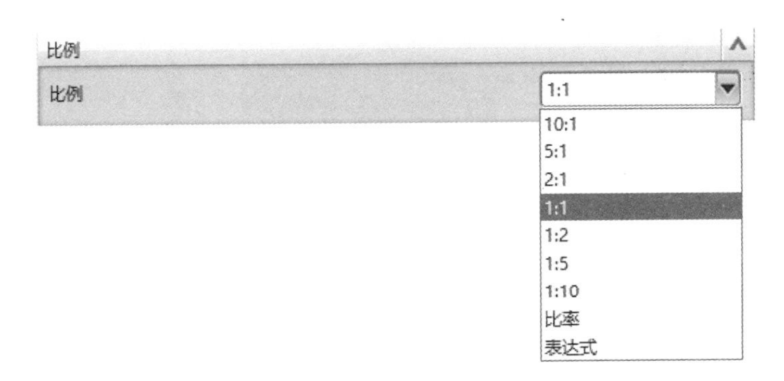

图 10-18

10.3.2　投影视图

【投影视图】可以生成各种方位的部件视图，该命令一般在用户生成基本视图后使用。投影视图以基本视图为基础，按照一定的方向投影生成各种方位的视图。

选择【菜单】→【插入】→【视图】→【投影】菜单项，或者单击【图纸】工具条中的【投影视图】按钮，系统即可弹出【投影视图】对话框，如图 10-19 所示。

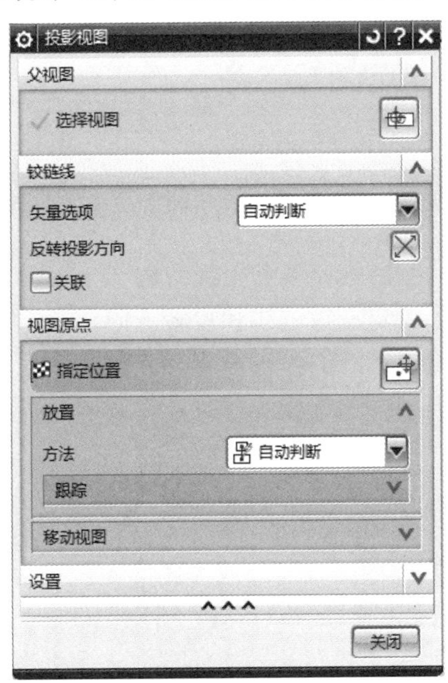

图 10-19

首先需要选择父视图，然后生成投影视图，将光标放置到需要的位置，最后单击放置视图即可创建投影视图，如图 10-20 所示。

由于【视图原点】选项组、【设置】选项组中各选项的功能与【基本视图】对话框中的相同，其功能说明将不再赘述。

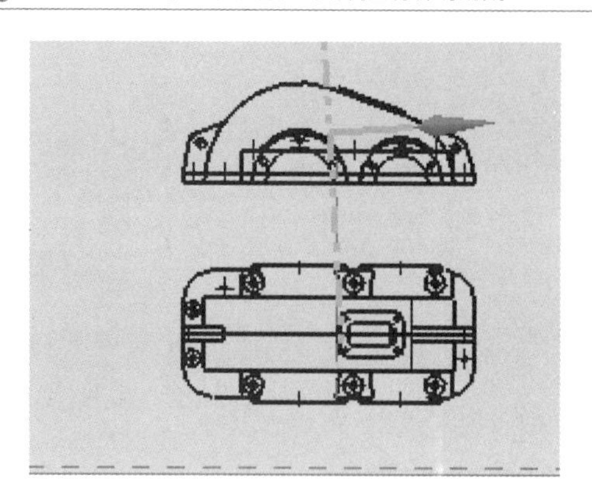

图 10-20

1. 父视图

该选项用于在绘图区中选择视图作为基本视图(父视图)，并从它投影出其他视图。

2. 铰链线

(1) 矢量选项。其下拉列表框中包括【自动判断】和【已定义】两个选项，如图 10-21 所示。

图 10-21

①自动判断。为视图自动判断铰链线和投影方向。

②已定义。允许为视图手工定义铰链线和投影方向。

(2) 反转投影方向。镜像铰链线的投影箭头。

(3) 关联。当铰链线与模型中的平面平行时，将铰链线自动关联到该面。

10.3.3 局部放大图

局部放大图包含一部分现有视图。局部放大图的比例可根据其俯视图单独进行调整，以便更容易地查看在视图中显示的对象并对其进行注释。

选择【菜单】→【插入】→【视图】→【局部放大图】菜单项，或单击【图纸】工具条中的【局部放大图】按钮，即可弹出【局部放大图】对话框，如图 10-22 所示。然后用户即可创建局部放大图。有 3 种类型供用户选择，下面分别予以详细介绍。

1. 创建圆形边界的局部放大图

在【局部放大图】对话框的【类型】下拉列表框中选择【圆形】选项，然后在父视图上选择一个点作为局部放大图的中心。将光标移出中心点，单击以定义局部放大图的圆形边界的半径，最后将视图拖动到图纸上所需的位置，单击放置视图即完成创建，如图 10-23 所示。

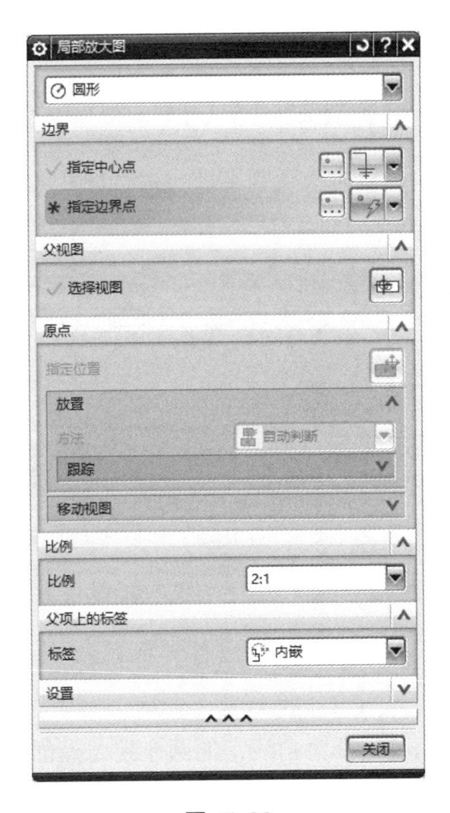

图 10-22

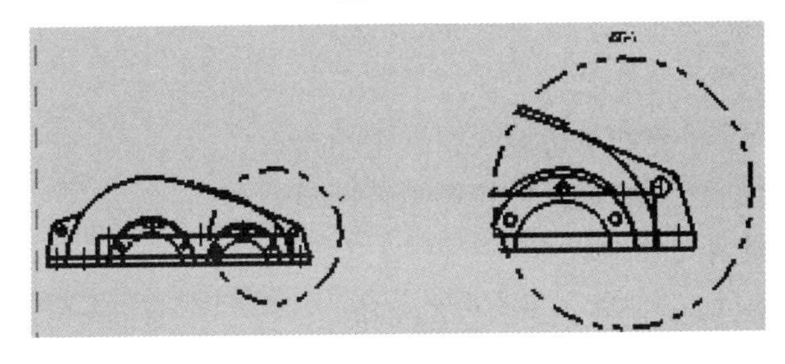

图 10-23

2. 按拐角边界创建局部放大图

在【局部放大图】对话框的【类型】下拉列表框中选择【按拐角绘制矩形】选项。然后在父视图上选择局部边界的第一个拐角，接着选择第二个点作为第一个拐角的对角，最后将视图拖到图纸上所需的位置，单击放置视图即完成创建，效果如图 10-24 所示。

图 10-24

3. 按中心和拐角矩形创建局部放大图

在【局部放大图】对话框的【类型】下拉列表中选择【按中心和拐角绘制矩形】选项，然后在父视图上选择局部放大图的中心，接着为局部放大图的边界选择一个拐角点，最后将视图拖到图纸上所需的位置，单击放置视图即完成创建，如图 10-25 所示。

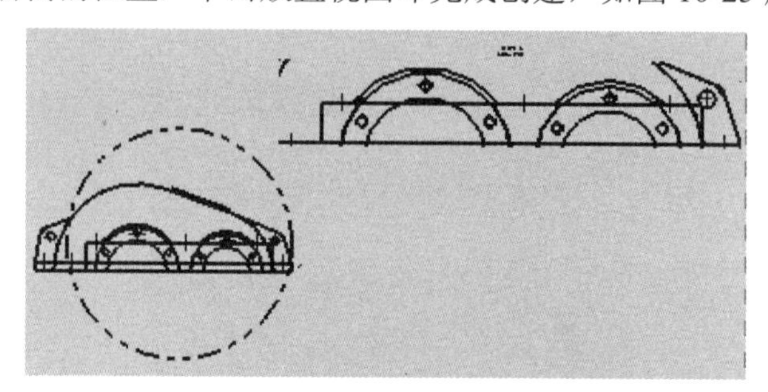

图 10-25

下面详细介绍【局部放大图】对话框中主要选项的功能。

1. 类型

(1) 圆形。创建有圆形边界的局部放大图。

(2) 按拐角绘制矩形。通过选择对角线上的两个拐角点创建矩形局部放大图边界。

(3) 按中心和拐角绘制矩形。通过选择一个中心点和一个拐角点来创建矩形局部放大图边界。

2. 边界

(1) 指定拐角点 1。定义矩形边界的第一个拐角点。

(2) 指定拐角点 2。定义矩形边界的第二个拐角点。

(3) 指定中心点。定义圆形边界的中心。

(4) 指定边界点。定义圆形边界的半径。

3. 父视图

选择一个父视图。

4. 原点

(1) 指定位置。指定局部放大图的位置。

(2) 移动视图。在局部放大图的过程中移动现有视图。

5. 比例

默认局部放大图的比例因子大于父视图的比例因子。

6. 标签

【标签】下拉列表框中提供下列在父视图上放置标签的选项，如图 10-26 所示。

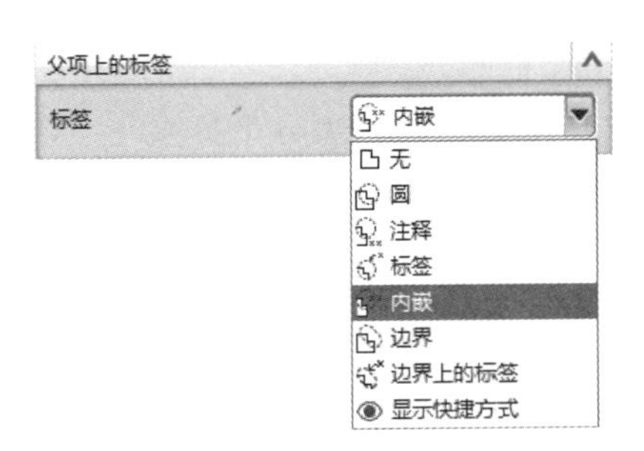

图 10-26

(1) 无。无边界。
(2) 圆。圆形边界，无标签。
(3) 注释。有标签但无指引线的边界。
(4) 标签。有标签和半径指引线的边界。
(5) 内嵌。标签内嵌在带有箭头的缝隙内的边界。
(6) 边界。显示实际视图边界。

10.3.4　剖视图

选择【菜单】→【插入】→【视图】→【剖视图】菜单项，或者单击【图纸】工具条中的【剖视图】按钮，系统即可弹出【剖视图】对话框，如图 10-27 所示。

图 10-27

创建剖视图的方法主要有简单剖/阶梯剖、半剖、旋转等，下面将分别予以详细介绍。

1. 简单剖/阶梯剖

在【剖视图】对话框的【方法】下拉列表框中选择【简单剖/阶梯剖】选项，系统会提示定义剖视图的切割位置，选择基本视图中的圆心为剖切位置，然后拖动视图到适当位置，完成剖视图的创建，调整各视图位置即可完成最终的工程图，如图 10-28 所示。

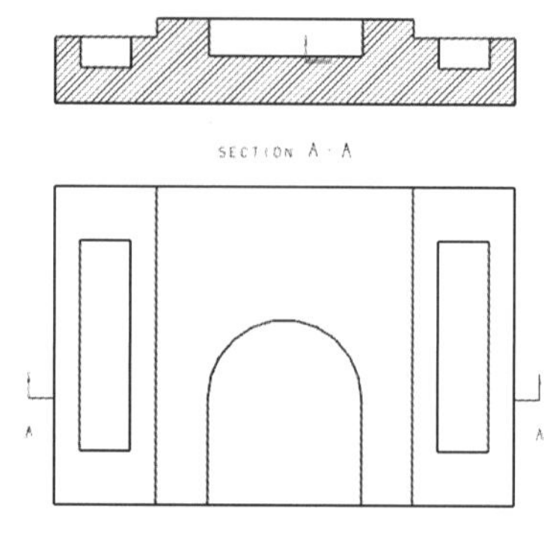

图 10-28

2. 半剖

在【剖视图】对话框的【方法】下拉列表框中选择【半剖】选项，如图 10-29 所示，系统会提示定义剖视图的切割位置，选择基本视图中的圆心为剖切位置 1，然后选择半剖的剖切位置 2，再拖动视图到适当位置，完成剖视图的创建，调整各视图位置，最终工程图效果如图 10-30 所示。

图 10-29

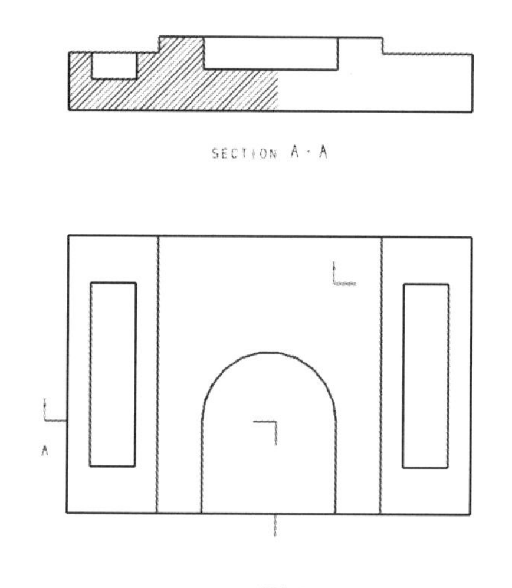

图 10-30

3. 旋转

在【剖视图】对话框的【方法】下拉列表框中选择【旋转】选项，如图 10-31 所示，系统会提示定义剖视图的切割位置，选择基本视图中的圆心为剖切位置；在基本视图上确定旋转剖的角度范围，拖动视图到适当位置，完成剖视图的创建，调整各视图位置，最终工程图效果如图 10-32 所示。

图 10-31

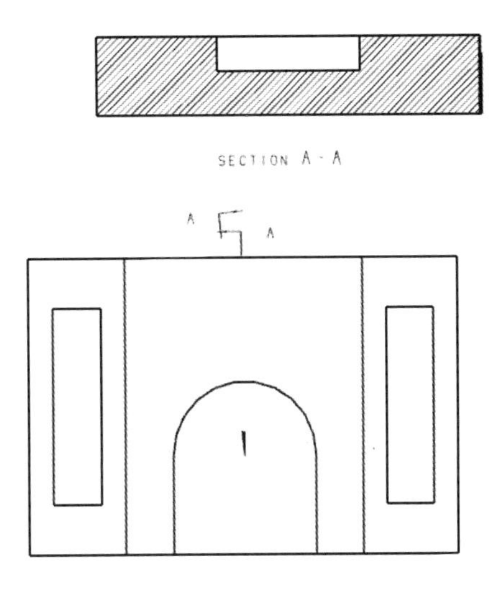

图 10-32

10.3.5　局部剖视图

局部剖视图是通过移除部件的某个外部区域来查看其部件内部。选择【菜单】→【插入】→【视图】→【局部剖】菜单项，或者单击【图纸】工具条中的【局部剖视图】按钮，系统即可弹出【局部剖】对话框，如图 10-33 所示。

选择要剖切的视图，然后指定基点和矢量方向，最后选择与视图相关的曲线以表示局部剖的边界，即可创建局部剖视图，如图 10-34 所示。

图 10-33

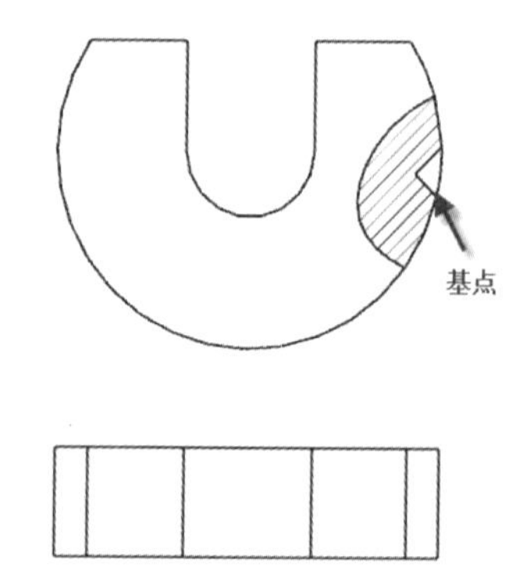

图 10-34

下面详细介绍【局部剖】对话框中主要选项的功能。

(1) 创建。激活局部剖视图创建步骤。

(2) 编辑。修改现有的局部剖视图。

(3) 删除。从主视图中移除局部剖视图。

(4) 选择视图按钮。用于选择要进行局部剖切的视图。

(5) 指出基点按钮。用于确定剖切区域沿拉伸方向开始拉伸的参考点，该点可通过【捕捉点】工具栏指定。

(6) 指出拉伸矢量按钮。用于指定拉伸方向，可用矢量构造器指定，必要时可使拉伸反向，或指定为视图法向。

(7) 选择曲线按钮。用于定义局部剖视图剖切边界的封闭曲线。当选择错误时，可单击【取消选择上一个】按钮取消上一个选择。定义边界曲线的方法是：在进行局部剖切的视图边界上右击，在弹出的快捷菜单中选择【扩展成员视图】菜单项，进入【视图成员】模型工作状态，用曲线功能在要产生局部剖切的位置创建局部剖切边界线，在视图边界上右击，再从弹出的快捷菜单中选择【扩展成员视图】菜单项，恢复到工程图界面。这样即可建立与选择视图相关联的边界线。

(8) 修改边界曲线按钮。用于修改剖切边界点，必要时可用于修改剖切区域。

(9) 切穿模型。勾选此复选框，剖切时完全穿透模型。

智慧锦囊

在选择基点时，先将前视图的视图样式改为隐藏线可见的形式，操作完成后再将其隐藏。

考考您

请您根据本小节学到的知识创建基本视图和投影视图，测试一下您的学习效果。

10.4　视图编辑

工程图创建完成后，用户可能还需要修改或编辑工程图。编辑工程图包括移动/复制视图、对齐视图、定义视图边界和视图相关编辑等。本节将详细介绍视图编辑的相关知识及操作方法。

↑ 扫码看视频

10.4.1　移动/复制视图

该命令用于在当前图纸上移动或者复制一个或多个选定的视图，或者把选择的视图移动或复制到另一张图纸中。

选择【菜单】→【编辑】→【视图】→【移动/复制】菜单项，系统即可弹出图 10-35 所示的【移动/复制视图】对话框。

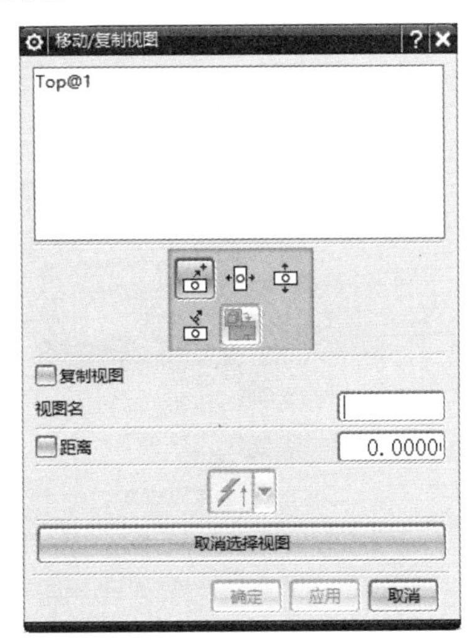

图 10-35

在【移动/复制视图】对话框中选择移动/复制类型，然后将光标放到要移动的视图上，直到视图边界高亮显示，按住鼠标左键拖动视图，待视图移动到位后，释放鼠标放置视图，这样即可完成移动/复制视图的操作。

下面详细介绍【移动/复制视图】对话框中主要选项的功能。

(1)　【至一点】按钮。移动或复制选择的视图到指定点，该点可用光标或坐标指定。

(2)　【水平】按钮。在水平方向上移动或复制选定的视图。

(3)　【竖直】按钮。在竖直方向上移动或复制选定的视图。

(4) 【垂直于直线】按钮。在垂直于指定方向移动或复制视图。

(5) 【至另一图纸】按钮。移动或复制选定的视图到另一张图纸中。

(6) 复制视图。勾选该复选框，用于复制视图，否则移动视图。

(7) 视图名。移动或复制单个视图时，为生成的视图指定名称。

(8) 距离。勾选该复选框，则可以输入移动或复制后的视图与原视图之间的距离值。若选择多个视图，则以第一个选定的视图为基准，其他视图将与第一个视图保持指定的距离。若不勾选该复选框，则可移动光标或输入坐标值指定视图位置。

(9) 矢量构造器列表。用于选择指定矢量的方法，视图将垂直于该矢量移动或复制。

(10) 取消选择视图。清除视图的选择。

10.4.2 对齐视图

一般情况下，视图之间应该对齐，但 UG NX 自动生成视图时，视图是可以任意放置的，需要用户根据需要进行对齐操作。在 UG NX 制图中，用户可以拖动视图，系统会自动判断用户意图(包括中心对齐、边对齐多种方式)，并显示可能的对齐方式，基本上可以满足对于视图放置的要求。

选择【菜单】→【编辑】→【视图】→【对齐】菜单项，系统即可弹出图 10-36 所示的【视图对齐】对话框。

图 10-36

在视图中选择一个点作为静止的点或者选择一个视图作为基本视图，然后选择要对齐的视图，再选择一种对齐方式，视图自动以静止的点或者视图为基准对齐。

在【视图对齐】对话框中有 5 种对齐方法，分别为【自动判断】、【水平】、【竖直】、【垂直于直线】和【叠加】，下面分别予以详细介绍。

(1) 自动判断。选择该选项，系统会根据选择的基本点判断用户意图，并显示可能的对齐方式。

(2) 水平。系统会根据视图的基准点进行水平对齐。

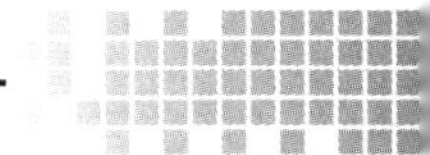

(3) 竖直。系统会根据视图的基准点进行竖直对齐。
(4) 垂直于直线。系统会根据视图的基准点垂直于某一直线对齐。
(5) 叠加。即重合对齐，系统会根据视图的基准点进行重合对齐。

10.4.3 定义视图边界

视图边界功能用于重新定义视图边界，既可以缩小视图边界只显示视图的某一部件，也可以放大视图边界显示所有视图对象。

选择【菜单】→【编辑】→【视图】→【边界】菜单项，系统即可弹出图 10-37 所示的【视图边界】对话框。系统会提示用户“选择要定义其边界的视图”信息。

图 10-37

定义视图边界的方式有 4 种，其在对话框中的下拉列表框如图 10-38 所示。

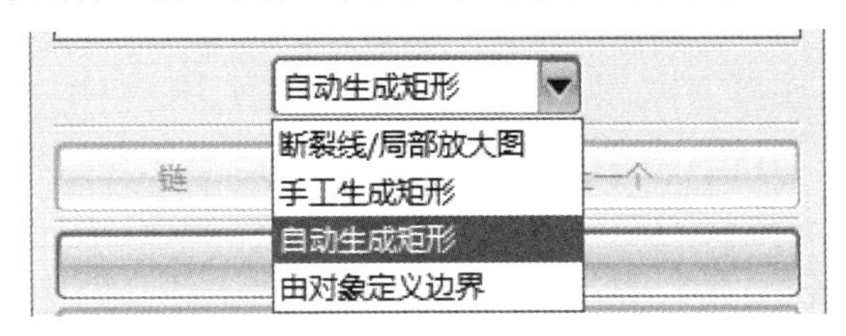

图 10-38

下面分别介绍这 4 种方式的相关知识及方法。

1. 断裂线/局部放大图

该方式要求用户指定【链】来定义视图边界。定义该类型的详细方法如下。

(1) 选择要定义边界的视图。在图纸页中或者视图列表框中选择要定义边界的视图。

(2) 选择定义视图边界的方式。在【视图边界】对话框的【视图边界类型】下拉列表框中选择【断裂线/局部放大图】选项，此时【链】按钮被激活。

(3) 形成链。单击【链】按钮，弹出图 10-39 所示的【成链】对话框，系统提示用户“边界-选择链的开始曲线”信息。用户在图中选择一条曲线后，还需要再选择另外一条作为链的结束曲线，系统将自动在起始曲线和结束曲线之间形成链以定义视图边界。

图 10-39

(4) 生成视图边界。选择成链曲线后，单击【确定】按钮，即可完成视图边界的定义。

2. 手工生成矩形

该方式要求用户指定矩形的两个点来定义视图边界。因为【手工生成矩形】方式定义视图边界和【断裂线/局部放大图】方式定义视图边界基本类似，这里就不再赘述了，仅说明它们之间的不同之处。

用户在【视图边界类型】下拉列表框中选择【手工生成矩形】选项，系统提示用户“通过按下并拖动鼠标可定义一个手工矩形视图边界”信息。用户在视图的适当位置单击，指定矩形的一个点，然后按住鼠标左键不放并拖动直到另一个合适点的位置，放开鼠标左键，则鼠标指针形成的矩形就成为视图的边界。

3. 自动生成矩形

该选项是系统默认的定义视图边界的方式。只要用户选择需要定义边界的视图，单击【应用】按钮就可以自动生成矩形作为视图的边界。

4. 由对象定义边界

当用户在【视图边界类型】下拉列表框中选择【由对象定义边界】选项后，系统会提示用户“选择/取消选择要定义边界的对象”信息，对象可以是实体上的边或者点。

10.4.4 视图相关编辑

视图相关性是指当用户修改某个视图的显示后，其他相关的视图也随之发生变化。视图相关编辑允许用户编辑这些视图之间的关联性，当视图的关联性被用户修改后，用户再修改某个视图的显示时，其他的视图可以不受修改视图的影响。用户可以擦除对象，可以编辑整个对象，还可以编辑对象的一部分。

选择【菜单】→【编辑】→【视图】→【视图相关编辑】菜单项，或者单击【制图编辑】工具条中的【视图相关编辑】按钮，系统即可弹出图 10-40 所示的【视图相关编辑】对话框。

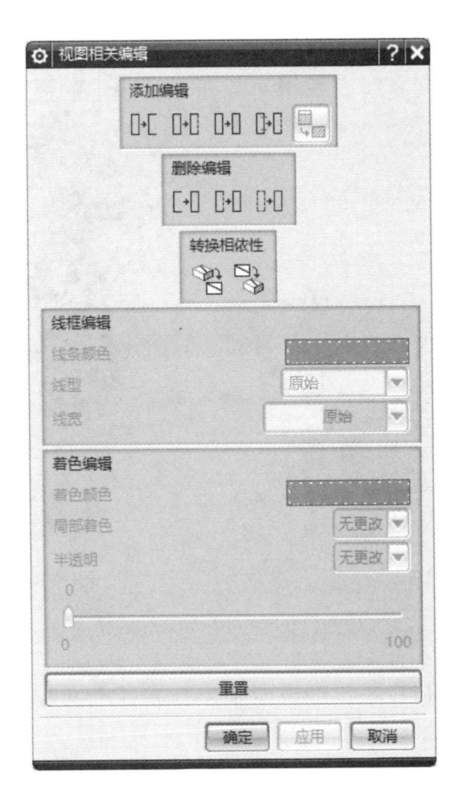

图 10-40

在【视图相关编辑】对话框中选择要编辑的选项，然后在视图中选择要编辑的对象，最后单击【确定】按钮即可完成视图相关编辑的操作。下面详细介绍【视图相关编辑】对话框中主要选项的功能。

1. 添加编辑

(1) 擦除对象按钮。擦除选择的对象，如曲线、边等。擦除并不是删除，只是使被擦除的对象不可见而已。使用【擦除对象】按钮可使被擦除的对象重新显示，如图 10-41 所示为擦除剖面线。

(2) 编辑完整对象按钮。在选定的视图或图纸页中编辑对象的显示方式，包括颜色、线型和线宽等，如图 10-42 所示为更改边线为虚线。

(3) 编辑着色对象按钮。用于控制制图视图中对象的局部着色和透明度。

(4) 编辑对象段按钮。编辑部分对象的显示方式，用法与编辑整个对象相似。选择编辑对象后，可选择一个或两个边界，则只编辑边界内的部分。

(5) 编辑剖视图背景按钮。编辑剖视图背景线。在建立剖视图时，可以有选择地保留背景线，而使用背景线编辑功能，不但可以删除已有的背景线，而且还可添加新的背景线。

2. 删除编辑

(1) 删除选定的擦除按钮。恢复被擦除的对象。单击该按钮，将高亮显示已被擦除的对象，选择要恢复显示的对象并确认。

(2) 删除选定的编辑。恢复部分编辑对象在原视图中的显示方式。

(3) 删除所有编辑。恢复所有编辑对象在原视图中的显示方式。

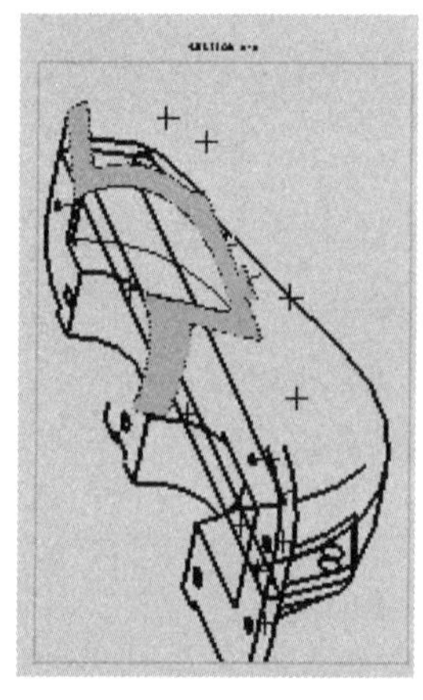

图 10-41

图 10-42

3. 转换相依性

(1) 模型转换到视图按钮。转换模型中单独存在的对象到指定视图中，且对象只出现在该视图中。

(2) 视图转换到模型按钮。转换视图中单独存在的对象到模型视图中。

4. 线框编辑

(1) 线条颜色。更改选定对象的颜色。

(2) 线型。更改选定对象的线型。

(3) 线宽。更改几何对象的线宽。

5. 着色编辑

(1) 着色颜色。用于从【颜色】对话框中选择着色颜色。单击其后面的颜色块，即可弹出图 10-43 所示的【颜色】对话框。

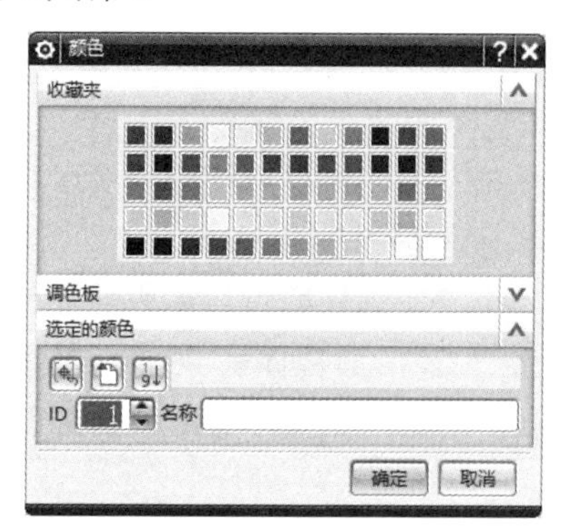

图 10-43

(2) 局部着色。【局部着色】下拉列表框中包括【无更改】、【原始的】、【否】和【是】选项，如图 10-44 所示。

图 10-44

① 无更改。有关此选项的所有现有编辑将保持不变。

② 原始的。移除有关此选项的所有编辑，将对象恢复到原先的设置。

③ 否。指定选定的对象禁用此编辑设置。

④ 是。将局部着色应用选定的对象。

(3) 透明度。【透明度】下拉列表框中包括【无更改】、【原始的】和【是】选项，如图 10-45 所示。

图 10-45

① 无更改。保留当前视图的透明度。

② 原始的。移除有关此选项的所有编辑，将对象恢复到原先的设置。

③ 是。允许使用滑块来定义选定对象的透明度。

考考您

请您根据本小节学到的知识进行对齐视图操作，测试一下您的学习效果。

10.5 图纸标注

一张完整的图纸不仅包括视图，还包括中心线、符号和尺寸标注等，若是装配图还需要添加零件明细表和零件序号。本节将详细介绍图纸标注的相关知识及操作方法。

↑ 扫码看视频

10.5.1 标注尺寸

进入【工程图】功能模块后，选择【菜单】→【插入】→【尺寸】菜单项，如图 10-46 所示；或打开【主页】功能区的【尺寸】组，如图 10-47 所示，系统会打开各种尺寸标注方式，例如快速、线性、径向等。

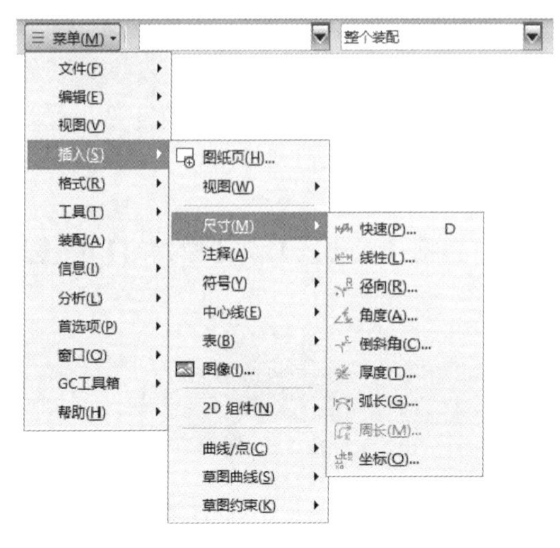

图 10-46

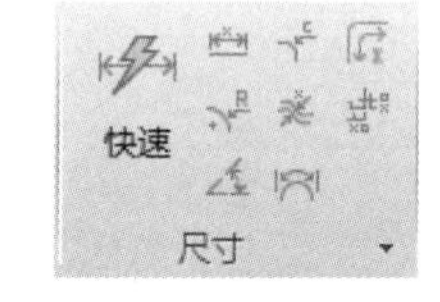

图 10-47

1. 快速

可以用单个命令和一组基本选项从一组常规的尺寸类型中快速创建不同的尺寸。以下为【快速尺寸】对话框中的各种标注方法。

(1) 圆柱式。用来标注工程图中所选圆柱对象之间的尺寸。

(2) 直径。用来标注工程图中所选圆或圆弧的直径尺寸。

(3) 自动判断。由系统自动推断出选用哪种尺寸标注类型来进行尺寸的标注。

(4) 水平。用来标注工程图中所选对象间的水平尺寸。

(5) 竖直。用来标注工程图中所选对象间的平行尺寸。

(6) 垂直。用来标注工程图中所选点到直线(或中心线)的垂直尺寸。

2. 倒斜角

用来标注国标 45° 的倒角。目前不支持对其他角度倒角的标注。

3. 线性

可将 6 种不同线性尺寸中的一种创建为独立尺寸，或者创建为一组链尺寸或基线尺寸。可以创建下列常见的尺寸类型(其中常见尺寸快速尺寸中都已提到，这里就不再重复介绍)。

(1) 孔标注。用来标注工程图中所选孔特征的尺寸。

(2) 链。用来在工程图上生成一个水平方向(XC 方向)或竖直方向(YC 方向)的尺寸链，即生成一系列首尾相连的水平/竖直尺寸。

(3) 基线。用来在工程图上生成一个水平方向(XC 方向)或竖直方向(YC 方向)的尺寸系

列，该尺寸系列共享同一条水平/竖直基线。

4. 角度

用来标注工程图中所选两直线之间的角度。

5. 径向

用于创建 3 个不同径向尺寸类型中的一种。

(1) 径向。用来标注工程图中所选圆或圆弧的半径尺寸，但标注不过圆心。

(2) 直径。用来标注工程图中所选圆或圆弧的直径尺寸。

(3) 孔标注。用来标注工程图中所选大圆弧的半径尺寸。

6. 弧长

用来标注工程图中所选圆弧的弧长尺寸。

7. 坐标

用来在标注工程图中定义一个原点的位置，作为距离的参考点，进而可以明确地给出所选对象的水平或垂直坐标距离。

在放置尺寸值的同时，系统会弹出图 10-48 所示的编辑尺寸面板(也可以在单击每一个标注图标并拖放尺寸标注时右击，在弹出的快捷菜单中选择【编辑】菜单项，打开该面板)。

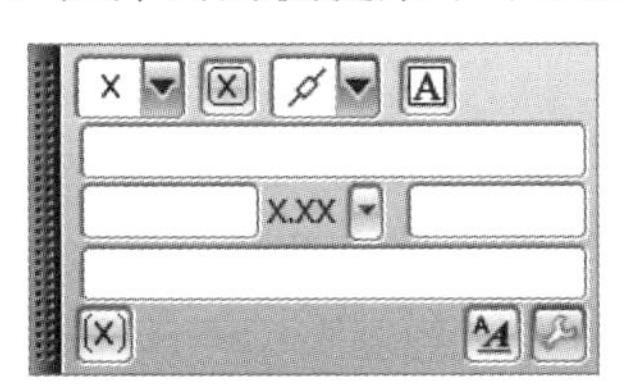

图 10-48

该面板中主要选项的功能如下。

(1) 文本设置按钮。单击该按钮会弹出图 10-49 所示的【文本设置】对话框，用于设置详细的尺寸类型，包括尺寸的位置、精度、公差、线条和箭头、文字和单位等。

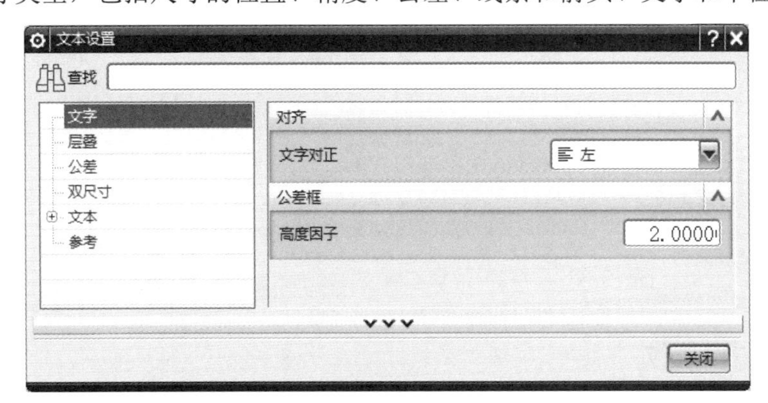

图 10-49

(2) 精度按钮X.XX。用于设置尺寸标注的精度值，可以使用其下拉选项进行详细设置。

(3) 公差按钮。用于设置各种需要的公差类型，可以使用其下拉选项进行详细设置。

(4) 编辑附加文本按钮。单击该按钮，即可弹出【附加文本】对话框，如图 10-50 所示，可以进行各种符号和文本的编辑。

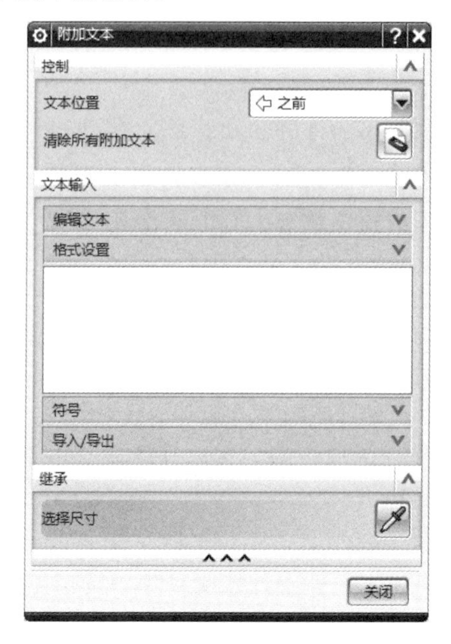

图 10-50

① 用户定义。如果用户已经定义好了自己的符号库，可以通过指定相应的符号库来加载它们，同时还可以设置符号的比例和投影，如图 10-51 所示。

② 关系。用户可以将物体的表达式、对象属性、零件属性、图纸页区域标注出来，并实现关联，如图 10-52 所示。

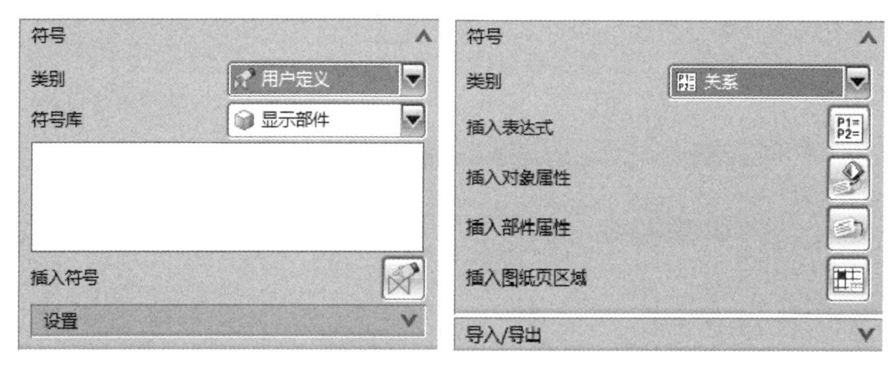

图 10-51　　图 10-52

10.5.2 尺寸修改

尺寸标注完成后，如果要进行修改，首先单击要修改的尺寸将其选中，然后右击，在弹出的图 10-53 所示的快捷菜单中选择相应的命令即可。

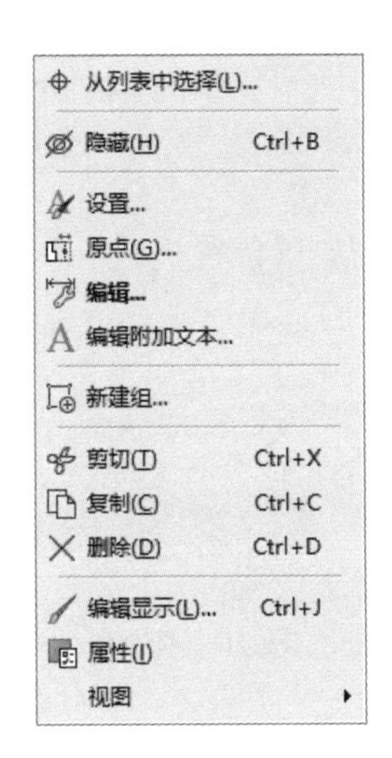

图 10-53

(1) 设置。选择该选项，即可弹出【设置】对话框，可以重新设置尺寸的相关样式。

(2) 编辑。选择该选项，系统回到尺寸标注环境，用户可以对标注进行修改。

(3) 编辑附加文本。选择该选项，可以弹出【附加文本】对话框，可在尺寸上追加详细的文本说明。

(4) 其他命令。类似于其他应用软件，可以进行删除、隐藏、编辑颜色和线宽等操作。

10.5.3 注释编辑器

【制图】环境中的形位公差和文本注释都是通过注释编辑器来标注的，选择【菜单】→【插入】→【注释】→【注释】菜单项，或单击【注释】工具条中的【注释】按钮A，即可弹出图 10-54 所示的【注释】对话框。

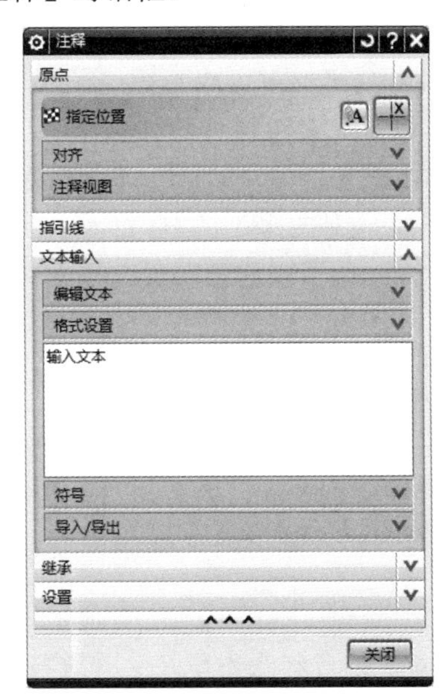

图 10-54

该对话框主要用于输入要注释的文本。下面详细介绍该对话框中主要选项的功能。

1. 原点

该选项组用于设置和调整文字的放置位置。

2. 指引线

该选项组用于为文字添加指引线，可以通过【类型】下拉列表框指定指引线的类型。

3. 文本输入

该选项组主要用于编辑文本和格式设置。

(1) 编辑文本。其中提供了复制、剪切、加粗、斜体以及大小控制等功能，主要用于对注释进行编辑。

(2) 格式设置。这是一个标准的多行文本输入区，用于以标准的系统位图字体输入文本和系统规定的控制符。用户可以在【字体】下拉列表框中选择所需字体。

10.5.4 符号标注

选择【菜单】→【插入】→【注释】→【符号标注】菜单项，或单击【注释】工具条中的【符号标注】按钮，即可弹出图 10-55 所示的【符号标注】对话框。

图 10-55

该对话框主要用于插入和编辑 ID 符号及设置放置位置。

1. 类型

该下拉列表框用于选择要插入的 ID 符号类型。系统提供了多种符号类型，每种符号类型可以配合该符号的文本选项，在 ID 符号中放置文本内容。

如果选择了【上下型】的 ID 符号，用户可以在【上部文本】和【下部文本】文本框中输入上下两行的内容。如果选择了【独立型】的 ID 符号，则只能在【文本】文本框中输入文本内容。各类 ID 符号的显示比例都可以通过对【大小】文本框的设置来改变。

2. 指引线

该选项组用于为 ID 符号指定引导线。在其中单击【指引线】按钮，可以指定一条引导线的开始端点，最多可指定 7 个开始端点，同时每条引导线还可以指定多达 7 个中间点。根据引导线类型，一般可以选择尺寸线箭头、注释引导线箭头等作为引导线的开始端点。

考考您

请您根据本小节学到的知识练习标注图纸尺寸并进行尺寸修改的操作，测试一下您的学习效果。

10.6　打印工程图

工程图创建以后，用户可能需要打印工程图，进行图纸查看，或者输出不同类型的图纸进行技术交流。这时 UG NX 软件可以满足各种打印和输出要求。本节将详细介绍打印工程图的相关知识及操作方法。

↑ 扫码看视频

10.6.1　导出设置

在下拉菜单栏中选择【文件】→【导出】菜单项，如图 10-56 所示。UG NX 1892 可以输出多种格式的图纸文本，包括 PDF、CGM 以及各种图像文件格式等常见的格式，以方便用户的使用。

当选择 PDF 菜单项时，弹出图 10-57 所示的【导出 PDF】对话框，用户可以修改文件名称，并使用【浏览】按钮修改输出位置，单击【确定】按钮即可输出文件。

图 10-56

图 10-57

10.6.2　打印设置

选择【菜单】→【文件】→【打印】菜单项，系统即可弹出【打印】对话框，如图 10-58

所示。在【打印】对话框中可以设置打印参数，输出到打印机进行打印。

图 10-58

下面将详细介绍【打印】对话框中主要选项的功能。

1. 源

在【源】列表框中，有【当前显示】和创建的相关图纸等打印方式，【当前显示】方式只打印绘图窗口内显示的内容。

2. 打印机

在【打印机】选项组进行打印机的选择。

3. 设置

在【设置】选项组可以设置打印属性。

(1) 副本数。设置打印张数。

(2) 宽度。设置打印输出的线条宽度。

(3) 比例因子。设置所选定制线宽的比例因子。

(4) 输出。设置输出的线框颜色。

(5) 在图纸中导出光栅图像。打印图纸上显示光栅。

(6) 将着色的几何体导出为线框。打印图纸线框显示着色过的几何体。

(7) 在前景中导出定制符号。在前景中打印选定的图纸页和所有定制符号，以使符号不被几何元素、注释或尺寸遮盖。

(8) 图像分辨率。设置打印图像的清晰度或质量，其下拉列表框包括【草稿】、【低】、【中】和【高】4 个选项，如图 10-59 所示。

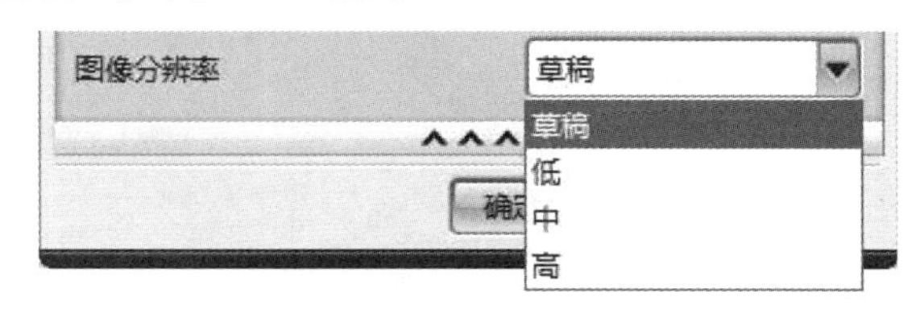

图 10-59

考考您

请您根据本小节学到的知识练习导出工程图和打印工程图的操作，测试一下您的学习效果。

10.7　实践案例与上机指导

通过本章的学习，读者基本可以掌握工程图设计的基本知识以及一些常见的操作方法，下面通过练习操作，以达到巩固学习、拓展提高的目的。

↑扫码看视频

10.7.1　符号标注实例

符号标注是一种由规则图形和文本组成的符号，在创建工程图中也是必用的，本例详细介绍创建符号标注的操作方法。

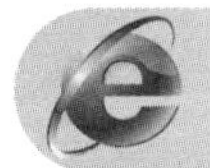

素材保存路径：配套素材\第 10 章

素材文件名称：id_fuhao.prt、fuhaobiaozhu.prt

第 1 步 打开素材文件“id_fuhao.prt”，可以看到已经存在一个工程图，如图 10-60 所示。

第 2 步 选择【菜单】→【插入】→【注释】→【符号标注】菜单项，如图 10-61 所示。

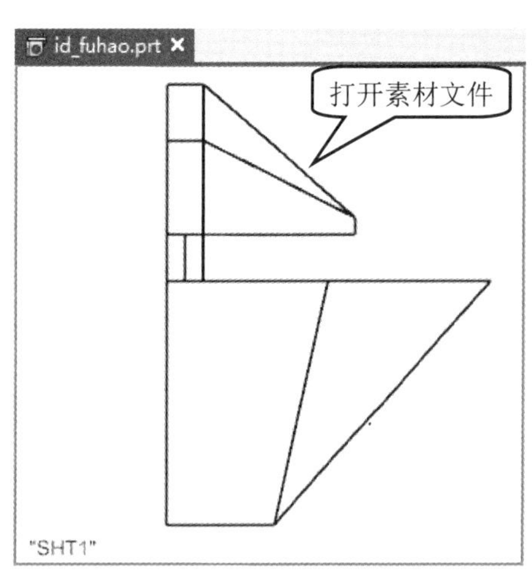

图 10-60

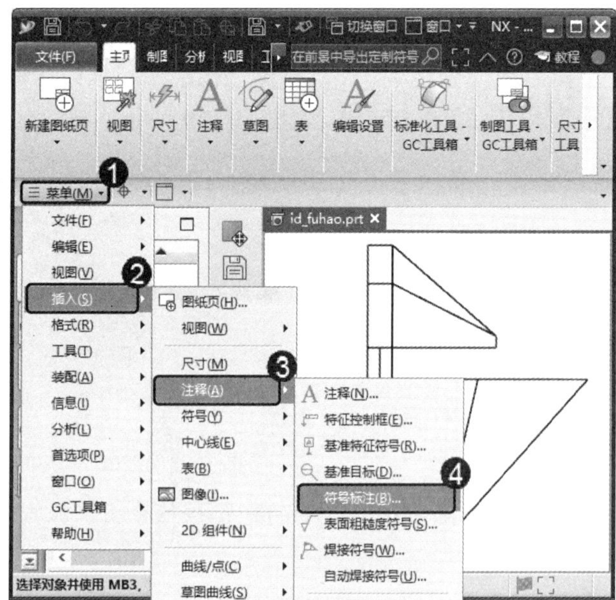

图 10-61

第 3 步 弹出【符号标注】对话框，*1.* 在【类型】下拉列表框中选择【圆】选项，*2.* 在【文本】选项组的【文本】文本框中输入 1，*3.* 在【指引线】选项组中单击【选择终止对象】按钮，如图 10-62 所示。

第 4 步 选择图 10-63 所示的边线为引线的放置点，并选择符号放置位置，如图 10-63 所示。

图 10-62

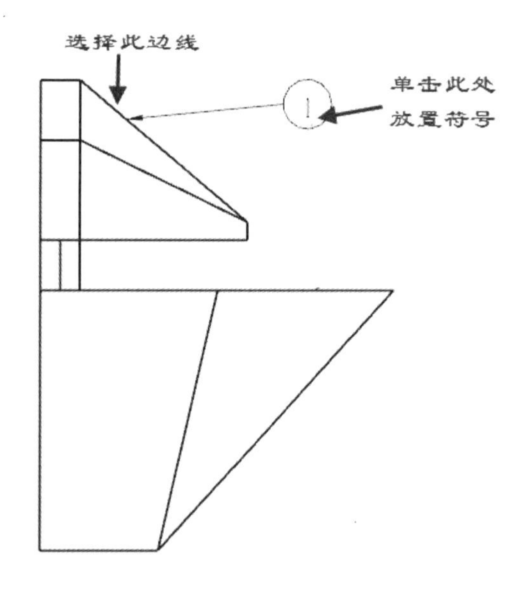

图 10-63

第 5 步 返回到【符号标注】对话框中，*1.* 在【类型】下拉列表框中选择【圆】选项，*2.* 在【文本】选项组的【文本】文本框中输入 2，*3.* 在【指引线】选项组中单击【选择终止对象】按钮，如图 10-64 所示。

第 6 步 参照之前的操作方法放置文本符号标注，最终完成的符号标注效果如图 10-65 所示。

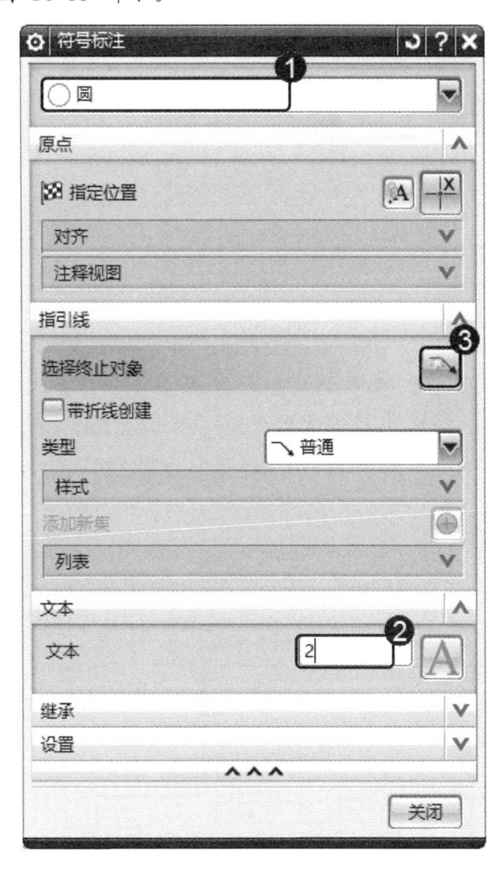

图 10-64

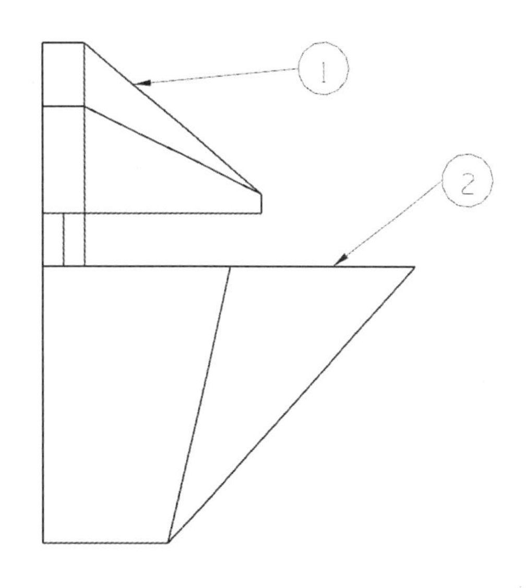

图 10-65

10.7.2　基准特征标注

利用【基准特征符号】命令可以创建用户所需的各种基准符号。本例详细介绍创建基准符号的操作方法。

素材保存路径：配套素材\第 10 章

素材文件名称：jizhun.prt、jizhunfuhao.prt

第 1 步 打开素材文件“jizhun.prt”，可以看到已经创建好一个工程图，如图 10-66 所示。

第 2 步 选择【菜单】→【插入】→【注释】→【基准特征符号】菜单项，如图 10-67 所示。

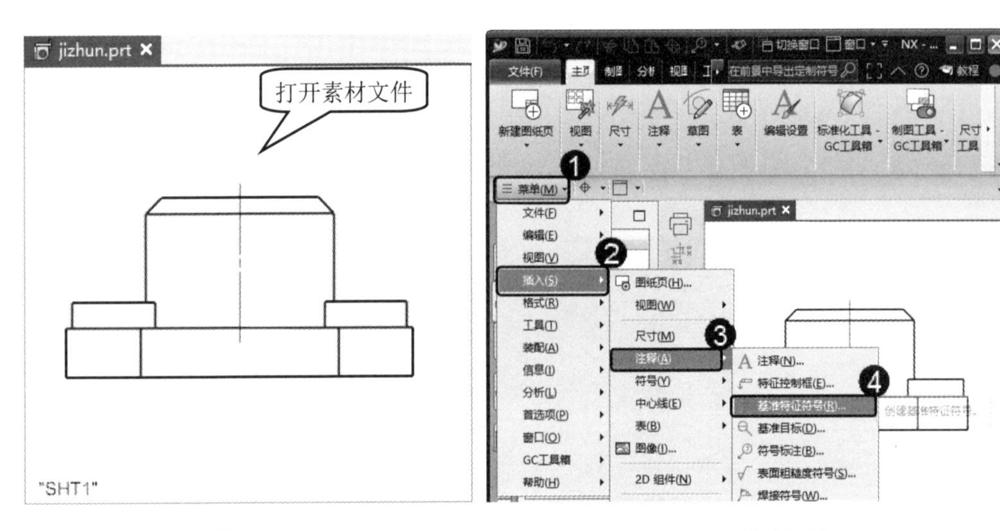

图 10-66　　　　图 10-67

第 3 步 弹出【基准特征符号】对话框，1. 在【基准标识符】选项组的【字母】文本框中输入字母 A，2. 在【指引线】选项组中单击【选择终止对象】按钮，如图 10-68 所示。

第 4 步 选择图 10-69 所示的边线，然后单击此曲线并拖动，放置基准特征符号，即可完成基准特征标注的操作。

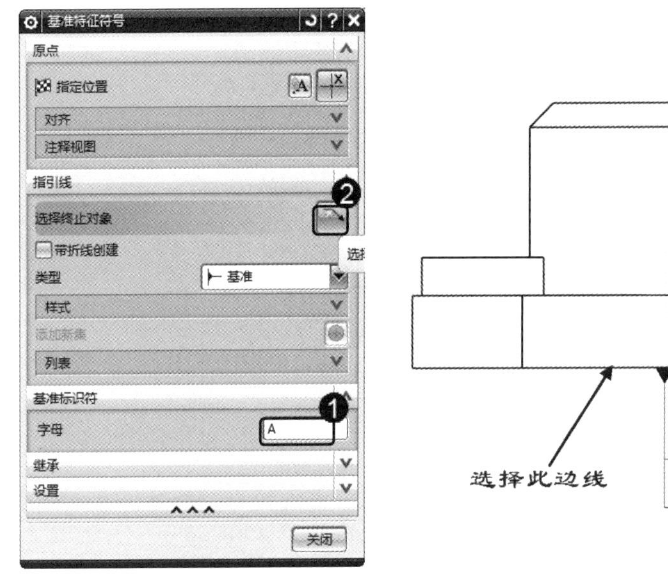

图 10-68

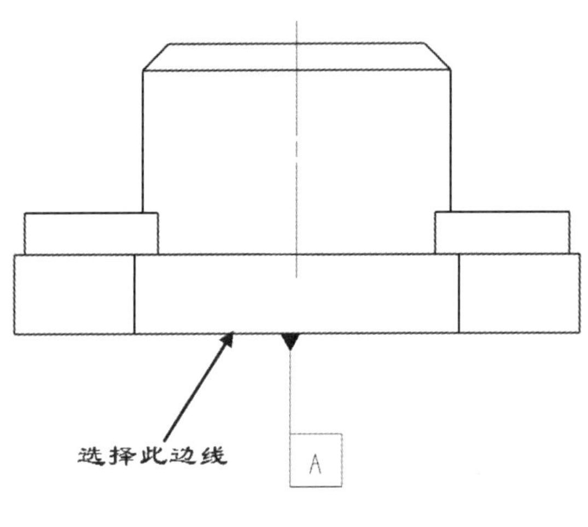

图 10-69

10.7.3　表面粗糙度标注

本例将详细介绍标注表面粗糙度的操作步骤。

素材保存路径：配套素材\第 10 章

素材文件名称：cucaodu.prt、cucaodubiaozhu.prt

第 1 步 打开素材文件“cucaodu.prt”，可以看到已经创建好一个工程图，如图 10-70 所示。

第 2 步 选择【菜单】→【插入】→【注释】→【表面粗糙度符号】菜单项，如图 10-71 所示。

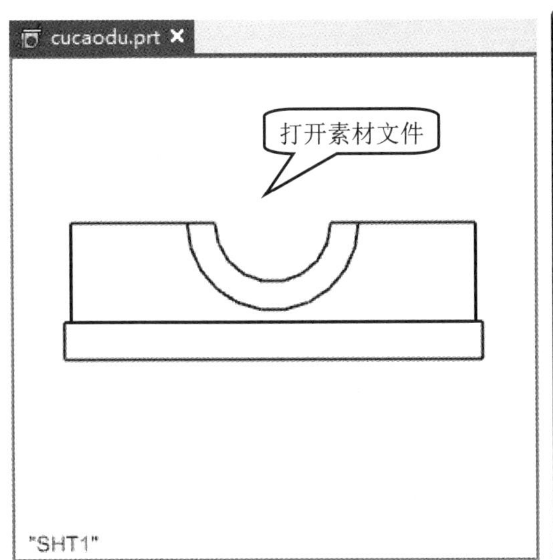

图 10-70

图 10-71

第 3 步 弹出【表面粗糙度】对话框，设置图 10-72 所示的表面粗糙度参数。

第 4 步 在图形区中标注粗糙度符号，具体过程如图 10-73 所示。

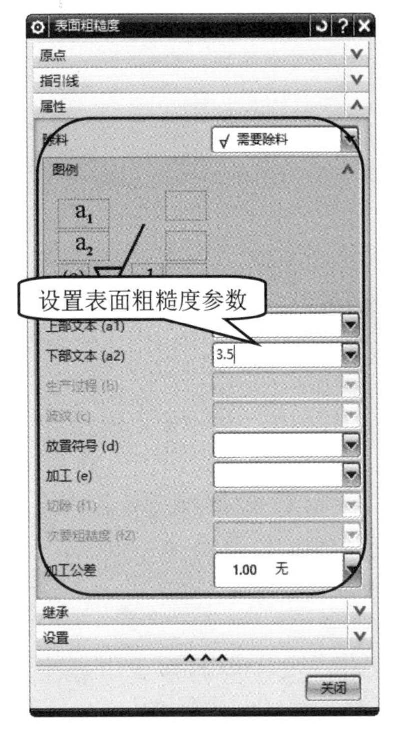

图 10-72

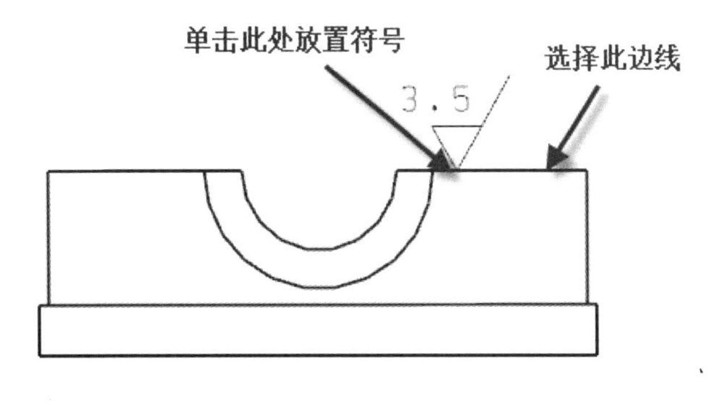

图 10-73

第 5 步 返回到【表面粗糙度】对话框，设置图 10-74 所示的表面粗糙度参数。

第 6 步 在图形区中标注其他粗糙度符号，具体过程如图 10-75 所示，这样即可完成表面粗糙度标注的操作。

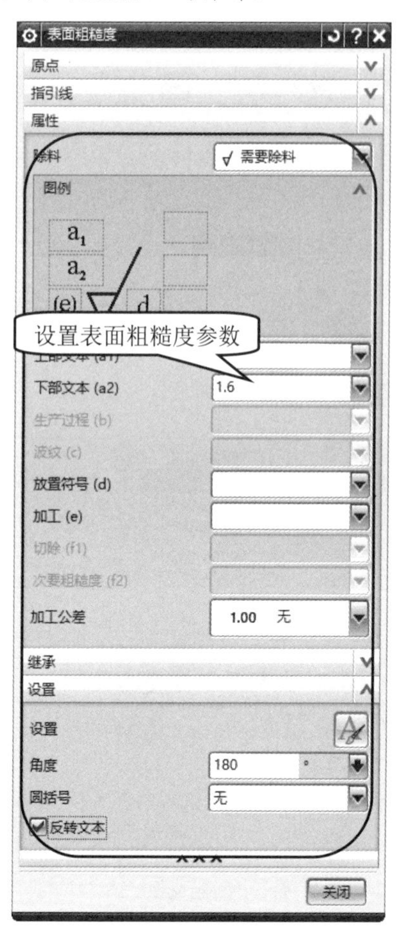

图 10-74

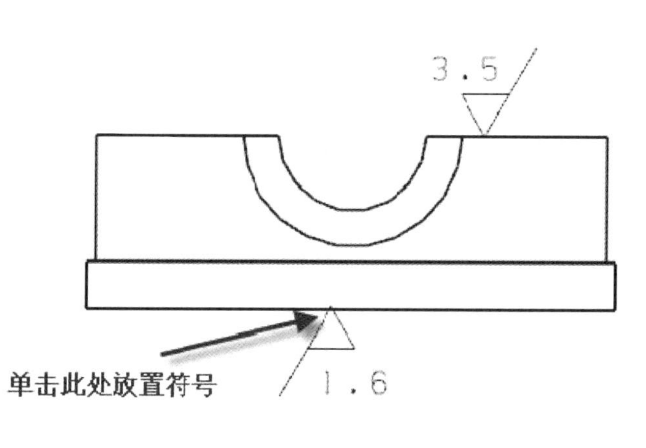

图 10-75

10.8 思考与练习

通过本章的学习，读者基本可以掌握工程图设计的基本知识以及一些常见的操作方法。下面通过练习几道习题，以达到巩固与提高的目的。

一、填空题

1. 制图首选项的设置是对包括________、文字参数、单位和________等制图注释参数的预设置。

2. 使用__________命令可将保存在部件中的任何标准建模或定义视图添加到图纸中。

3. __________可以生成各种方位的部件视图。该命令一般在用户生成基本视图后使用。其以基本视图为基础，按照一定的方向投影生成各种方位的视图。

4. 局部放大图包含一部分__________。局部放大图的比例可根据其______单独进行调整，以便更容易地查看在视图中显示的对象并对其进行注释。

5. ____________是通过移除部件的某个外部区域来查看其部件内部。

6. __________用于重新定义视图边界，既可以缩小视图边界只显示视图的某一部件，也可以放大视图边界显示所有视图对象。

二、判断题

1. 由于建立的平面工程图是由三维实体模型投影得到的，因此，平面工程图与三维实体完全相关，实体模型的尺寸、形状以及位置的任何改变，都会引起平面工程图的相应更新，更新过程可由用户自己控制。　(　)

2. 在 UG NX 中，设计师可以随时创建需要的工程图，并因此而大大提高了设计效率和设计精度，用户可以选择间接的三维模型文件来创建工程图。　(　)

3. 在进行视图添加及编辑过程中，有时需要临时添加剖视图、技术要求等，那么新建过程中设置的工程图可能无法满足用户的要求(例如比例不适当)，这时就需要对已有的工程图进行修改编辑。　(　)

4. 在编辑工程图时，投影角度参数只能在没有产生投影视图的情况下进行修改，否则，需要删除所有的投影视图后执行投影视图的编辑。　(　)

5. 视图生成以后，用户有时可能需要移动或者复制视图。【移动/复制视图】命令用于在当前图纸上移动或者复制一个或多个未选定的视图，或者把选择的视图移动或复制到另一张图纸中。　(　)

6. 一般情况下，视图之间应该对齐，但 UG NX 自动生成视图是可以任意放置的，需要用户根据需要进行对齐操作。在 UG 制图中，用户可以拖动视图，系统会自动判断用户意图(包括中心对齐、边对齐多种方式)，并显示可能的对齐方式，基本上可以满足用户对于视图放置的要求。　(　)

7. 视图相关性是指当用户修改某个视图的显示后，其他与之相关的视图也随之发生变化。视图相关编辑允许用户编辑这些视图之间的关联性，当视图的关联性被用户修改后，用户再修改某个视图的显示，其他的视图则可以不受修改视图的影响。用户可以擦除对象，可以编辑整个对象，还可以编辑对象的一部分。　(　)

三、思考题

1. 如何进入工程图设计环境？
2. 如何创建基本视图？
3. 如何移动/复制视图？

思考与练习答案

第 1 章

一、填空题

1. 布局、命令
2. 快捷菜单、挤出式菜单
3. 菜单、图标
4. 不显示
5. 【删除】

二、判断题

1. 对
2. 错
3. 对
4. 对
5. 错

三、思考题

1. 打开【定制】对话框，在【类别】列表框中选择按钮的种类【菜单】节点下的【插入】选项。

右边列表框中列出了该选项包含的所有命令右击【基准/点】选项，在弹出的快捷菜单中选择【添加或移除按钮】→【平面】菜单项。

单击【关闭】按钮，完成设置。此时，可以选择【菜单】→【插入】→【基准/点】菜单项，即可看到【平面】命令已被添加。

2. 选择【菜单】→【视图】→【布局】→【新建】菜单项。

弹出【新建布局】对话框，此时系统提示选择新布局中的视图，指定视图布局名称。在【名称】文本框中输入新建视图布局的名称，或者接受系统默认的新视图布局名称。默认的新视图布局名称是以“LAY#”形式来命名的，#为从 1 开始的序号，后面的序号依次加 1 递增。

选择系统提供的视图布局模式。【布置】下拉列表框中提供了 6 种可供选择的默认布局模式，选择所需要的一种布局模式，例如选择 L2 视图布局模式。

修改视图布局。当在【布置】下拉列表框中选择一个系统预定义的命名视图布局模式后，可以根据需要修改该视图布局。例如，选择 L2 视图布局模式后，想把右视图改为正等测视图，那么可以在【新建布局】对话框中单击【右视图】按钮。

接着在视图列表框中选择【正等测图】，此时【右视图】小方格按钮即被修改为【正等测图】。

在【新建布局】对话框中单击【确定】按钮，从而生成新建的视图布局。

3. 选择【菜单】→【编辑】→【删除】菜单项。弹出【类选择】对话框，在图形区中选择准备进行删除的对象，单击【确定】按钮。

弹出【通知】对话框，提示一些信息，单击【确定】按钮。

通过以上步骤即可完成删除对象的操作。

第 2 章

一、填空题

1. 绝对坐标系、基准坐标系
2. 艺术样条曲线
3. 偏置曲线

二、判断题

1. 错
2. 对
3. 对

三、思考题

1. 启动UG NX后，单击功能区中的【新建】按钮。弹出【新建】对话框，选择【模型】选项卡，选择模板类型为【模型】，在【名称】文本框中输入准备应用的文件名，单击右下角处的【确定】按钮。

选择【菜单】→【插入】→【在任务环境中绘制草图】菜单项。弹出【创建草图】对话框，采用默认的草图平面，单击该对话框中的【确定】按钮，系统自动进入草图环境。

退出草图环境的方法很简单，在草图绘制完成后，单击功能区中的【完成】按钮，即可退出草图环境。

2. 选择【菜单】→【插入】→【曲线】→【艺术样条】菜单项。弹出【艺术样条】对话框，在【类型】下拉列表框中选择【通过点】选项。

依次在图形区域中适当的各点位置单击。

在【艺术样条】对话框中单击【确定】按钮，系统会自动生成样条曲线。

第3章

一、填空题

1. 圈数、旋转
2. 边界
3. 交点

二、判断题

1. 对
2. 错
3. 对

三、思考题

1. 选择【菜单】→【插入】→【曲线】→【螺旋】菜单项，系统即可弹出【螺旋】对话框。

在【螺旋线】对话框中，首先确定准备绘制螺旋线的方位，然后设置大小、螺距和长度等值，最后单击【确定】按钮即可完成创建螺旋线的操作。

2. 选择【菜单】→【插入】→【派生曲线】→【偏置】菜单项，系统即可弹出【偏置曲线】对话框。

在【偏置曲线】对话框的【类型】下拉列表框中选择要创建的偏置曲线类型，然后选择要偏置的曲线，输入相应的参数，最后单击【确定】按钮，即可完成创建偏置曲线特征的操作。

第4章

一、填空题

1. 拉伸特征
2. 旋转特征
3. 布尔求差

二、判断题

1. 对
2. 错

三、思考题

1. 选择【菜单】→【插入】→【扫掠】→【扫掠】菜单项，弹出【扫掠】对话框，选择【截面】选项组中的【选择曲线】选项，在图形区域选择截面线串。

定义引导线串。单击【引导线(最多 3 条)】选项组中的【选择曲线】按钮，然后在图形区域选择引导线串。

单击对话框中的【确定】按钮，即可完成创建扫掠特征的操作。

2. 在【特征】工具条中单击【相交】按钮，弹出【求交】对话框，在图形区域选择目标体、选择工具体，单击对话框中的【确定】按钮。

通过以上步骤即可完成布尔求交的操作。

第 5 章

一、填空题

1. 圆柱形
2. 矩形槽、U 形槽

二、判断题

1. 对
2. 错
3. 对

三、思考题

1. 打开【孔】对话框，在【类型】下拉列表框中选择【常规孔】选项，在绘图与中指定孔位置，即创建的点，选择孔方向，设置孔的形状和尺寸参数，单击【确定】按钮。

通过以上步骤即可完成创建孔特征的操作。

2. 打开【凸台】对话框，选择凸台特征的放置面，在【过滤】下拉列表框中选择【任意】选项，设置直径、高度和锥角等参数值，单击【确定】按钮。

弹出【定位】对话框，选择一种定位方式，如垂直方式，单击【确定】按钮。

通过以上步骤即可完成创建凸台特征的操作。

3. 首先需要创建一个拉伸特征，并打开【腔体】对话框，单击【矩形】按钮。

弹出【矩形腔】对话框，在绘图区中选择目标体上的放置面。

弹出【水平参考】对话框，在绘图区中选择水平参考面。

在【矩形腔】对话框中，分别设置【长度】、【宽度】、【深度】、【拐角半径】、【底面半径】和【锥角】参数值，单击【确定】按钮。

弹出【定位】对话框，选择一种定位方式，如选择水平定位方式，单击【确定】按钮。

通过以上操作步骤即可完成创建矩形腔体的操作。

第 6 章

一、填空题

1. 倒斜角
2. 边倒圆
3. 拔模特征
4. 圆柱
5. 阵列特征
6. 抽取几何特征
7. 特征重排序
8. 移除参数

二、判断题

1. 错
2. 错
3. 对
4. 对
5. 错
6. 对
7. 错

三、思考题

1. 选择【菜单】→【插入】→【关联复制】→【阵列特征】菜单项，弹出【阵列特征】对话框。

定义关联复制的对象。在【阵列定义】选项组的【布局】下拉列表框中选择【线性】选项，在图形区中选择孔特征为要复制的特征。

定义方向1阵列参数。在【方向1】选项组中选择XC轴为第1阵列方向，在【间距】下拉列表框中选择【数量和间隔】选项，在【数量】文本框中输入阵列数量，在【节距】文本框中输入阵列节距数值。

定义方向2阵列参数。在【方向2】选项组中勾选【使用方向 2】复选框，选择YC轴为第2阵列方向，在【间距】下拉列表框中选择【数量和间隔】选项，在【数量】文本框中输入阵列数量，在【节距】文本框中输入阵列节距数值，单击【确定】按钮。

通过以上步骤即可完成线性阵列的创建。

2. 选择【菜单】→【插入】→【关联复制】→【抽取几何特征】菜单项。

弹出【抽取几何特征】对话框，在【类型】下拉列表框中选择【面】选项。

选择一个实体表面为抽取对象。

在【抽取几何特征】对话框中，勾选【隐藏原先的】复选框，单击【确定】按钮，即可完成抽取面操作。

第7章

一、填空题

1. 通过点
2. 直纹曲面
3. 通过曲线网格、交叉线串
4. 偏置曲面
5. 大致偏置
6. 修剪片体
7. X型
8. I型

二、判断题

1. 对
2. 错
3. 错
4. 对
5. 对
6. 对

三、思考题

1. 选择【菜单】→【插入】→【组合】→【缝合】菜单项，系统即可弹出【缝合】对话框。

在【缝合】对话框中选择一个片体或实体为目标体，然后选择一个或多个要缝合到目标的片体或实体，最后单击【确定】按钮即可缝合曲面。

2. 选择【菜单】→【编辑】→【曲面】→【变换(原有)】菜单项(可以在【命令查找器】中搜索到该命令)。

弹出【变换曲面】对话框，选中【编辑原片体】单选按钮，在图形区中选择要编辑的曲面，单击【确定】按钮。

弹出【点】对话框，设置变换中心点为(0,0,0)，单击【确定】按钮。

弹出【变换曲面】对话框，在【选择控件】选项组中选中【缩放】单选按钮，通过拖动滑块设置XC轴、YC轴和ZC轴参数数值，单击【确定】按钮。

通过以上步骤即可完成变换曲面的操作。

第8章

一、填空题

1. 自底向上

2. 命名、可见

二、判断题

1. 对
2. 对
3. 错

三、思考题

1. 选择【文件】→【新建】菜单项，在弹出的【新建】对话框中选择【装配】模板，单击【确定】按钮。

弹出【添加组件】对话框，单击【打开】按钮，打开装配零件后即可进入装配环境。

2. 在【爆炸图】工具条中单击【新建爆炸】按钮，或者选择【菜单】→【装配】→【爆炸图】→【新建爆炸】菜单项，系统即可弹出【新建爆炸】对话框。在对话框中输入新名称，然后单击【确定】按钮即可创建新的爆炸图。

第 9 章

一、填空题

1. 突出块
2. 弯边
3. 放样弯边
4. 折弯
5. 凹坑

二、判断题

1. 对
2. 错
3. 对

三、思考题

1. 选择【文件】→【新建】菜单项，弹出【新建】对话框，在【模型】选项卡的【模板】选项组中选择【NX 钣金】选项，然后输入文件名和路径，单击【确定】按钮，即可进入钣金环境。

2. 进入【NX 钣金】设计模块后，在【NX 钣金】工具条中单击【折弯】按钮或者选择【菜单】→【插入】→【折弯】→【折弯】菜单项，系统即可弹出【折弯】对话框。

单击【绘制截面】按钮，绘制折弯线，调整折弯侧与固定侧，定义折弯属性，最后单击【确定】按钮即可创建折弯特征。

第 10 章

一、填空题

1. 尺寸参数、视图参数
2. 基本视图
3. 投影视图
4. 现有视图、俯视图
5. 局部剖视图
6. 视图边界

二、判断题

1. 对
2. 对
3. 错
4. 对
5. 错
6. 对
7. 对

三、思考题

1. 启动 UG NX 1892 应用程序，选择【文件】→【新建】菜单项，或者直接单击【标准】工具条中的【新建】按钮，弹出图 10-1 所示的【新建】对话框。切换到【图纸】选项卡，在【模板】列表框中选择准备使用的模板，输入新文件名称和路径，单击【要创建图纸的部件】选项组中的【打开】按钮。

弹出【选择主模型部件】对话框，单击【打开】按钮。

弹出【部件名】对话框，选择准备创建图纸的零件，单击 OK 按钮。

接下来会依次返回到【选择主模型部件】对话框和【新建】对话框，连续单击【确定】按钮，即可进入工程图环境。

2. 选择【菜单】→【插入】→【视图】→【基本】菜单项，或者单击【图纸】工具条中的【基本视图】按钮，系统即可弹出【基本视图】对话框。

在图形窗口中将光标移动到所需的位置，然后在视图中单击放置视图，最后单击鼠标中键关闭【基本视图】对话框，即可创建基本视图。

3. 选择【菜单】→【编辑】→【视图】→【移动/复制】菜单项，系统即可弹出【移动/复制视图】对话框。

在【移动/复制视图】对话框中选择移动/复制类型，然后将光标放到要移动的视图上，直到视图边界高亮显示，按住鼠标左键拖动视图，待视图移动到位时，释放鼠标放置视图，这样即可完成移动/复制视图的操作。